高频开关电源

——原理、设计与实例分析

主　编　梁奇峰

副主编　熊　宇　何薇薇

参　编　庄武良　廖鸿飞　陈　果

机 械 工 业 出 版 社

本书系统地介绍了非隔离式、反激式、正激式和带功率因数校正的开关电源电路，对各种电源电路的组成结构、功率变换器和控制电路的工作原理进行了深入的分析，并讨论了电路中关键元器件的参数计算与选择、电路调试和测试的方法及过程，给出了完整的电路原理图、元器件参数和印制电路板图。通过电路实例对开关电源的设计、波形测试和故障进行了剖析。书中主要内容包括：开关电源基础入门、非隔离式开关电源原理与实例分析、反激式开关电源原理与实例分析、正激式开关电源原理与实例分析、带功率因数校正的开关电源原理与实例分析等。为使读者全面地了解高频开关电源产品，书中还对开关电源印制电路板布线和规格书做了详细的介绍。本书融入了大量的工程电路案例及工程资料，内容全面实用。

本书可供从事开关电源行业的工程技术人员参考，也可作为高等学校（含高等职业院校）电力电子技术专业、电气自动化专业及相关专业的教材和教学参考书。

图书在版编目（CIP）数据

高频开关电源：原理、设计与实例分析／梁奇峰主编．—北京：机械工业出版社，2022.5（2024.1 重印）

ISBN 978-7-111-70403-4

Ⅰ.①高…　Ⅱ.①梁…　Ⅲ.①开关电源　Ⅳ.①TM91

中国版本图书馆 CIP 数据核字（2022）第 047761 号

机械工业出版社（北京市百万庄大街 22 号　邮政编码 100037）
策划编辑：付承桂　　　　　责任编辑：付承桂
责任校对：梁　静　李　婷　封面设计：马精明
责任印制：邓　博
北京盛通数码印刷有限公司印刷
2024 年 1 月第 1 版第 3 次印刷
184mm×260mm · 17.75 印张 · 435 千字
标准书号：ISBN 978-7-111-70403-4
定价：78.00 元

电话服务　　　　　　　　　网络服务
客服电话：010-88361066　机　工　官　网：www.cmpbook.com
　　　　　010-88379833　机　工　官　博：weibo.com/cmp1952
　　　　　010-68326294　金　书　网：www.golden-book.com
封底无防伪标均为盗版　　机工教育服务网：www.cmpedu.com

前　言

高频开关电源是电器设备和仪器的动力系统。它把电网提供的“强电”和“粗电”变换成各种电器设备和仪器所需要的高稳定度“精电”和“细电”（不同的直流或者交流输出电压和电流值）。具有效率高、功率密度高、电压调整率高、体积小、重量轻等诸多优势的高频开关电源取代传统的线性稳压电源，广泛应用于各种电器设备和仪器中。当前，世界开关电源产业迅速向中国转移，使得中国成为世界上最大的开关电源生产基地。国内从事开关电源产品研究和开发的企业迅速发展，迫切需要大量的研究开关电源和从事开关电源相关工作的人才。然而，由于开关电源产品的品种规格非常多，并具有一定的针对性，即使是国际著名的电源制造商，其市场占有率也不高，这为国内不同层次的中小微电源制造企业提供了生存和发展空间。因此，大力推广和普及开关电源实用技术，提高国内电源产品设计水平，具有十分重要的意义。

本书通过应用实例对非隔离式、反激式、正激式和带功率因数校正的开关电源电路的组成结构、功率变换器和控制电路的工作原理进行了深入的分析，并讨论了电路中关键元器件的参数计算与选择、电路调试和测试的方法及过程，给出了完整的电路原理图、元器件参数和印制电路板图。然后，通过电路实例对开关电源的设计、波形测试和故障等进行了剖析，从而将开关电源的基本理论、控制方法及控制芯片的应用、元器件的选择、印制电路板布线和测试波形的分析等内容有机结合起来，并融入了大量的工程电路和工程资料，便于开关电源初学者和开关电源从业人员较全面而系统地学习和掌握开关电源技术。

本书共有五个模块和两个附录。

模块一是开关电源入门介绍，在本模块中介绍了开关电源的结构和定义、直流开关电源的特点和应用、开关电源的主要技术及发展趋势。

模块二介绍了两种非隔离式开关电源电路，即升压式和降压式开关电源电路。重点介绍功率场效应晶体管（简称 MOS 管）的工作原理及参数、栅极驱动电路及保护电路、导通损耗和开关损耗等；升压式和降压式变换器的工作原理及基本关系式；PWM 控制原理及控制芯片；UC3842 芯片控制的升压式和降压式电源电路的分析、调试和测试等。

模块三介绍了三种反激式开关电源电路，即单片集成芯片控制的反激式电源电路、UC3842 控制的反激式电源电路和 NCP1337 控制的准谐振反激式电源电路。重点介绍了控制芯片的基本资料；对三种反激式开关电源电路的工作原理、关键元器件参数的设计、电路的调试及测试等进行了分析；另外，在拓展任务中，分析了一次绕组控制的反激式电源电路、高频变压器的设计与制作、反激式变压器的设计考虑因素等。

模块四介绍了两种正激式开关电源电路，即复位绕组的正激式和双管正激式开关电源电路。重点介绍了复位绕组的正激变换器和双管正激变换器；控制芯片 NCP1252 的基本资料及单元功能电路的分析；正激式开关电源电路工作原理、电路的调试和测试等。

模块五介绍了三种带功率因数校正的开关电源电路，即填谷式无源功率因数校正电路、升压式有源功率因数校正电路、反激式有源功率因数校正电路。重点介绍了功率因数校正的基本概念；填谷式无源功率因数校正原理、升压式和反激式功率因数校正原理；有源功率因数校正控制方法和电感的设计；三种不同类型的有源功率因数校正电路工作原理、电路的调试和测试等；在拓展任务中介绍了有源功率因数校正方法的比较和测试。

本书附录介绍了开关电源印制电路板的布线和开关电源规格书。

本书中少数电路原理图引用了相关厂家的技术资料，没有对其文字和图形符号进行统一，请读者在阅读时注意分辨；在编写的过程中，参考了诸多论著和教材，在此对参考文献中的各位作者深表感谢。

本书提供多种数字资源配套，其中微课教学视频和 PPT 课件，读者可通过扫描二维码清单中的二维码进行学习；另外，向选用教材的老师还提供了习题库及答案，请老师登录机工教育服务网 www. cmpedu. com 注册下载或发邮件至 fuchenggui2018@ 163. com 索要；其他更多在线数字资源可到智慧职教 MOOC 学院网搜索使用。

本书由中山火炬职业技术学院梁奇峰担任主编，熊宇和何薇薇担任副主编。参加本书编写工作的还有中山火炬职业技术学院庄武良、廖鸿飞和中山职业技术学院陈果。

由于编者水平有限，书中难免有错误和疏漏之处，敬请广大同行、读者批评指正。

主　编

二维码清单

名称	图形	名称	图形
1 -微课 PPT -反激变换器的介绍		1. 微课视频-反激变换器的介绍	
2 -微课 PPT -反激式电源电路的分析		2. 微课视频-反激式电源电路的分析	
3 -微课 PPT -集成控制芯片 KA5L0380 的介绍		3. 微课视频-集成控制芯片 KA5L0380 的介绍	
4 -微课 PPT - 40W 反激电源的调试		4. 微课视频- 40W 反激电源的调试	
5 -微课 PPT - 40W 反激电源的测试		5. 微课视频- 40W 反激电源的测试	
6 -微课 PPT -升压式电路的制作、调试和测试		6. 微课视频-升压式电路的制作、调试和测试	

目　录

模块四 正激式开关电源原理与实例分析

模块五 带功率因数校正的开关电源原理与实例分析

附 录

模块一

开关电源基础入门

项目一　开关电源入门介绍

高频开关电源具有效率高、功率密度高、电压调整率高、体积小、重量轻等诸多优势，广泛应用于各种电器设备和仪器中。它把电网提供的“强电”和“粗电”变换成各种电器设备和仪器所需要的高稳定度“精电”和“细电”（不同的直流或者交流输出电压和电流值）。本项目对开关电源的概述、直流变换器的分类、开关电源及其应用、对开关电源的要求和开关电源发展的主要技术及发展趋势等做了详细的介绍。

任务一　开关电源的概述

学习目标

- ◆ 掌握开关电源的概念。
- ◆ 了解开关电源的分类。
- ◆ 理解开关电源的结构框图。

一、开关电源概念的引入

借助于实际生活中的例子——笔记本计算机的电源适配器（见图1-1）来阐述开关电源的作用，即为什么要用适配器，笔记本计算机才能工作。

如果用电池给计算机供电，供电的时间是有限的，电池电量用完了，计算机就不能工作了，怎么办？——适配器的作用之一：给电池充电。适配器的输入电压为AC 220V，而电池电压为DC 20V，也就是AC 220V经过适配器变换得到DC 20V之后才能给电池充电。

图1-1　笔记本计算机的电源适配器

如果不用电池给计算机供电，直接用适配器给计算机供电，那么AC 220V经过适配器变换得到DC 20V，才能给笔记本计算机供电。若计算机工作需要消耗65W（输出20V/3.25A）的能量，假设整个电路的效率为85%，那么输入端就需要75W的能量。适配器的作用之二：把交流AC 220V变换成计算机工作时需要的直流电压20V和传递能量。

二、开关电源的定义

如果采用一般的电源，如市电、干电池或者蓄电池作为原始电源，通常不能直接为设备供电，也就是设备工作时需要的电压与原始电源电压不同，因此原始电源必须经过转换才能达到用电设备所需要的电压，其功率变换的结构框图如图1-2所示。

广义地说，凡是采用半导体功率器件作为开关管，通过对开关管的高频开通与关断控制，将一种电能形态转换成为另一种电能形态的装置，叫作开关变换器。以开关变换器为主要组成部分，利用闭环自动控制稳定输出电压，并在电路中加入保护环节的电源，叫作开关电源（Switching Mode Power Supply，SMPS）。如果用直流-直流（DC－DC）变换器作为开关电源的开关变换器时，称为直流开关电源。也就是说 DC－DC 变换器是开关电源转换的核心，是开关电源主电路的主要组成部分。

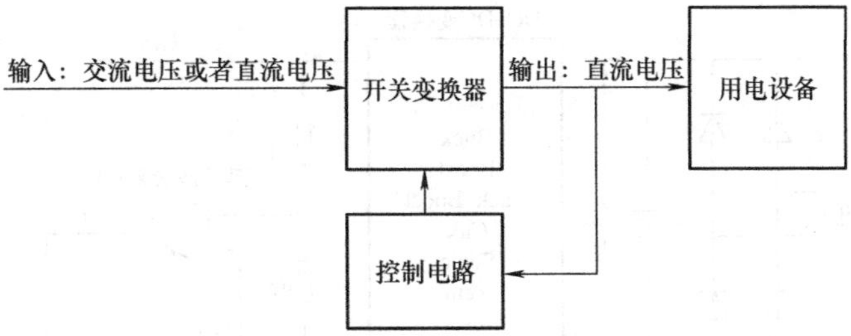

图 1-2　功率变换的结构框图

三、开关电源的分类

开关电源是现代电子电器和电子设备（如电视机、VCD、计算机、测试仪器、生物医学仪器等）的心脏和动力。现代开关电源分为直流开关电源和交流开关电源，前者输出质量较高的直流电，后者输出质量较高的交流电。开关电源的核心是电力电子变换器。电力电子变换器是利用电力电子器件将一种电能转变为另一种或多种形式电能的装置，按转换电能的种类，可分为四种类型：①直流-直流（DC－DC）变换器，它是将一种直流电能转换成另一种或多种直流电能的变换器，是直流开关电源的主要部件；②逆变器（DC－AC），是将直流电转换为交流电的电能变换器，是交流开关电源和不间断电源 UPS 的主要部件；③整流器（AC－DC），是将交流电转换为一种或者多种直流电的电能变换器，又称为离线式变换器；④交-交（AC－AC）变频器，是将一种频率的交流电直接转换为另一种恒定频率或可变频率的交流电，或是将变频交流电直接转换为恒频交流电的电能变换器。这四类变换器可以是单向变换的，也可以是双向变换的。单向电能变换器只能使电能从输入端流向输出端；双向电能变换器可实现电能的双向流动。

四、直流开关电源的结构框图

直流开关电源按照输入和输出之间是否采用电气隔离措施，可分为两大类：①非隔离式直流开关电源；②隔离式直流开关电源。非隔离式直流开关电源基本电路结构框图如图 1-3a 所示；隔离式直流开关电源基本电路结构框图如图 1-3b 所示。在设计时可以根据不同的使用场合和使用要求，选用不同的 DC－DC 变换器。

直流开关电源基本电路结构框图，由以下部分组成：一是市电输入整流滤波电路，其作用是将市电输入的交流电压 V_{ac} 转换成纹波较小的直流电压 V_{dc}；二是开关电源的核心部分 DC－DC 变换器，其作用是将市电输入电压经过整流滤波后的直流电压 V_{dc}，进行 PWM 控制和 DC－DC 转换，得到另一种数值的直流稳定电压 V_o；三是检测控制电路，其作用是通过 R_1 和 R_2 组成的分压器检测输出电压 V_o，将 V_o 与参考电压 V_{ref} 比较，放大后得到误差值 V_{ea}，再将 V_{ea} 通过 PWM 比较器与锯齿波电压进行比较，得到 PWM 矩形波脉冲列（如果是隔离式变换器，V_{ea} 须经过光耦隔离后，通过 PWM 比较器与锯齿波电压进行比较，得到 PWM 矩形波脉冲列），此脉冲列通过控制器并以负反馈的方式对 DC－DC 变换器进行 PWM 控制，将 V_{dc}转换成另一种数值的直流稳定电压 V_o，达到稳定输出电压的目的；四是开关电源的保护电路（在图 1-3 中未画出来），其作用是保护开关电源能够安全稳定地工作。

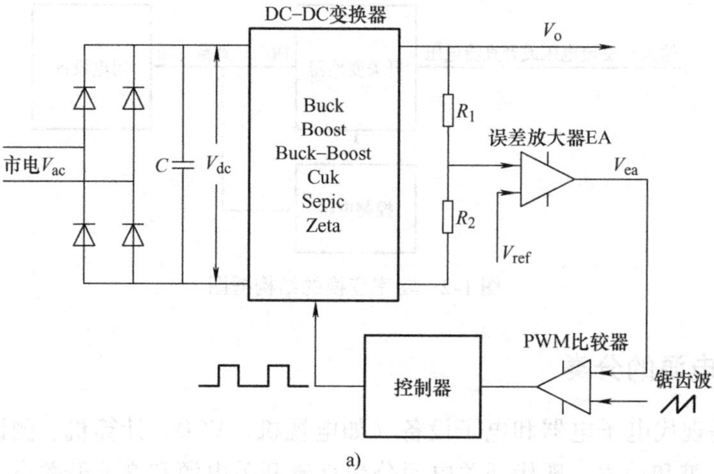

a)

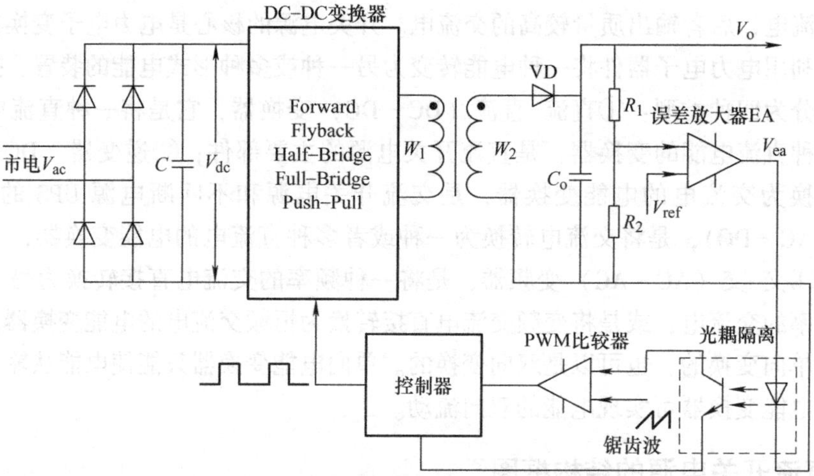

b)

图 1-3　直流开关电源基本电路结构框图

a）非隔离式直流开关电源　b）隔离式直流开关电源

任务二　直流变换器的分类

学习目标

◆ 了解直流变换器的分类方法。

◆ 熟悉直流变换器的类型。

直流开关电源的核心是直流-直流（DC－DC）变换器，简称直流变换器。直流变换器按输入与输出间是否有电气隔离，可分为两类：没有电气隔离的，称为非隔离式直流变换器；有电气隔离的，称为隔离式直流变换器。

非隔离式直流变换器按所用有源功率器件的个数，可分单管、双管和四管三类。单管直流变换器有六种类型，即降压式（Buck）变换器、升压式（Boost）变换器、升降压式（Buck-Boost）变换器、Cuk 变换器、Zeta 变换器和 Sepic 变换器。在这六种单管变换器中，降压式和升压式变换器是最基础的，另外四种是从中派生的。双管直流变换器有双管串接的升降压式（Buck-Boost）变换器。全桥直流变换器（Full Bridge Converter）是常用的四管直流变换器。

隔离式变换器可以实现输入与输出间的电气隔离，通常采用变压器实现隔离，变压器本身具有变压的功能，有利于扩大变换器的应用范围。变压器的应用还可以实现多路不同电压或多路相同电压的输出。

当功率开关管的电压和电流容量相同时，变换器的输出功率通常与所用开关管的数量成正比，故四管变换器的输出功率最大，而单管变换器的输出功率最小。

非隔离式变换器和隔离式变换器组合起来，可以得到单个变换器所不具备的特性。

按能量传递来分，直流变换器有单向和双向两种。具有双向功能的充电器在电源正常时向电池充电，一旦电源中断，它可将电池电能返回电网，向电网短时间应急供电。有些直流电动机控制用变换器也是双向的，电动机工作时将电能从电源传递到电动机，制动时将电能回馈给电源。

直流变换器也可分为自激式和他控式。借助于变换器本身的正反馈信号实现开关管自持周期性开关的变换器叫作自激式变换器，洛耶尔（Royer）变换器是一种典型的推挽自激式变换器。他控式直流变换器中开关器件控制信号由专门的控制电路产生。

按开关管的开关条件，直流变换器可分为硬开关（Hard Switching）和软开关（Soft Switching）两种。硬开关直流变换器的开关器件是在承受电压或电流的情况下接通或断开电路的，因此在开通或关断过程中伴随着较大的损耗，即所谓的开关损耗（Switching Loss）。当变换器工作状态一定时，开关管每开通或关断一次的损耗也是一定的，因此开关频率越高，开关损耗就越大。同时，开关过程中还会激起电路分布电感和寄生电容的振荡，带来附加损耗，因而硬开关直流变换器的开关频率不能太高。软开关直流变换器的开关管在开通或关断过程中，或是加在器件上的电压为零，即零电压开关（Zero Voltage Switching，ZVS），或是通过器件的电流为零，即零电流开关（Zero Current Switching，ZCS）。这种开关方式显著地减小了开关损耗和开关过程中激起的振荡，可以大幅度地提高开关频率，为变换器的小型化和模块化创造了条件。功率场效应管（MOSFET）的特点是开关速度高，但同时也有较大的寄生电容。当它关断时，在外电压作用下，其寄生电容充满电荷，如果在它开通前不能将这部分电荷释放掉，则这些电荷将消耗于器件内部，这就是所谓的容性开通损耗。为了减小乃至消除这种损耗，功率场效应管宜采用零电压开通方式（ZVS）。绝缘栅双极型晶体管（Insulated Gate Bipolar Transistor，IGBT）是一种复合器件，关断时的电流拖尾将会导致较大的关断损耗。如果在关断前使通过器件的电流降为零，则可以显著地降低开关损耗，因此 IGBT 宜采用零电流（ZCS）关断方式。IGBT 在零电压条件下关断，也能减小关断损耗，而 MOSFET 在零电流条件下开通并不能减小容性开通损耗。谐振变换器（Resonant Converter，RC）、准谐振变换器（Quasi-Resonant Converter，QRC）、多谐振变换器（Multi-Resonant Converter，MRC）、零电压开关 PWM 变换器（ZVS PWM Converter）、零电流开关 PWM 变换器（ZCS PWM Converter）、零电压转换（Zero Voltage Transition，ZVT）PWM 变换器和零电流转换（Zero Current Transition，ZCT）PWM 变换器等均属于软开关直流变换器。电力电子器件和零开关变换器电路拓扑的发展，促使了高频电力电子学的诞生。

任务三　直流开关电源的特点和应用

学习目标

◆ 了解直流开关电源的特点。
◆ 熟悉直流开关电源的应用。

一、直流开关电源的特点

直流开关电源是具有直流变换器且输出电压恒定或按要求变化的直流电源，其输入可以是直流电，也可以是交流电。直流开关电源具有以下全部或部分特征：①电源电压和负载在规定的范围内变化时，输出电压应保持在允许的范围内或按要求变化；②输入与输出间有好的电气隔离；③可以输出单路或多路电压，各路之间有电气隔离。

直流开关电源与传统的直流线性稳压电源相比，具有如下优点：①电力电子器件在开关状态工作，电源内部损耗小，效率高；②开关频率高，电源体积和重量小。开关电源主要用于向模拟或数字电子设备供电。虽然直流电动机速度或位置控制器本质上也属于开关电源，但由于电动机有电动和制动两种工作状态，故使用双向变换器，通常称为时机控制器，很少称之为开关电源，所以通常的直流开关电源不包括直流电动机控制器。

二、直流开关电源的应用

现代家用电子电器（如电视机、录像机、VCD 等），个人计算机，测试仪器（如示波器、信号发生器、小型分析仪等）和生物医学仪器都采用开关电源。直流开关电源还广泛用于工业装置、大型计算机、通信系统、航空航天和交通运输等各个领域。大型计算机、通信系统、航空航天器中使用的电源是分布式电源系统，它包括三个部分：第一部分为发电系统，第二部分为一次电源，第三部分为二次电源。发电系统是将其他能量转化为电能的设备，例如人造卫星和空间站中的太阳电池、飞机上的由航空发动机传动的无刷发电机、通信电源中的工频电源或柴油发电机等。一次电源用于将变化范围较大的输入电压转变为所需的输出电压，如人造卫星中的蓄电池充电放电器和并联调节器，飞机变速恒频电源中的变换器，通信电源中的开关整流器。二次电源则直接面向用电设备，如电子设备、通信设备中印制板上的模块电源等。分布式电源系统的发电系统、一次电源和部分二次电源为多冗余度电源，电源间互相并联，电源模块内有运行状态监控电路，可准确判断电源故障，并切除发生故障的电源，因而有较高的可靠性。同时，一次电源的输出都并联蓄电池，防止发电系统或个别一次电源故障所引起的汇流电压中断，从而实现了不间断供电。因此，分布式电源系统是高可靠性的不间断供电系统，目前只有直流开关电源供电系统才能实现完善的不间断供电。

三、直流开关电源的实物图

各种直流开关电源的实物图如图 1-4 所示。

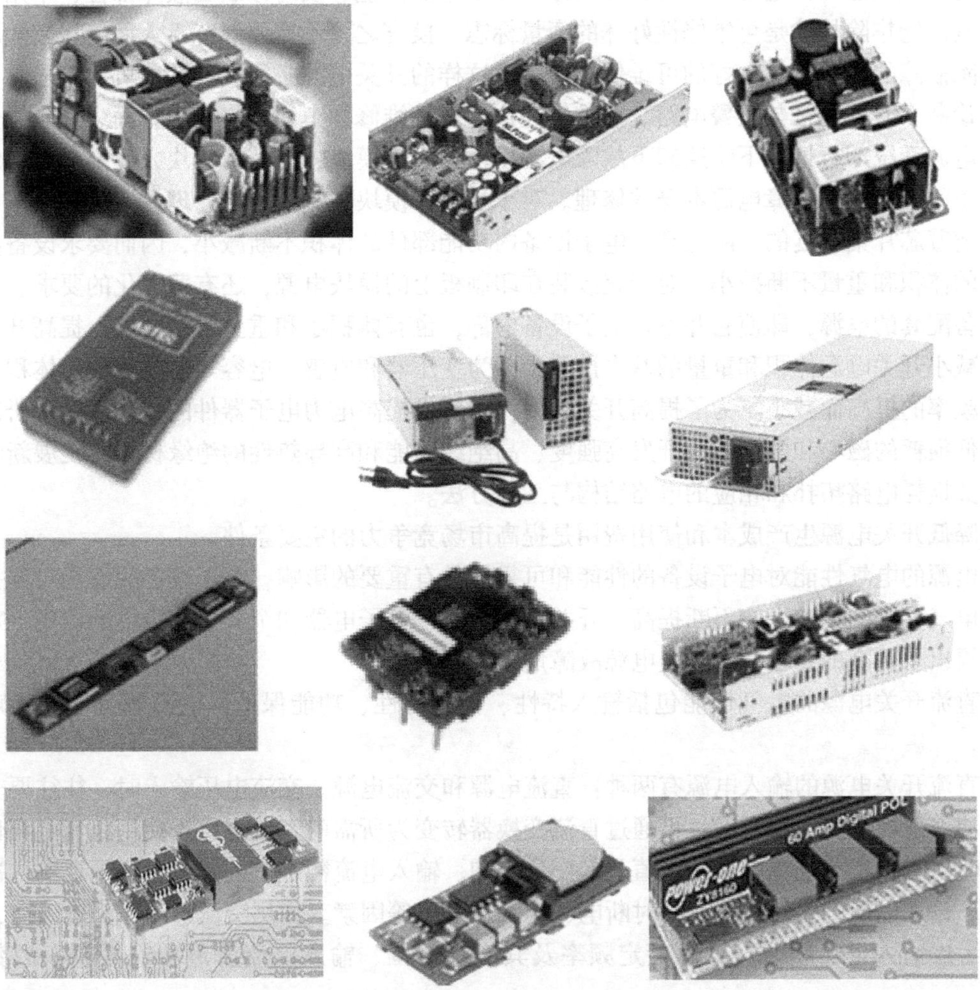

图 1-4　各种直流开关电源的实物图

任务四　直流开关电源的性能指标

学习目标

◆ 熟悉开关电源的性能指标。

◆ 了解开关电源的参数。

开关电源是电子设备正常工作的基础部件，对其有很高的要求，包括电气性能优良、可靠性高、可维修性好、体积小、重量轻、价格低。

平均故障间隔时间（MTBF）是衡量开关电源和其他设备可靠性的重要标志。某些电源模块的 MTBF 已大于 50 万小时。减小损耗、提高效率和改善散热条件，从而减小电源的温度升高，是提高可靠性的基本方法。加强生产过程质量控制，保证良好的电气绝缘和机械强度，对提高开关电源的可靠性也十分重要。

对于中大型开关电源，改善其可维修性非常重要。能够及时诊断出故障部位，不用专用工夹具即能排除故障是可维修性好坏的衡量标志。换言之，不需要熟练工人而能在较短时间内排除故障的电源就具有好的可维修性。因此这样的开关电源必须具有计算机故障检测、保护、诊断、故障记忆与报警电路。可维修性包括现场维修和车间维修两个方面。现场维修要求在电源系统运行情况下快速卸下故障电源模块，更新模块，并使新模块方便地投入系统运行。车间维修是对故障电源本身的修理。对于小功率模块，一般不再修理。

随着芯片集成度的不断提高，电子设备内功能部件的体积不断减小，因而要求设备内部电源的体积和重量不断减小。对于直接装在印制板上的模块电源，还有薄型化的要求。为电子设备配套的电源，即使它并不在电子设备内部，也有体积小和重量轻的要求。提高开关频率是减小开关电源体积和重量的基本措施，因为变压器和电感、电容等滤波元件的体积和重量随频率的提高而减小。为了提高开关频率，则要求提高电力电子器件的高频性能，研制高频率低损耗的磁心和电容器，开发高强度、高绝缘性能和高导热性的绝缘材料，发展新型的零开关损耗电路拓扑和相应的电路结构与工艺方法。

降低开关电源生产成本和使用费用是提高市场竞争力的主要条件。

电源的电气性能对电子设备的性能和可靠性具有重要的影响，电子设备的发展对开关电源的电气性能的要求也在不断提高。开关电源在家用电子电器和个人计算机中的应用，对安全性提出了更高的要求，应防止电源故障危害人身安全。

直流开关电源的电气性能包括输入特性、输出特性、功能保护、电磁兼容性和噪声容限等。

直流开关电源的输入电源有两种：直流电源和交流电源。交流电压输入时，往往要先经整流滤波变换成直流电压后，再通过直流变换器转变为所需的直流电压。使用直流电源作为输入时，必须考虑电源电压额定值及其变化范围、输入电流额定值及其变化范围、输入冲击电流、输入电压的突然下降或瞬时断电、输入漏电流等因素。使用交流电源作为输入时，还必须考虑输入电压相数、电源额定频率及其变动范围、输入电流波形和输入功率因数等要求。

输出参数有额定输出电压、电流，输出电压可变范围，输出电流变化范围和输出电压的纹波系数等。输出电压的稳压精度是直流开关电源的重要技术指标，输入电压的变化、负载电流的变化、工作环境温度的变化和工作时间的增长都会使输出电压发生变化。稳压精度包括负载效应（负载调整率）和源效应（电网调整率）。负载效应是指当负载在 0～100% 额定电流范围内变化时，输出电压的变化量与输出电压额定值的比值。源效应是指当电网电压在规定的范围内变化时，输出电压的变化量与输出电压额定值的比值。

开关电源还应具有输出过电压、欠电压、过电流和过热等保护功能，以免损坏用电设备。在构成电源系统时，开关电源还应有遥控、遥测和遥信等功能。

开关电源还应具有高电能转换效率、低噪音、优良的电磁兼容性和绝缘性能等指标。

任务五　开关电源的主要技术及发展趋势

学习目标

◆ 熟悉开关电源的主要技术。

◆ 熟悉开关电源的发展趋势。

一、开关电源的主要技术

开关电源处于电源技术的核心地位，它是在新型功率器件、新型电路拓扑不断出现以及实际需求的推动下发展起来的。近20多年来开关电源技术得到了突飞猛进的发展，主要表现在以下几个方面。

1. 高频化

随着微处理器尺寸不断减小，供电电源的尺寸与微处理器相比已相形见绌，迫切需要更加小型化、轻型化。为达到这一目的，必须提高开关电源的工作频率。理论分析和实践经验表明，电器产品体积、重量随供电频率的升高而减小。当把频率从50Hz提高到几百kHz时，用电设备的体积、重量大大降低。这就是频率提高数千倍为实现功率变换的开关电源带来的直接效益。然而频率越高，电磁兼容（EMC）问题越严重；印制电路板的布置变得更为复杂；功率器件、导线的自身参数对系统的影响增大。因此目前频率不能达到很高（10MHz以上）。

2. 新型高频功率半导体器件及磁性材料

功率场效应管（MOSFET）、超快恢复功率二极管、绝缘栅双极型晶体管（IGBT）、无感电容、无感电阻、新型铁氧体材料、纳米软磁金属、静电感应晶体管（SIT）等新型器件的出现，使得开关电源得以升级换代。如功率MOSFET和IGBT已完全可代替功率晶体管和中小电流的晶体管，使开关电源工作频率可达到400kHz（AC－DC开关变换器）和1MHz（DC－DC开关变换器）。超快恢复功率二极管和MOSFET同步整流技术的开发，也为研制高效低电压输出（≤3.3V）的开关电源创造了条件。近几年发展起来的高性能碳化硅（SiC）功率半导体器件，如SiC场效应管、SiC二极管等在高温、高频、大功率、高电压、光电子及抗辐照等方面发挥巨大作用。

3. 同步整流技术

理论和实验表明，工作电压越低，微处理器的工作频率越高，能量损耗就越小。因此下一代微处理器的发展，要求更低输出电压（≤1V）的开关电源。为了提高微处理器的工作频率，加快处理数据速度和处理的能力，同时又要求有足够的能量以保证微处理器正常工作，这就要求电源在输出足够低的电压的同时，还能够输出相当大的电流。未来的大电流可能达到100A的量级。倘若变换器的输出端使用肖特基二极管整流，由于肖特基二极管的管压降为0.35V，导致器件消耗的功率相当大。

同步整流技术的核心是用MOSFET代替肖特基二极管用于开关电源输出端的整流。由于MOSFET完全导通时，导通电阻（R_{dson}）只有几个mΩ，即使是在输出电流很大的情况下，MOSFET 器件损耗却很小，因此变换效率将大大提高。

同步整流技术在低电压大电流开关电源中应用最为广泛，其驱动方式有自驱动和控制驱动两种方式。其中控制驱动方式结构复杂、成本高、效率低，使用较少。自驱动又可分为电压驱动和电流驱动两种方式。电压驱动方式适合于高频工作，容易满足高功率密度的要求，驱动简单，只要满足驱动电压为 8～10V，SR（同步整流管）就能完全导通。目前电压驱动型的同步整流变换器在输入电压为 48V、输出电压 $V_o=1.2V$、输出电流 $I_o=59.1A$ 时，其效率可达 82.5%。

电流驱动方式主要是利用电流变压器来检测同步整流管（SR）的电流的大小，根据电流方向产生驱动信号。当正向电流从 SR 的源极流向漏极时，SR 栅极驱动信号开通；当反向电流从 SR 的漏极流向源极时，SR 栅极驱动信号关闭。电流驱动方式的特点是：无论电压高低，都能完全有效地驱动 MOSFET，适于并联运行。电流驱动方式的效率比电压驱动方式高 1%～2%。

4. 软开关和 LLC 谐振技术

如果 PWM 开关电源按硬开关模式工作，则在开关过程中，电压和电流变化过程中将出现波形交叠，导致开关损耗大，而且随着开关频率的提高开关损耗更加增大。为此必须研究开关电压和电流波形不交叠的技术，即所谓零电压开关（ZVS）技术，或称软开关技术（相对于 PWM 硬开关技术而言）。以 20 世纪 70 年代出现的谐振软开关技术为基础，各种新型软开关技术不断涌现，如准谐振、全桥移相 ZVS－PWM、恒频 ZVS－PWM、ZCS－PWM 有源钳位、ZVT－PWM、ZCT－PWM、全桥移相 ZVS－ZCS－PWM、LLC 谐振半桥等。软开关和 LLC 谐振技术的开发和应用提高了开关电源的效率，最近国内外 DC－DC 开关电源模块（48/12V）的总效率可达到 96%。

5. 控制技术

在开关电源的控制技术中，常用的控制方式有电流型控制、多环控制、电荷控制及单周期控制。其中电流型控制、多环控制已得到较普遍的应用；电荷控制及单周期控制使得开关电源动态性能有了很大的提高。下面将对这些控制技术分别加以阐述。

通常一个稳定的系统需要对输出变量采用闭环控制，以使输入电压变化或负载电流变化时能够及时调节输出变量，并达到预期的动态响应。传统的开关电源大多采用电压型控制方式，即只对输出电压采样，并作为反馈信号实现闭环控制，以稳定输出电压。在这个控制过程中，电感电流未参与控制，是独立的变量。开关变换器可近似为二阶系统，其中有两个状态变量，即输出滤波电容的电压和输出滤波电感的电流。二阶系统是一个有条件的稳定系统，只有对误差放大器补偿网络进行精心设计和计算，才能保证系统稳定工作。由于开关电源的电流都要流经滤波电感，这将使滤波电容上的电压信号对电流信号产生 90°延迟。因此，仅采用输出电压反馈的闭环控制，其稳压响应速度慢，稳定性差，甚至在大信号变化时会产生振荡，导致功率器件损坏。

电流型控制方式是在保留了电压型控制的输出电压反馈的基础上，增加了电感电流反馈，而且这个电流反馈还可作为 PWM 控制变换器的斜坡函数，从而不再需要锯齿波发生器，明显地提高了系统的性能。由于电感电流的变化率 di/dt 直接跟随输入电压和输出电压变化，系统稳定时电感电流的平均值正比于负载电流。在电压反馈回路中，误差放大器的输出作为电流给定信号，与反馈的电感电流相比较，直接控制功率开关通断的占空比，使功率开关的电流受电流给定信号的控制。电流型控制的优点是：①动态响应快、稳定性高；②输出电压精度高；③具有内在对功率开关电流的控制能力；④具有良好的并联运行能力。目前，随着电流型控制集成控制器的出现，电流型控制技术越来越多地被应用于实际的设计当中。

电流型控制包括：峰值电流型控制和平均电流型控制，后者是在前者的基础上发展起来的，二者均为双环控制系统，即一个电压环和一个电流坏。峰值电流型控制的特点在于：在电流环中，它检测的只是开关电流的峰值，而无补偿环节。该控制方法仅适用于降压式电路；平均电流型控制在电流环中引入了一个高增益的电流误差放大器。电流误差放大器的同相端电压反映了参考电流的大小，检测到的电感电流经电阻变换网络，转换为电压信号送入电流误差放大器的反相端。这种控制方式的特点是：①选取合适电路参数，可保证控制电路的稳定性和快速调节电感电流；②电感电流紧密跟踪网侧电压波形，用较小电感即可使谐波电流含量大大降低；③不需要斜率补偿，但为了保证可靠工作，在一定的开关频率下需有环路增益限制；④抗噪能力强；⑤对各种不同的电路拓扑均有良好的控制效果。

电流型控制适用于非线性负载。如果负载是线性时，则采用多环控制效果比较好，在多环反馈控制结构中，一般是将电容电流波形反馈环作为内环，电容电压波形反馈环作为外环，电容电压有效值反馈环作为最外环。

电荷控制技术是最近提出的一种新型控制技术，其工作过程为：在第一开关周期的开始处，用定频时钟开通功率级的有源开关，对开关电流取样和积分，当积分电容上的电压达到控制电压时，关闭功率开关，并同时开通另一辅助开关，使积分电容迅速放电，这一状态一直维持到下一个时钟脉冲出现。由于控制信号实际上为开关电流在下一个周期内的总电荷，因此称为电荷控制，又因开关平均电流和开关电荷成正比，故又称为开关电流平均值控制技术。在降压及升降压变换器中，开关电流即为输入电流，所以电荷控制技术是功率因数校正控制的合适技术，它既可使输入功率因数达到1，又可稳定输出电压，因此电荷控制技术作为一种新兴技术将会得到快速发展和广泛应用。

开关变换器是脉动的非线性动态系统，这种系统在合适的脉动控制下，具有快速的动态响应特点，它与线性反馈相比，受输入电压波动的影响很小。目前的大多数控制方法是先把模型方程线性化，再利用一个线性反馈回路来实现控制。一般的电压反馈是通过改变控制脉冲的占空比来实现的，当输入电压变化时，占空比不会马上改变，而是首先改变输出信号，然后改变控制信号，最后才是改变占空比，对应的占空比变化才能使输出信号向稳定的方向变化。这个过程要重复多次，才能达到稳定状态。如果使用电流峰值控制，当控制脉冲的占空比大于0.5时，电路中有可能产生次谐波振荡，所以通常在比较器的输入端加一个谐波补偿环节用来抑制次谐波振荡。如果补偿环节参数设计合适，则系统在一个周期内将不受输入电压波动的影响。由于电流的下降斜率是一个动态变化的时间函数，选择一个与之相抵消的斜率是很困难的，而单周期控制可充分利用非线性这一优点，使得输出不受输入波动的影响，在一个周期内快速跟踪控制参考量，达到稳定状态。单周期控制主要是一个周期内控制开关变量的变化，使输出跟随控制参考量，且开关变量的输出与输入无关，只与参考电压有关。

随着数字处理技术的日益成熟，其优点也越来越明显：便于计算机软件控制；避免模拟信号传递过程中的波形畸变；抗干扰能力强；便于软件调试；便于遥感遥测；也便于实现容错技术。目前，PIC 单片机、DSP、PLD 器件价格下降，使得数字处理器在开关电源中的应用越来越广泛，用数字控制技术取代模拟控制技术是开关电源发展的一个必然趋势。

6. 功率因数校正技术

为了在 AC - DC 变换器电路的输出端得到一个较为平滑的直流输出电压，通常采用电容来滤波。正是由于整流二极管的非线性和电容的共同作用，使得输入电流发生了畸变。如果去掉滤波电容，则输出端的电流变为近似的正弦波，虽然提高了变压器输入侧的功率因数并减少了输入电流的谐波，但是整流电路的输出不再是一个平稳的直流电压，而是变成了脉动电压。如果想要使输入电流为正弦波，且输出为平滑的直流电压，则必须在整流电路和滤波电容之间加一个电路，即 PFC（功率因数校正）电路。

为实现这一目标，可采用无源电路（不用可控开关），也可采用有电源电路（用可控开关）。无源滤波电路技术主要是在整流桥和电容之间串联一个电感，以增加二极管的导通时间，降低输入电流的幅值，或者在交流侧接入一个谐振滤波器，主要用来消除 3 次谐波。虽然无源电路方式简单，但是电流的谐波仍然较大，并且要求负载为电抗性。镇流技术是以荧光灯电子镇流器提出的无源 PFC，采用 2 个串联电容作为滤波电容，适当配合几只二极管，使得并联电容充电、串联电容放电，以增加整流二极管的导通角，改善输入侧的功率因数。其代价是直流母线电压约在输入电压最大值的一半之间脉动。如果配上适当的高频反馈，也能实现功率因数大于 0.98。

有源功率因数校正技术主要是以输入电压为参考信号，控制输入电流跟踪参考信号，以实现输入电流的低频分量和输入电压为一个近似同频同相的波形，以提高功率因数和抑制谐波；同时采用电压反馈，使得输出电压为近似平滑的直流电压。有源功率因数校正技术可分为直接电流控制和间接电流控制两种。直接电流控制方法是用输入电流与参考电流做比较，再利用输出的电流误差值控制开关动作。直接电流控制可分为：峰值电流控制、滞环控制和均值电流控制。峰值电流控制法由于次谐波振荡问题导致功率因素校正难度加大，因此较少应用。滞环控制法的平均电流波形为纯正弦波，属于变频控制方式。均值电流控制法实现简单，控制效果好，是当前最为流行的控制方式。间接电流控制法则是利用控制输入电感端电压的幅值和相位使电感电流与输入电压同相，属于幅值相位控制方式，该方法虽然控制电路简单，由于对参数敏感，尚有待进一步研究。

目前，单相功率因数校正技术已是比较成熟的技术，而三相功率因数校正技术还处于研究阶段。

7. Magamp 后置调节器技术

20 世纪 80 年代，由于高频磁性材料，如非晶态软磁合金、超微晶软磁合金等材料的发展，在高频（100kHz 以上）开关电源中用高频磁放大器（Magamp），使得多路输出成为可能。高频磁放大器也称为可控饱和电感（Controlled Saturation Inductor），它可以作为其中一路输出的电压调节器（Output Regulator），也称为后置调节器（Post-Regulator）。其优点是：电磁兼容小、电路简单、可靠性高、效率高，可较精确地调节输出电压，特别适合应用于输出电流为 1 ~ 几十安的开关电源。

8. 饱和电感技术

饱和电感（Saturation Inductor）是指带铁心（无气隙）的线圈，其特点是，铁心的饱和程度和电感量随通过电流的大小而变化。如果铁心的磁特性是理想的磁化曲线（呈矩形），则饱和电感在工作时，类似于一个阻抗。在开关电源中，应用饱和电感可以吸收浪涌、抑制尖峰、消除寄生振荡，当快速恢复整流管串联时可减小整流管的损耗。

饱和电感主要用于移相全桥变换器中，主要用在以下几个方面：①在移相全桥 ZCS－PWM 中作为谐振电感，从而扩大了轻载下开关电源满足 ZVS 条件的范围；②与开关电源的隔离变压器二次侧输出整流管串联，可消除二次寄生振荡（Secondary Parasitic Ringing），减少循环能量，并使移相全桥 ZVS－PWM 开关电源的占空比损失最小；③和电容一起串接在移相全桥 ZCS－PWM 变换器中，接在变压器的一次侧，使得超前臂开关管实现 ZVS；当负载电流趋近于零时，电感阻止电流反向变化，创造了滞后臂开关管 ZCS 条件，从而实现了 ZV－ZCS。

9. 分布电源技术和并联均流技术

分布电源技术（Distribute Power Technique）是将 250～425V/48V DC－DC 变换器产生的直流 48V 母线电压，供电给负载板，再通过板上若干个并联的薄型 DC－DC 变换器，将 48V 变换为负载所需的 3.3～5V 电压。一般 DC－DC 变换器的功率密度达 $100W/in^3$、效率可达 90%。分布电源技术适用于超高速集成电路（Very High Speed IC，VHSIC）组成的大型工作站（如图像处理站）、大型数字电子交换系统等。其优点是：可降低 48V 母线上的电流和电压降；容易实现 $n+1$ 冗余，提高了可靠性；易于扩增负载容量；散热好；瞬态响应好；减少电解电容器数量；可实现 DC－DC 变换器组件模块化；易于使用插件连接；可在线更换失效模块等。

10. 集成化、模块化技术

集成化是指采用多层厚膜衬底技术将元件和驱动逻辑集成到一块芯片上，使之实现预期的功能。

模块化是指功率器件以及单元电路的模块化。由于开关频率的提高，致使引线寄生电感、寄生电容的影响愈加严重，加大了器件承受的应力（毛刺电压、电流）。为了提高系统可靠性，开关电源厂商开发了“用户专用”功率模块（ASPM）。这种模块化技术不仅使得用户使用方便灵活，更主要的是取消了传统连线，把寄生参数降至最小，从而使器件的承受应力也降至最低，提高了开关的可靠性。

二、开关电源的发展趋势

高频化、小型化、模块化、智能化和数字化是直流开关电源的发展方向。高频化是小型化和模块化的基础，目前开关频率为数百 kHz 至数 MHz 的开关电源已有使用。功率重量比或功率体积比是表征电源小型化的重要指标，$80W/in^3$ 的开关电源早已上市，目前已向 $200W/in^3$ 发展。模块化与小型化是紧密相关的，同时模块化可显著提高电源的可靠性和使用灵活性，简化生产和使用。模块电源的并联、串联和级联既便于用户使用，也便于生产。智能化是便于使用和维修的基础，无人值守的电源机房、航空和航天电器电源系统等都要求高度智能化，以实现正常情况、故障应急情况和危急情况下对电源的自动管理。数字化是电源发展的必然趋势。为数字系统供电，将来最好的方案无疑是数字控制的电源，它将给控制系统带来更多的选择并将促进控制技术的进步。实现开关电源的数字化，不仅使元器件数量大幅减少，也使开关电源的体积大幅度减小。

模块二

非隔离式开关电源原理与实例分析

项目一　升压式电源电路的分析

在某些应用场合，输入电压低于用电设备工作所需要的电压，开关电源要对输入电压进行升压转换才能给用电设备供电。通常的做法是采用升压式变换器进行升压变换。由 PWM 控制芯片 UC3842 构成的升压式电源电路如图 2-39 所示，要完成这个项目的设计和制作，首先要学习掌握以下知识：

◆ 掌握功率场效应晶体管（MOSFET）的工作原理、基本参数及驱动电路。
◆ 掌握升压式变换器的工作原理及基本关系式。
◆ 掌握 PWM 控制原理。
◆ 熟悉 PWM 控制芯片 UC3842 的基本资料。
◆ 掌握 PWM 控制芯片 UC3842 外围电路的分析及设计。
◆ 掌握升压式电源电路工作原理及分析。
◆ 掌握主电路参数和芯片及外围电路参数的设计。
◆ 掌握调试电路、测试电路的方法和排除电路故障的流程。

任务一　功率场效应晶体管（MOSFET）的介绍

学习目标

◆ 熟悉 MOSFET 的结构及参数。
◆ 掌握 MOSFET 的工作原理、开关特性及驱动电路工作原理。
◆ 熟悉 MOSFET 的封装及主要供应商。

本任务主要介绍功率场效应晶体管（MOSFET，下文简称为 MOS 管），主要从以下八个方面来介绍 MOS 管：

（1）MOS 管的结构及工作原理；
（2）MOS 管的开关特性；
（3）MOS 管的主要参数；
（4）MOS 管并联工作和双向导通特性；
（5）MOS 管的栅极驱动电路；
（6）MOS 管的保护电路；
（7）MOS 管的导通损耗和开关损耗；
（8）MOS 管的封装及主要供应商。

一、MOS 管的工作原理及参数

场效应晶体管（MOSFET）是一种全控型的电力电子开关器件。全控型器件是指通过控制信号可以使其导通，也可以使其关断。

1. MOS 管的结构

MOS 管的类型很多，按导电沟道可分为 P 沟道和 N 沟道；根据栅极电压与导电沟道之间的关系可分为耗尽型和增强型，功率场效应晶体管一般为 N 沟道增强型。功率场效应晶体管是多元集成结构，即一个器件由多个 MOSFET 单元组成。一个 MOSFET 单元结构如图 2-1 所示，有三个引脚，分别为源极 S、栅极 G 和漏极 D。

2. MOS 管的工作原理

MOS 管为电压控制型器件。所谓电压控制意为对电场能量的控制，故称作为（电）场效应晶体管。MOS 管是利用多数载流子导电的器件，因而又称为单极型晶体管。MOS 管电压控制机理是利用栅极电压的大小来改变感应电场所生成的导电沟道的厚度（感生电荷的多少），达到控制漏极电流 i_D 的目的。N 沟道增强型和 P 沟道增强型 MOS 管的符号如图 2-2 所示。

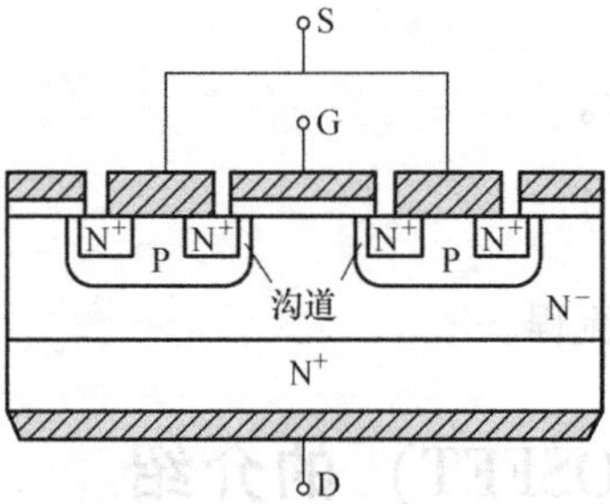

图 2-1　MOSFET 单元结构

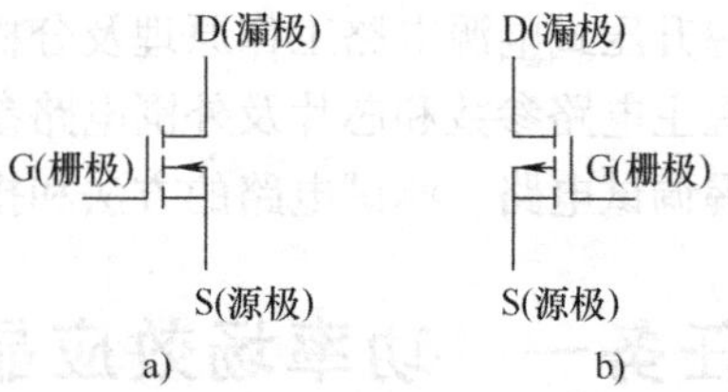

图 2-2　N 沟道增强型和 P 沟道增强型 MOS 管的符号
a）N 沟道增强型 MOS 管　b）P 沟道增强型 MOS 管

功率 MOS 管有三极：漏极 D、源极 S 和栅极 G。漏源极之间有一个寄生二极管（或称体内二极管），还有输出结电容，其等效电路如图 2-6 所示。驱动信号加在栅极和源极之间。因此，功率 MOS 管也是一可控的开关器件，提供适当的驱动控制信号，可实现整流。在开关电源中，功率场效应晶体管几乎都是 N 沟道增强型器件。现以 N 沟道 MOS 管为例说明它的工作原理。

当栅源极间的电压 $V_{GS} \leqslant V_{TH}$（V_{TH}为开启电压，又叫阈值电压，典型值为 2～4V）时，即使加上漏源电压 V_{DS}，也没有漏极电流 I_D 出现，MOS 管处于截止状态。当 $V_{GS} > V_{TH}$ 且 $V_{DS} > 0$ 时，会产生漏极电流 I_D，MOS 管处于导通状态，且 V_{DS}越大，I_D 越大。另外，在相同的 V_{DS}下，V_{GS}越大，I_D 越大，即导电能力越强。

综上所述，MOS 管的漏极电流 I_D 受控于栅源电压 V_{GS}和漏源电压 V_{DS}，这就是 MOS 管的转移特性。MOS 管的转移特性是指功率场效应晶体管的输入栅源电压 V_{GS}与输出漏极电流 I_D 之间的关系。仙童公司的 FVTPF8N60C（7.5A，600V）MOS 管的转移特性曲线如图 2-3a 所示。当 I_D 较大时，该特性基本为线性。转移特性曲线的斜率 $g_m = \Delta i_D / \Delta V_{GS}$称为跨导，表示 MOS 管的栅源电压对漏极电流的控制能力。仅当 $V_{GS} > V_{TH}$时，才会出现导电沟道，产生漏极电流 I_D。转移特性表明 MOS 管是电压型场控器件。由于栅极的输入电阻很高，栅源极间可以等效为一个电容，所以栅源电压 V_{GS} 能够形成电场，且栅极电流基本为零。因此，MOS 管的驱动功率很小。

由上述分析可知，MOS 管属于电压型控制器件，可以通过栅极电压来控制漏极电流，也就是说可以通过栅极电压来控制漏源极的导通情况。MOS 管 FVTPF8N60C（7.5A，600V）

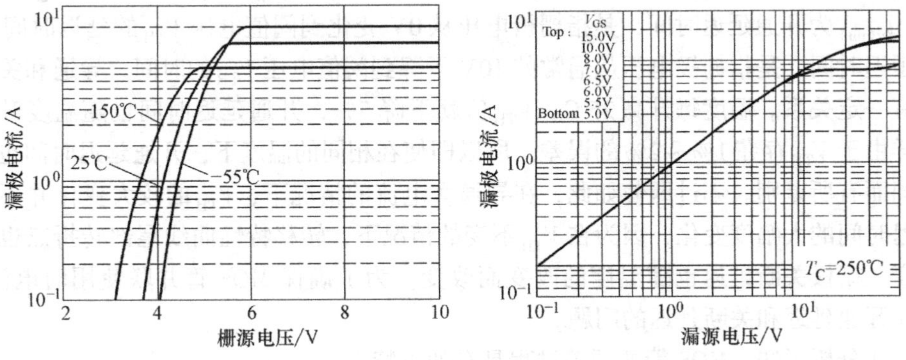

图 2-3　MOS 管的转移特性和输出特性

a）转移特性　b）输出特性

的输出特性，即漏极电流 I_D 与漏源电压 V_{DS} 的关系曲线如图 2-3b 所示。根据栅极电压的大小，MOS 管可以工作在四个不同的区域：

① 截止区：$V_{GS}<V_{TH}$，$I_D=0$。

② 非饱和区：V_{GS} 稍大于 V_{TH}，$V_{DS}>V_{GS}-V_{TH}$，当 V_{GS} 不变时，I_D 几乎不随 V_{DS} 的增加而变化，近似为常数。

③ 饱和区：$V_{GS}>>V_{TH}$，一般大于 8V，V_{DS} 很小（$R_{DS(on)}$ 很小，一般为毫欧级），I_D 比较大。

④ 雪崩击穿区：V_{GS} 继续增大到一定程度，超过了器件的最大承受能力，就进入雪崩击穿区。在应用中要避免出现这种情况，否则会造成器件的损坏。

MOS 管是多数载流子器件，不存在少数载流子特有的存储效应，因此开关时间很短，典型值为 20ns。影响开关速度的主要因素是器件的极间电容，开关时间与输入电容的充、放电时间常数有很大关系。

MOS 管的开关过程如图 2-4 所示，V_p 为驱动电源信号，R_s 为信号源内阻，R_G 为栅源极

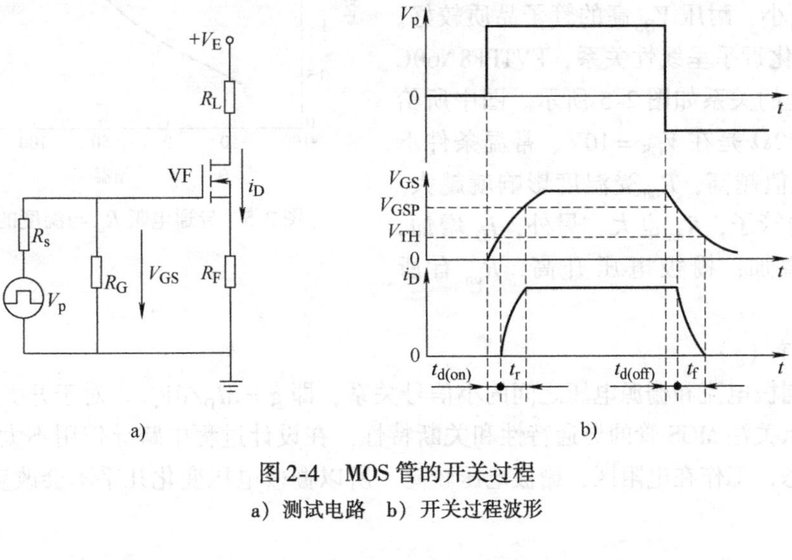

图 2-4　MOS 管的开关过程

a）测试电路　b）开关过程波形

电阻，R_L 为负载电阻，R_F 为检测漏极电流。开通时间 $t_{on}=t_{d(on)}+t_r$，关断时间 $t_{off}=t_{d(off)}+t_f$，其中 $t_{d(on)}$ 为开通延迟时间，是指栅极电压从 0V 变化到阈值电压 V_{TH} 的延迟时间；$t_{d(off)}$ 为关断延迟时间，是指栅极电压从通常的 10V 下降到阈值电压 V_{TH} 的时间。导通和关断延迟与温度有一定关系。温度每升高 25℃，V_{TH} 值就下降 5%，开通延迟时间也随温度升高而减小。同样由于 V_{TH} 存在 1% ~2% 的误差，所以即使在相同的温度下，开通延迟时间也会因器件的不同而有所差别。不过即使如此，在导通大电流的情况下，V_{TH} 的较大变化并不会引起开通延迟时间的大幅度变化，因为在 V_{TH} 不变的情况下，转移特性曲线尾部转折点也会有明显的改变。栅极关断延迟也随温度的改变而改变。为了确保 MOS 管并联使用时电流均分，更要关注开通延迟和关断延迟的问题。

由上述分析可知，MOS 管的开关过程具有如下特点：

① MOS 管的开关速度和 C_{in} 充放电有很大关系。

② 可通过降低驱动电路的内阻 R_s 来减小时间常数，加快开关速度。因为 MOS 管不存在少数载流子储存效应，其关断过程非常迅速。

③ MOS 管开关时间在 10 ~ 100ns 之间，工作频率可达 1MHz 以上，是主流电力电子器件中工作频率最高的。

④ MOS 管是场控器件，静态时几乎不需输入电流。但在开关过程中需对输入电容充放电，因此仍需一定的驱动功率。

⑤ 开关频率越高，所需要的驱动功率越大，驱动损耗也越大。

3. MOS 管的参数

（1） 漏源极导通电阻 $R_{ds(on)}$（简写为 R_{on}）

漏源极导通电阻是功率 MOS 管的一个重要参数，它主要由器件的材质、工艺决定。同时，应选择足够大的栅源驱动电压，以保证漏极电流工作在电阻区（即饱和区），但是过高的栅极电压会增加关断时间，这是因为栅极电容储存了过多的电荷的缘故。通常对于普通的 MOS 管，栅源极电压取 10 ~ 15V。一般来说，导通电阻 R_{on} 小、耐压 V_{DS} 高的管子品质较好。R_{on} 与温度变化近乎呈线性关系，FVTPF8N60C 中 R_{on} 与温度的关系如图 2-5 所示。图中所给出的 $R_{on}=1.2\Omega$ 是在 $V_{GS}=10V$、常温条件下测得的。V_{DS} 值越高，R_{on} 受温度影响就越大。但是 V_{DS} 高的管子，R_{on} 也大。另外，I_D 增加，R_{on} 也略有增加；栅极电压升高，R_{on} 有所降低。

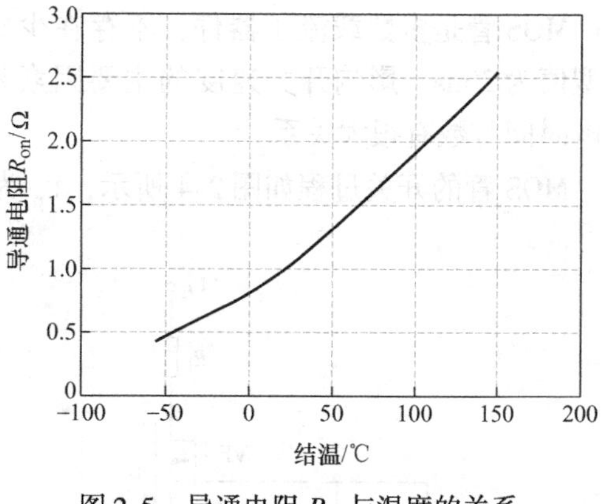

图 2-5　导通电阻 R_{on} 与温度的关系

（2） 跨导（g）

跨导是漏极电流和栅源电压之间的小信号关系，即 $g=\mathrm{d}I_D/\mathrm{d}V_{GS}$。对于开关电源设计者来说，需重点关注 MOS 管的导通特性和关断特性，在设计过程中跨导作用不太大。由于器件处于导通态，工作在电阻区，栅极电压较高，所以栅极电压变化几乎不会改变漏极电流，

此时的跨导 g 近似为0。

（3）寄生电容

在高频开关电源中，MOS 管最重要的参数是寄生电容。图2-6为MOS管的等效电路模型，三个极间存在三个寄生电容，分别为 C_{GS}、C_{DS}、C_{GD}。三个极间电容与输入电容 C_{iss}、输出电容 C_{oss} 和反馈电容 C_{rss} 关系如下式所示：

$$C_{iss}=C_{GS}+C_{GD}\quad C_{oss}=C_{DS}+C_{GD}\quad C_{rss}=C_{GD}$$

在驱动MOS管时，输入电容是一个重要的参数，驱动电路对输入电容充电、放电将会影响开通时间和关断时间。

（4）最大漏极电流 I_{Dmax}

I_{Dmax} 是指当MOS管处于饱和区时，通过漏源极间的最大电流。最大漏极电流与外壳温度或结点温度有关系，MOS管 FVTPF8N60C（7.5A，600V）的漏极电流与外壳的温度关系如图2-7所示。图中所表明的电流7.5A是在外壳温度为25℃下测得的。当外壳温度上升到100℃时，漏极最大的持续电流为4.6A。MOS管 FVTPF8N60C 的数据手册可以在飞兆网站上查得。

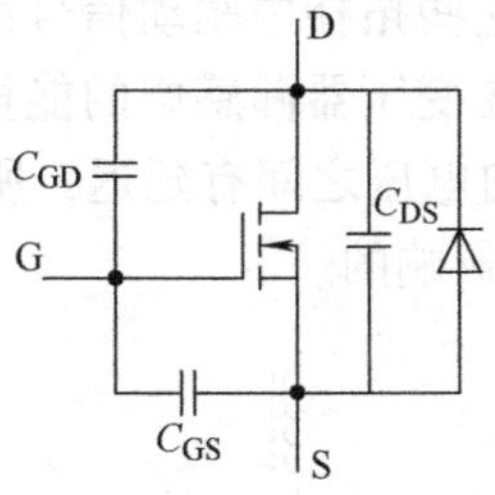

图2-6　MOS管的等效电路

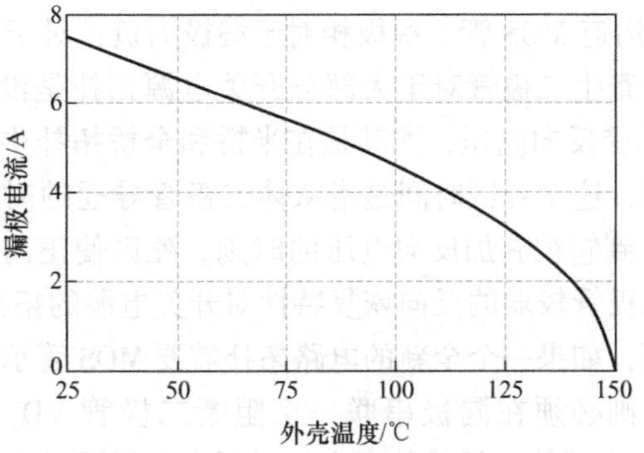

图2-7　漏极电流与外壳温度的关系

（5）漏源击穿电压 V_{DS}

漏源电压就是漏区和沟道体区PN结上的反偏电压。这个电压决定了器件承受的最高工作电压。V_{DS} 随温度而变化，在一定范围内，结温每升高10℃，V_{DS} 值大约增加1%。随着结温的上升，MOS管的耐压值是上升的。这是MOS管的特点之一。

（6）栅极阈值电压 $V_{GS(th)}$（又称开启电压）和最大栅极电压 V_{GSmax}

当外加控制栅极电压 V_{GS} 超过 $V_{GS(th)}$ 时，漏区和源区的表面反型层形成了连接的沟道。在实际应用中，常将漏极短接到栅极，流过漏极的电流 $I_{DS}=1mA$ 时的栅源极电压 V_{GS} 为栅极阈值电压 $V_{GS(th)}$，$V_{GS(th)}$ 具有负温度系数。

栅源极间的硅氧化层的耐压是有限的，如果实际的电压值超过额定值，器件就会被击穿，产生永久性的破坏。大部分MOS管的栅源极电压最大值在20～30V之间。当MOS管工作时使用了栅极输入电阻，并且将较大供电电压的电路快速关断，器件内部的米勒电容（C_{GS} 和 C_{GD}）就会耦合一个电压尖峰到栅极，引起栅极电压超限。

现以一个工作于直流电压为160V（最大可为186V）电路中的正激变换器为例进行分析。当MOS管在最大电压下关断，它的漏极电压上升到2倍最大电压即372V。这个正向电压前沿的一部分耦合到栅极，由 C_{rss} 和 C_{iss} 分压，对于 FVTPF8N60C 管，$C_{rss}=12pF$，$C_{iss}=965pF$。那么耦合回栅极的电压为 $372V\times12\div(965+12)=4.6V$。

如果这个电压值超过了最大栅源极间电压，就会损坏栅极。栅极电阻会减小这个电压的幅值，但是如果考虑电压瞬态过程和漏感尖峰，则这个耦合回栅极的电压很可能达到损坏器件的临界点。因此，较好的设计方法是用一个 18V 的齐纳二极管来限制栅极电压。一些制造商建议将钳位二极管安装在驱动输入端与栅极串联电阻之间，这个栅极串联电阻值参考值为 $10\sim100\Omega$。值得注意的是，如果栅极串联电阻值过大，漏极到栅极的容性反馈容易引起高频振荡。

（7）漏源极间的体内二极管（又称反并联二极管）

由于源极金属电极将 N^+ 区和 P 区短路，因此源极与漏极之间形成了一个寄生的二极管，这就是 MOS 管体内的二极管，又称为反并联二极管，如图 2-6 所示。体二极管可提供开关电源感性线圈无功电流通路。

体二极管的极性可以阻止反向电压通过 MOS 管，其反向额定电压值与 MOS 管的标称值一致。它的反向恢复时间比普通的整流二极管短，比快速恢复型二极管长。制造商数据手册列出了各种 MOS 管的体二极管的反向恢复时间。由于在漏源之间一般不会施加反向电压（对于 N 沟道 MOS 管，源极相对于漏极为负；对于 P 沟道 MOS 管，源极相对于漏极为正），所以这个寄生二极管对于大部分开关电源拓扑是没有什么影响的。但有一些情况下也需要 MOS 管承受反向电压，尤其是在半桥和全桥拓扑中。不过在这些拓扑中驱动信号都有一个死区时间，这个死区时间是指从体二极管导通的时刻（储存在变压器漏感中的能量反馈到电网时）到它被施加反向电压的时刻。死区使正向电流和反向电压之间有延迟，所以 MOS 管的体二极管较弱的反向恢复特性对开关电源的拓扑是没什么影响的。

然而，如果一个全新的电路拓扑需要 MOS 管承受反向电压，则必须在漏极串联一个阻断二极管 VD_1（见图 2-8）。由于体二极管的存在，对于电动机驱动电路或具有电感负载的电路可能会存在反向电流流过 MOS 管体二极管的问题。高频谐振电路拓扑通常要求开关管必须能在承受正向电流以后立即承受反向电压。这种情况可以利用如图 2-8 所示的电路来解决。图中的二极管 VD_1 用来阻止反向电流流过 MOS 管中的体二极管，快速反向恢复二极管 VD_2 用来为反向电流提供通路。

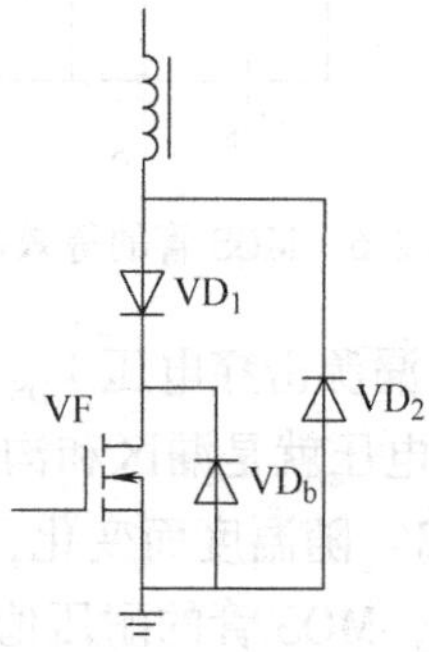

图 2-8　使体二极管无效的电路

二、MOS 管并联工作、双向导通特性和 MOS 管的损耗

1. MOS 管并联工作

MOS 管并联工作时，需要考虑两个问题：①满载情况下，并联器件完全导通时的静态电流分配是否均衡；②通断转换过程中，它们的动态电流是否分配均衡。静态电流分配不均衡是由并联器件的导通电阻 R_{on} 不相等引起的。R_{on} 较低的器件分担了比平均值更大的电流，这就像一组并联电阻，阻值最小的电阻分担了更多的电流。MOS 管在并联情况下，无论是静态还是动态情况，如果一个 MOS 管分担了更多的不均衡的电流，发热将会更严重，很容易被损坏或者造成长期的可靠性隐患。

前面已解释过，因为 MOS 管的 R_{on} 具有正温度系数，所以 MOS 管不会发生二次击穿。如果芯片中的一小部分区域吸收了更多的电流，则这个区域将发热得更严重一些，R_{on} 就会随之增大，于是部分电流就会转移到相邻区域，电流密度得到平衡。一定范围内这个机制也适用于并联的分立 MOS 管。但是仅仅靠自身的调节机制不足以降低较热器件的工作温度，这是因为，R_{on} 的正温度系数并不是很大，需要较大的器件温差才能转移较大的过多电流。然而如果器件之间的温差太大，那么较热器件的温度就会很高，这将降低器件的可靠性，必须避免这种情况发生。这个自调节机制对于单个芯片内的效果较好，这是因为芯片内的所有区域都存在热耦合。而在分立 MOS 管情况下，因为各个器件外壳独立而只是共用散热器，甚至连散热器也是独立的，其间的热耦合非常弱，所以这种自调节机制的效果不甚理想。

为了提高静态电流的均衡程度，具有独立外壳的 MOS 管并联工作时应共用同一个散热片，而且应当尽可能靠近。现在很多厂家都提供这种多个 MOS 管封装在一起且共用一个衬底和一个散热器的产品。如果只能使用独立封装的 MOS 管，而且距离较远不能共用同一个散热器，那么就需要严格匹配并联器件的 R_{on} 才可能保证电流均衡。

对于动态均流而言，并联器件的跨导曲线必须重合。如果所有并联工作器件的栅极在同一时刻具有相等的电压，而跨导曲线不重合，那无论是导通状态还是关断状态，各个器件漏极在同一时刻都会承担不同的电流。对于并联器件的选配，栅极阈值电压的匹配就没那么重要。如果使用 n 个器件并联承担总电流 I_t，即使栅极阈值电压存在较大的失配，在同样的栅极电压下，这些器件也将匹配并分担尽可能相同的电流 I_t/n。

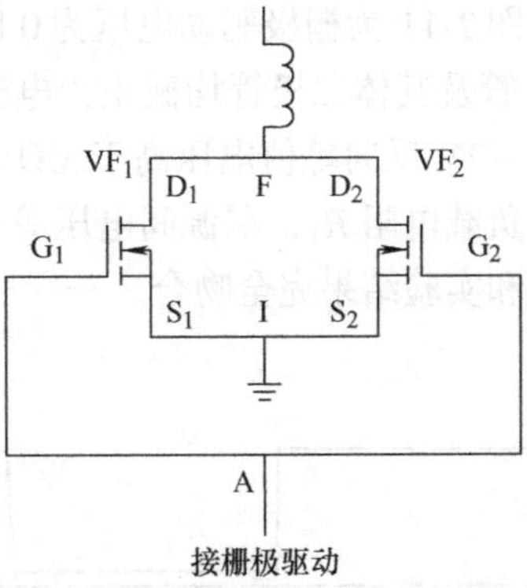

图 2-9　并联 MOS 管动态均流对称电路

对称的电路设计对均衡动态电流也是很重要的因素（见图 2-9）。从栅极驱动器共同的输出点到栅极端子的引线长度应该相等。从 MOS 管源极端子到共同节点的引线也应相等，而且这个共同节点应当尽可能地置于地线的同一节点上。地线节点应该和辅助电源的地线等电位，而且它们之间的连线应当尽量短。最后，为防止并联的 MOS 管发生振荡，需要在栅极驱动线路上串联 10 ~ 20Ω 的电阻或铁氧体磁珠。

2. 双向导通特性

由上述对 MOS 管的工作原理分析可知，当栅极电压 V_{GS} 大于开启电压 V_{TH} 时，漏极和源极之间形成 N 型沟道，由于 N 型沟道的电阻很小，故在漏源正电压 V_{DS} 的作用下，电子从源极流向漏极，或者说，正电荷从漏极流向源极，这就是被普遍利用的 MOS 管正向导电特性。事实上，栅极电压 V_{GS} 的作用仅仅是形成漏极和源极之间的 N 型导电沟道，而 N 型导电沟道相当于一个无极性的等效电阻。因而从理论上分析，若改变漏源极的电压极性，即漏源极间加上反向电压，电子会反向从漏极流向源极，正电荷将从源极流向漏极，实现 MOS 管反向导电特性。由此可知，MOS 管实际上是一个双向导电器件，只是在以往的应用中极少利用到它的反向导电特性，从而形成了 MOS 管只能单向导电的一般概念[4]。

为了证明MOS管的双向导电能力，建立如图2-10所示的实验电路[2]。MOS管采用IRF044，MOS管漏源间施加的电压V_{in}是频率为1kHz、正向峰值电压为2V、反向峰值电压为−2V的交流方波电压，以观察MOS管正反向导电特性。在图2-10a中，无栅极驱动电压，MOS管的反向体内二极管可以导电。在图2-10b中，栅极驱动电压为8V，MOS管导电。

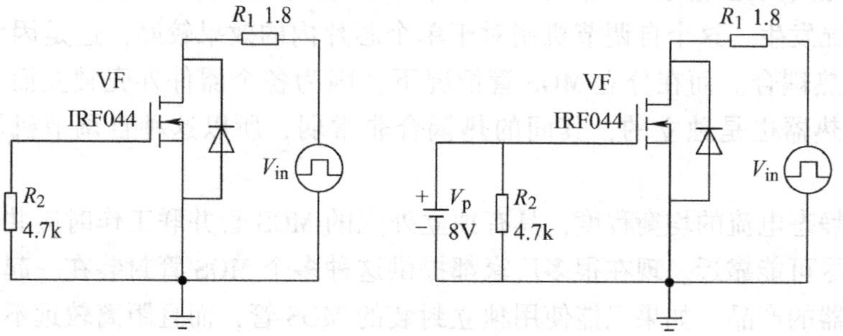

a)　　　　　　b)

图2-10　双向导电实验电路

a）栅源电压$V_{GS}=0$　b）栅源电压$V_{GS}>V_{TH}$

图2-11为栅极驱动电压为0时的仿真和实验波形。从图2-11a中可见，在V_{in}的正半周，MOS管及其体二极管均截止，电流无法流通，漏源间电压为正向峰值电压2V。在V_{in}的负半周，−2V反向峰值电压高于MOS管反向体二极管的正向导电压降$V_{th(BD)}$，电流流经体二极管和负载电阻R_1，漏源间电压等于体二极管的正向导通电压降0.74V。从图2-11中可看出，仿真和实验结果完全吻合。

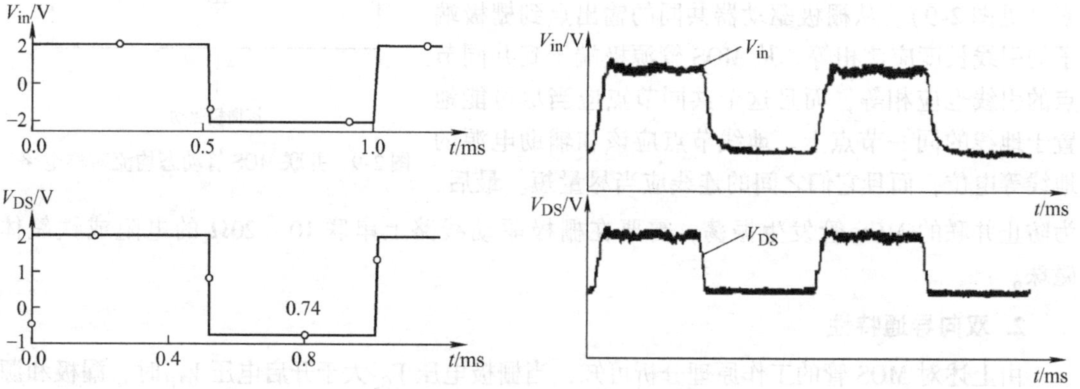

a)　　　　　　b)

图2-11　栅极电压$V_{GS}=0$时的仿真和实验波形

a）栅极电压$V_{GS}=0$时的仿真波形　b）栅极电压$V_{GS}=0$时的实验波形

栅极驱动电压为8V时，MOS管的双向导电仿真和实验波形如图2-12所示。从图中可知，在V_{in}的正半周，MOS管导通，正向电流从漏极流向源极，此时漏源极电压为正值；在V_{in}负半周，MOS管也导通，反向电流从源极流向漏极，此时的漏源极电压为负值。查IRF044的数据手册得$R_{DS(on)}$只有26.5mΩ，仿真得出漏源极电压的幅值绝对值约为

28.5mV，与实验波形得到的结果基本一致，这说明此时漏源极电压非常低。实验和仿真结果证明了 MOS 管的双向导电能力。

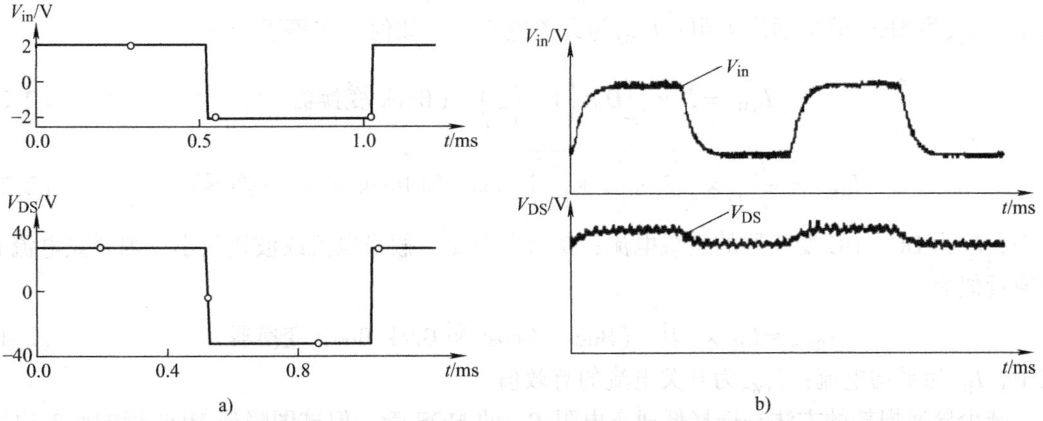

图 2-12　栅极电压 $V_{GS}=8V$ 时的仿真和实验波形

a）栅极电压 $V_{GS}=8V$ 时的仿真波形　b）栅极电压 $V_{GS}=8V$ 时的实验波形

3. MOS 管的导通损耗和开关损耗

MOS 管用于开关电源拓扑中工作时产生的损耗分为开关损耗和导通损耗。开关损耗为 MOS 管从导通（关断）转换为关断（导通）时的所有损耗。开关频率越高，开关每秒钟转换状态的次数就越多，因此开关损耗与开关频率成正比。MOS 管开关时的电压和电流波形如图 2-13 所示。由图可知，开关转换的过程中存在电压-电流交叠，使得电压和电流的乘积不为零。而其导通时的压降多数情况下不接近零。导通压降最高的例子之一为 Topswitch，一种用于中等功率离线式反激电源的集成开关电路，其导通压降超过 15V，致使芯片工作时电流和温度超过额定值。一般情况下，当电感电流完全从二极管转移到开关后，电压和电流乘积仍然很大，这个损耗即为开关损耗的导通损耗 P_{cond}。它与交越损耗相当，甚至可能比其更显著。

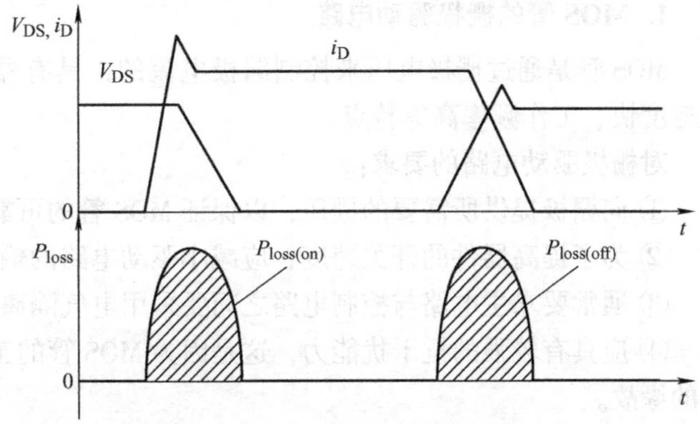

图 2-13　MOS 管开关时的电压和电流波形

与交越损耗不同，导通损耗与频率无关，它与占空比有关。例如，假设占空比为 0.6，在一个可测时间间隔内，如 1s，开关导通时间为 0.6s，而导通损耗仅在开关导通阶段产生，此时应为 $\alpha\times0.6$，其中为 α 为对应常数；若假设频率加倍，1s 内开关导通的时间仍为 0.6s，即导通损耗仍为 $\alpha\times0.6$。假设占空比为 0.4（频率可同时加倍），导通损耗同时减为 $\alpha\times0.4$。可见，导通损耗只取决于占空比而与频率无关。

那么，会提出一个问题：为什么开关损耗与频率有关而导通损耗与频率无关呢？原因在于导通损耗与变换器处理能量的时间一致，因此若应用条件不改变（占空比，输入和输出电压确定），则导通损耗就不变。

计算 MOS 管的导通损耗的简单公式为：

$$P_{\text{cond}} = I_{\text{RMS}}^2 \times R_{\text{DS}} \tag{2-1}$$

式中，R_{DS}为 MOS 管的通态电阻；I_{RMS}为开关电流的有效值，它等于

$$I_{\text{RMS}} = I_{\text{o}} \times \sqrt{D \times \left(1 + \frac{r^2}{12}\right)} \quad \text{（Buck 变换器）} \tag{2-2}$$

$$I_{\text{RMS}} = \frac{I_{\text{o}}}{1-D} \times \sqrt{D \times \left(1 + \frac{r^2}{12}\right)} \text{（Boost 和 Buck-Boost 变换器）} \tag{2-3}$$

式中，I_{o} 为 DC－DC 变换器的负载电流；D 为占空比。假设电流纹波比很小，则开关电流有效值近似为：

$$I_{\text{RMS}} \approx I_{\text{DC}} \times \sqrt{D} \quad \text{（Buck、Boost 和 Buck-Boost 变换器）} \tag{2-4}$$

式中，I_{DC}为平均电流；I_{RMS}为开关电流的有效值。

减少导通损耗的方法是选择低通态电阻 R_{DS}的 MOS 管，但试图降低 MOS 管的通态电阻 R_{DS}会影响其开关速度。虽然提高栅极驱动电压，可以降低通态电阻 R_{DS}，但是在 MOS 管关断时，会增加关断延迟时间，从而增加交越损耗。

三、MOS 管的栅极驱动电路和保护电路

1. MOS 管的栅极驱动电路

MOS 管是通过栅极电压来控制漏极电流的，具有器件驱动功率小、驱动电路简单、开关速度快、工作频率高等特点。

对栅极驱动电路的要求：

① 向栅极提供所需要的栅压，以保证 MOS 管的可靠导通和关断。

② 为了提高器件的开关速度，应减小驱动电路的输入电阻以提高栅极充放电速度。

③ 通常要求主电路与控制电路之间要采用电气隔离。

④ 应具有较强的抗干扰能力，这是因为 MOS 管的工作频率和输入阻抗都较高，易被干扰的缘故。

根据实际电路中的应用，MOS 管的栅极驱动电路大致分为以下三类：

（1） 直接驱动电路

当 PWM 控制芯片与拓扑结构中的 MOS 管共地时，PWM 信号可以直接驱动 MOS 管，其电路如图 2-14a 所示。图中电阻 R_1 的作用是限流和抑制寄生振荡，一般为 10～100Ω，R_2 为关断时提供放电回路；稳压二极管 VD_1 和 VD_2 是保护 MOS 管的栅源极不被击穿而造成永久性的破坏；二极管 VD_3用来加速 MOS 管的关断。

（2） 互补晶体管驱动电路

当 MOS 管的功率很大时，PWM 控制芯片输出的 PWM 信号不足以驱动 MOS 管，这时可以增加互补晶体管来提供较大的驱动电流以驱动 MOS 管，其驱动电路如图 2-14b 所示。

当 V_{P}为高电平时，晶体管 VT_1 导通，V_{CC}通过 R_1 和 R_3给 MOS 管 VF 提供驱动电压；当 V_{P} 为低电平时，晶体管 VT_2 导通，VF 的栅极电压通过 VD_3和 VT_2 放电。电阻 R_1 和 R_3 的作

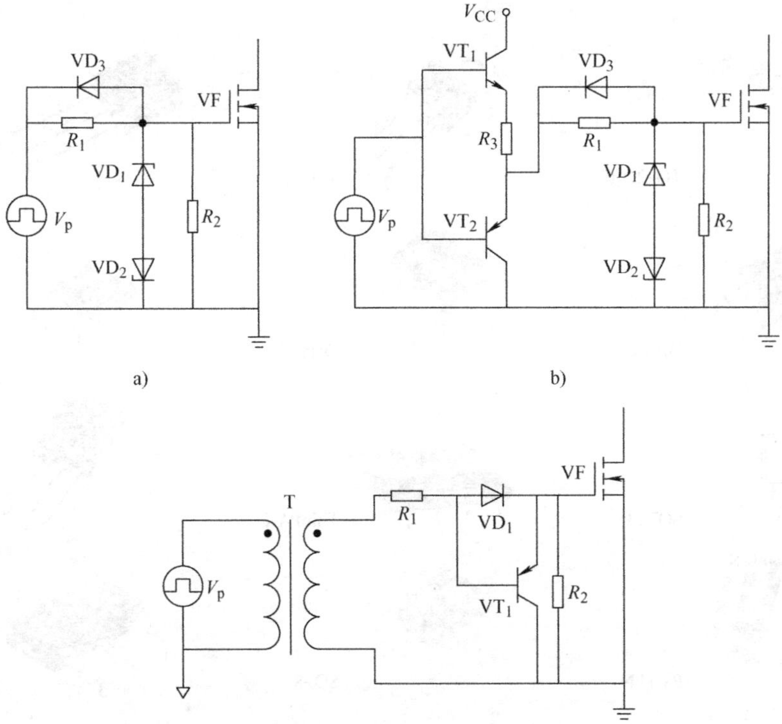

图 2-14　MOS 管的驱动电路

a）直接驱动　b）互补晶体管驱动　c）耦合驱动

用是限流和抑制寄生振荡，一般为 10～100Ω，R_2 为关断时提供放电回路；二极管 VD_3 用来加速 MOS 的关断。

（3）耦合驱动电路（利用驱动变压器耦合）

当驱动信号和拓扑结构中的 MOS 管不共地或者 MOS 管的源极为浮地的情况下，比如 Buck 变换器、双管正激变换器、半桥变换器和全桥变换器等中的 MOS 管，则可利用变压器实现耦合驱动，电路如图 2-14c 所示。驱动变压器的作用：①解决 MOS 管浮地的问题；②解决 MOS 管与驱动信号不共地的问题；③减少干扰。

2. MOS 管的保护电路

虽然 MOS 管没有二次击穿现象，具有比较大的直流和脉冲安全工作区，但在很多场合下，为确保 MOS 管能更安全可靠地工作，还要采取一些保护措施，保护电路如图 2-15 所示。图中的 R_3、VT_1 起过电流保护的作用，R_4、C_1 用于吸收电压尖峰，以免 MOS 管被击穿。

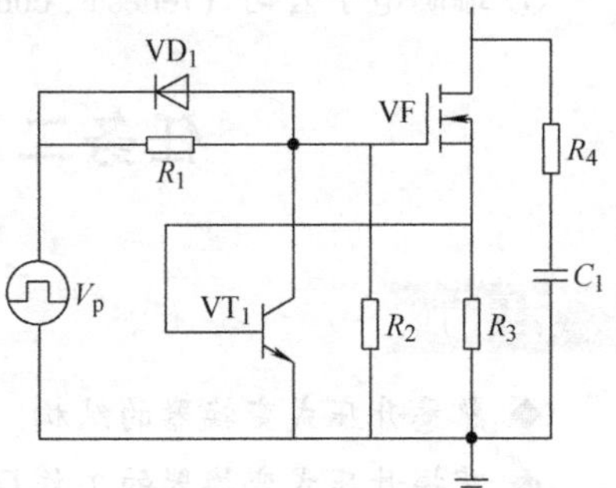

图 2-15　MOS 管的保护电路

四、MOS 管的封装及主要供应商

1. MOS 管的封装

MOS 管的封装类型很多，主要有以下 12 种：

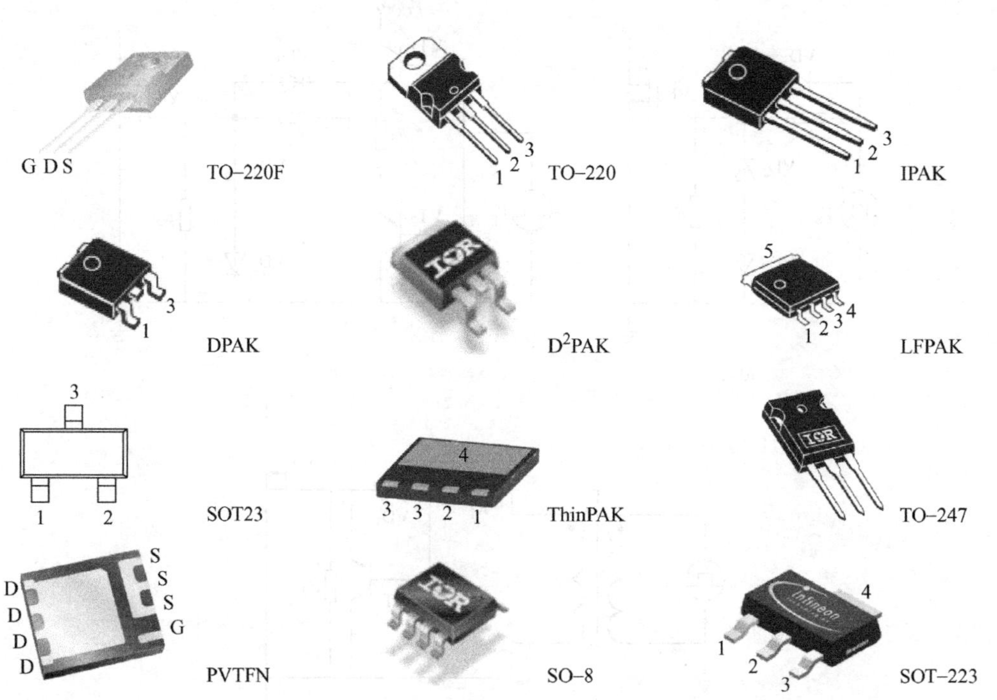

2. MOS 管的主要供应商

MOS 管的主要供应商主要有以下几家公司：

① 安森美半导体有限公司（onsemi. cn）；

② 赛意法半导体有限公司（st. com）；

③ 威世公司（vishay. com）；

④ 英飞凌半导体有限公司（infineon. com）；

⑤ 国际整流器公司（irf. com）；

⑥ IXYS 半导体有限公司（ixys. com）；

⑦ 瑞萨电子公司（renesas. com）。

任务二　升压式变换器的分析

学习目标

◆ 熟悉升压式变换器的结构。

◆ 掌握升压式变换器的工作原理、理论波形及基本关系式。

一、升压式（Boost）变换器的拓扑结构

Boost 变换器[3]是一种输出电压高于输入电压的非隔离型直流变换器，其拓扑结构如

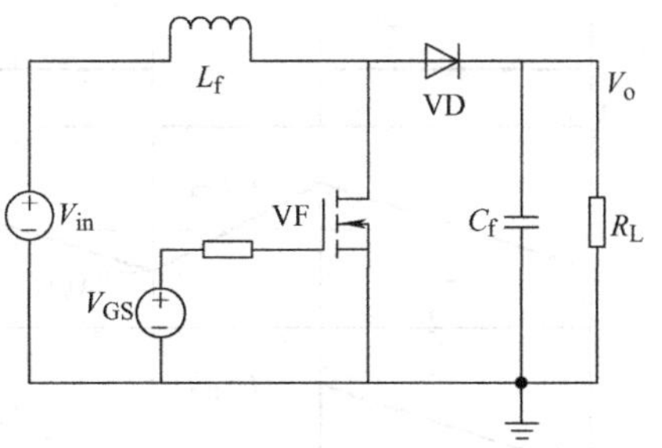

图 2-16　Boost 变换器的拓扑结构

图 2-16 所示。由功率开关管 VF、升压二极管（step-up diode）VD、升压电感 L_f 和滤波电容 C_f 构成；V_{GS} 是驱动信号；R_L 是负载。

二、Boost 变换器的工作原理分析

Boost 变换器存在两种基本工作方式，即电感电流连续模式（Continuous Current Mode，CCM）和电感电流不连续模式（Discontinuous Current Mode，DCM）。电感电流连续模式是指在一个周期内电感电流总是大于零；而电感电流不连续模式是指在开关管关断期间有一段时间电感电流为零。在这两种工作方式之间有一个工作边界，称为电感电流临界连续模式，即在开关管关断期末，电感中的电流刚好降为零。图 2-17 给出了 Boost 变换器在不同开关模态时的等效电路。当电感电流连续时，Boost 变换器存在两种开关模态，如图 2-17a 和 b 所示；而当电感电流断续时，Boost 变换器存在三种开关模态，如图 2-17a、b 和 c 所示。Boost 变换器在连续模式和不连续模式的主要波形如图 2-18 所示。在图 2-18a 中，V_{GS} 是开关管 VF 的驱动电压波形，在 $[0, T_{on}]$ 期间，VF 导通，在 $[T_{on}, T_s]$ 期间，VF 截止。T_s 为开关管开关周期，则开关频率 $f_s = 1/T_s$。导通时间为 T_{on}，关断时间为 T_{off}，则 $T_s = T_{on} + T_{off}$。若设 $D = T_{on}/T_s$ 为占空比。T_s 保持不变，改变占空比 D，即改变了导通时间的长短，这种控制方式称为脉冲宽度调制控制（Pulse Width Modulation，PWM）。

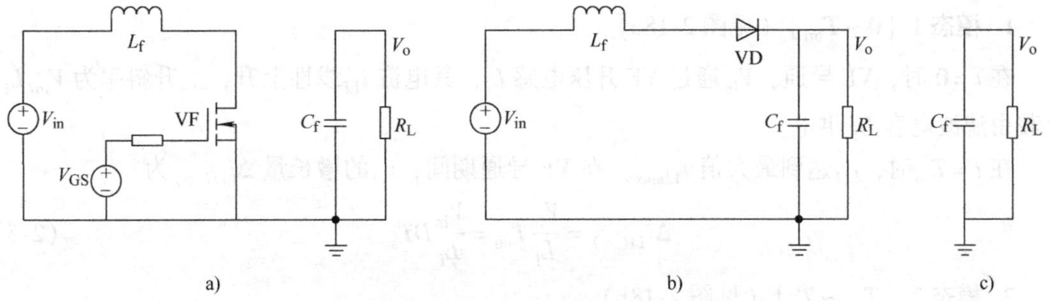

图 2-17　不同开关模态时的等效电路

a）VF 导通　b）VF 截止　c）VF 截止时电感电流为零

本节讨论电感电流连续时降压式变换器的工作原理和基本关系式，也就是稳态工作时变换器的工作原理和基本关系式。

分析之前作如下假设：

1）所有有源器件 VF 和 VD 导通和关断时间为零。导通时电压为零，关断时漏电流为零。

2）在一个开关周期中，滤波电容电压，即输出电压 V_o，有纹波电压很小，但可认为基本保持不变，其值为 V_o。

3）电感和电容均为无损耗的储能元件。

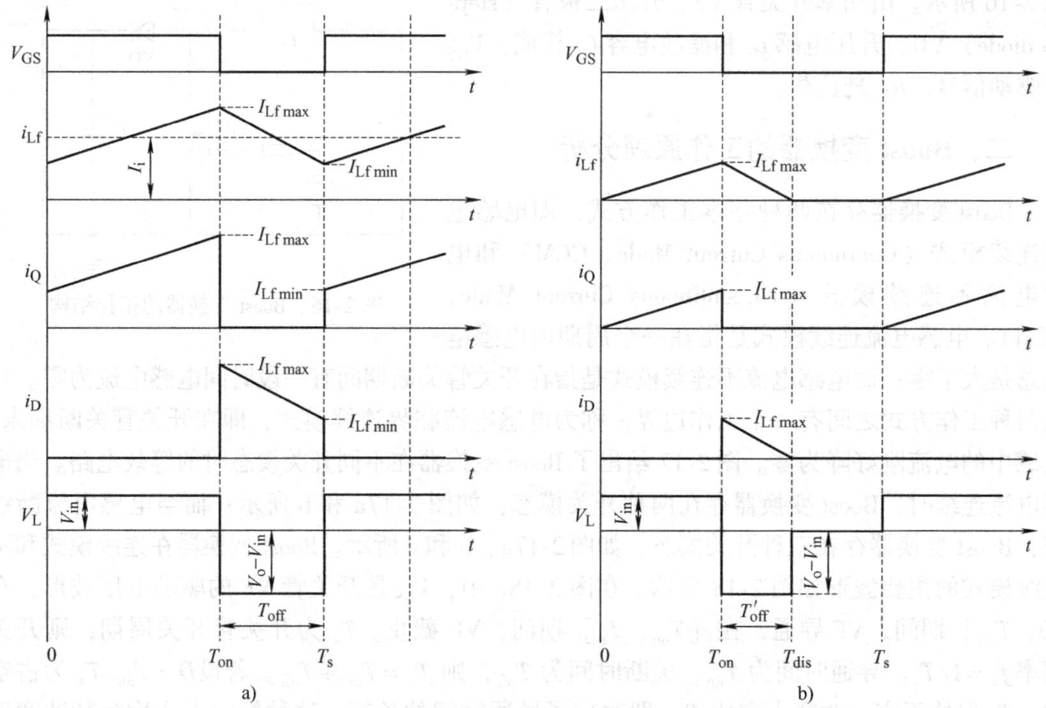

图 2-18　变换器在连续模式和不连续模式的主要波形

a）电感电流连续的工作波形　b）电感电流断续的工作波形

1. 模态 1［$0\sim T_{on}$］（见图 2-18a）

在 $t=0$ 时，VF 导通，V_{in}通过 VF 升压电感 L_f，其电流 i_{Lf}线性上升，上升斜率为 V_{in}/L_f。负载由滤波电容 C_f 供电。

在 $t=T_{on}$时，i_{Lf}达到最大值 I_{Lfmax}。在 VF 导通期间，i_{Lf}的增长量 $\Delta i_{Lf(+)}$为

$$\Delta i_{Lf(+)}=\frac{V_{in}}{L_f}T_{on}=\frac{V_{in}}{L_f}DT_s \tag{2-5}$$

2. 模态 2［$T_{on}\sim T_s$］（见图 2-18b）

在 $t=T_{on}$时，VF 关断，i_{Lf}通过二极管 VD 向输出侧流动，继续流通。电源和电感 L_f 的储能向负载和电容 C_f 转移，给 C_f 充电。此时加在 L_f 上的电压为 $V_{in}-V_o$，因为 $V_{in}<V_o$，故 i_{Lf}线性减小。

在 $t=T_s$ 时，i_{Lf}达到最小值 I_{Lfmin}。在 VF 截止期间，i_{Lf}的减小量 $\Delta i_{Lf(-)}$为

$$\Delta i_{Lf(-)}=\frac{V_o-V_{in}}{L_f}(T_s-T_{on})=\frac{V_o-V_{in}}{L_f}(1-D)T_s \tag{2-6}$$

在 $t=T_s$ 时，VF 又导通，开始下一个开关周期。

由上面分析可知，在一个开关周期中，升压电感 L_f 都有一个储能和能量通过 VD 的释放过程，也就是说必然有能量送到负载端。因此，如果该变换器没有接负载，则这部分能量不能消耗掉，必会使 V_o 不断升高，最后使变换器损坏。这是 Boost 变换器与 Buck 变换器的本质不同点。

输入电压 V_{in} 为什么小于输出电压 V_o 呢？从上述分析知，当开关管 VF 导通时，升压电感 L_f 储存能量，则在开关管 VF 截止时，电感 L_f 必须要释放能量，电感中的能量才能达到平衡。所以，输入电压 V_{in} 必须小于输出电压 V_o，电感在 VF 截止时释放能量。

由上面分析可知，Boost 变换器的工作分为两个阶段：当开关管 VF 导通时为升压电感 L_f 储能阶段，此时电源不向负载提供能量，储能电容 C_f 给负载提供能量，使负载维持工作。开关管 VF 关断时，输入电源和电感 L_f 共同向负载供电，也向电容 C_f 充电。因此，Boost 变换器的输入电流就是升压电感 L_f 电流的平均值，即

$$I_{in}=\frac{1}{2}(I_{Lfmax}+I_{Lfmin}) \tag{2-7}$$

开关管和二极管轮流工作，VF 导通时，流过它的电流就是 i_{Lf}；VF 截止时，流过二极管 VD 的电流也是 i_{Lf}。通过它们的电流和相加就是升压电感电流 i_{Lf}。稳态工作时电容 C_f 充电量等于放电量，通过电容的平均电流为零，故通过二极管 VD 的电流平均值就是负载电流 I_o。

三、Boost 变换器的基本关系

稳态工作时，电感电流 i_{Lf} 的波形为一个三角波，周期性地在 I_{Lfmin} 到 I_{Lfmax} 的范围内变化。VF 导通期间 I_{Lf} 的增长量等于它在 VF 截止期间的减小量。即

$$\Delta i_{Lf(+)}=\Delta i_{Lf(-)}=\Delta i_{Lf}$$

由式(2-5) 和式(2-6) 得 $\frac{V_{in}}{L_f}DT_s=\frac{V_o-V_{in}}{L_f}(1-D)T_s$

化简得

$$V_o=\frac{V_{in}}{1-D} \tag{2-8}$$

若 Boost 变换器的损耗可忽略，则有

$$\frac{I_o}{I_{in}}=1-D \tag{2-9}$$

通过二极管 VD 的电流平均值 I_{VD} 等于负载电流 I_o，即

$$I_{VD}=I_o \tag{2-10}$$

通过开关管 VF 的电流平均值 I_{VF} 为

$$I_{VF}=I_{in}-I_o=\frac{D}{1-D}I_o \tag{2-11}$$

通过二极管 VD 和开关管 VF 的电流最大值与电感电流最大值相等，即

$$I_{VFmax}=I_{VDmax}=I_{Lfmax}=I_{in}+\frac{1}{2}\Delta i_{Lf} \tag{2-12}$$

开关管 VF 和二极管 VD 分别截止时加在它们上的电压均为输出电压 V_o。

输入电流 I_{in} 的脉动量 Δi_{in} 等于电感电流 i_{Lf} 的脉动量，即

$$\Delta i_{in}=I_{Lfmax}-I_{Lfmin}=\frac{V_{in}}{L_f}DT_s=\frac{V_o-V_{in}}{L_f}(1-D)T_s \tag{2-13}$$

输出电压脉动 ΔV_o 等于开关管导通期间电容 C_f 的电压变化量。若此变化量很小，则 ΔV_o 可由下式确定：

$$\Delta V_{o} = \frac{D}{C_{f} f_{s}} I_{o} \tag{2-14}$$

四、电感电流断续时 Boost 变换器的工作原理和基本关系

电感电流断续工作时的主要波形如图 2-18b 所示，此时电路工作有三种模态（其等效电路如图 2-17 所示）：

① 开关管 VF 导通，i_{Lf}从零增加到 I_{Lfmax}；

② 开关管 VF 关断，二极管 VD 续流，电感电流 i_{Lf}从 I_{Lfmax}降到零；

③ 开关管 VF 和二极管 VD 均截止，在此期间电感电流 i_{Lf}保持为零，负载由输出滤波电容供电，直到下一个周期开关管 VF 开通后 i_{Lf}又增长。

开关管 VF 导通期间，电感电流从零开始增加，其增加量 Δi_{Lf}为

$$\Delta i_{Lf} = I_{Lfmax} = \frac{V_{in}}{L_{f}} D T_{s} \tag{2-15}$$

VF 截止后，i_{Lf}从 I_{Lfmax}线性下降，并且在 $T_{dis} = T_{on} + T'_{off}$时刻下降到零，即

$$\Delta i_{Lf} = \frac{V_{o} - V_{in}}{L_{f}} \Delta D T_{s} \tag{2-16}$$

式中，$\Delta D = T'_{off} / T_{s}$，电感电流断续时 $\Delta D < 1 - D$。

由式(2-15) 和式(2-16) 中可以得到

$$\frac{V_{o}}{V_{in}} = \frac{D + \Delta D}{\Delta D}, \quad \Delta D < 1 - D \tag{2-17}$$

如果电感电流连续，则 $\Delta D = 1 - D$，那么 $D + \Delta D = 1$，$V_{o} = V_{in} \frac{1}{1 - D}$。

如果不计变换器的损耗，则有

$$\frac{I_{o}}{I_{in}} = \frac{\Delta D}{D + \Delta D} \tag{2-18}$$

电感电流断续时变换器输入电流 I_{in}等于电感电流平均值 I_{Lf}，故

$$I_{in} = I_{Lf} = \frac{1}{2} I_{Lfmax} (D + \Delta D)$$

$$I_{o} = \frac{1}{2} I_{Lfmax} \Delta D = \frac{V_{o}}{R_{L}} \tag{2-19}$$

将式(2-18) 代入式(2-19)，得

$$D^{2} = 2 I_{o} L_{f} f_{s} \left(\frac{V_{o}}{V_{in}} - 1 \right) \frac{1}{V_{in}} \tag{2-20}$$

式(2-20) 就是在电感电流断续时，输出电压 V_{o}、输入电压 V_{in}、负载电流 I_{o} 和占空比 D 之间的关系。由此可知，电流断续时，即使在输入电压 V_{in}不变时，为了保持输出电压 V_{o} 恒定，也应该随负载电流的不同来调节占空比 D。

由式(2-20) 求出占空比 D 以后，就可以求出流过开关管 VF 的电流平均值 I_{VF}及其最大值 I_{VFmax}、电感电流的平均值 $I_{Lf} = I_{in}$及其最大值 I_{Lfmax}，以及二极管电流的平均值 I_{VD}及其最大值 I_{VDmax}

$$I_{\mathrm{VF}}=\frac{1}{2}I_{\mathrm{Lfmax}}D=\frac{V_{\mathrm{in}}}{2L_{\mathrm{f}}f_{\mathrm{s}}}D^2$$

$$I_{\mathrm{VFmax}}=I_{\mathrm{VDmax}}=I_{\mathrm{Lfmax}}=\frac{V_{\mathrm{in}}}{L_{\mathrm{f}}f_{\mathrm{s}}}D \tag{2-21}$$

在实际产品中的应用，比如连续模式的 PFC（Power Factor Correction，功率因数校正）电路中，Boost 变换器按电感电流连续模式设计，对于临界模式的 PFC 电路，电感电流按临界模式设计。

五、电感电流临界连续的边界

电感电流临界连续时的电感电流 i_{Lf} 波形如图 2-19 所示，设 I_{LfG} 是临界连续电感电流平均值，则

$$I_{\mathrm{LfG}}=\frac{1}{2}I_{\mathrm{Lfmax}}=\frac{V_{\mathrm{in}}}{2L_{\mathrm{f}}f_{\mathrm{s}}}V_{\mathrm{in}}D=\frac{1}{2L_{\mathrm{f}}f_{\mathrm{s}}}V_{\mathrm{o}}(1-D)D \tag{2-22}$$

设 I_{oG} 为电感电流临界连续时的负载电流，那么

$$I_{\mathrm{oG}}=\frac{1}{2}\Delta i_{\mathrm{Lf}}(1-D)T_{\mathrm{s}}=\frac{V_{\mathrm{in}}}{2L_{\mathrm{f}}f_{\mathrm{s}}}(1-D)D \tag{2-23}$$

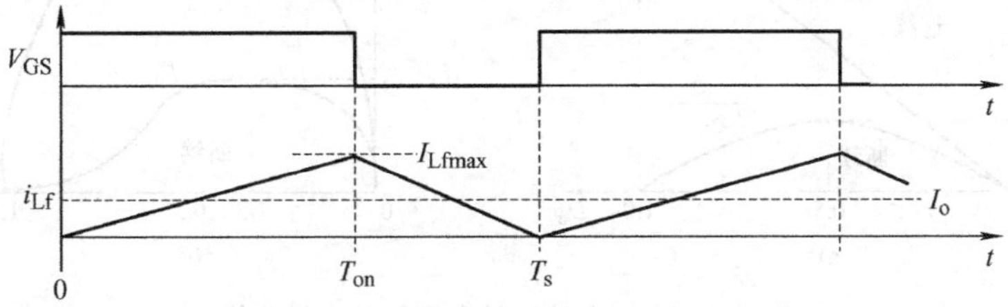

图 2-19 电感电流临界连续时 i_{Lf} 的波形

1. 输入电压恒定不变（V_{in} = 常数）

若 V_{in} = 常数，则 $D=1$ 时，I_{LfG} 达到最大值 I_{LfGmax}，即

$$I_{\mathrm{LfGmax}}=\frac{V_{\mathrm{in}}}{2L_{\mathrm{f}}f_{\mathrm{s}}} \tag{2-24}$$

$$I_{\mathrm{LfG}}=I_{\mathrm{LfGmax}}D \tag{2-25}$$

此时，当 $D=0.5$ 时，I_{oG} 达到最大值 I_{oGmax}。

$$I_{\mathrm{oGmax}}=\frac{V_{\mathrm{in}}}{8L_{\mathrm{f}}f_{\mathrm{s}}} \tag{2-26}$$

$$I_{\mathrm{oG}}=4I_{\mathrm{oGmax}}(1-D)D \tag{2-27}$$

2. 输出电压恒定不变（V_{o} = 常数）

若 V_{o} = 常数，则 $D=0.5$ 时，I_{LfG} 达最大值 I_{LfGmax}，即

$$I_{\mathrm{LfGmax}}=\frac{V_{\mathrm{o}}}{8L_{\mathrm{f}}f_{\mathrm{s}}} \tag{2-28}$$

$$I_{\mathrm{LfG}}=4I_{\mathrm{LfGmax}}(1-D)D \tag{2-29}$$

此时，当 $D=1/3$ 时，I_{oG} 达到最大值 I_{oGmax}，即

$$I_{oGmax}=\frac{2}{27}\frac{V_o}{L_f f_s} \tag{2-30}$$

$$I_{oG}=\frac{27}{4}I_{oG}(1-D)^2D \tag{2-31}$$

图 2-20 是电感电流临界连续和断续的边界曲线，曲线的上方为电感电流连续区，下方为断续区；图 2-20a 是 V_{in} = 常数，V_o 随 D 变化时的边界曲线；图 2-20b 是 V_o = 常数，V_{in} 变化的边界曲线。由图可见，电感电流不连续的边界相当宽。在 $I_o/I_{oGmax}<0.2$ 时，几乎在占空比 D 变化的所有范围内，电感电流均为断续。电流断续时，开关管 VF 导通期间存储在电感 L_f 中的磁能 $\frac{1}{2}L_f(I_{Lfmax})^2$ 在 VF 截止期间全部通过二极管 VD 转移到输出端。如果变换器不接负载电阻，或电阻太大，必使 V_o 不断增加，因此没有电压闭环调节的 Boost 变换器不能在输出端开路情况下工作。

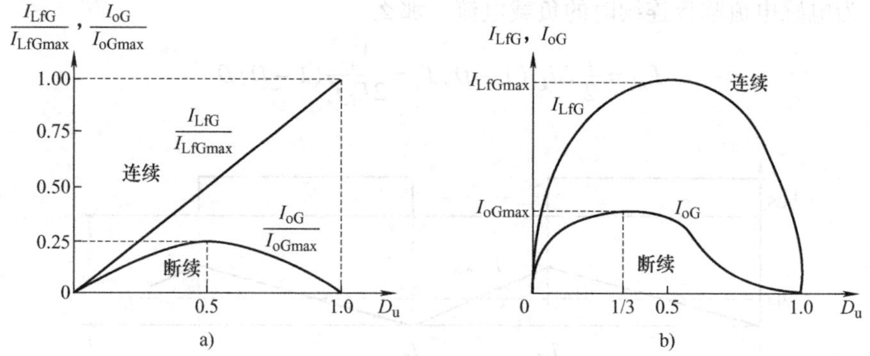

图 2-20　电感电流连续和断续的边界曲线

a）V_{in} = 常数　b）V_o = 常数

任务三　PWM 控制原理及控制芯片介绍

学习目标

◆ 熟悉 PWM 控制原理。

◆ 掌握电流模式 PWM 控制技术。

◆ 熟悉 PWM 控制芯片 UC3842 的引脚及功能。

◆ 掌握控制芯片每个引脚正常工作时电压或电流的范围，引脚之间相互影响的关系。

◆ 学会阅读芯片的应用信息（application note），然后根据应用信息，分析芯片外围电路，并能设计一定的功能电路。

一、PWM 控制原理

高频开关电源 PWM 控制技术的发展，除了新的技术和新的电路结构的推动作用以外，PWM 控制芯片的广泛应用也发挥了非常重要的作用。这其中集成电路的生产厂商也是功不

可没的，比较著名的有德州仪器公司、摩托罗拉公司、英飞凌半导体公司、Unitrode公司、Micro Linear公司、通用半导体公司，以及赛意法半导体、荷兰皇家飞利浦半导体公司等。随着市场竞争的日益加剧，PWM控制器生产厂商也在发生变化。最显著的是美国Unitrode公司和Micro Linear公司，它们推出的高频开关电源控制芯片对高频开关电源技术的发展起到了非常重要的作用。现在，Unitrode公司也被德州仪器公司收购，Micro Linear公司已经完全退出了电能转换领域。另外，通用半导体公司已经逐渐被人淡忘、美国摩托罗拉公司和德国西门子公司则从电能转换领域隐退，取而代之的是美国安森美半导体公司和德国英飞凌技术公司。目前，仍然活跃在电能转换领域的知名集成电路公司生产商包括：美国德州仪器公司、安森美半导体公司、凌特半导体公司、国家半导体公司、英飞凌技术有限公司等。

PWM控制技术主要分为两种：一种是电压模式PWM控制技术；另一种是电流模式PWM控制技术。

1. 电压模式PWM控制技术

开关电源最初采用的是电压模式PWM控制技术，其基本工作原理如图2-21所示。输出电压V_{out}与基准电压相比较后得到误差信号V_{error}。此误差电压与锯齿波形发生器产生的锯齿波信号进行比较，由PWM比较器输出占空比变化的矩形波驱动信号，这就是电压模式PWM控制技术的工作原理。由于此系统是单环控制系统，其最大的缺点是没有电流反馈信号。由于开关电源的电流都要流经电感，因此相应的电压信号会有一定的延时。然而对于稳定电压电源来说，需要不断地调节输入电流，以适应输入电压的变化和负载的要求，从而达到稳定输出电压的目的。因此，仅采用采样输出电压的方法是不够的，其稳压响应速度慢，甚至在输入电压或者负载变化很大时，会因为产生振荡而造成功率开关管的损坏等故障发生。这就是电压模式PWM控制技术的最大不足之处。

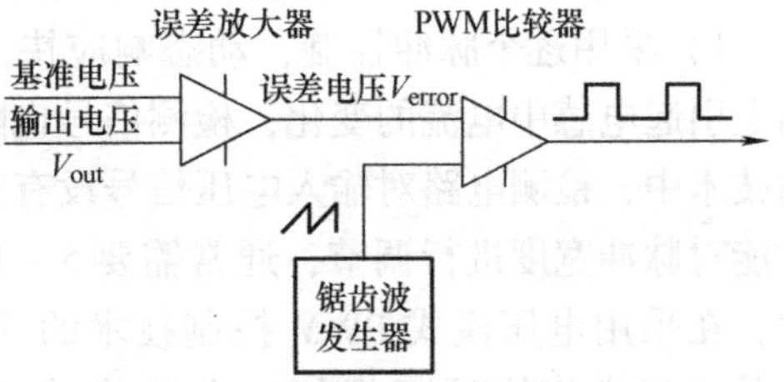

图2-21　电压模式PWM控制原理

具有代表性的电压模式PWM控制器主要有TL494、SG3524和SG3525A等。

2. 电流模式PWM控制技术

电流模式PWM控制技术是针对电压模式PWM控制技术的缺点而发展起来的。所谓电流模式PWM控制，就是在PWM比较器的输入端直接用输出电感电流检测信号与误差放大器的输出信号进行比较，实现对输出脉冲占空比的控制，使输出电感的峰值电流跟随误差电压变化。这种控制方式可以有效地改善开关电源的输入电压调整率和输出电流调整率。也可以改善整个系统的动态响应。电流模式PWM控制技术的工作原理如图2-22所示。

电流型PWM控制技术又分为峰值电流型控制技术和平均电流型控制技术。这两种控制技术检测并反馈的是一个导通周期内电流变化的峰值和平均值。峰值电流型控制技术的特点是方便、快速，但是需要稳定性补偿；平均电流型控制技术的特点是稳定可靠，但是响应速度较慢，而且控制起来也比较复杂。因此，在实际应用中，峰值电流控制比平均电流控制应用更为普遍。

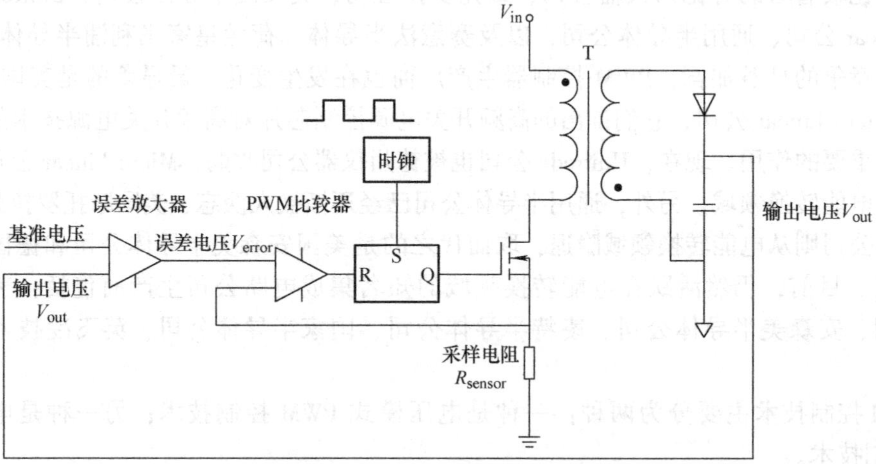

图 2-22　电流模式 PWM 控制原理

（1）电流模式 PWM 控制技术的优点

1）采用逐个脉冲控制，动态响应快，调节性能好。当输入线电压或输出负载变化时，马上引起电感中电流的变化，检测信号也随着变化，脉冲宽度立即被调整，而在电压模式控制技术中，检测电路对输入电压信号没有直接的反应，需要输出电压发生了一定的变化之后才能对脉冲宽度进行调节，通常需要 5 ~ 10 个工频周期之后才能响应输入电压的变化。因此，在采用电压模式 PWM 控制技术的开关电源中，开关管经常会因为输入电压浪涌造成的电压尖峰信号而损坏。电流模式 PWM 控制技术则能够很好地避免类似的故障发生。

2）一阶系统稳定性好，负载响应速度快。

3）具有自动限流作用，限电流保护和过电流保护容易实现。

4）采用逐个电流脉冲峰值检测，可以有效抑制变压器偏磁引起的饱和问题。在全桥转换器或推挽转换器中，无需增加去磁耦合电容。而电压模式 PWM 控制技术很难实现这一点。

5）输入线电压的交流纹波容许值可以比较大，减少了输入滤波电容，可靠性也得到了提高。

6）并联运行时，均流效果好。

（2）电流模式 PWM 控制技术的缺点

1）对电感峰值电流与输出平均电流之间存在误差，控制精度不高。

2）对高频噪声衰减的速度较慢，抗高频能力差。

由于电流模式 PWM 控制技术与电压模式 PWM 控制技术相比，具有不可比拟的优势，因此，电流模式 PWM 控制芯片成为 PWM 控制芯片的主流，全球各大集成电路生产厂家竞相研制并推出电流模式 PWM 控制芯片。比较具有代表性的电流模式 PWM 控制芯片有 UC3842、UC3846/47、UC3823X、UC3825X 和 MC44603。这些高频开关电源 PWM 控制芯片目前仍活跃在市场上，被广泛应用，显示出强大的生命力。

二、典型的电流模式 PWM 控制芯片

以典型的电流模式 PWM 控制芯片 UCX842B/3B/4B/5B（X = 2 或 3）系列为例讲解控制芯片的工作方式以及外围电路的分析。

在分析 UC384X 系列芯片之前，从以下知识要点来学习控制芯片：

- 每个引脚的名称及说明；
- 每个引脚的作用，以及它在电路中的连接；
- 每个引脚正常工作时电压或电流的范围，引脚之间相互影响的关系；
- 芯片中典型电路工作原理的分析；
- 控制芯片一定要输出 PWM 波去控制功率开关管即 MOS 管，要清楚哪些引脚最容易引起没有 PWM 波的输出；
- 弄懂参数之间的曲线图（比如振荡频率与 R_T、C_T 之间的关系、最大占空比与定时电阻之间的关系、芯片工作电压与电流之间的关系等）；
- 找到芯片的应用信息，学习分析芯片的工作方式、功率电路的连接以及关键元件参数的计算等；
- 会用示波器去测试电路，根据波形分析产生的原因，从而找到解决问题的办法。

1. 控制芯片 UC284XB/UC384XB 的特点、结构框图、功能说明及电气特性参数

（1）控制芯片 UC284XB/UC384XB 的特点

- 微调的振荡器放电电流，可精确控制占空比；
- 电流模式工作频率可达到 500kHz；
- 自动前馈补偿；
- 锁存脉宽调制，可逐周限流；
- 内部微调的参考电压，带欠电压锁定；
- 大电流图腾柱输出；
- 欠电压锁定，带滞后；
- 低压启动和工作电流。

（2）器件描述与结构框图

UC2842B/3B/4B/5B（UC3842B/3B/4B/5B）是高性能固定频率电流模式控制器，专为离线和直流-直流变换器应用而设计，只需最少外部元件就能获得成本效益高的解决方案。这些集成电路具有可微调的振荡器，能进行精确的占空比控制、温度补偿的参考、高增益误差放大器，具有电流取样比较器和大电流图腾柱式输出，是驱动功率 MOS 管的理想器件。

它的保护特性包括输入和参考欠电压锁定，带有滞后、逐周电流限制、可编程输出死区时间和单个脉冲测量锁存等功能。

这些器件的差别在于欠电压锁定门槛值和最大占空比范围有所不同。UC3842B 和 UC3844B 有 16V（通）和 10V（断）低压锁定门限，十分适合于离线式变换器应用。UC3843B 和 UC3845B 是专为低压应用设计的，低压锁定门限为 8.5V（通）和 7.9V（断）。UC3842B 和 UC3843B 工作时占空比达到 100%，也就是引脚 4 输出的振荡三角波频率等于引脚 6 输出 PWM 波的频率，而 UC3844B 和 UC3845B 工作时占空比只能达到 50%，其内部

多增加了一个触发器，每隔一个时钟信号，封锁输出，也就是引脚4输出的振荡三角波频率等于引脚6输出PWM波频率的两倍。

这种控制芯片的结构框图如图2-23所示。

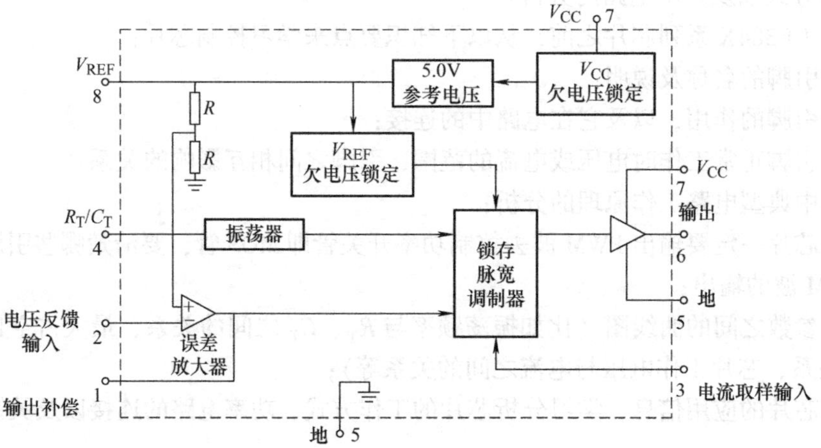

图2-23　结构框图

芯片工作时参数的最大额定值见表2-1。

表2-1　芯片工作时参数的最大额定值

符号	参数	数值	单位
V_{CC}	工作电压（低阻抗源）	30	V
	工作电压（I_i <30mA）	自身限制	V
I_o	输出电流	±1	A
E_o	输出能量（容性负载）	5	μJ
	模拟输入（2，3引脚）	-0.3至5.5	V
	误差放大器输出灌电流	10	mA
P_{tot}	功率损耗（环境温度带25℃，直插）	1.25	W
	功率损耗（环境温度带25℃，贴片）	0.8	W
T_{stg}	储存温度范围	-65至150	℃
T_J	工作结温度范围	-40至150	℃
R_{th}	结至空气热阻（贴片）	150	℃/W
	结至空气热阻（直插）	100	℃/W
T_L	焊接温度（焊接时间10s之内）	300	℃

（3）引脚分布及功能说明

引脚分布图如图2-24所示。

引脚功能及说明见表2-2。

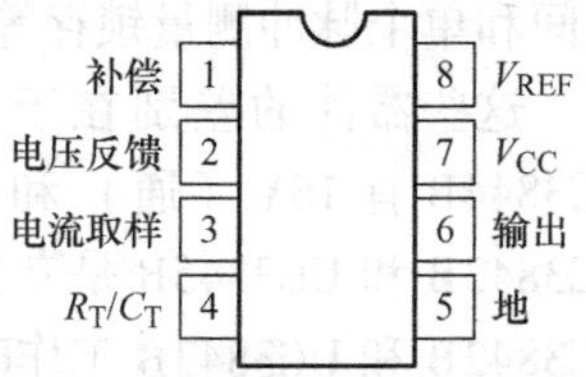

图2-24　引脚分布图

表 2-2　引脚功能及说明

引脚号	引脚名称	说明
1	补偿	该引脚为误差放大器输出，并用于环路补偿
2	电压反馈	该引脚是误差放大器的反相输入，通常通过一个电阻分压器连接到开关电源输出端
3	电流取样	一个正比于电感电流的电压接至此输入，脉宽调制器使用此信息中止输出开关的导通
4	R_T/C_T	通过将电阻 R_T 连接至 V_{REF} 以及电容 C_T 连接至地，使振荡器频率和最大输出占空比可调。工作频率可达 500kHz
5	地	该引脚是控制电路和工作电源的公共地
6	输出	该输出直接驱动功率 MOSFET 的栅极，高达 1.0A 的峰值电流经此管脚拉与灌
7	V_{CC}	该引脚是控制集成电路的正电源
8	V_{REF}	该引脚是参考输出，它通过电阻 R_T 向电容 C_T 提供充电电流

订购型号信息见表 2-3。

表 2-3　订购型号信息

贴片（SO8）	直插
UC2842BD1；UC3842BD1 UC2843BD1；UC3843BD1 UC2844BD1；UC3844BD1 UC2845BD1；UC3845BD1	UC2842BN；UC3842BN UC2843BN；UC3843BN UC2844BN；UC3844BN UC2845BN；UC3845BN

（4）电气特性参数

电气特性参数测试见表 2-4。

表 2-4　电气特性参数测试

符号	参数	测试条件	UC284XB			UC384XB			单位
			最小值	典型值	最大值	最小值	典型值	最大值	
参考电压									
V_{REF}	输出电压	$T_j=25℃$　$I_o=1mA$	4.95	5.00	5.05	4.9	5.00	5.10	V
ΔV_{REF}	输入调整率	$V_{CC}=12\sim25V$		2	20		2	20	mV
	负载调整率	$I_o=1\sim20mA$		0.2			0.2		mV
$\Delta V_{REF}/\Delta T$	温度稳定性	（见注①）							mV/℃
	总的输出变化	输入、负载和温度变化引起的	4.9		5.1	4.82		5.18	V
e_N	输出噪声电压	$10Hz\leq f\leq10kHz$　$T_j=25℃$（见注①）		50			50		μV

（续）

符号	参数	测试条件	UC284XB			UC384XB			单位
			最小值	典型值	最大值	最小值	典型值	最大值	
参考电压									
ΔV_{REF}	长期稳定性	在 T_a = 125℃ 下工作 100h（见注①）		5	25		5	25	mV
I_{SC}	输出短路电流		−30	−100	−180	−30	−100	−180	mA
振荡器									
f_{OSC}	频率	T_j = 25℃ $T_a = T_{low} \sim T_{high}$ T_j = 25℃（R_T = 6.2kΩ，C_T = 1nF）	49 48 225	52 250	55 56 275	49 48 225	52 250	55 56 275	kHz kHz kHz
$\Delta f_{OSC}/\Delta V$	频率随电压变化率	V_{CC} = 12 ~ 25V		0.2	1		0.2	1	%
$\Delta f_{OSC}/\Delta T$	频率随温度变化率	$T_a = T_{low} \sim T_{high}$		1			0.5		%
V_{OSC}	振荡器电压摆幅	峰–峰值		1.6			1.6		V
I_{dischg}	放电电流（V_{OSC} = 2V）	T_j = 25℃ $T_a = T_{low} \sim T_{high}$	7.8 7.5	8.3 	8.8 8.8	7.8 7.6	8.3 	8.8 8.8	mA mA
误差放大器									
V_2	输入电压	V_{PIN1} = 2.5V	2.45	2.50	2.55	2.42	2.50	2.58	V
I_b	输入偏置电流	V_{FB} = 5V		−0.1	−1		−0.1	−2	μA
A_{VOL}	开环电压增益	V_o = 2 ~ 4V	65	90		65	90		dB
BW	增益等于1之带宽	T_j = 25℃	0.7	1		0.7	1		MHz
PSRR	电源抑制比	V_{CC} = 12 ~ 25V	60	70		60	70		dB
I_o	输出灌电流	V_{PIN2} = 2.7V　V_{PIN1} = 1.1V	2	12		2	12		mA
	输出拉电流	V_{PIN2} = 2.3V　V_{PIN1} = 5V	−0.5	−1		−0.5	−1		mA
V_{OH}	输出电压摆幅	高态 R_L = 15kΩ 至地 V_{PIN2} = 2.3V	5	6.2		5	6.2		V
V_{OL}	输出电压摆幅	低态 R_L = 15kΩ 至 PIN8；V_{PIN2} = 2.7V		0.8	1.1		0.8	1.1	V
电流采样									
G_V	增益	见注②和③	2.85	3.0	3.15	2.85	3.0	3.15	V/V
V_3	输入信号最大值	V_{PIN1} = 5V（见注②）	0.9	1	1.1	0.9	1	1.1	V
SVR	电源电压抑制	V_{CC} = 12 ~ 25V（见注②）		70			70		dB
I_b	输入偏置电流			−2	−10		−2	−10	μA
	传输时延			150	300		150	300	ns
输出									
V_{OL}	输出低电平	I_{SINK} = 20mA		0.1	0.4		0.1	0.4	V
		I_{SINK} = 200mA		1.6	2.2		1.6	2.2	V

（续）

符号	参数	测试条件	UC284XB			UC384XB			单位
			最小值	典型值	最大值	最小值	典型值	最大值	
输出									
V_{OH}	输出高电平	$I_{SOURCE}=20mA$	13	13.5		13	13.5		V
		$I_{SOURCE}=200mA$	12	13.5		12	13.5		V
V_{OLS}	欠电压锁定饱和值	$V_{CC}=6V$；$I_{SINK}=1mA$		0.1	1.1		0.1	1.1	V
t_r	输出电压上升时间	$T_j=25℃$ $C_L=1nF$（见注①）		50	150		50	150	ns
t_f	输出电压下降时间	$T_j=25℃$ $C_L=1nF$（见注①）		50	150		50	150	ns
欠电压锁定									
V_{CC}	启动门槛（见注④）	X842B/4B	15	16	17	14.5	16	17.5	V
		X843B/5B	7.8	8.4	9.0	7.8	8.4	9.0	V
	接通后最小工作电压	X842B/4B	9	10	11	8.5	10	11.5	V
		X843B/5B	7.0	7.6	8.2	7.0	7.6	8.2	V
脉宽调制									
	最大占空比	X842B/3B	94	96	100	94	96	100	%
		X844B/5B	47	48	50	47	48	50	%
旁路电流									
I_{st}	启动电流	$V_{CC}=6.5V$ 对于 UCX843B/45B		0.3	0.5		0.3	0.5	mA
		$V_{CC}=14V$ 对于 UCX842B/44B		0.3	0.5		0.3	0.5	mA
I_i	工作电流	$V_{PIN2}=V_{PIN3}=0V$		12	17		12	17	mA
V_{iz}	齐纳电压	$I_i=25mA$	30	36		30	36		V

注：1. 除非另有规定，这些说明对于 UC284XB 而言，适用于环境温度在 $-25℃\leqslant T\leqslant 85℃$；对于 UC384XB 而言，适用于环境温度 $0℃\leqslant T\leqslant 70℃$；$V_{CC}=15V$，$R_T=10k\Omega$，$C_T=3.3nF$。

2. 必须遵守最大封装功耗限制；在测试过程中使用了低占空比脉冲技术，使结温与环境温度尽可能地接近。

① 保证测试参数的可靠性，但并不是100%在产品中测试得到。

② 此参数当 $V_{FB}=0V$ 时，在锁存释放点测得。

③ 比较器增益定义为：$A=\Delta V_{PIN1}/\Delta V_{PIN3}$；$0<\Delta V_{PIN3}<0.8V$。

④ 在将 V_{CC} 设定为15V之前，先要将其调节到高于启动门限的电平。

（5）典型参数曲线图

振荡频率与 R_T 之间的关系以及输出死区与振荡频率之间的关系分别如图 2-25 和图 2-26 所示。振荡器放电电流和温度之间的关系以及最大占空比和定时电阻之间的关系分别如图 2-27 和图 2-28 所示。

2. 控制芯片的功能及典型电路分析

（1）工作描述

UC284XB/UC384XB 系列是专门设计用于离线和直流-直流变换器应用的一种高性能、

固定频率、电流模式控制器，为设计者提供使用最少外部元件的高性能价格比的解决方案。

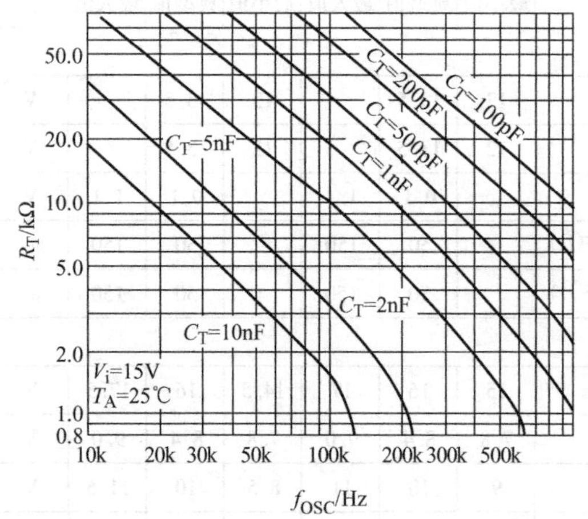

图 2-25　振荡频率和 R_T 之间的关系

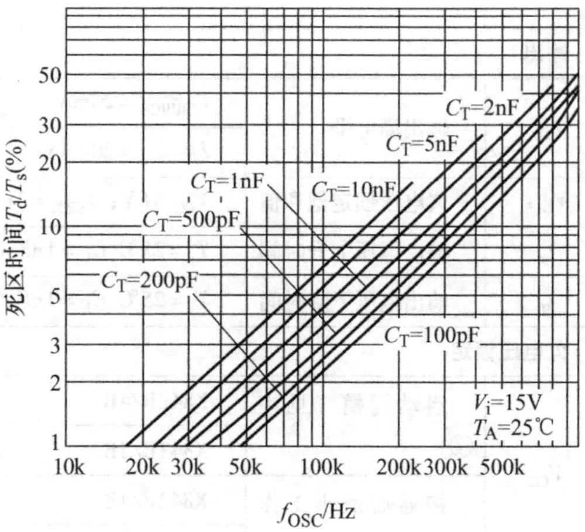

图 2-26　输出死区和振荡频率之间的关系

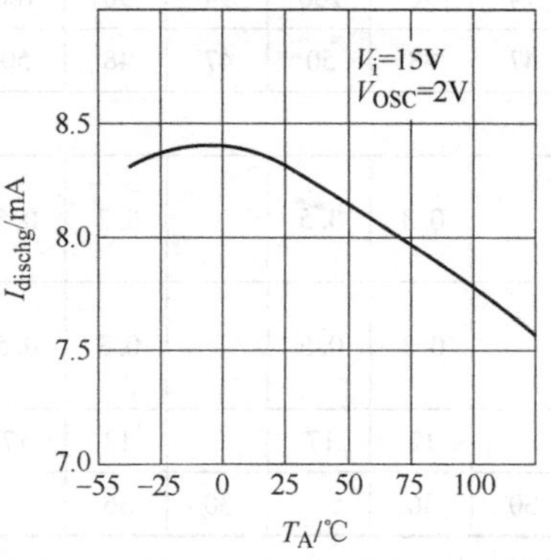

图 2-27　振荡器放电电流和温度之间的关系

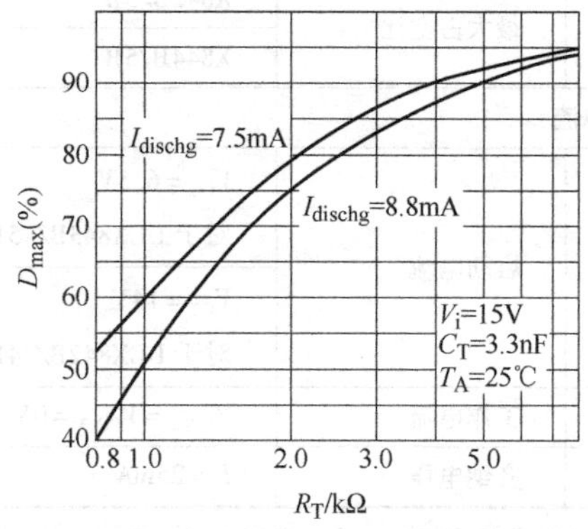

图 2-28　最大占空比和定时电阻之间的关系

1）振荡器：振荡器频率由定时元件 R_T 和 C_T 的选择值决定。由 5.0V 的参考电压通过电阻 R_T 对电容 C_T 充电，充电至约 2.8V，再由一个内部的电流源放电至 1.2V。在 C_T 放电期间，振荡器产生一个内部消隐脉冲保持“或非”门的中间输入为高电平，这导致输出为低状态，从而产生了一个可控的输出静区时间。图 2-25 显示 R_T 与振荡器频率关系曲线，图 2-26 显示输出死区时间与频率关系曲线，它们都是在给定的 C_T 值时得到的。注意，尽管许多的 R_T 和 C_T 值都可以产生相同的振荡器频率，但只有一种组合可以得到在给定频率下的特定输出静区时间。振荡器门限是有温度补偿的，放电电流在 T_j = 25℃时被微调并确保在 ±10% 之内。这些内部电路的优点使振荡器频率及最大输出占空比的变化最小。在很多对于噪声敏感应用中，有时希望将变换器频率锁定至外部系统时钟上，这时可以通过将外部时钟信号加到图 2-33 所示的电路中。为了可靠地与外部时钟锁定，振荡器自振频率应设为比时钟频率低 10% 左右。图 2-34 所示的电路为多单元同步的一种方法。通过修整时钟波形，可以实现准确输出占空比钳位。

2）误差放大器：该控制芯片提供一个有可访问反相输入和输出的补偿误差放大器。此放大器具有90dB的典型直流电压增益和具有57°相位余量的1.0MHz的增益为1的带宽。同相输入在内部偏置于2.5V而不经引脚引出。典型情况下变换器输出电压通过一个电阻分压器分压，并由反向输入监视。最大输入偏置电流为2.0μA，它将引起输出电压误差，电压误差等于输入偏置电流和等效输入分压器器源电阻的乘积。

误差放大器输出（引脚1）用于外部回路补偿（见图2-37）。输出电压因两个二极管压降而失调（≈1.4V），并在连接至电流取样比较器的反相输入之前被三分。这将在引脚1处于其最低状态（V_{OL}）时，也能保证输出（引脚6）不出现驱动脉冲。这种情况发生在电源正在工作并且负载被取消时，或者在软启动过程的开始时（见图2-35）。最小误差放大器反馈电阻受限于放大器的拉电流（0.5mA）和到达比较器的1.0V钳位电平所需的输出电压（V_{OH}）：

$$R_{f(min)} \approx \frac{3.0+1.4}{0.5\times 10^{-3}}\Omega = 8800\Omega \tag{2-32}$$

3）电流取样比较器和脉宽调制锁存器：UC384XB作为电流模式控制器工作，输出开关导通由振荡器起始，当峰值电感电流到达误差放大器输出补偿（引脚1）建立的门限电平时中止。这样在逐周基础上误差信号控制峰值电感电流。所用的电流取样比较器-脉宽调制锁存器配置可以确保在任何给定的振荡器周期内，仅有一个单脉冲出现在输出端。电感电流通过插入一个与输出开关VT的源极串联的以地为参考的取样电阻R_s转换成电压信号。此电压信号由电流取样输入端（引脚3）监视并与来自误差放大器的输出电平相比较。在正常的工作条件下，峰值电感电流由引脚1上的电压控制，其中

$$I_{pk} = \frac{V_{comp}-1.4}{3R_s} \tag{2-33}$$

当电源输出过载或者输出电压取样丢失时，异常的工作情况将出现。在这些情况下，电流取样比较器门限将被内部钳位至1.0V。因此最大峰值开关电流I_{pkmax}为

$$I_{pkmax} = \frac{1.0}{R_s} \tag{2-34}$$

当设计一个大功率开关稳压器时，为了保持R_s的功耗在一个合理的水平上，并希望降低内部钳位电压，使用了两个外部二极管来补偿内部二极管，以便在温度范围内有固定钳位电压。如果I_{pkmax}钳位电压降低过多，将导致噪声产生的误动作。

通常在电流波形的前沿可以观察到一个窄尖脉冲，当输出负载较轻时，它可能会引起电源不稳定。这个尖脉冲的产生是由于电源变压器匝间电容和输出整流管恢复时间造成的。在电流取样输入端增加一个RC滤波器，使它的时间常数接近尖脉冲的持续时间，通常可以消除尖脉冲带来的不稳定性（如图2-31）。

4）欠电压锁定：采用了两个欠电压锁定比较器以保证在输出级被驱动之前，集成电路已完全可用。正电源端（V_{CC}）和参考输出V_{REF}由各自的比较器监视。每个比较器都具有内部的滞后，以防止在通过它们各自的门限时产生错误输出动作。V_{CC}比较器上下门限分别为UCX842B/44B 16V/10V，UCX843B/45B 8.4V/7.9V，V_{REF}比较器高低门限为3.6V/3.4V。大的时间滞后和小启动电流使得UCX842B/44B特别适合于需要有效的自举启动技术的离线变换器应用中。UCX843B/45B应用于更低电压直流-直流变换器中。一个36V的齐纳二极管

作为一个并联稳压管，从引脚7（V_{CC}）连接至地。它的作用是保护集成电路免受系统启动期间产生的过高电压的破坏。最小工作电压 UCX842 B/44B 为 11V，UCX843B/45B 为 8.2V。

5）输出：这些器件有一个单图腾柱输出级，是专门设计用来直接驱动功率 MOS 管，在 1.0nF 负载下时它能提供高达 ±1.0A 的峰值驱动电流以及典型值为 50ns 的上升时间和下降时间。器件内部还附加了一个内部电路，只要欠电压锁定有效，使得任何时候输出就进入灌模式，这个特性不再需要外部下拉电阻。

6）参考电压：5.0V 带隙参考电压在 $T_j = 25℃$ 时调整误差至 ±1.0%（对 UC284XB）、±2.0%（对 UC384XB），它首要的目的是为振荡器定时电容提供充电电流。参考电压部分具有短路保护功能并能向附加控制电路提供不超过 20mA 的电流。

（2）设计考虑因素

不要试图在绕线式或插入式样机板上构建变换器。必须使用高频电路布局技术防止脉宽抖动。这种脉宽抖动通常由于加在电流取样或电压反馈输入上的过量噪声所引起，可通过降低在这些点的电路阻抗来增强噪声抑制性。印制电路板布局应包括仅有小电流信号的接地面，而大电流开关和输出地线通过分离路径返回输入滤波电容器。根据电路布局可能会需要瓷介旁路电容（0.1μF）直接连接至 V_{CC} 和 V_{REF}，这提供了滤除高频噪声的低阻抗路径。所有的大电流回路的连线应当尽可能短，使用粗铜箔以降低辐射电磁干扰。误差放大器补偿电路和变换器输出分压器应当靠近集成电路，并尽可能远离功率开关管和其他产生噪声的元件。

电流模式变换器工作在占空比大于 50% 和连续电感电流条件下，会产生次谐波振荡，这种不稳定性与稳压器的闭环特性无关，它是由固定频率和峰值电流取样同时工作状况所引起，图 2-29a 表示了这种现象。在 t_0 时刻，开关管导通开始，使电感电流以斜率 m_1 上升，该斜率是输入电压除以电感的函数。t_1 时刻，电流取样输入值达到由控制电压建立的门限，使得开关管断开，电流以斜率 m_2 衰减，直至下一个振荡器周期。如果有一个扰动加到控制电压上，产生一个小的 ΔI（图中虚线），就可以出现这种不稳定情况。在一个固定的振荡器周期内，电流衰减时间减少，最小电流在开关接通时刻（t_2）上升了 $\Delta I + \Delta I m_2/m_1$。最小电流在下一个周期（$t_3$）减小至（$\Delta I + \Delta I m_2/m_1$）（$m_2/m_1$）。在每一个后续周期，该扰动都与 m_2/m_1 相乘，在开关管接通时交替增加和减小电感电流，也许需要几个振荡器周期才能使电感电流为零，使过程重新开始。如果 m_2/m_1 大于1，变换器将进入不稳定状态。图 2-29b 显示了通过在控制电压上增加一个与脉宽调制时钟同步的人为的斜坡，可以在后续周期将 ΔI 扰动减小至零，该补偿斜坡的斜率 m_3 必须等于或略大于 $m_2/2$ 才能具有稳定性。通过 $m_2/2$ 的斜率补偿，平均电感电流将跟随控制电压，实现真正电流模式工作。补偿斜坡可从振荡器产生，并加到电流取样输入端（见图 2-32）。

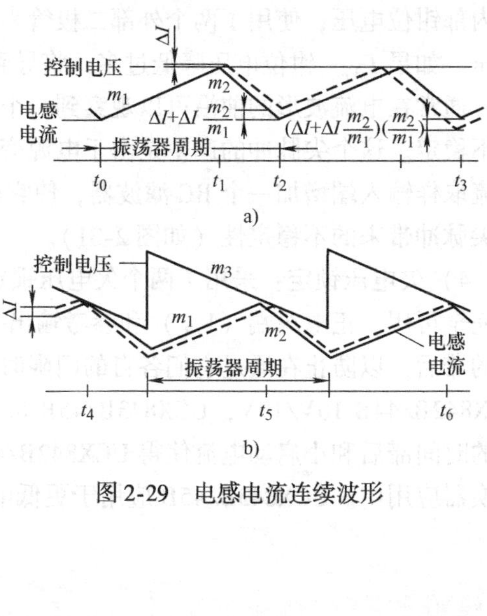

图 2-29　电感电流连续波形

(3) 与引脚相连接典型电路的分析

振荡器连接图和输出波形如图2-30所示。由图2-30可知：R_T 和 C_T 决定电路自身最大的占空比，虽然不同的 R_T 和 C_T 组合可以得到相同的输出频率，但是得到的最大占空比却不一样。

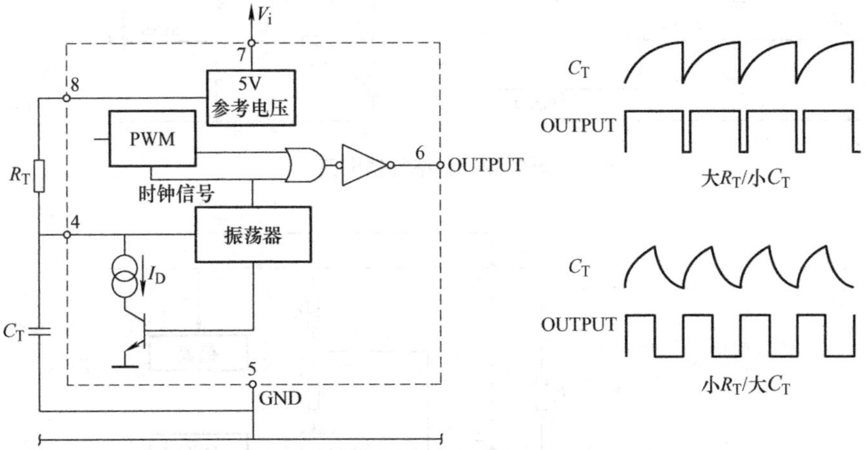

图2-30 振荡器连接图和输出波形

电流采样电路和尖脉冲抑制电路如图2-31所示，最大的峰值电流由式(2-34) 决定。增加 *RC* 低通滤波器消除电流采样波形前沿尖脉冲导致的不稳定性。一般情况下，低通滤波器的频率为驱动脉冲频率的20倍左右。

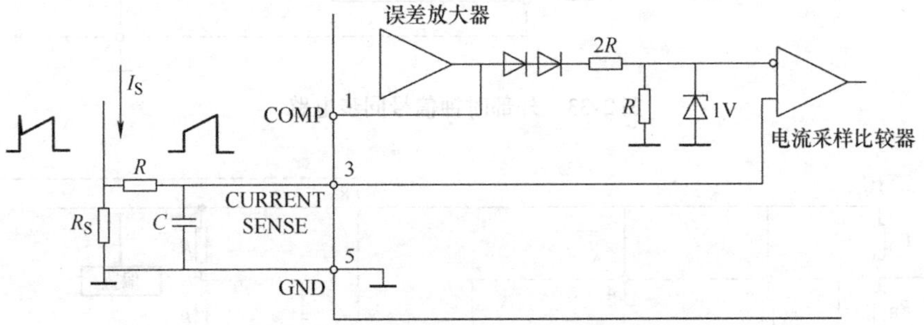

图2-31 电流采样电路和尖脉冲抑制电路

当引脚6输出的PWM波占空比大于50%并在连续电感电流条件下，会产生次谐波振荡，需要外加斜率补偿电路，如图2-32所示。

外部时钟信号与UC3842振荡频率同步电路如图2-33所示。如果同步幅度大，足以使 C_T 上的最低电压低于零电位超过300mV，则需要加装钳位二极管。

外部占空比钳位和多单元同步电路如图2-34所示。

其中，开关频率：

$$f=\frac{1.44}{(R_A+2R_B)C} \quad D_{max}=\frac{R_B}{R_A+2R_B} \tag{2-35}$$

软启动电路如图2-35所示，通过1MΩ电阻给电容 *C* 充电，实现软启动，二极管起钳位作用。随着电容电压逐渐增加，引脚1的电压逐渐增加，则占空比逐渐增加。与1MΩ电阻并联的二极管起到加速电容 *C* 放电的作用。

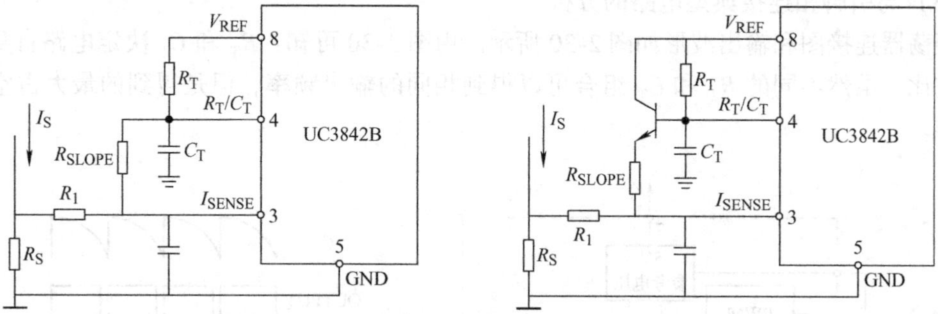

图 2-32　斜率补偿电路

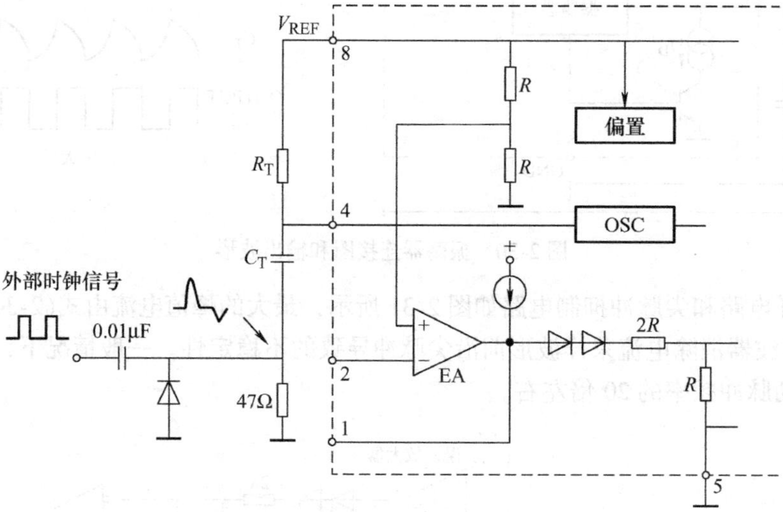

图 2-33　外部时钟信号同步电路

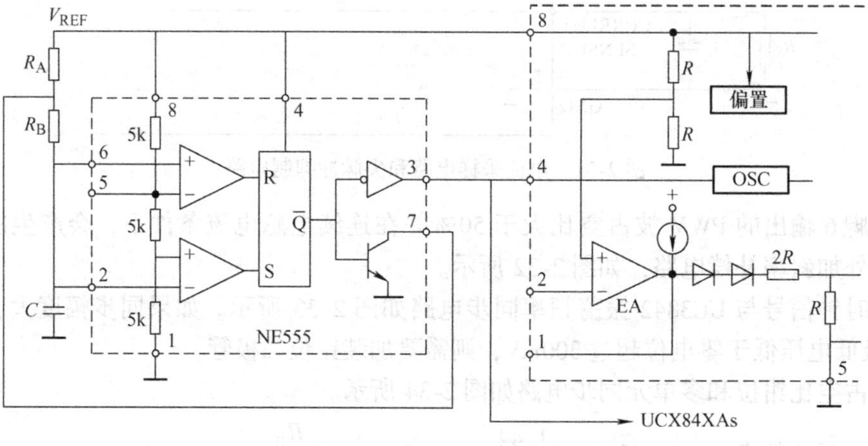

图 2-34　外部占空比钳位和多单元同步电路

隔离 MOS 管驱动和电流变压器检测电流电路如图 2-36 所示。当主电路和控制电路隔离时，也就是不共地时，要采用驱动变压器进行隔离驱动，电容 C 起到消除直流分量的作用。

电流变压器采样输入端电流，一方面隔离需要采用电流变压器，另一方面可以减小采样电阻 R_s 上的功率损耗。

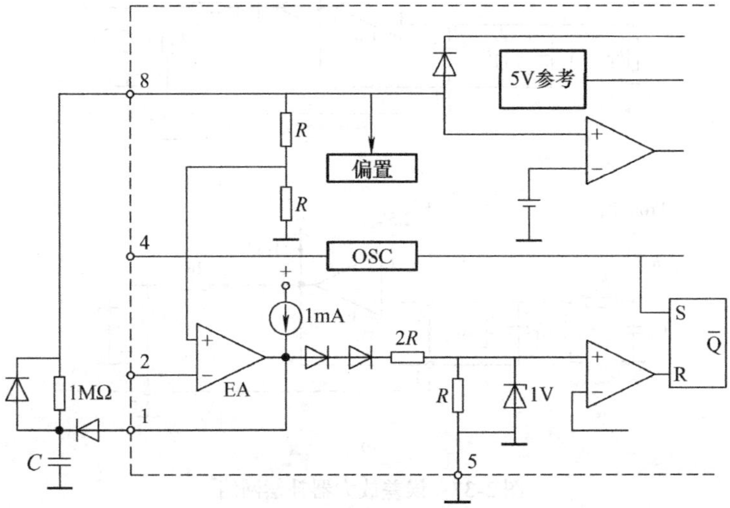

图 2-35　软启动电路

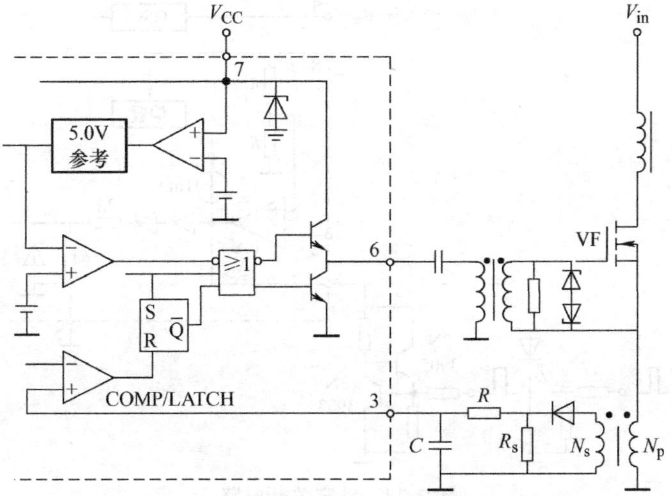

图 2-36　隔离 MOS 管驱动和电流变压器检测电流电路

误差放大器补偿网络如图 2-37 所示。误差放大器补偿网络要满足一定的相角裕度和幅值裕度，其作用：①稳定输出电压；②改善动态响应。图 2-37a 的误差放大器补偿电路用于稳定任何电流模式拓扑，除工作于连续电感电流的升压和反激变换器以外；图 2-37b 的误差放大器补偿电路用于工作于连续电感电流的升压和反激变换器拓扑。

锁定关断电路如图 2-38 所示，此锁定电路可以用在功能保护电路中。当电路出现故障时，比如检测到过电流、过电压或者过热信号，经过一系列电路处理，输出高电平到锁定电路中，把控制芯片引脚 1 的电位拉成低电平，使得引脚 6 没有 PWM 信号输出，芯片停止工作，从而电路停止工作。选用的晶闸管 SCR 在 $T_{A(min)}$ 时保持电流小于 0.5mA。

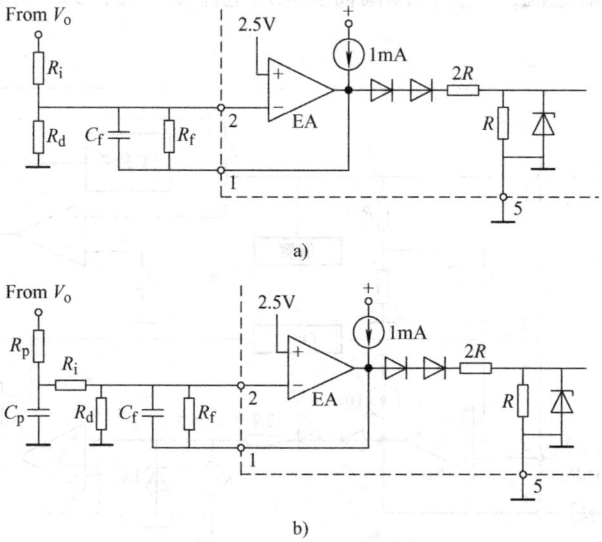

图 2-37　误差放大器补偿网络

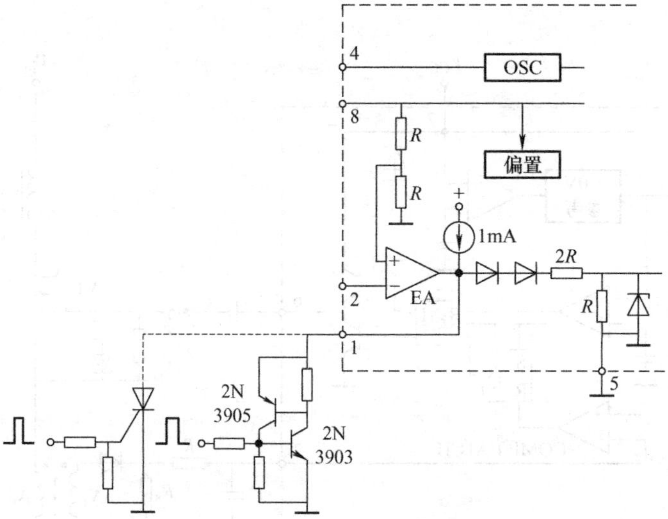

图 2-38　锁定关断电路

任务四　UC3842 控制 Boost 电路的分析与设计

学习目标

- ◆ 学会分析 UC3842 控制 Boost 电路的工作原理。
- ◆ 掌握电路中主要元件参数的设计方法。
- ◆ 学会调试和测试电路。
- ◆ 学会分析电路故障，并能排除故障。

一、UC3842 控制 Boost 电路的分析

1. Boost 电路的基本要求

输入电压 V_{in}为 40 ~ 100V，输出电压 V_o 为 120V，输出电流 I_o 为 0.2A，开关频率 f_s为 100kHz，输入电压 V_{in}为 70V，在满载时效率 η 可达到 0.92 以上。

2. 外围电路的分析及主要参数设计

UC3842 控制 Boost 电路如图 2-39 所示。下面详细分析控制芯片的外围电路以及与主电路连接，从每个引脚的作用和功能着手分析芯片外围电路参数及选择，输出滤波电感 L_1 和输出滤波电容 C_1 的选择。

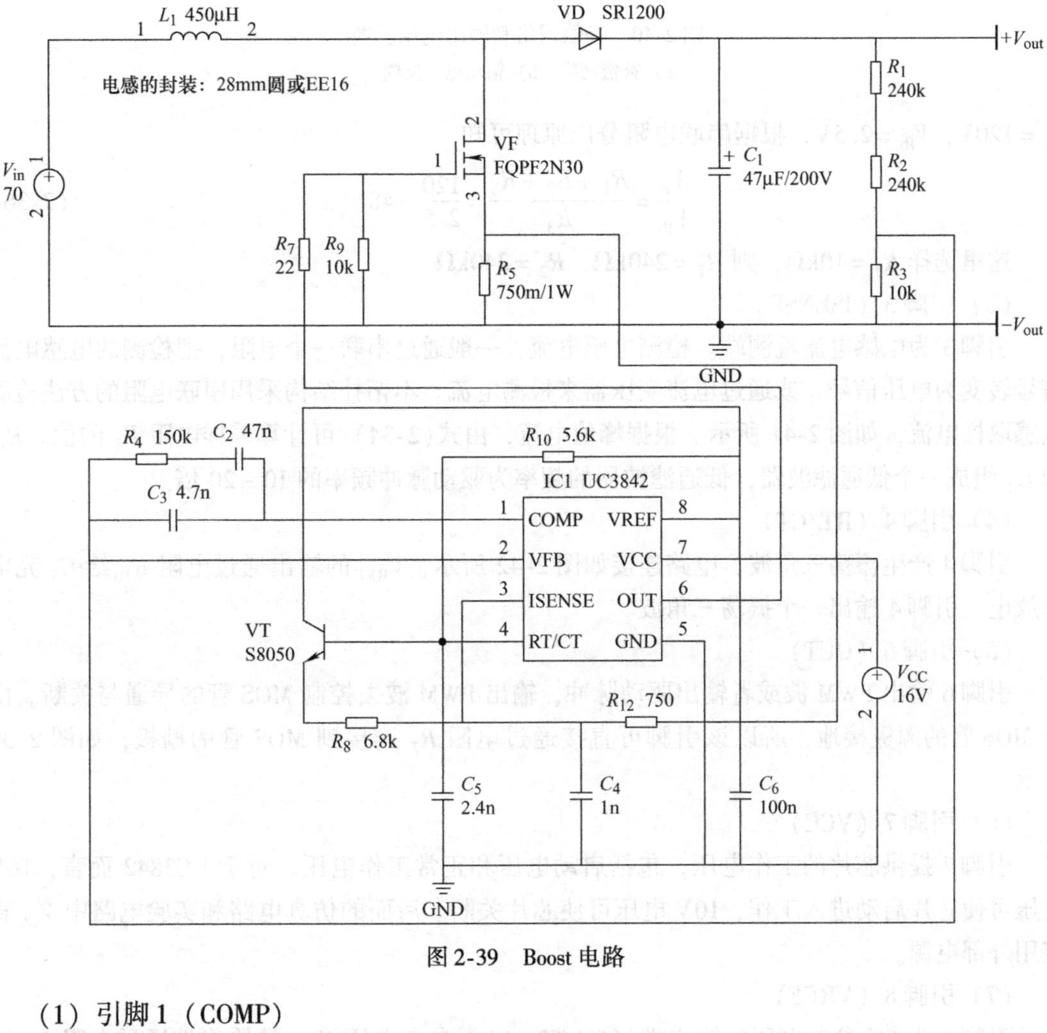

图 2-39　Boost 电路

(1) 引脚 1（COMP）

引脚 1 为误差放大器的输出，与引脚 2 之间接入补偿网络，如图 2-40a 所示。按照工程经验，补偿网络极点频率为零点频率的 10 倍，即电容 C_2 的值是 C_3 的 10 倍。

(2) 引脚 2（VFB）

引脚 2 为输出电压反馈输入端，通过电阻分压器连接到输出电压端，如图 2-40b 所示。

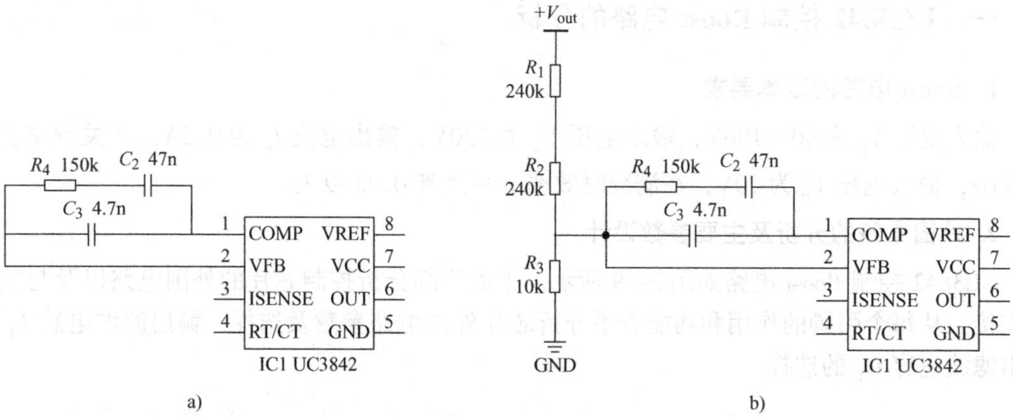

图 2-40　补偿网络和输出电压反馈

a）补偿网络　b）输出电压反馈

$V_o = 120V$，$V_{fb} = 2.5V$，根据串联电阻分压原理可知

$$\frac{V_o}{V_{fb}} = \frac{R_1 + R_2 + R_3}{R_3} = \frac{120}{2.5} = 48 \tag{2-36}$$

这里选择 $R_3 = 10k\Omega$，则 $R_1 = 240k\Omega$，$R_2 = 240k\Omega$。

（3）引脚 3（ISENSE）

引脚 3 为电感电流检测端。检测电感电流，一般通过串联一个电阻，把检测的电感电流信号转变为电压信号，或通过电流变压器来检测电流。本拓扑结构采用串联电阻的方法检测电感取样电流，如图 2-41 所示。根据峰值电流，由式(2-34) 可计算采样电阻 R_5 的值。R_{12} 和 C_4 组成一个低通滤波器，低通滤波器的频率为驱动脉冲频率的 10～20 倍。

（4）引脚 4（RT/CT）

引脚 4 产生振荡三角波，电路连接如图 2-42 所示，V_{REF} 的输出通过电阻 R_{10} 给 C_5 充电和放电，引脚 4 输出一个振荡三角波。

（5）引脚 6（OUT）

引脚 6 输出 PWM 波或者输出驱动脉冲，输出 PWM 波去控制 MOS 管的导通与关断。由于 MOS 管的源极接地，所以该引脚可直接通过电阻 R_7 连接到 MOS 管的栅极，如图 2-39 所示。

（6）引脚 7（VCC）

引脚 7 提供芯片的工作电压，包括启动电压和正常工作电压。对于 UC3842 而言，16V 电压可使芯片启动进入工作，10V 电压可使芯片关断。后面的仿真电路和实验电路中 V_{CC} 直接用外部电源。

（7）引脚 8（VREF）

引脚 8 为 5V 参考电压的输出端（5V/50mA）。参考电压 V_{REF} 的输出端通过电阻 R_{10} 给 C_5 充电和放电，使引脚 4 输出一个振荡三角波。

（8）输出滤波电感 L_1 的选择

若电感工作于连续模式，则电感值要满足以下关系式：

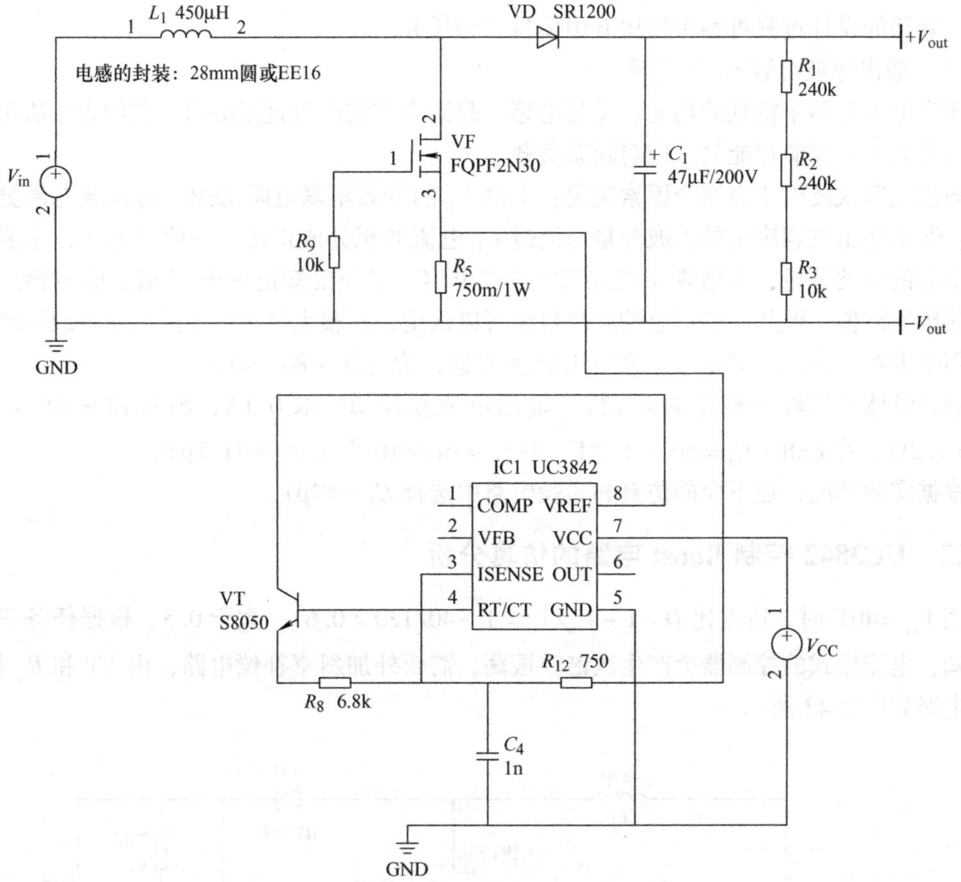

图 2-41　电感电流取样电路

$$L_1 \geqslant \frac{V_{in}D}{f_s\Delta I} = \frac{V_oD(1-D)}{f_s\Delta I} \tag{2-37}$$

式中，ΔI 为电感纹波电流。

一般来说，电感电流平均值为输入电流值，其纹波电流的峰-峰值被设定为输入电流峰值的 20%。

电感工作于临界模式或者断续模式的情况下，电感值要满足以下关系式：

$$L_1 \leqslant \frac{V_{in}D}{f_s\Delta I} = \frac{V_oD(1-D)}{2f_sI_{in}} \tag{2-38}$$

由于输出电流为 0.2A，输出功率为 24W，故选择电感工作于临界模式。由式(2-38) 可计算出电感值。例如，当 $V_{in}=60V$，$D=0.5$ 时，$V_oD(1-D)$ 取得最大值，电感值 L_1，即为

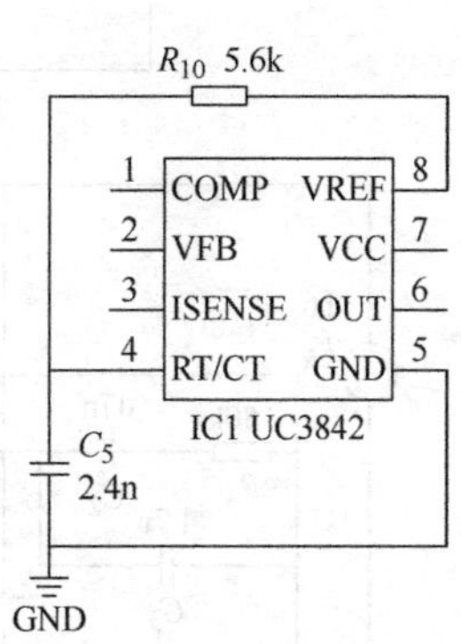

图 2-42　振荡三角波产生电路

$$L_1 = \frac{V_oD(1-D)}{2f_sI_{in}} = \frac{120\times0.5\times(1-0.5)}{2\times100\times10^3\times\dfrac{120\times0.2}{0.9\times60}}\times10^6\mu H = 337.5\mu H \tag{2-39}$$

一般情况下，取 $L_1=330\sim500\mu H$。用作电感的磁心既可以是粉末磁心也可以是铁氧体磁心，磁路的设计过程可参考模块五中项目二的任务三。

(9) 输出滤波电容 C_1 的选择

输出电容有两个特别的功能：①与电感一起滤去方波产生直流输出。它的大小决定了纹波电压的大小；②储存能量，应对瞬态负载。

输出电容纹波电压由两个因素决定：①由 C_1 的等效串联电阻 ESR，与纹波电流分量成正比；②由输出电容决定的纹波分量与流过 C_1 电流的积分成正比。一般情况下，主要考虑 ESR 引起的纹波分量，为估算纹波分量并选择电容，必须要知道 ESR 的值，而电容厂家很少直接给出该值。但从一些厂家的产品目录可以认定，对很大范围内不同电压等级不同容值的常用铝电解电容，其 $ESR\cdot C_1$ 的值近似为常数，为 $(50\sim80)\times10^{-6}F$。

假设纹波电压峰 - 峰值为 0.12V。输出电流纹波 ΔI_o 取 0.1A，则 $0.12=\Delta I_o\times ESR$，$ESR=1.2\Omega$。若 $ESR\cdot C_1=50\times10^{-6}F$，则 $C_1=50\times10^{-6}/1.2F\approx41.7\mu F$。

根据实际情况，在下面的仿真和实验电路中选择 $C_1=47\mu F$。

二、UC3842 控制 Boost 电路的仿真分析

当 $V_{in}=40V$ 时，占空比 $D=1-V_{in}/V_o=1-40/120=0.67$，大于 0.5。根据任务三的分析可知，电流模式的控制器会产生次谐波振荡，需要外加斜率补偿电路，由 VT 和 R_8 构成，仿真电路如图 2-43 所示。

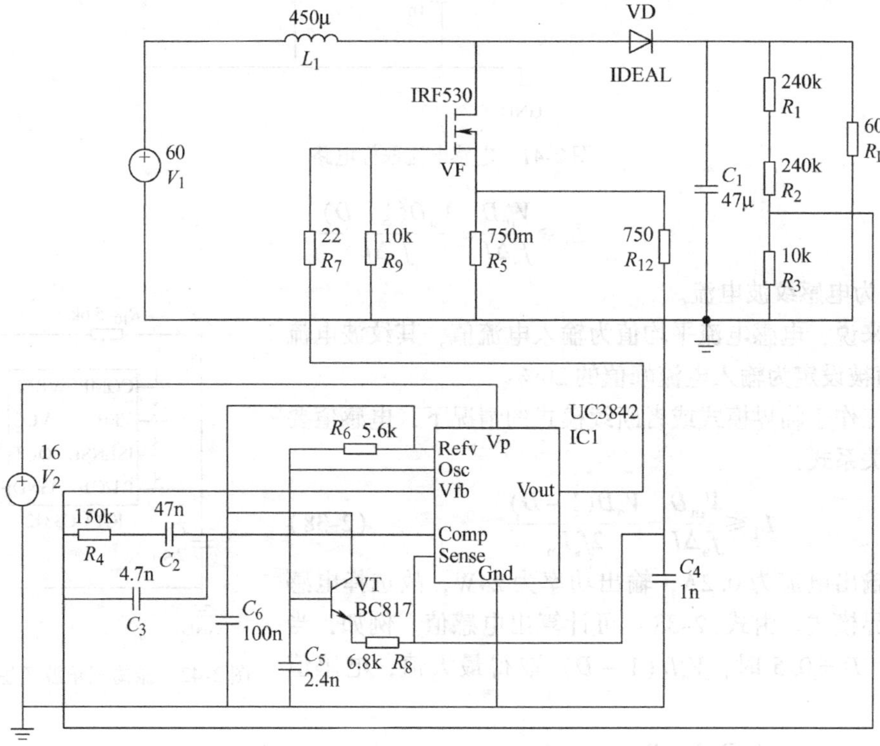

图 2-43 闭环仿真电路

仿真结果如图 2-44 所示。$V_{in}=70V$，$R_L=600\Omega$，即负载为 24W 时的仿真结果如图 2-44a 所示；$V_{in}=60V$，$R_L=600\Omega$，即负载为 24W 时的仿真结果如图 2-44b 所示；$V_{in}=50V$，$R_L=600\Omega$，即负载为 24W 时的仿真结果如图 2-44c 所示。仿真波形从上而下依次为：电感电流 i_{Lf}波形；引脚 3 电压波形；引脚 6 PWM 波形；输出电压 V_o。

从仿真结果可以看出，当输入电压和负载变化时，输出电压 V_o 达到稳定。$V_{in}=70V$ 时，由图 2-44a 可以看出，电感工作于临界模式，与上述理论分析一致。另外，$V_{in}=40V$ 时，引脚 6 输出 PWM 波高电平的时间占开关周期的比例，即占空比 D 为 0.58，大于 0.5，输出电压 V_o 仍然是稳定的，说明斜率补偿电路（由 VT 和 R_8 组成）起到了作用。

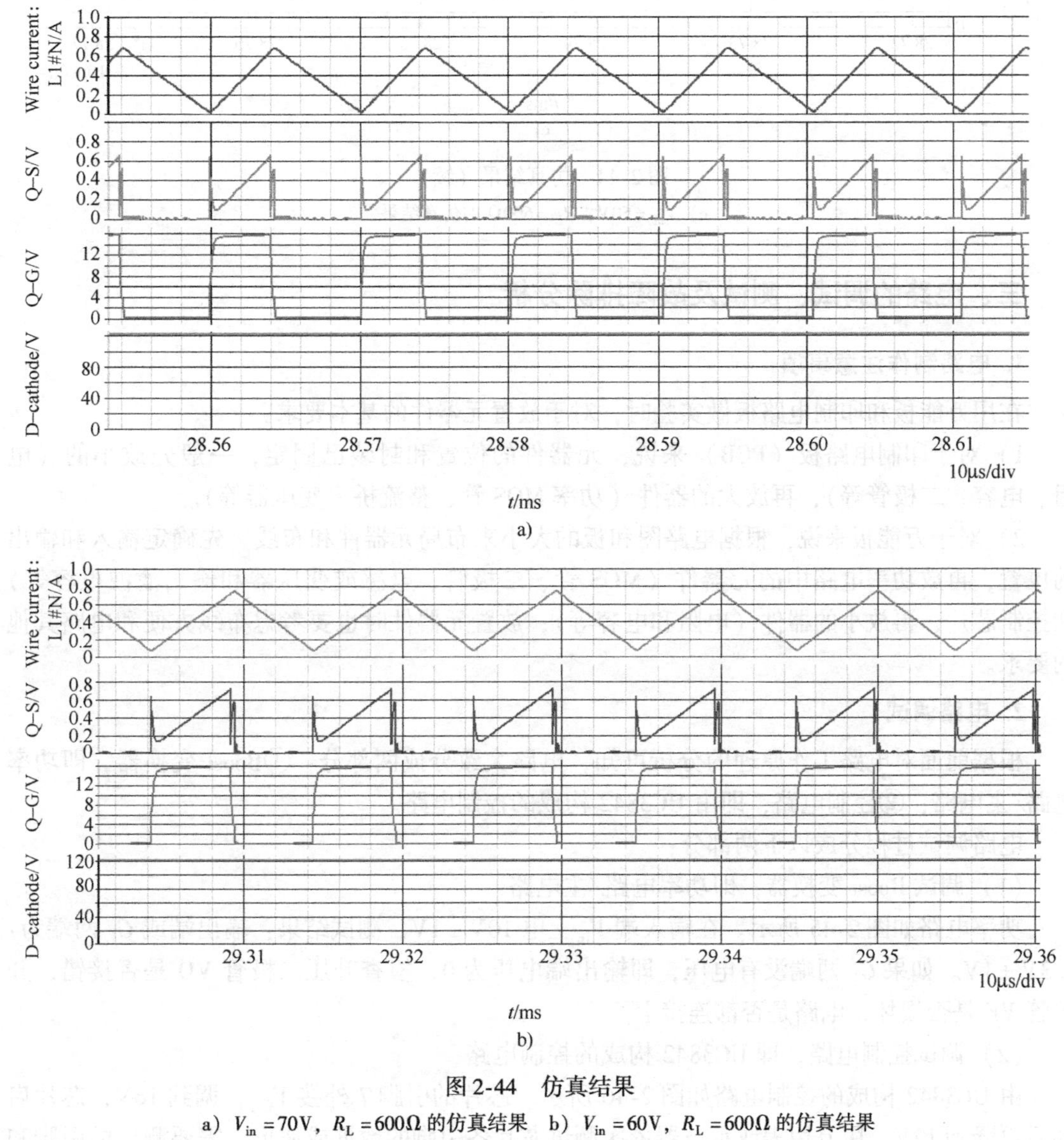

图 2-44　仿真结果

a）$V_{in}=70V$，$R_L=600\Omega$ 的仿真结果　b）$V_{in}=60V$，$R_L=600\Omega$ 的仿真结果

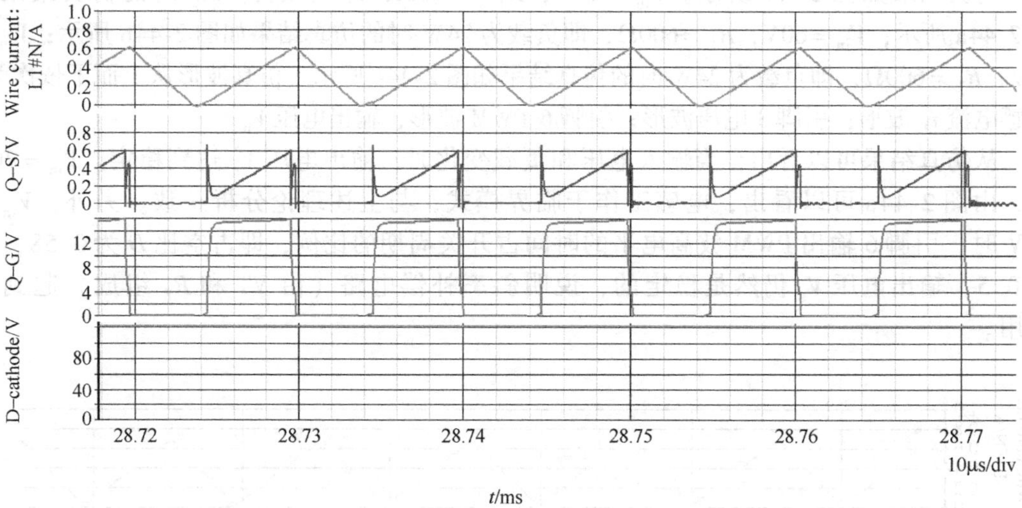

c)

图 2-44　仿真结果（续）

c）$V_{in}=50V$，$R_L=600\Omega$ 的仿真结果

三、电路的调试、测试及故障排除分析

1. 电路制作注意事项

在用万能板和印制电路板做实验时，对于放置元器件的基本要求：

1）对于印制电路板（PCB）来说，元器件的位置和封装已固定，一般先放小的（电阻、电容、二极管等），再放大的器件（功率 MOS 管、整流桥、变压器等）。

2）对于万能板来说，根据电路图和板的大小来布局元器件和布线。先确定输入和输出的位置，再放功率电路中的元器件（MOS 管、二极管、电感或变压器和输出滤波电容等）和控制芯片，再放小的器件（电阻和电容等），放置元器件时也要考虑布线方便和电路其他的要求。

2. 电路调试

根据前面对电路工作原理的分析可知，电路大致分成两部分：①Boost 变换器，即功率电路/主电路；②控制电路，即由 UC3842 构成的控制电路。

电路调试过程分成以下两部分：

（1）调试 Boost 变换器，即功率电路/主电路

功率电路如图 2-45 所示。在输入端 V_{in}上电 10V ±1V，测试结果：输出端或 C_1 两端为：9.3V ±1V。如果 C_1 两端没有电压，即输出端电压为 0，检查升压二极管 VD 是否接错，开关管 VF 是否损坏，电路是否都连接上。

（2）调试控制电路，即 UC3842 构成的控制电路

由 UC3842 构成的控制电路如图 2-46 所示。芯片的引脚 7 外接 V_{CC}，调到 16V，芯片启动后再降到 12V。用万用表或示波器依次测试芯片各引脚的数据或波形。需要测试的引脚和参考值/波形见表 2-5。

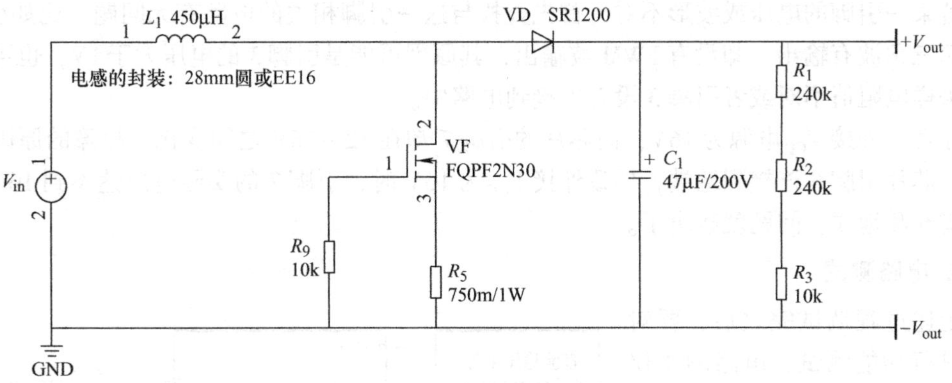

图 2-45　功率电路

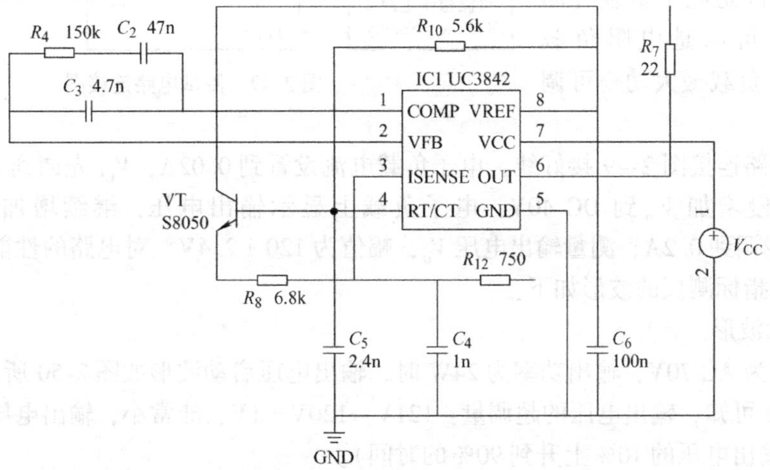

图 2-46　控制电路

表 2-5　测试芯片引脚和参考值/波形

序号	芯片引脚	参考值/波形
1	引脚 8	5V ±0.1V
2	引脚 4	输出振荡三角波，波形如图 2-47 所示
3	引脚 1	6V ±1V
4	引脚 3	<1V
5	引脚 6	输出 PWM 波，波形如图 2-48 所示

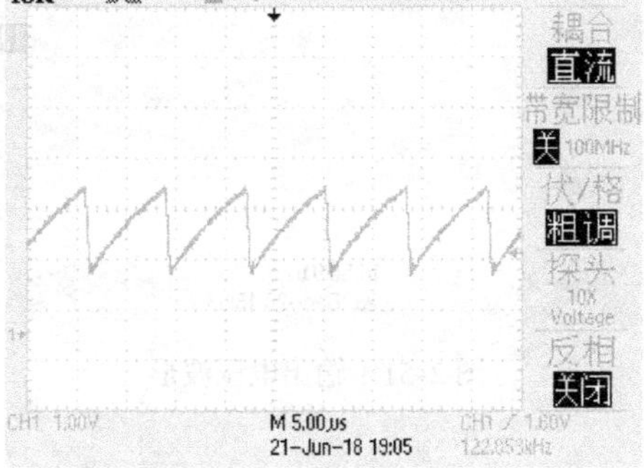

图 2-47　引脚 4 波形

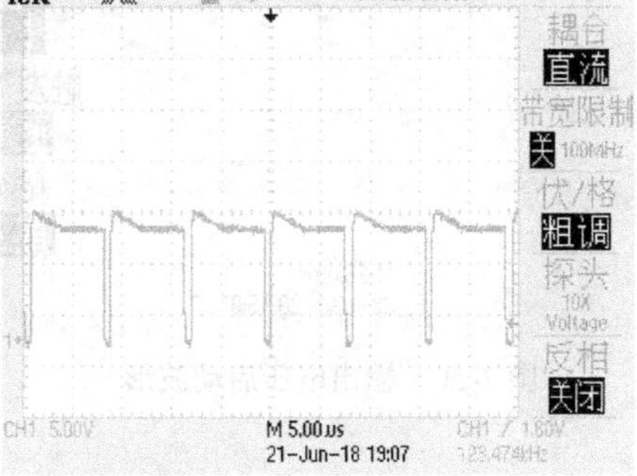

图 2-48　引脚 6 波形

若某一引脚的电压或波形不对，首先查找与这一引脚相关的电路有无问题。比如引脚 4 的振荡三角波有输出，却没有 PWM 波输出，其原因可能是引脚 3 的电压大于 1V，也可能是电流采样电阻值不对或者引脚 3 没有连接到电路中。

注意：外接 V_{CC}电源为 16V，而芯片的引脚 7 却在 12 ~ 16V 之间变化。故障的原因最可能是：芯片引脚 6 连接到地端，导致外接 V_{CC}为 16V 时，引脚 7 的实际电压达不到 16V。断开引脚 6 和地线，问题就解决了。

3. 电路测试

上述过程调试完之后，要对电路进行功能测试，电路测试仪器整体接线如图 2-49 所示。

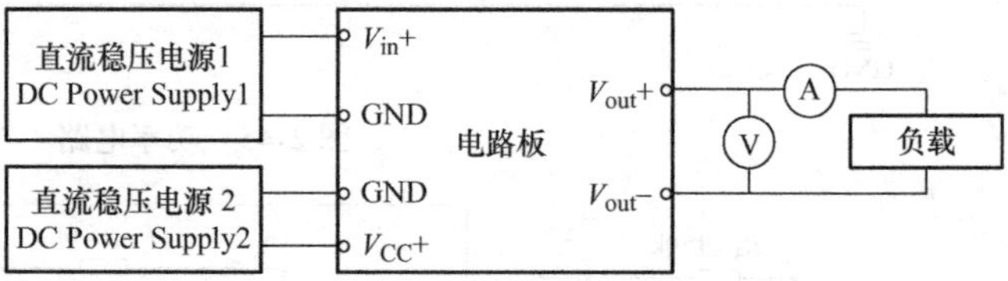

图 2-49　测试电路连接图

负载既可以是电子负载（动态负载），也可以是电阻负载（静态负载），负载最大功率可调到 25W。

按测试电路连接图 2-49 接好线，电子负载电流设置到 0. 02A，V_{CC}先调到 16V，再降到 12V，然后慢慢增加 V_{in} 到 DC 40V，电子负载上显示输出电压，继续增加输入电压到 DC 70V，负载调到 0. 2A，测量输出电压 V_o，幅值为 120 ± 2. 4V。对电路的性能指标进行测试，部分性能指标测试的波形如下：

（1）启动波形

输入电压为 AC 70V，输出功率为 24W 时，输出电压启动波形如图 2-50 所示。

由图 2-50 可知，输出电压的超调量：121V − 120V = 1V，非常小，输出电压的上升时间为 75ms（从输出电压的 10% 上升到 90% 的时间）。

（2）输出电压波形

输入电压为 DC 70V，输出功率为 24W 时，输出电压波形如图 2-51 所示。

由图 2-51 可知，输出电压稳定在 120V。

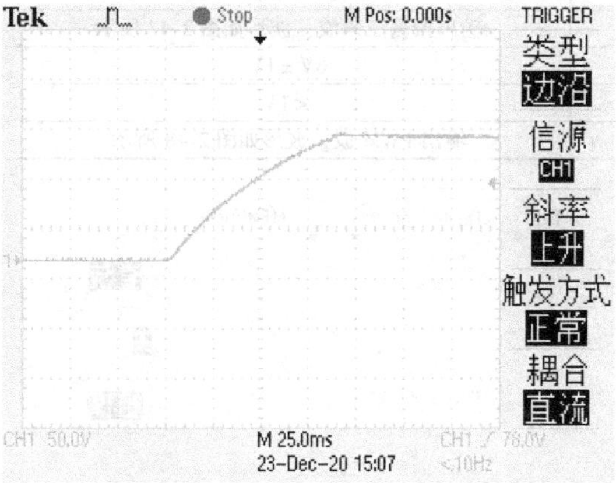

图 2-50　输出电压启动波形

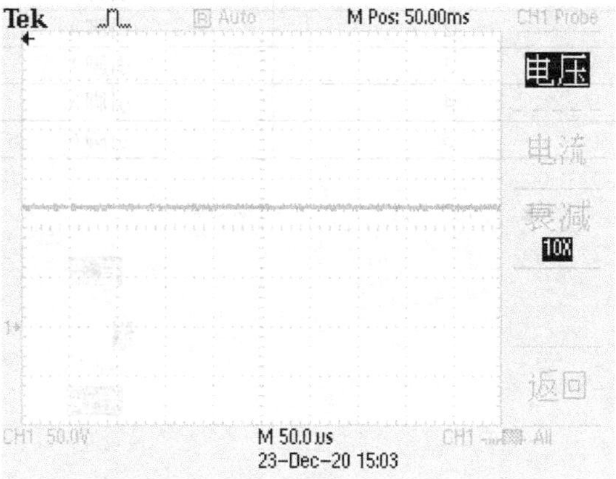

图 2-51　输出电压波形

（3）输出电压纹波

输入电压 70V，输出功率为 24W 时，输出电压纹波如图 2-52 所示。

由图 2-52 可知：输出电压纹波约为 1V，非常小。

（4）UC3842 引脚 6 输出 PWM 波形和 V_{DS} 波形

输入电压为 DC 60V 和 DC 40V，输出功率为 24W 时，引脚 6 和 V_{DS} 波形如图 2-53 所示。其中，CH1：V_{DS} 波形，CH2：引脚 6 输出 PWM 波形。

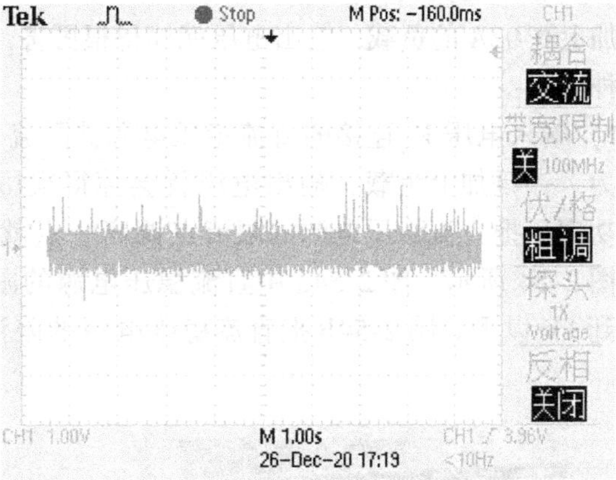

图 2-52　输出电压纹波

由图 2-53b 可知，$V_{in}=40V$ 时，引脚 6 输出 PWM 波占空比大于 50%，很均匀，没有振荡，说明斜坡补偿电路起了作用，而且补偿量合适。

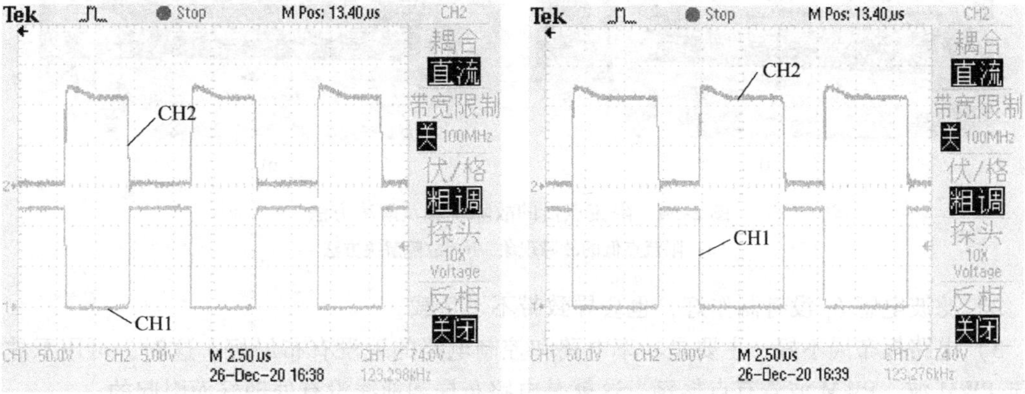

a)　　　　　　　　b)

图 2-53　引脚 6 和 V_{DS} 波形

a）$V_{in}=60V$ 时　b）$V_{in}=40V$ 时

4. 故障案例分析

调试电路过程中的故障案例分析在调试电路中已讲述过，这里重点分析一下测试电路过程中所遇到的故障和原因分析。

（1）输出没有升压

功率电路和控制电路调试正常，但输入电压 V_{in} 上电时，输出电压几乎和输入电压相等，没有升压。这个故障现象有以下三种原因：

1）电阻 R_7 可能未连接到 MOS 管 VT_1 的栅极。可用万用表测量是否连接，也可在调试控制电路时，用示波器测试 MOS 管 VT_1 的栅极是否有 PWM 波。

2）检查功率电路和控制电路是否共地。

3）MOS 管可能损坏，可用万用表测试 MOS 管是否正常。

(2) 带不起负载

加上0.02A的负载，输出电压就掉得很厉害，比如掉到100V以下。这个故障现象有以下三种原因：

1）输入电压V_{in}连接的直流稳压电源被限流，导致输出带不起负载，也就是没有了负载能力。一旦加上负载，输出电压就会掉得很厉害。其原因就是输入电源提供不了那么大的功率。把直流稳压电源的限流点调高一点就可以了。限流点低的故障现象及解决方法如图2-54所示。图2-54a中直流稳压电源的限流点为0.02A，一旦加载，输出电压就会掉到1V以下。图2-54b把直流稳压电源的限流点提高至1A，加负载时输出电压就正常了。

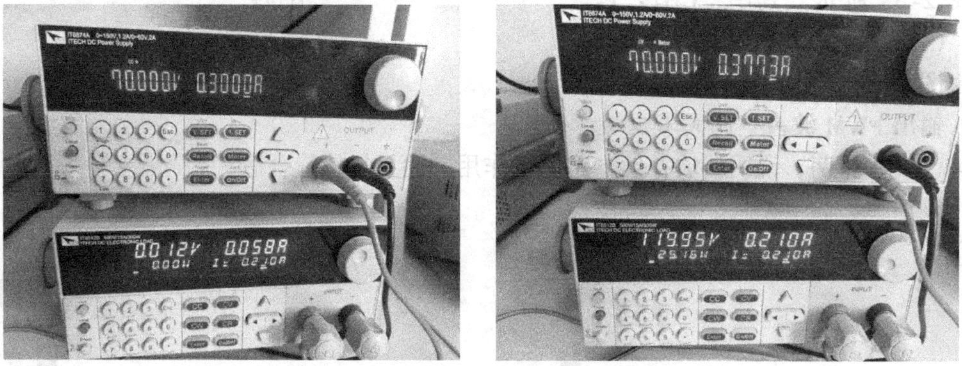

a) b)

图2-54 限流点低的故障现象及解决方法

a）限流点低的故障现象 b）故障解决方法

2）滤波电感L_1没有制作好，也会导致带不了负载。

3）电路板布局不好，主要是功率电路和控制电路的地没有布局好。这时，可用示波器测试PWM波，PWM波若有点振荡。这就是电路布局和地线没有处理好而引起的。

项目小结

本项目介绍了非隔离升压式电源电路。详细介绍了功率MOS管的工作原理、参数及驱动电路等；升压式变换器的工作原理、理论波形和基本关系式；PWM控制原理、PWM控制芯片UC384X的基本资料、引脚功能说明、芯片的应用信息等；升压式电源电路的工作原理，部分电路参数设计；对UC3842控制的升压电路进行了闭环仿真分析和实验验证。最后，对电路的调试过程、测试性能指标及故障排除进行了详细的分析。

思考与练习

1. 功率场效应管（MOS管）工作区域分为哪三个区域？每个工作区域有什么特征？

2. N沟道增强型MOS管的驱动方式分为哪三类？每一种驱动方式的应用场合是怎样？

3. 为什么要采用耦合驱动MOS管？

4. 为什么采用互补晶体管的结构形式驱动 MOS 管？

5. 画出采用互补晶体管的结构来驱动 MOS 管的电路图。

6. 互补晶体管驱动 MOS 管电路如下，简述该电路的工作原理，并简述每个器件在电路中的作用。

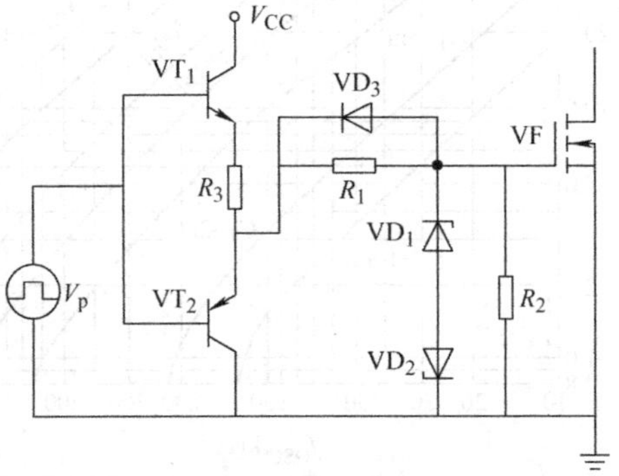

7. 画出 MOS 管的等效电路。

8. 在开关电源电路中，功率器件工作在哪两个工作状态，并简述 MOS 管的工作原理。

9. 画出 Boost 变换器的拓扑结构，并推导输入和输出的基本关系式。

10. PWM 控制芯片通常有哪两种控制方式？每一种方式的应用场合怎样？

11. 简述 PWM 控制芯片 UC3842 的 8 个引脚名称及作用。

12. 简述 UC3842/43/44/45 最大占空比、开关频率和振荡频率之间的关系。

13. 对于 PWM 控制芯片 UC384X 系列而言，哪些引脚的电压会导致引脚 6 没有 PWM 波的输出？

14. 简述下面保护电路是如何控制 UC3842 的引脚 1，也就是当外部信号为高电平或低电平时，引脚 1 的工作状态。

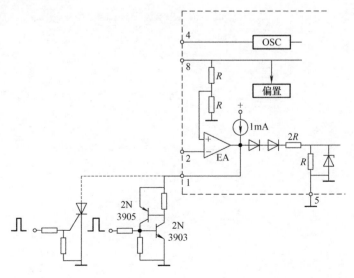

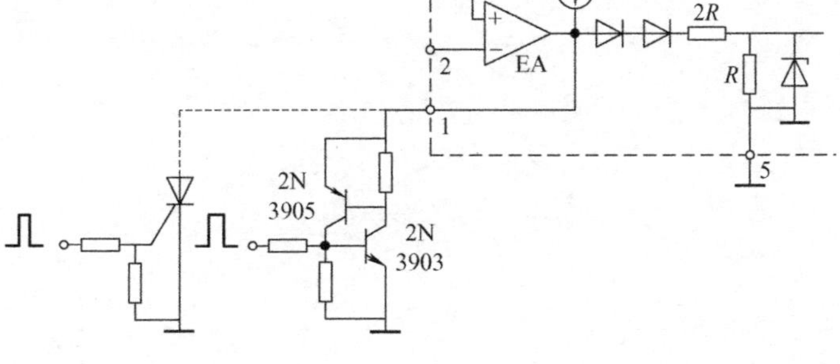

15. 振荡频率和振荡电阻之间的关系如下图，如果振荡频率为100kHz，振荡电阻和电容各取多大值？

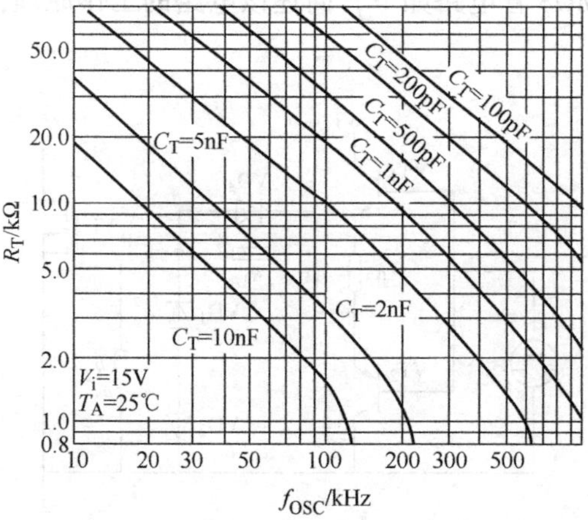

16. 在控制电路调试过程中，发现引脚6没有PWM波输出，可能由哪些原因引起？

17. Boost变换器工作于连续模式，电感值需满足什么条件？

18. 在功率电路调试中，输出端电压为零，可能由哪些原因引起？

19. 功率电路和控制电路调试都正常，而在电路进行测试时，输出电压却不能升压，可能由哪些原因引起？该如何解决？

20. 电路带载能力很小，可能有哪些原因？该如何解决？

项目二 降压式电源电路的分析

在一些应用场合，输入电压高于设备工作所需要的电压时，要对输入电压进行降压转换才能给设备供电。通常采用降压式(或升-降压式）变换器进行降压。由 PWM 芯片 UC3842 控制的降压式电源电路如图 2-60 所示，要完成这个项目的设计和制作，首先要学习掌握以下知识：

◆ 掌握降压式变换器的工作原理、波形及基本关系式。
◆ 熟悉 PWM 控制芯片 UC3842 的基本资料。
◆ 掌握 PWM 控制芯片 UC3842 外围电路的分析与设计。
◆ 掌握降压式电源电路工作原理的分析。
◆ 掌握主电路参数和芯片外围电路的参数设计。
◆ 掌握调试电路、测试电路及排除电路故障的方法。

任务一 降压式变换器的分析

学习目标

◆ 熟悉降压式变换器的拓扑结构。
◆ 掌握降压式变换器的工作原理、理论波形及基本关系式。

一、降压式（Buck）变换器的拓扑结构[5]

Buck 变换器是一种输出电压低于输入电压的非隔离型直流变换器，其拓扑结构如图 2-55 所示。由图可知，拓扑结构由功率开关管 VF、续流二极管（freewheel diode）VD、滤波电感 L_f 和滤波电容 C_f 构成；V_{GS}是驱动信号，R_L 是负载。

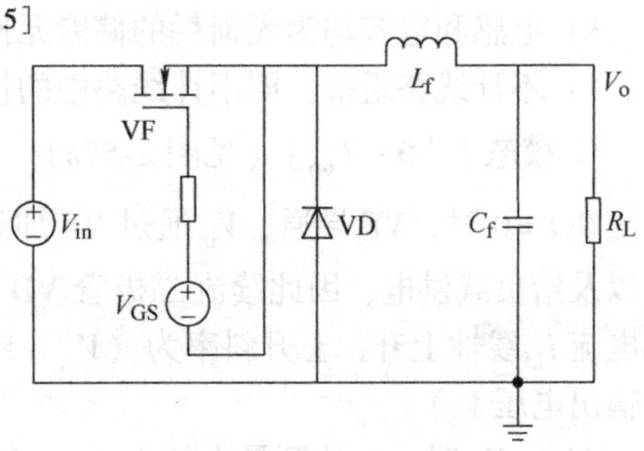

图 2-55 Buck 变换器的拓扑结构

二、Buck 变换器的工作原理分析

Buck 变换器存在两种基本工作方式，即电感电流连续模式（Continuous Current Mode，CCM）和电感电流不连续模式（Discontinuous Current Mode，DCM）。电感电流连续是指在一个周期内电感电流总是大于零；而电感电流不连续模式是指电感电流在开关管关断期间有一段时间电感电流为零。在这两种工作方式之间有一个工作边界，称为电感电流临界连续模式，即在开关管关断期末，电感中的电流刚好降为零。图 2-56 给出了 Buck 变换器在不同开关模态时的等效电路。当电感电流连续时，Buck 变换器存在两种开关模态，如图 2-56a 和 b 所示；而当电感电流断续时，Buck 变换器存在三种开关模态，如图 2-56a、b 和 c 所示。Buck 变换器在连续模式和不连续模式的主要波形如图 2-57 所示。在图 2-57a 中，V_{GS}是开关管 VF 的驱动电压波形，在［0，T_{on}］期间，VF 导通，在［T_{on}，T_s］期间，VF 截止。T_s 为开关管开关周期，则开关频率 $f_s=1/T_s$。导通时

间为 T_{on}，关断时间为 T_{off}，则 $T_s=T_{on}+T_{off}$。占空比为 $D=T_{on}/T_s$。T_s 保持不变，改变占空比 D，即改变了导通时间的长短，这种控制方式称为脉冲宽度调制（Pulse Width Modulation，PWM）控制。

本节讨论电感电流连续时降压式变换器的工作原理和基本关系式，也就是稳态工作时变换器的工作原理和基本关系式。

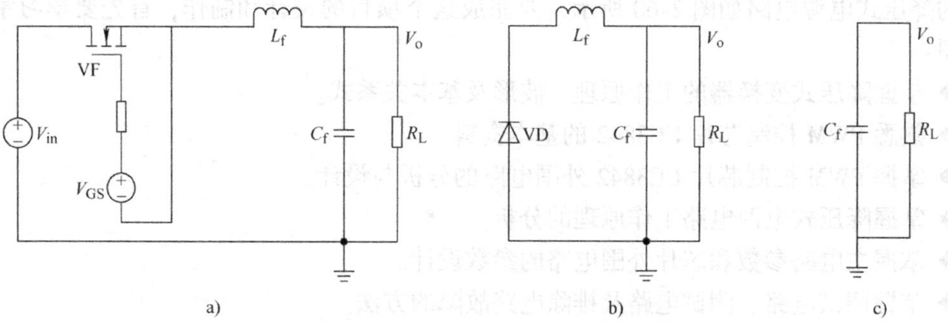

图 2-56　不同开关模态时的等效电路

a）VF 导通　b）VF 截止　c）VF 截止时电感电流为零

在分析之前作如下假设：

1）所有有源器件 VF 和 VD 导通和关断时间为零。导通时电压为零，关断时漏电流为零。

2）在一个开关周期中，输入电压 V_{in} 保持不变；输出滤波电容电压，即输出电压有很小纹波，但可认为基本保持不变，其值为 V_o。

3）电感和电容均为无损耗的储能元件。

4）不计线路阻抗，即不计线路中的损耗。

1. 模态 1［$0\sim T_{on}$］（见图 2-57a）

在 $t=0$ 时，VF 导通，V_{in} 通过 VF 加到二极管 VD 和输出滤波电感 L_f、输出滤波电容 C_f 上以及给负载供电，因此续流二极管 VD 因承受反向电压而截止，电源 V_{in} 对电感 L_f 充电，其电流 i_{Lf} 线性上升，上升斜率为（$V_{in}-V_o$）/L_f。（后面将详细分析输入电压 V_{in} 为什么会大于输出电压 V_o）

在 $t=T_{on}$ 时，i_{Lf} 达到最大值 I_{Lfmax}。在 VT 导通期间，i_{Lf} 的增长量 $\Delta i_{Lf(+)}$ 为

$$\Delta i_{Lf(+)}=\frac{V_{in}-V_o}{L_f}T_{on}=\frac{V_{in}-V_o}{L_f}DT_s \tag{2-40}$$

2. 模态 2［$T_{on}\sim T_s$］（见图 2-57b）

在 $t=T_{on}$ 时，开关管 VF 关断，i_{Lf} 通过二极管 VD 继续流通。加在 L_f 上的电压为 $-V_o$，i_{Lf} 线性减小。下降斜率为 $-V_o/L_f$。

在 $t=T_s$ 时，i_{Lf} 达到最小值 I_{Lfmin}。在开关管 VF 截止期间，i_{Lf} 的减小量 $\Delta i_{Lf(-)}$ 为

$$\Delta i_{Lf(-)}=\frac{V_o}{L_f}(T_s-T_{on})=\frac{V_o}{L_f}(1-D)T_s \tag{2-41}$$

在 $t=T_s$ 时，开关管 VF 又导通，开始下一个开关周期。

由上面的分析可知，变换器的工作原理可以这样理解：通过控制开关管 VF 的导通和关

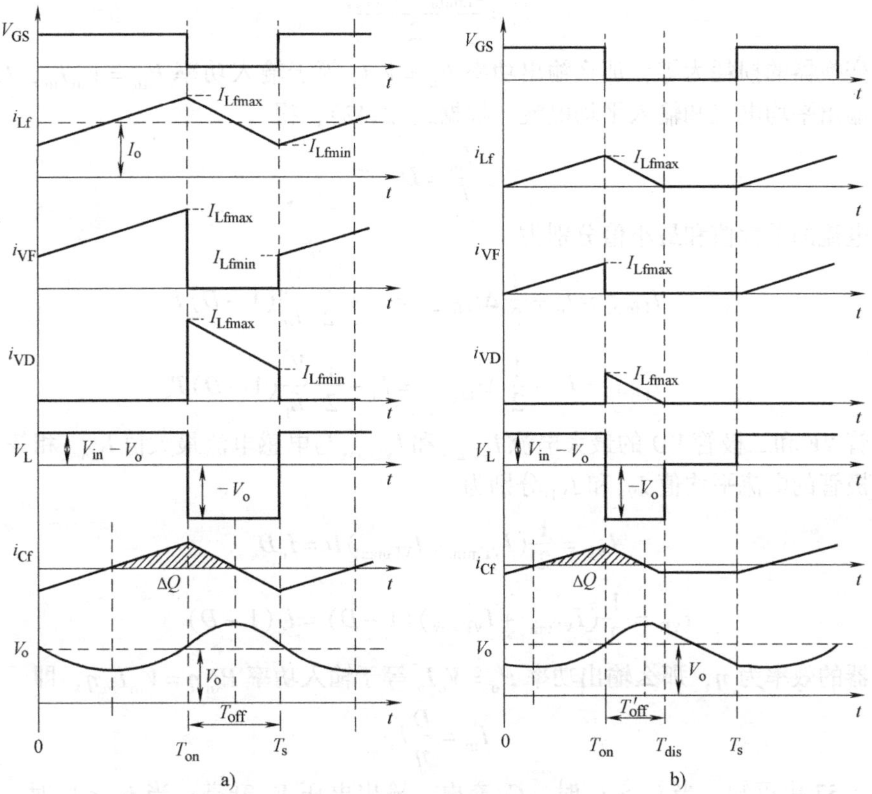

图 2-57　Buck 变换器在连续模式和不连续模式的主要波形

a）电感电流连续　b）电感电流断续

断来改变电感两端电压的极性，使电感处于不断重复的充电和放电过程，达到电能变换和能量传递的目的，也就是把输入电压变换成负载所需要的电压。同时，把输入的能量传递到负载。

输入电压 V_{in} 为什么大于输出电压 V_o？从上述分析知，当开关管 VF 截止时，电感 L_f 释放能量给负载，则在开关管 VF 导通时，电感 L_f 必须要储存能量，电感中的能量才能达到平衡。所以，输入电压 V_{in} 必须大于输出电压 V_o，电感在 VF 导通时储存能量。

三、Buck 变换器的基本关系

稳态工作时，电感电流 i_{Lf} 的波形为一个三角波，周期性地在 I_{Lfmin} 到 I_{Lfmax} 的范围内变化。VF 导通期间 i_{Lf} 的增长量 $\Delta i_{Lf(+)}$ 等于它在 VT 截止期间的减小量 $\Delta i_{Lf(-)}$，也就是说电感在一个周期内的电流变化为

$$\Delta i_{Lf(+)} = \Delta i_{Lf(-)} = \Delta i_{Lf}$$

由式(2-40) 和式(2-41) 得：$\dfrac{V_{in}-V_o}{L_f}DT_s = \dfrac{V_o}{L_f}(1-D)T_s$

化简得

$$V_o = V_{in}D \tag{2-42}$$

稳态时，一个开关周期内输出滤波电容 C_f 的平均充电与放电电流为零，故变换器输出电流 I_o 就是 i_{Lf} 的平均值，即

$$I_o = \frac{I_{Lfmin} + I_{Lfmax}}{2} \tag{2-43}$$

假设变换器的损耗为零，那么输出功率 $P_o = V_o I_o$ 等于输入功率 $P_{in} = V_{in} I_{in}$，I_o 和 I_{in} 为变换器的输出平均电流和输入平均电流。根据式(2-42)，得

$$\frac{I_{in}}{I_o} = D \tag{2-44}$$

电感电流的最大值和最小值分别为

$$\begin{aligned} I_{Lfmax} &= I_o + \frac{1}{2}\Delta i_{Lf(-)} = I_o + \frac{1}{2}\frac{V_o}{L_f}(1-D)T_s \\ I_{Lfmin} &= I_o - \frac{1}{2}\Delta i_{Lf(-)} = I_o - \frac{1}{2}\frac{V_o}{L_f}(1-D)T_s \end{aligned} \tag{2-45}$$

开关管 VF 和二极管 VD 的最大电流 I_{VFmax} 和 I_{VDmax} 与电感电流最大值 I_{Lfmax} 相等。流过开关管和二极管的电流平均值 I_{VF} 和 I_{VD} 分别为

$$\begin{aligned} I_{VF} &= \frac{1}{2}(I_{VFmin} + I_{VFmax})D = I_o D \\ I_{VD} &= \frac{1}{2}(I_{VFmin} + I_{VFmax})(1-D) = I_o(1-D) \end{aligned} \tag{2-46}$$

假定变换器的效率为 η，那么输出功率 $P_o = V_o I_o$ 等于输入功率 $P_{in}\eta = V_{in} I_{in}\eta$，即

$$I_{in} = \frac{D}{\eta} I_o \tag{2-47}$$

由图 2-57 中可知，当 $i_{Lf} > I_o$ 时，C_f 充电，输出电压 V_o 升高；当 $i_{Lf} < I_o$ 时，C_f 放电，V_o 下降。因此 C_f 一直处于周期性充放电状态。若滤波电容 $C_f \to \infty$，则 V_o 为平滑的直流电压。而当 C_f 有限时，V_o 有脉动，输出电压平均值 $V_o = (V_{omin} + V_{omax})/2$。

电容 C_f 在一个开关周期内的充电电荷 ΔQ 为

$$\Delta Q = \frac{1}{2} \times \frac{\Delta i_{Lf}}{2}\frac{T_s}{2} = \frac{\Delta i_{Lf}}{8f_s} \tag{2-48}$$

那么输出电压的脉动 ΔV_o 为

$$\Delta V_o = \frac{\Delta Q}{C_f} = \frac{(1-D)V_o}{8L_f C_f f_s^2} \tag{2-49}$$

由此可见，增加开关频率 f_s 和加大 L_f 和 C_f 可以减小输出电压纹波。但式(2-49) 是在理想电容条件下获得的。实际电容有损耗，即具有等效串联电阻（ESR），尤其是电解电容，ESR 更大，这时输出电压脉动的计算公式为

$$\Delta V_o = \mathrm{ESR} \times \Delta i_{Lf} = \frac{V_o}{L_f f_s}(1-D) \cdot \mathrm{ESR} \tag{2-50}$$

开关管 VF 和二极管 VD 截止时的外加电压均等于输入电压 V_{in}，即

$$V_{DS(VF)} = V_{VD} = V_{in} \tag{2-51}$$

四、电感电流断续时 Buck 变换器的工作原理和基本关系

电感电流断续工作时的主要波形如图 2-57b，此时电路工作有三种模态（其等效电路如图 2-56 所示）：①开关管 VF 导通，i_{Lf}从零增加到 I_{Lfmax}；②开关管 VF 关断，续流二极管导

通，i_{Lf}从I_{Lfmax}降到零；③开关管VF和续流二极管VD均截止，在此期间电感电流i_{Lf}保持为零，负载由输出滤波电容供电。

开关管VF导通期间，电感电流从零开始增加，其增加量Δi_{Lf}为

$$\Delta i_{Lf} = I_{Lfmax} = \frac{V_{in} - V_o}{L_f} DT_s \tag{2-52}$$

VT截止后，i_{Lf}从I_{Lfmax}线性下降，并且在$T_{dis} = T_{on} + T'_{off}$时刻下降到零，即

$$\Delta i_{Lf} = \frac{V_o}{L_f} \Delta DT_s \tag{2-53}$$

式中，$\Delta D = T'_{off}/T_s$，电感电流断续时$\Delta D < 1 - D$。

由式(2-52)和式(2-53)中可以得到

$$T'_{off} = \frac{V_{in} - V_o}{V_o} T_{on}, T'_{off} < (1 - D) T_s \tag{2-54}$$

式(2-54)可改写为

$$\frac{V_o}{V_{in}} = \frac{D}{D + \Delta D}, \Delta D < 1 - D \tag{2-55}$$

如果电感电流连续，则$\Delta D = 1 - D$，那么$D + \Delta D = 1$，$V_o = V_{in} D$。

电感电流断续时变换器输出电流I_o仍等于电感电流平均值，即

$$I_o = \frac{1}{2} \times \frac{1}{T_s} I_{Lfmax} (T_{on} + T'_{off}) = \frac{D^2}{2L_f f_s} \left(\frac{V_{in}}{V_o} - 1 \right) V_{in} \tag{2-56}$$

式(2-56)表明，电感电流断续时V_o/V_{in}不仅与占空比D有关，且与负载电流I_o大小有关。若$I_o = 0$，则不论D多大，输出电压V_o必等于输入电压V_{in}，即$V_o = V_{in}$。

电流断续工作可分成两种典型情况，一种是输入电压V_{in}不变，输出电压V_o变化，另外一种是输入电压V_{in}变化，输出电压V_o恒定。前者如用作电动机速度控制，或充电器对蓄电池恒流充电，后者就是一般的开关稳压电源。

五、电感电流临界连续的边界

下面讨论电感电流连续与断续的边界，图2-58是电感电流临界连续时的i_{Lf}波形，此波形的特点是在VF关断期末，即$t = T_s$时，电感电流i_{Lf}刚降低到零，显然这是电感电流连续和断续工作状态的边界。

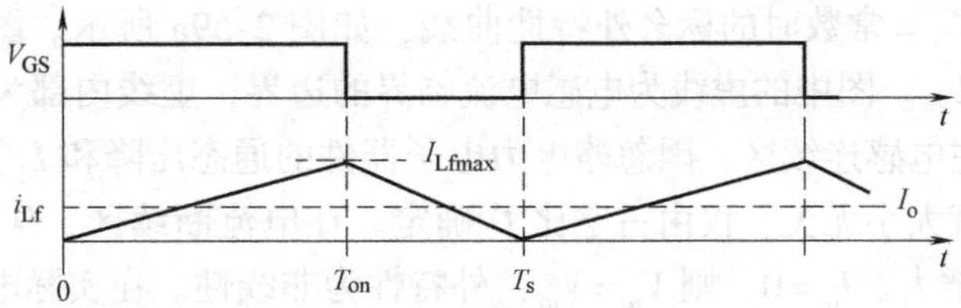

图2-58 电感电流临界连续时i_{Lf}波形

此时，负载电流I_o和i_{Lf}之间的关系为

$$I_o = \frac{1}{2} I_{Lfmax} \tag{2-57}$$

若用I_{oG}表示临界电流连续时的负载电流I_o，则

$$I_{oG} = I_o = \frac{1}{2} I_{Lfmax} \tag{2-58}$$

又

$$I_{\mathrm{Lfmax}}=\frac{V_{\mathrm{in}}-V_{\mathrm{o}}}{L_{\mathrm{f}}}D_{\mathrm{y}}T_{\mathrm{s}} \tag{2-59}$$

那么

$$I_{\mathrm{oG}}=\frac{V_{\mathrm{in}}-V_{\mathrm{o}}}{2L_{\mathrm{f}}f_{\mathrm{s}}} \tag{2-60}$$

1. 输入电压恒定不变（V_{in}=常数）

在临界连续状态工作时，$V_{\mathrm{o}}=V_{\mathrm{in}}D$ 的关系仍旧存在。如果输入电压恒定不变，即

$$I_{\mathrm{oG}}=\frac{(1-D)D}{2L_{\mathrm{f}}f_{\mathrm{s}}}V_{\mathrm{in}} \tag{2-61}$$

从式(2-61) 可以知道，在 $D=0.5$，临界连续时，$I_{\mathrm{oG}}=I_{\mathrm{oGmax}}$。

$$I_{\mathrm{oGmax}}=\frac{V_{\mathrm{in}}}{8L_{\mathrm{f}}f_{\mathrm{s}}} \tag{2-62}$$

那么

$$I_{\mathrm{oG}}=4I_{\mathrm{oGmax}}(1-D)D \tag{2-63}$$

将式(2-56) 和式(2-62) 两边相比，得到

$$\frac{I_{\mathrm{o}}}{I_{\mathrm{oGmax}}}=4\left(\frac{V_{\mathrm{in}}}{V_{\mathrm{o}}}-1\right)D^2 \tag{2-64}$$

整理后，可得

$$\frac{V_{\mathrm{in}}}{V_{\mathrm{o}}}=\frac{1}{\frac{1}{4D^2}\frac{I_{\mathrm{o}}}{I_{\mathrm{oGmax}}}+1} \tag{2-65}$$

式(2-65) 就是 V_{in}=常数时，电感临界连续时输出电压 V_{o} 的表达式，可见 V_{o} 不仅与 V_{in}和 D 有关，还和负载电流大小有关其中，I_{oGmax} 在变换器结构参数 L_{f} 且输入电压 V_{in} 一定时为常数。

式(2-42) 和式(2-65) 确定了 Buck 变换器的外特性曲线在电感电流连续区和断续区的规律，式(2-62) 和式(2-63) 确定了电感电流连续和断续的边界，由此可画出 Buck 变换器在 V_{in}=常数时的标幺外特性曲线，如图 2-59a 所示。图中的横坐标为 $I_{\mathrm{o}}/I_{\mathrm{oGmax}}$，纵坐标为 $V_{\mathrm{o}}/V_{\mathrm{in}}$。图中的虚线为电感电流临界的边界，虚线内部为电感断续区，虚线外面为电感连续区在电感连续区，因忽略电力电子器件的通态压降和 L_{f}、C_{f} 损耗，故输出的电压 V_{o} 和负载电流大小无关，仅由占空比 D 确定。在电流断续区，D 不变时，随着 I_{o} 的降低，输出电压 V_{o} 增大。$I_{\mathrm{o}}=0$，则 $V_{\mathrm{o}}=V_{\mathrm{in}}$，外特性为非线性。在实际电路中，考虑到电力电子器件的通态压降和线路上的压降以及 L_{f}、C_{f} 的损耗等因素，即使在电感电流连续区。Buck 变换器的外特性也是下降的，即 I_{o} 加大，V_{o} 降低。为了保持 V_{o} 不变，当 I_{o} 增加时，应适当加大占空比 D。V_{in}不变时，加大 L_{f} 和提高开关频率 f_{s}，可减少 I_{oGmax}，即减少电流断续区域。

2. 输出电压恒定不变（V_{o}=常数）

如果输出电压恒定不变，即 V_{o}=常数，那么 I_{oG}可用 V_{o} 来表达，这样式(2-60) 可改写为

$$I_{\mathrm{oG}}=\frac{(1-D)}{2L_{\mathrm{f}}f_{\mathrm{s}}}V_{\mathrm{o}} \tag{2-66}$$

故临界负载电流最大值 I_{oGmax}在 $D=0$ 时出现，即

$$I_{oGmax}=\frac{V_o}{2L_f f_s} \tag{2-67}$$

将式(2-67)代入式(2-56)，整理后得到

$$D=\frac{V_o}{V_{in}}\sqrt{\frac{I_o/I_{oGmax}}{1-V_o/V_{in}}} \tag{2-68}$$

这是在输出电压 V_o 不变时，电感电流断续区间负载电流 I_o、输入电压 V_{in} 和占空比 D 间的关系。图 2-59b 画出 Buck 变换器在 V_o = 常数时的标幺外特性曲线，横坐标为 I_o/I_{oGmax}，纵坐标为占空比 D，虚线表示边界，右上方为电感电流连续区，左下方为电感电流断续区。在电感电流临界连续时，若加大负载，则进入电流连续区。若负载不变，减少输入电压 V_{in}，为了 V_o 不变，应加大 D，也进入电流连续区。

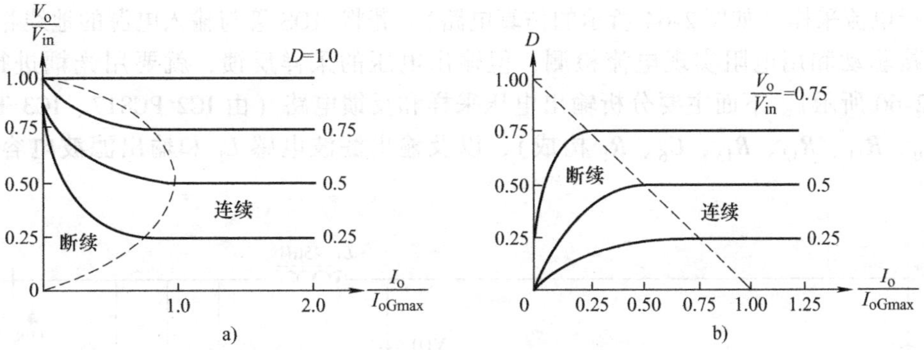

图 2-59 Buck 变换器的标幺外特性曲线

a) V_{in} = 常数时 b) V_o = 常数时

实际上，同一个 Buck 变换器，负载电流较大时在电感电流连续区；负载电流小于临界值 I_{oG} 时就进入断续区工作；在 V_o = 常数时，负载电流 I_o 不变，电源电压 V_{in} 变化也会引起电感电流从断续到连续或相反的变化。

在实际产品中的应用，Buck 变换器按电感电流连续模式设计时，负载电流在满载时电感电流工作在连续区；负载电流小于临界值 I_{oG} 或轻载时就进入断续区工作；也就是当负载电流由大变小时，电感电流由连续变成不连续，亦之相反。在输出电压 V_o 恒定时，负载电流 I_o 不变时，一般为满载的 50% ~70%（有时也依情况而定），电源电压 V_{in} 由工作范围之内的最大值变成最小值时，电感电流由连续变成不连续，反之亦然。

任务二 UC3842 控制 Buck 电路的分析与设计

学习目标

- ◆ 学会分析 UC3842 控制 Buck 电路的工作原理。
- ◆ 掌握电路中主要元件参数的设计。
- ◆ 学会调试和测试电路。
- ◆ 学会分析电路故障，并能排除故障。

一、UC3842 控制 Buck 电路的分析

1. Buck 电路的基本要求

电源的基本要求：输入电压范围为 10～40V，额定输入电压 V_{in} 为 25V，输出电压 V_o 为 5V，输出电流 I_o 为 5A；输入电压为 20V，满载时效率 η 为 0.85，开关频率 f_s 为 100kHz，输入和输出之间不需要隔离。其他特别的要求，有输出电压纹波、输出电流纹波、动态响应、输出电压上升时间等。

2. 外围电路的分析及主要参数设计

UC3842 控制的 Buck 电路如图 2-60 所示。Buck 电路分析与 Boost 电路分析基本一致。不同的是：Buck 电路中，开关管的驱动和电感电流检测需要隔离，不能直接驱动和用电阻直接进行电流采样（如图 2-64 所示的仿真电路）。若将 MOS 管与输入电源的地线相串联，可以直接驱动和用电阻实现电流检测，但输出电压的采样反馈，就要用光耦进行隔离（如图 2-60 所示）。下面主要分析输出电压采样和反馈电路（由 IC2 PC817、IC3 TL431、R_9、R_{10}、R_{11}、R_{12}、R_{13}、C_6、R_P 构成），以及输出滤波电感 L_1 和输出滤波电容 C_1 的选择。

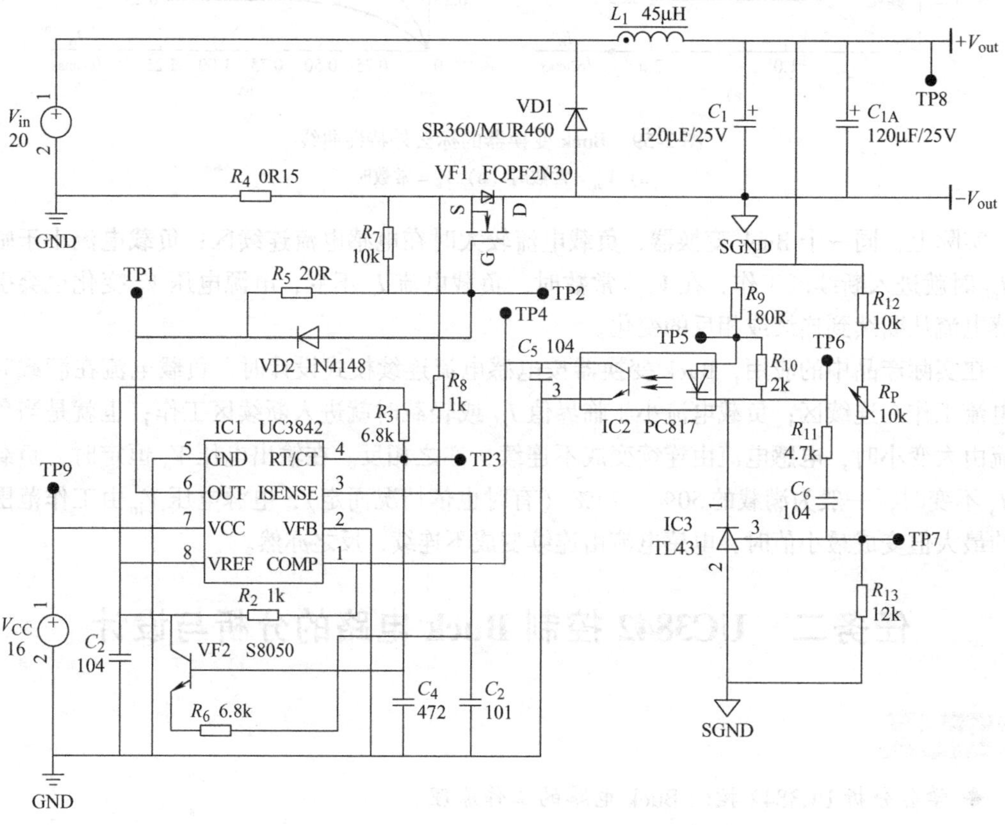

图 2-60　UC3842 控制的 Buck 电路

（1）输出电压采样和反馈电路的分析

反馈电路采用精密稳压源 TL431 和线性光耦 PC817 构成外部电压误差放大器，如图 2-61 所示。R_{12}、R_P、R_{13} 是精密稳压源的外接控制电阻，决定输出电压的大小，与 TL431 和 PC817 一起构成外部电压误差放大器。当输出电压 V_o 升高时，取样电压 V_{R13} 也随之升高，设定电压大于基准电压（TL431 的基准电压 V_{REF} 为 2.5V），使 TL431 内的误差放大器的输出电压升高，致使光耦器件内驱动晶体管的输出电压降低，使输出电压 V_o 下降，最后，V_o 趋于稳定；反之，输出电压下降引起设定电压下降，当输出电压低于设定电压时，误差放大器的输出电压下降，使光耦器件内驱动晶体管的输出电压升高，最终使 UC3842 的引脚 1 的补偿输入电流随之变化，促使 UC3842 器件内对 PWM 比较器进行调节，改变占空比 D，达到稳压的目的。

从 TL431 技术资料可知，参考输入端的电流为 2μA，为了避免此端电流影响分压比和避免噪声的影响，通常取流过电阻 R_{13} 的电流为 TL431 参考输入端电流的 100 倍以上，所以有

$$R_{13} < \frac{V_{REF}}{0.002 \times 100} = \frac{2.5}{0.002 \times 100} \text{k}\Omega = 12.5\text{k}\Omega \tag{2-69}$$

这里选择 $R_{13} = 12\text{k}\Omega$，根据输出电压为 5V 及串联电阻分压原理，可计算 $R_{12} + R_P$

$$R_{12} + R_P = R_{13} \times \frac{5 - 2.5}{2.5} = 12\text{k}\Omega \tag{2-70}$$

其中，TL431 参考输入端电压 $V_{REF} = 2.5\text{V}$。

TL431 的工作电流 I_{ka} 范围为 1 ~ 100mA。当阴极起调节作用时，最小电流为 0.5mA［数据参考资料 TL431（ST）.pdf］，因此

$$R_{10} < \frac{V_f}{0.5} = \frac{1.2}{0.5 \times 10^{-3}} \Omega = 2.4\text{k}\Omega \tag{2-71}$$

这里选择 $R_{10} = 2\text{k}\Omega$。

其中，V_f 为发光二极管的正向压降，正向电流 I_f 与正向压降 V_f 之间的关系如图 2-62 所示。根据实际工作情况和 V_f、I_f 之间的关系，取 $V_f = 1.2\text{V}$。

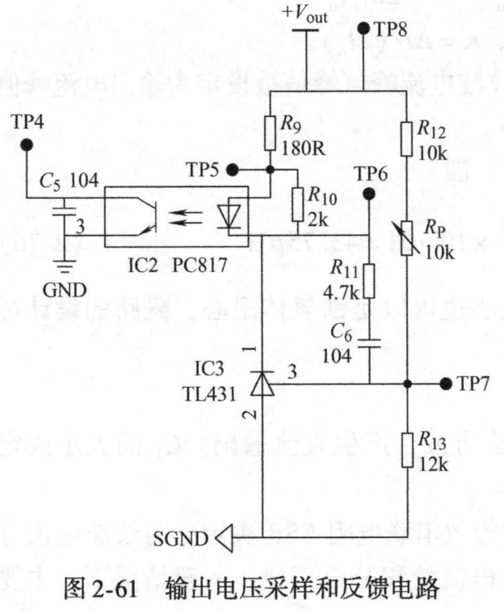

图 2-61　输出电压采样和反馈电路

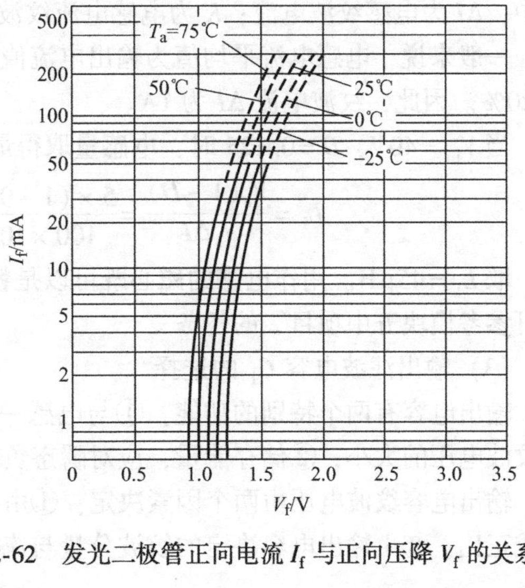

图 2-62　发光二极管正向电流 I_f 与正向压降 V_f 的关系图

UC3842 的误差放大器输出电压摆幅为 $0.8\text{V} < V_{comp} < 6\text{V}$，晶体管集射电流 I_C 受发光二极管正向电流 I_f 控制，通过 PC817 的 V_{CE} 与 I_C 关系曲线（见图 2-63）可以确定 PC817 中二极管正向电流 I_f。由图 2-63 可知，当 PC817 中二极管正向电流 I_f 在 5mA 左右时，晶体管的集射电流 I_C 在 7mA 左右变化，而且集射电压 V_{CE} 在很宽的范围内线性变化，符合 UC3842 的控制要求。

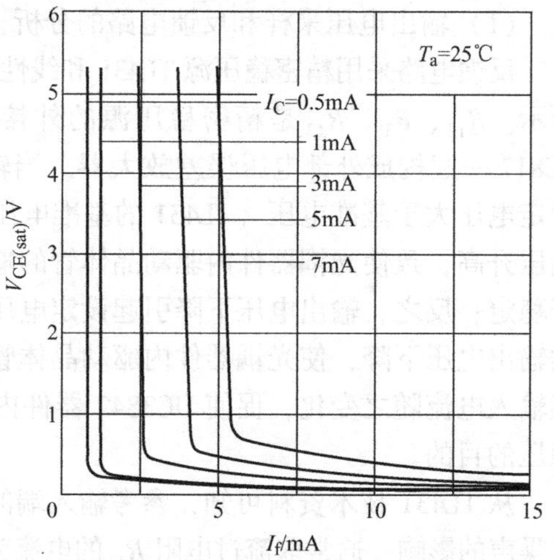

图 2-63　集射电压 V_{CE} 与二极管正向电流 I_f 的关系图

PC817 的电流传输比 CTR = 0.8 ~ 1.6，当 $I_C = 7\text{mA}$ 时，考虑最坏的情况，取 CTR = 0.8，此时要求流过发光二极管最大电流为

$$I_f = \frac{I_C}{\text{CTR}} = \frac{7}{0.8}\text{mA} = 8.75\text{mA} \qquad (2\text{-}72)$$

所以有

$$R_9 < \frac{V_o - V_{ka} - V_f}{I_f} = \frac{5-2-1.2}{8.75} \times 10^3\,\Omega \approx 206\Omega \qquad (2\text{-}73)$$

式中，V_{ka} 为 TL431 正常工作时的最低工作电压，$V_{ka} = 2\text{V}$ 时发光二极管所能承受的最大电流为 50mA，TL431 最大电流为 100mA，故取流过 R_9 的最大电流为 50mA。

$$R_9 > \frac{V_o - V_{ka} - V_f}{50 \times 10^{-3}} = \frac{5-2-1.2}{50 \times 10^{-3}}\Omega = 36\Omega \qquad (2\text{-}74)$$

R_9 的取值要同时满足式(2-73) 和式(2-74)，即 $36\Omega < R_9 < 206\Omega$，可以选用 180Ω。

(2) 输出滤波电感 L_1 的选择

电感工作于连续电流模式下，电感值要满足以下关系式

$$L_1 \geqslant \frac{V_{in}D(1-D)}{f_s \Delta I} = \frac{V_{in}D(1-D)}{2Kf_s I_o} = \frac{V_o(1-D)}{2Kf_s I_o} \qquad (2\text{-}75)$$

式中，ΔI 为电感纹波电流；K 为电感电流纹波系数，$K = \Delta I/(2I_o)$。

一般来说，电感电流平均值为输出电流值，其纹波电流峰 - 峰值被设定为输出电流峰值的 20%。因此，纹波电流 ΔI 为 1A。

当 $V_{in} = 40\text{V}$，$D = 0.125$ 时，电感量取得最大值，即

$$L_1 = \frac{V_o(1-D)}{f_s \Delta I} = \frac{5 \times (1-0.125)}{100 \times 10^3 \times 1} \times 10^6\,\mu\text{H} = 43.75\mu\text{H} \qquad (2\text{-}76)$$

取 $L_1 = 45\mu\text{H}$。用作电感的磁心既可以是粉末磁心也可以是铁氧体磁心，磁路的设计过程可参考模块五中项目二的任务三。

(3) 输出滤波电容 C_1 的选择

输出电容有两个特别的功能：①与电感一起滤去方波，产生直流输出。C_1 的大小决定了纹波电压的大小；②储存能量，应对瞬态负载。

输出电容纹波电压由两个因素决定：①由 C_1 的等效串联电阻 ESR 决定，与纹波电流分量成正比；②由输出电容决定的纹波分量与流过 C_1 电流的积分成正比。一般情况下，主要

考虑 ESR 引起的纹波分量。为估算纹波分量并选择电容，必须要知道 ESR 的值，而电容厂家很少直接给出该值，但从一些厂家的产品目录可以认定，对于很大范围内不同电压等级、不同容值的常用铝电解电容，其 $ESR \cdot C_1$ 的值近似为常数，为 $(50 \sim 80) \times 10^{-6}$F。

假设纹波电压峰-峰值为 0.2V，则 $0.2 = \Delta I \times ESR$，则 ESR = 0.2Ω。若选择 $ESR \cdot C_1 = 50 \times 10^{-6}$F，则 $C_1 = 50 \times 10^{-6}\text{F}/0.2 = 250\mu\text{F}$。

根据实际情况，在下面的仿真电路和实验电路中选择 $C_1 = 240\mu$F，由两个 120μF 电容相并联。

二、UC3842 控制 Buck 电路的仿真分析

PWM 芯片 UC3842 控制的 Buck 闭环仿真电路如图 2-64 所示，仿真结果如图 2-65 所示。

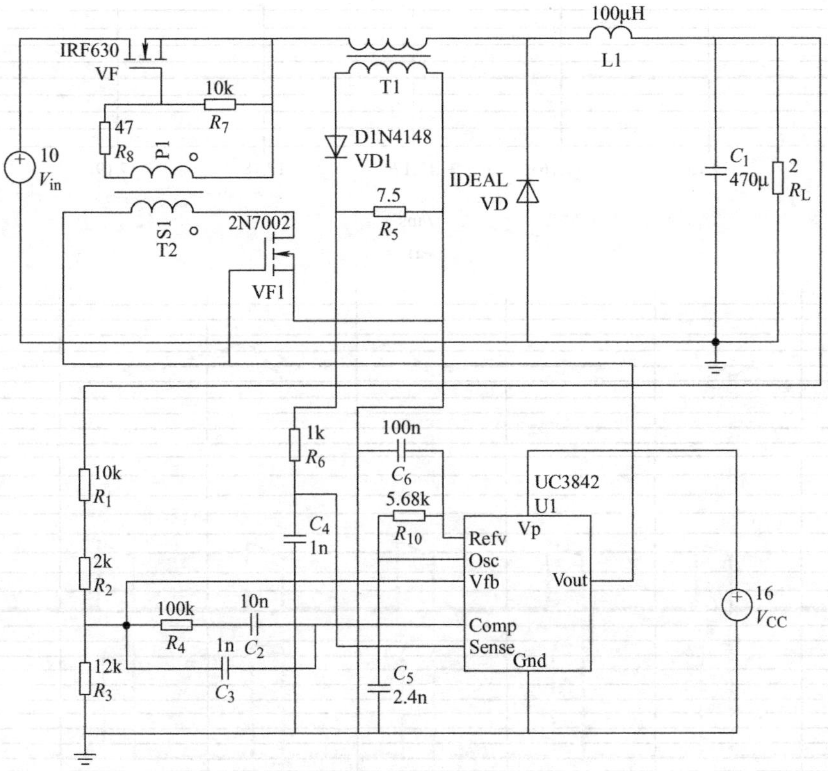

图 2-64 仿真电路

$V_{in} = 25$V，$R_L = 1\Omega$，即负载为 25W 时的仿真结果如图 2-65a 所示；$V_{in} = 25$V，$R_L = 2.4\Omega$，即负载为 10.5W 时的仿真结果如图 2-65b 所示；$V_{in} = 10$V，$R_L = 2\Omega$，即负载为 12.5W 时的仿真结果如图 2-65c 所示。仿真波形从上而下依次为：电感电流 i_{Lf} 波形；引脚 3（sense）电压波形；引脚 6（V_{out}）PWM 波形；输出电压 V_o。

从仿真结果可以看出，当输入电压变化或者负载变化时，输出电压 V_o 达到稳定。仿真结果与上述理论分析一致。

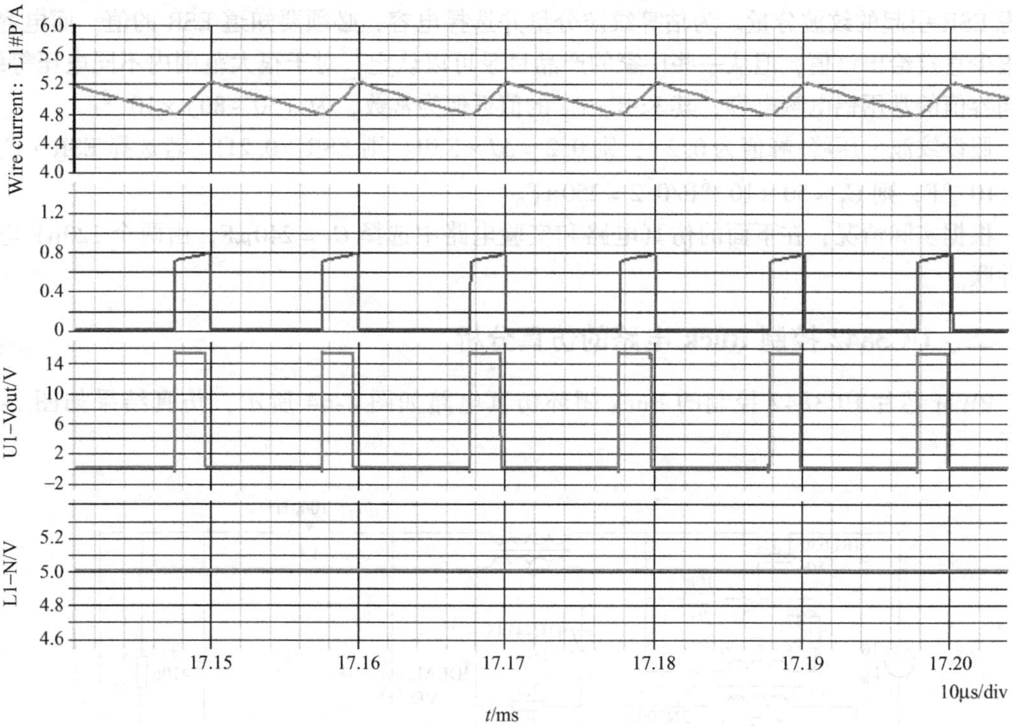

a)

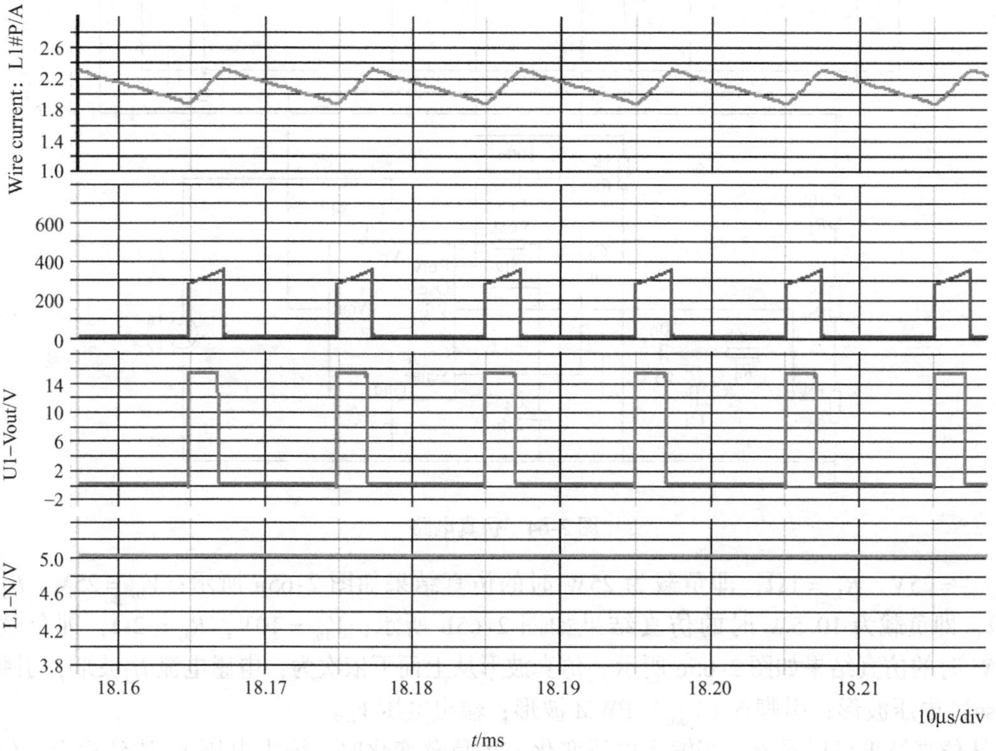

b)

图 2-65　仿真结果

a）$V_{in}=25V$，$R_L=1\Omega$ 的仿真结果　b）$V_{in}=25V$，$R_L=2.4\Omega$ 的仿真结果

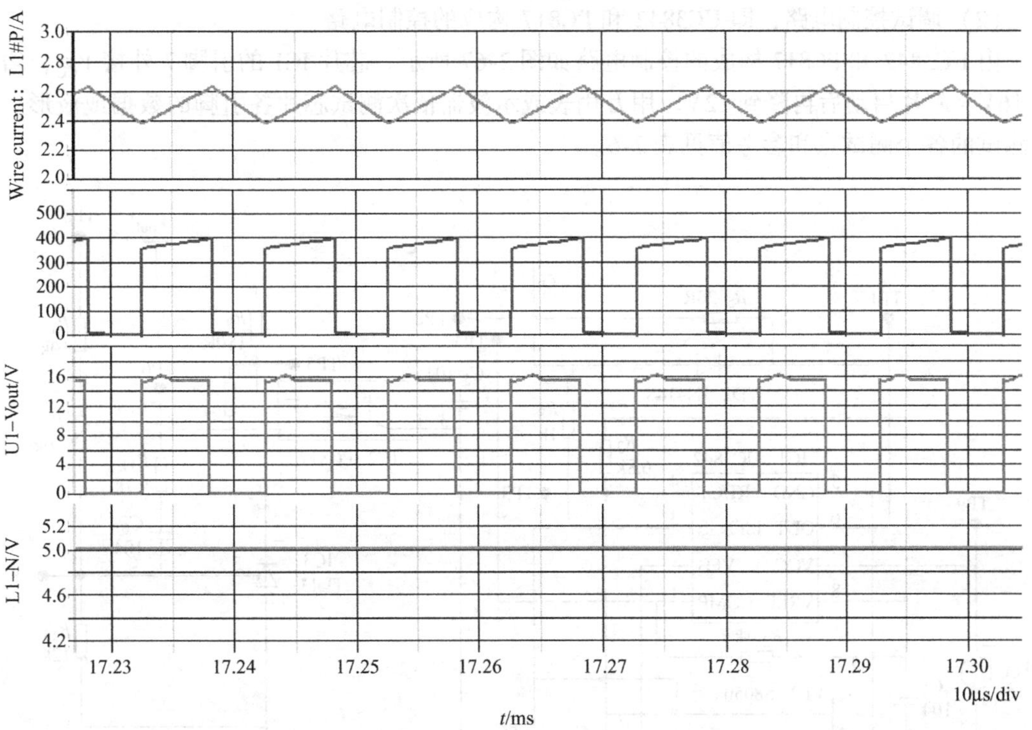

c)

图 2-65 仿真结果（续）

c）$V_{in}=10V$，$R_L=2\Omega$ 的仿真结果

三、电路的调试、测试及故障排除分析

1. 电路调试

根据前面对电路工作原理的分析可知，电路大致分成两部分：①Buck 变换器，即功率电路/主电路；②控制电路，即 UC3842 和 PC817 构成的控制电路。

电路调试过程分成以下两部分：

（1）调试 Buck 变换器，即功率电路/主电路

功率电路如图 2-66 所示。在输入端 V_{in} 上电 10V ±1V，测试结果：输出端 TP8 或 C_1 两端为 0V。如果 C_1 两端有电压，即输出端电压不为 0，检查开关管 VF1 是否损坏或者是否接反。

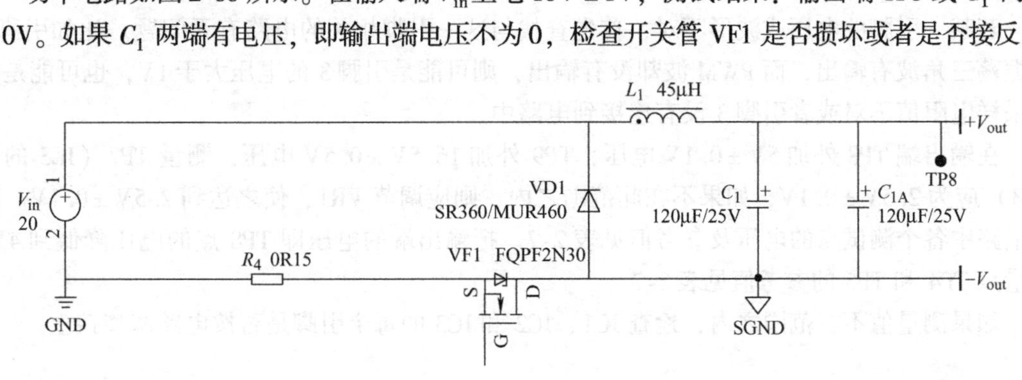

图 2-66 功率电路

（2）调试控制电路，即 UC3842 和 PC817 构成的控制电路

由 UC3842 和 PC817 构成的控制电路如图 2-67 所示。芯片 IC1 的引脚 7 外接 V_{CC}，增加到 16V，芯片启动后再降到 12V。用万用表或示波器依次测试芯片各引脚的数据或波形。需要测试的各个测试点和参考值见表 2-6。

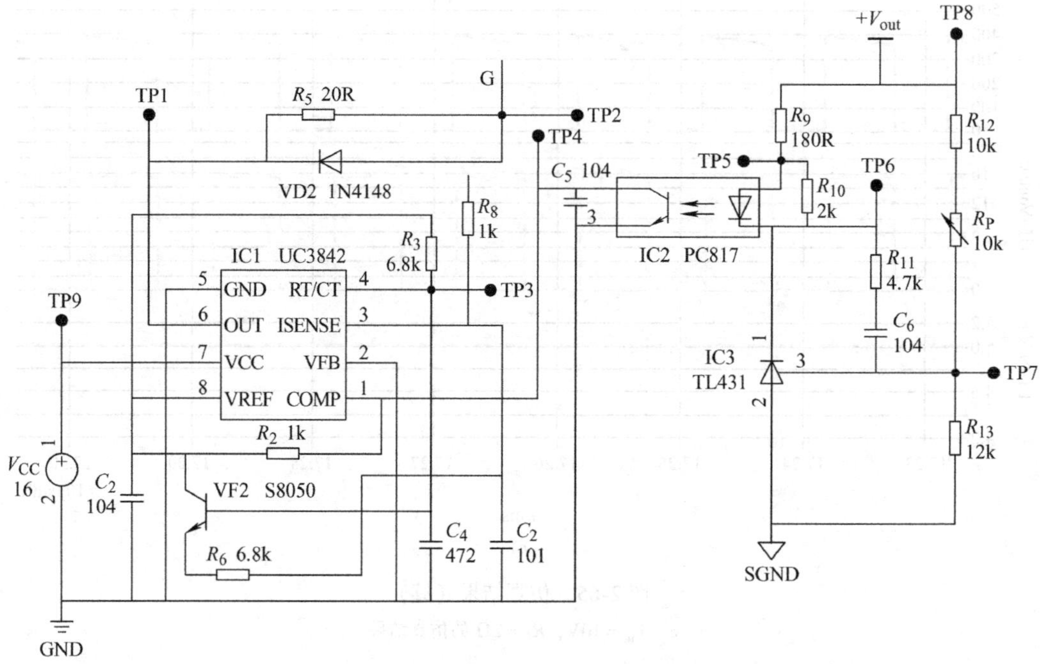

图 2-67　控制电路

表 2-6　各个测试点及其参考值

测试条件	测试参数（频率的单位：kHz，电压的单位：V）			
TP9 外加 16.5V ±0.5V	f_{TP3}参考值	TP1/TP2		V_{REF}参考值
		f_{TP1}/f_{TP2} 参考值	幅值参考值	
	65(1±10%)	65(1±10%)	15±1	5(1±2%)

若某一引脚的电压或波形不对，首先查找与这一引脚相关的电路有无问题。比如引脚 4 的振荡三角波有输出，而 PWM 波却没有输出，则可能是引脚 3 的电压大于 1V，也可能是电流采样电阻值不对或者引脚 3 没有连接到电路中。

在输出端 TP8 外加 5V ±0.1V 电压，TP9 外加 16.5V ±0.5V 电压，测量 TP7（IC3 的引脚 3）应为 2.5V ±0.1V，如果不在此范围之内，则应调节 VR1，使之达到 2.5V ±0.1V。测量电路中各个测试点的电压及参考值见表 2-7。把输出端的电压即 TP8 点的电压降低到 4V，测量点 TP4 和 TP5 的参考值见表 2-7。

如果测量值不在范围之内，检查 IC1、IC2 和 IC3 的每个引脚是否按电路图连接上。

表 2-7　测试芯片各引脚电压和参考值

<table>
<tr><th rowspan="1">测试条件</th><th colspan="4">测试参数</th></tr>
<tr><td rowspan="2">TP8 外加 5V ±0.1V，
TP9 外加 16.5V ±0.5V</td><td>TP7 参考值</td><td>TP4 参考值</td><td>TP6 参考值</td><td>TP5 参考值</td></tr>
<tr><td>2.5V ±0.1V</td><td><1V</td><td>2V ±0.2V</td><td>3V ±0.2V</td></tr>
<tr><td rowspan="2">TP8 外加 4V ±0.5V，
TP9 外加 16.5V ±0.5V</td><td colspan="2">TP4 参考值</td><td colspan="2">TP5 参考值</td></tr>
<tr><td colspan="2">6V ±1V</td><td colspan="2">>3.4V</td></tr>
</table>

2. 电路测试

上述过程调试完之后，对电路板要进行功能测试，电路测试仪器整体接线如图 2-68 所示。

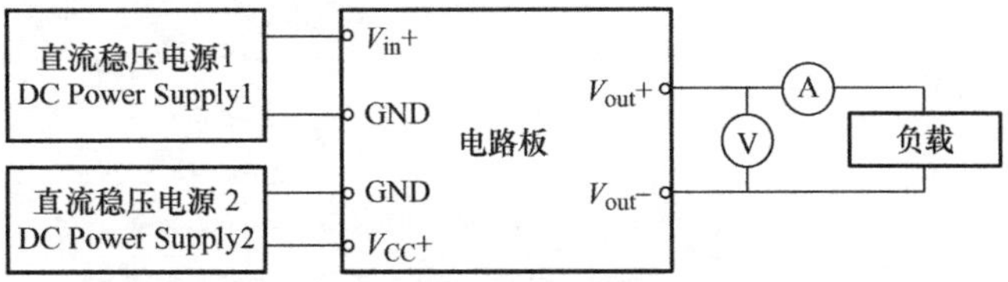

图 2-68　测试电路连接图

负载既可以是电子负载（动态负载），也可以是电阻负载（静态负载），负载最大功率可调到 25W。

按测试电路连接图 2-68 接好线，电子负载电流设置到 0.2A，V_{CC} 先调到 16V，再降到 12V，然后慢慢增加 V_{in} 到 DC 20V，电子负载上显示输出电压；继续增加输入电压到 DC 25V，负载调到 3A，测量输出电压 V_o，幅值为 5V ±0.25V。对电路的性能指标进行测试，部分性能指标测试的波形如下：

（1）启动波形

输入电压 AC 25V，输出功率为 20W 时，输出电压启动波形如图 2-69 所示。

由图 2-69 可知：输出电压的超调量为 5.4V − 5V = 0.4V，非常小；输出电压的上升时间（从输出电压的 10% 上升到 90% 的时间）为 6ms。

（2）输出电压波形

输入电压 25V，输出功率为 25W 时，输出电压的波形如图 2-70 所示。

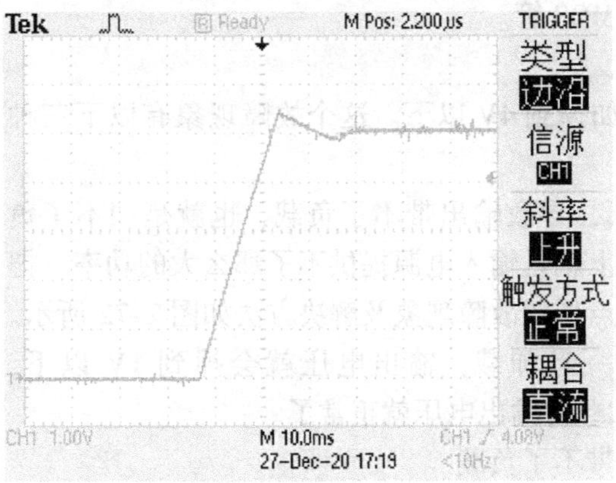

图 2-69　输出电压启动波形

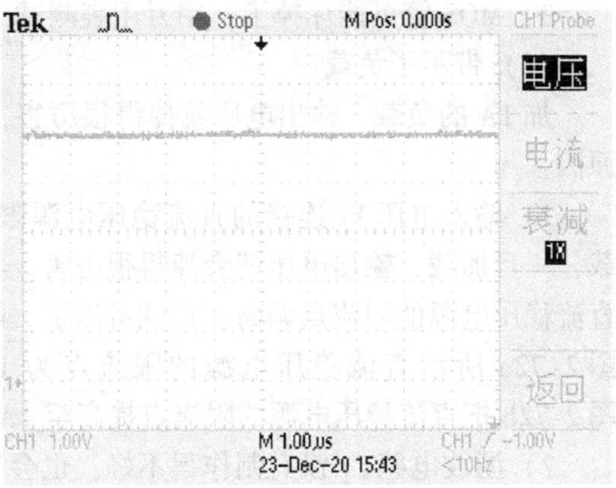

图 2-70　输出电压波形

由图 2-70 可知：输出电压的变化量为 5.02V − 5V = 0.02V，百分数值（%）为 0.02/5 × 100% = 0.4%，非常小。

（3）输出电压纹波

输入电压 25V，输出功率为 25W 时，输出电压纹波如图 2-71 所示。

由图 2-71 可知：输出电压的纹波约 200mV，非常小。

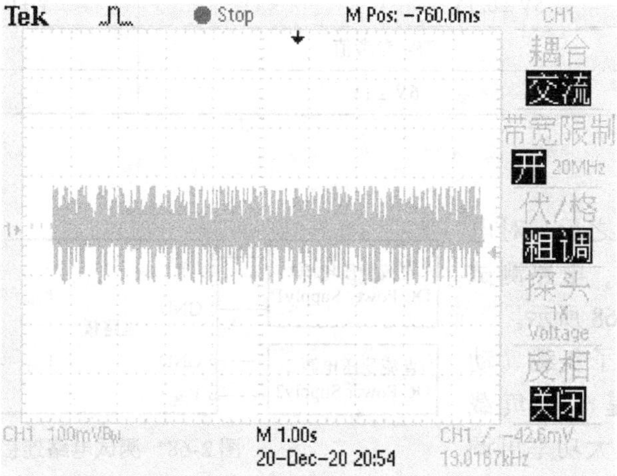

图 2-71　输出电压纹波

3. 故障案例分析

调试电路过程中的故障案例分析已在调试电路过程中讲述过，这里重点分析一下测试电路中遇到的故障。

（1）没有输出电压

功率电路和控制电路调试正常，但输入电压 V_{in} 上电时，输出电压几乎和输入电压相等，没有升压。这个故障现象有以下三种原因：

1）电阻 R_5 可能未连接到 MOS 管的栅极。用万用表测量一下是否连接上；或者在调试控制电路时，用示波器测试 MOS 管的栅极是否有 PWM 波。

2）检查功率电路的地和控制电路的地是否已连接上，是否共地。

3）MOS 管可能坏掉了，用万用表测试一下 MOS 管。

（2）带不了负载

加 1A 的负载，输出电压就掉得很厉害，比如掉到 4V 以下。这个故障现象有以下三种原因：

1）输入电压 V_{in} 连接的直流稳压电源限流了，导致输出带不了负载，也就是加不了负载，一旦加载，输出电压就会掉得很厉害。实际上就是输入电源提供不了那么大的功率。把直流稳压电源的限流点调高一点就可以了。限流点低的故障现象及解决方法如图 2-72 所示。图 2-72a 所示直流稳压电源的限流点为 1A，一旦加载，输出电压就会掉到 1V 以下，图 2-72b 把直流稳压电源的限流点提高至 1A，加载时输出电压就正常了。

2）滤波电感 L_1 没有制作得不好，也会导致带不了负载。

3）电路板布局没有布好，主要是功率电路和控制电路的地没有布置好。可用示波器测试 PWM 波，PWM 波若有振荡，就是电路布局和地线没有处理好所引起的。

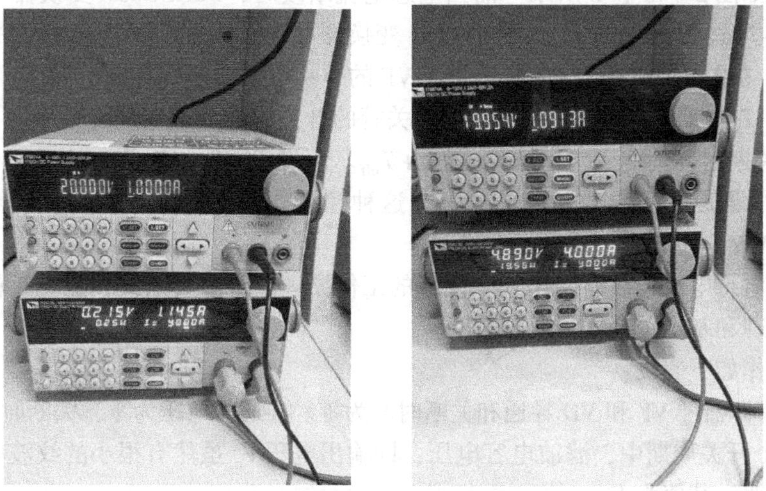

a)　　　　　　　　　　　　　　　b)

图 2-72　限流点低的故障现象及解决方法

a）限流点低的故障现象　b）故障解决方法

拓展任务　升-降压式变换器的分析

学习目标

◆ 熟悉升-降压式变换器的拓扑结构。

◆ 掌握升-降压式变换器的工作原理、理论波形及基本关系式。

一、Buck-Boost 变换器的拓扑结构

Buck-Boost 变换器[3] 是一种输出电压小于或者高于输入电压的非隔离式直流变换器，与 Buck 变换器和 Boost 变换器不同的是，其输出电压的极性与输入电压相反。Buck-Boost 变换器的拓扑结构如图 2-73 所示，由功率开关管 VF、二极管 VD、滤波电感 L_f 和滤波电容 C_f 构成；V_{GS}是驱动信号；R_L 是负载。

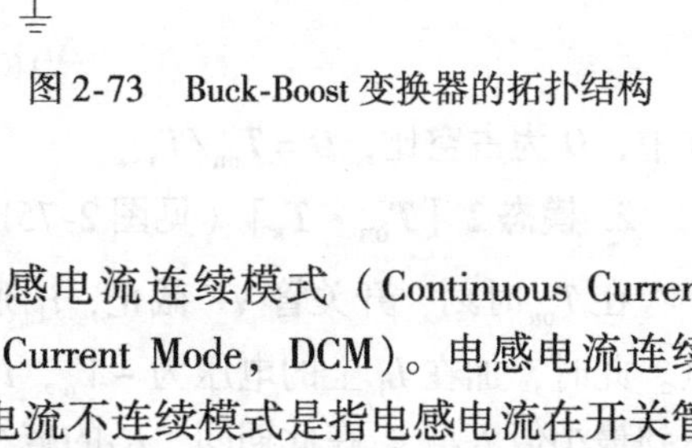

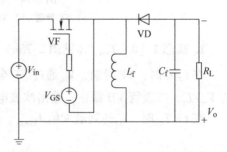

图 2-73　Buck-Boost 变换器的拓扑结构

二、Buck-Boost 变换器的工作原理分析

Buck-Boost 变换器存在两种基本工作方式，即电感电流连续模式（Continuous Current Mode，CCM）和电感电流不连续模式（Discontinuous Current Mode，DCM）。电感电流连续模式是指在一个周期内电感电流总是大于零；而电感电流不连续模式是指电感电流在开关管关断期间有一段时间电感电流为零。在这两种工作方式之间有一个工作边界，称为电感电流临界连续模式，即在开关管关断期末，电感中的电流刚好降为零。图 2-74 给出了 Buck-Boost 变换器在不同开关模态时的等效电路。当电感电流连续时，Buck-Boost 变换器存在两

种开关模态，如图2-74a和b所示。而当电感电流断续时，Buck-Boost变换器存在三种开关模态，如图2-74a、b和c所示。Buck-Boost变换器在连续模式和不连续模式的主要波形如图2-75所示。在图2-75a中，V_{GS}是开关管VF的驱动电压波形，在［0，T_{on}］期间，VF导通，在［T_{on}，T_s］期间，VF截止。T_s为开关管的开关周期，则有开关频率$f_s=1/T_s$。导通时间为T_{on}，关断时间为T_{off}，则有$T_s=T_{on}+T_{off}$。若设$D=T_{on}/T_s$为占空比。T_s保持不变，改变占空比D，即改变了导通时间的长短，这种控制方式称为脉冲宽度调制（Pulse Width Modulation，PWM）控制。

本节讨论电感电流连续时降压式变换器的工作原理和基本关系式，也就是稳态工作时变换器的工作原理和基本关系式。

分析之前作如下假设：

1）所有有源器件VF和VD导通和关断时间为零。导通时电压为零，关断时漏电流为零。

2）在一个开关周期中，滤波电容电压，即输出电压V_o虽然有很小的纹波电压，但可认为基本保持不变，其值为V_o。

3）电感和电容均为无损耗的储能元件。

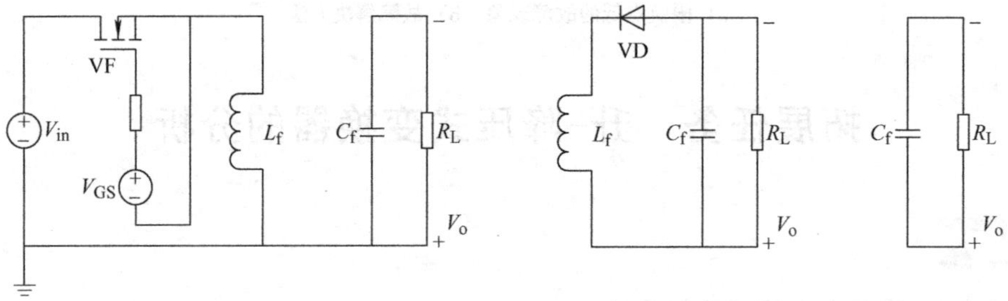

图2-74　不同开关模态时的等效电路

a）VF导通　b）VF截止　c）VF截止时电感电流为零

1. 模态1［0～T_{on}］（见图2-75a）

在$t=0$时，VF导通，V_{in}通过VF全部加到电感L_f上，电感电流i_{Lf}线性上升。上升斜率为V_{in}/L_f。二极管VD截止，输出滤波电容C_f为负载供电。

在$t=T_{on}$时，i_{Lf}达到最大值I_{Lfmax}。在此期间，i_{Lf}的增长量$\Delta i_{Lf(+)}$为

$$\Delta i_{Lf(+)}=\frac{V_{in}}{L_f}T_{on}=\frac{V_{in}}{L_f}DT_s \tag{2-77}$$

式中，D为占空比，$D=T_{on}/T_s$。

2. 模态2［T_{on}～T_s］（见图2-75b）

在T_{on}时刻，开关管VF截止，i_{Lf}通过二极管VD续流。电感L_f的储能向电容和负载供电。此时，加在L_f上的电压为$-V_o$，i_{Lf}线性减小，减小斜率为$-V_o/L_f$。在$t=T_s$时刻，i_{Lf}达到最小值I_{Lfmin}。在此期间，i_{Lf}的减小量$\Delta i_{Lf(-)}$为

$$\Delta i_{Lf(-)}=\frac{V_o}{L_f}T_{off}=\frac{V_o}{L_f}(1-D)T_s \tag{2-78}$$

在$t=T_s$时刻，开关管VF又导通，变换器开始下一个开关周期。

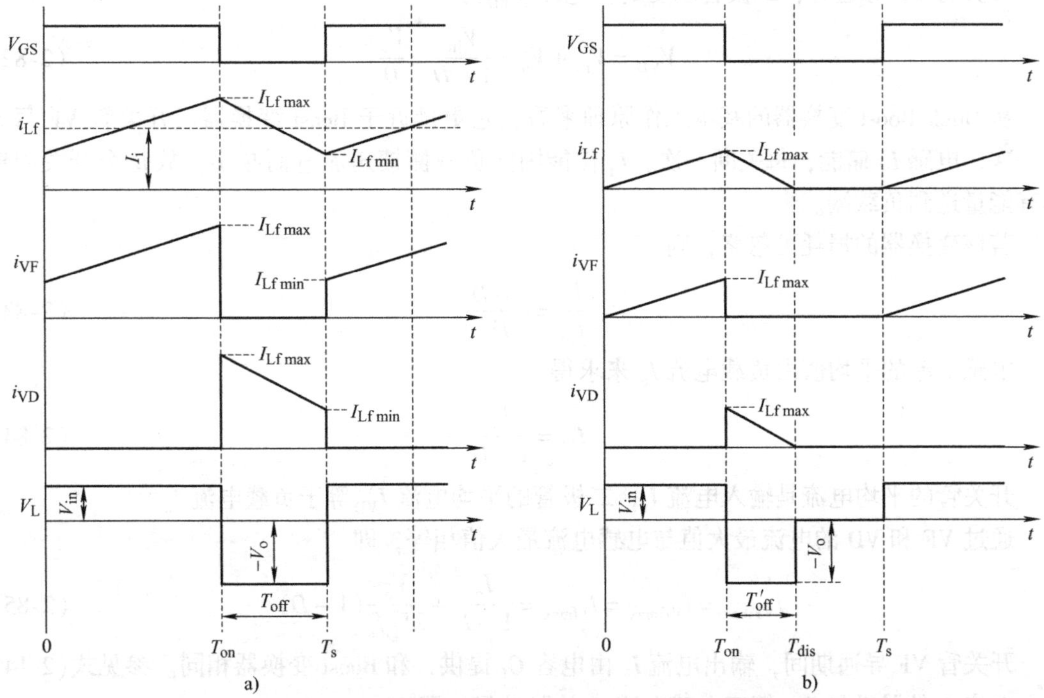

图 2-75　变换器在连续模式和不连续模式的主要波形

a）电感电流连续的工作波形　b）电感电流断续的工作波形

由此可知，电感 L_f 是用来储存和转换能量的，在开关管 VF 导通时电感 L_f 储能，负载由 C_f 供电；在开关管 VF 关断时，电感 L_f 向负载供电。

三、Buck-Boost 变换器的基本关系

稳态工作时，电感电流 i_{Lf} 的波形为一个三角波，周期性地在 I_{Lfmin} 到 I_{Lfmax} 的范围内变化。VF 导通期间 I_{Lf} 的增长量等于它在 VF 截止期间的减小量，即

$$\Delta i_{Lf(+)} = \Delta i_{Lf(-)} = \Delta i_{Lf}$$

由式(2-77) 和式(2-78) 得 $\dfrac{V_{in}}{L_f}DT_s = \dfrac{V_o}{L_f}(1-D)T_s$

化简得

$$V_o = V_{in}\frac{D}{1-D} \tag{2-79}$$

由式(2-79) 可以看出：当 $D<0.5$，则 $V_o<V_{in}$；反之，若 $D>0.5$ 时，则 $V_o>V_{in}$。即 Buck-Boost 变换器的输出电压 V_o 既可低于也可高于输入电压 V_{in}。

假设此变换器没有损耗，则有

$$\frac{I_o}{I_{in}} = \frac{1-D}{D} \tag{2-80}$$

开关管 VF 截止时，加于漏源极的电压 V_{VF} 为

$$V_{VF} = V_{in} + V_o = \frac{V_{in}}{1-D} = \frac{V_o}{D} \tag{2-81}$$

开关管 VF 导通时，二极管承受的反电压 V_{VD} 为

$$V_{VD}=V_{in}+V_o=\frac{V_{in}}{1-D}=\frac{V_o}{D} \tag{2-82}$$

从 Buck-Boost 变换器的基本工作原理来看，它更接近于 Boost 变换器。开关管 VF 每导通一次，电感 L_f 储能，每关断一次，L_f 储能因向负载侧馈送能量而减小，故每个开关周期都有能量送到负载端。

若该变换器的损耗可忽略，则

$$\frac{I_o}{I_{in}}=\frac{1-D}{D} \tag{2-83}$$

电感电流的平均值由负载电流 I_o 来求得

$$I_{Lf}=\frac{I_o}{1-D} \tag{2-84}$$

开关管的平均电流是输入电流 I_i；二极管的平均电流 I_{VD} 等于负载电流 I_o。

通过 VF 和 VD 的电流最大值与电感电流最大值相等，即

$$I_{VFmax}=I_{VDmax}=I_{Lfmax}=\frac{I_o}{1-D}+\frac{V_o}{2L_f f_s}(1-D) \tag{2-85}$$

开关管 VF 导通期间，输出电流 I_o 由电容 C_f 提供，和 Boost 变换器相同。参见式(2-14) 输入电流 I_i 的脉动量 Δi_i 等于电感电流 i_{Lf} 的脉动量，即

$$\Delta V_o=\frac{D}{C_f f_s}I_o \tag{2-86}$$

四、电感电流断续时 Buck-Boost 变换器的工作原理和基本关系

电感电流断续工作时的主要波形如图 2-75b，此时电路工作有三种模态（其等效电路如图 2-74 所示）：①开关管 VF 导通，i_{Lf} 从零增加到 I_{Lfmax}；②开关管 VF 关断，二极管 VD 续流，电感电流 i_{Lf} 从 I_{Lfmax} 降到零；③开关管 VF 和二极管 VD 均截止，在此期间电感电流 i_{Lf} 保持为零，负载由输出滤波电容供电，直到下一个周期开关管 VF 开通后 i_{Lf} 又增长。

开关管 VF 导通期间，电感电流从零开始增加，其增加量 Δi_{Lf} 为

$$\Delta i_{Lf}=I_{Lfmax}=\frac{V_{in}}{L_f}DT_s \tag{2-87}$$

VF 截止后，i_{Lf} 从 I_{Lfmax} 线性下降，并且在 $T_{dis}=T_{on}+T'_{off}$ 时刻下降到零，即

$$\Delta i_{Lf}=\frac{V_o}{L_f}\Delta DT_s \tag{2-88}$$

式中，$\Delta D=T'_{off}/T_s$，电感电流断续时 $\Delta D<1-D$。

由式(2-87) 和式(2-88) 中可以得到

$$\frac{V_o}{V_{in}}=\frac{D}{\Delta D},\ \Delta D<1-D \tag{2-89}$$

如果电感电流连续，则 $\Delta D=1-D$，那么 $D+\Delta D=1$，$V_o=\dfrac{V_{in}}{1-D}$。

如果不计变换器的损耗，则有

$$\frac{I_o}{I_{in}}=\frac{\Delta D}{D} \tag{2-90}$$

变换器输出电流 I_o 可表示为

$$I_o=\frac{1}{2}I_{Lfmax}\Delta D \tag{2-91}$$

将式(2-87) 和式(2-88) 代入式(2-91)，得

$$I_o=\frac{V_{in}}{2L_f f_s}\frac{V_{in}}{V_o}D^2 \tag{2-92}$$

从式(2-92) 可以看出，在电感电流断续时，输出电压 V_o 不仅与输入电压 V_{in}和占空比 D 有关，而且还和负载电流 I_o 的大小有关。

从图2-75 中可以看出，开关管电流最大值 I_{VFmax}等于二极管电流最大值 I_{VDmax}，并和电感电流最大值 I_{Lfmax}相等，即

$$I_{VFmax}=I_{VDmax}=I_{Lfmax}=\frac{V_{in}}{L_f f_s}D \tag{2-93}$$

将式(2-92) 代入式(2-93)，整理后得

$$I_{VFmax}=I_{VDmax}=I_{Lfmax}=\sqrt{\frac{2V_oI_o}{L_f f_s}}=\sqrt{\frac{2P_o}{L_f f_s}} \tag{2-94}$$

式中，$P_o=V_oI_o$，是变换器的输出功率。此式表明功率器件的最大电流在电感电流断续工作时，仅由输出功率 P_o 确定。

五、电感电流临界连续的边界

电感电流临界连续时的 i_{Lf}波形如图 2-76 所示。设 I_{LfG}是临界连续电感电流平均值，则

$$I_{LfG}=\frac{1}{2}I_{Lfmax}=\frac{V_{in}}{2L_f}DT_s=\frac{V_o}{2L_f}(1-D)T_s \tag{2-95}$$

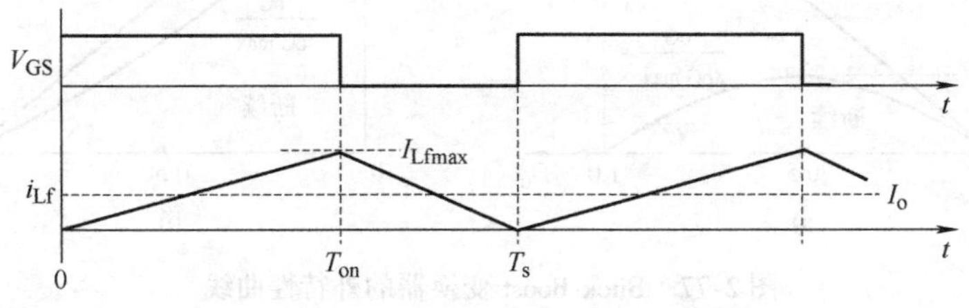

图2-76　电感电流临界连续时的 i_{Lf}波形

设 I_{oG}为电感电流临界连续时的负载电流，那么

$$I_{oG}=I_{Lf}(1-D)=\frac{1}{2}I_{Lfmax}(1-D)=\frac{V_{in}}{2L_f f_s}(1-D)D=\frac{V_o}{2L_f f_s}(1-D)^2 \tag{2-96}$$

1. 输入电压恒定不变（V_{in} = 常数）

若 V_{in} = 常数，则 $D=1$ 时，I_{LfG}达到最大值 I_{LfGmax}。

$$I_{LfGmax}=\frac{V_{in}}{2L_f f_s} \tag{2-97}$$

$$I_{LfG}=I_{LfGmax}D \tag{2-98}$$

此时，当 $D=0.5$ 时，I_{oG} 达到最大值 I_{oGmax}，即

$$I_{oGmax}=\frac{V_{in}}{8L_f f_s} \tag{2-99}$$

$$I_{oG}=4I_{oGmax}(1-D)D \tag{2-100}$$

2. 输出电压恒定不变（V_o = 常数）

若 V_o = 常数，则 $D=0$ 时，I_{LfG} 达到最大值，即

$$I_{LfGmax}=\frac{V_o}{2L_f f_s} \tag{2-101}$$

$$I_{LfG}=I_{LfGmax}(1-D) \tag{2-102}$$

此时，当 $D=0$ 时，I_{oG} 达到最大值 I_{oGmax}，即

$$I_{oGmax}=\frac{V_o}{2L_f f_s} \tag{2-103}$$

$$I_{oG}=I_{oGmax}(1-D) \tag{2-104}$$

电感电流临界连续的边界曲线如图 2-77 所示。曲线的上方为电感电流连续区（CCM），下方为断续区（DCM）。由于这种变换器的输出电流与电感电流不同，故两者的边界不相同，输出电流 I_o 的边界线在电感电流 I_{Lf} 的下方，这是因为 I_o 只是 I_{Lf} 的一部分。由图 2-77b 可见，在 V_o = 常数方式工作时，如果 $D<0.5$，即 $V_o<V_{in}$，变换器很容易进入电感电流断续区。

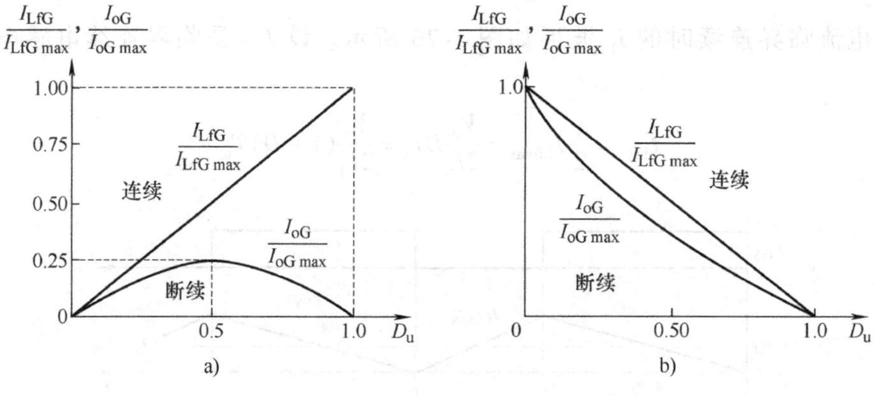

图 2-77　Buck-Boost 变换器的外特性曲线

a）V_{in} = 常数　b）V_o = 常数

项目小结

本项目介绍了非隔离降压式电源电路，并对升-降压式变换器进行了详细的分析。介绍了降压式和升-降压式变换器的工作原理、理论关系和基本关系式；降压式电源电路的工作原理，部分电路参数的设计；对 UC3842 控制的降压式电路进行了闭环仿真分析和实验验证。最后，对电路的调试、测试及故障排除进行了详细的分析。

思考与练习

1. 降压电感工作于连续模式或者不连续模式，电感值应分别满足什么条件？

2. 在功率电路调试中，输出端电压不为零，可能由哪些原因引起？

3. 功率电路和控制电路调试都正常，在电路进行测试时，输出电压不能降压，可能由哪些原因引起？该如何解决？

4. 电路带不了负载，可能有哪些原因？该如何解决？

5. 使输出电压的纹波减小，可采取哪些方法？

模块三

反激式开关电源原理与实例分析

项目一　单片集成反激式电源电路的分析

在一些应用场合，输入和负载不共地，需要隔离，这时就要采用隔离式变换器。本项目介绍了一种单片集成反激式电源电路，控制芯片采用飞兆半导体有限公司的 KA5L0380，其电路原理图如图 3-13 所示，要完成这个项目的设计和制作，首先要完成以下任务：

◆ 掌握反激式变换器的工作原理及基本关系式。

◆ 熟悉控制芯片 KA5L0380 的基本资料。

◆ 掌握控制芯片 KA5L0380 外围电路的分析。

◆ 掌握单片集成反激式电源电路工作原理的分析。

◆ 掌握主电路参数和芯片部分外围电路参数的设计。

◆ 理解原边控制的反激式电源电路工作原理（拓展任务）。

任务一　反激式变换器的分析

学习目标

◆ 熟悉反激式变换器的结构。

◆ 掌握反激变压器的等效结构及工作原理。

◆ 掌握反激式变换器的工作原理、理论波形及基本关系式。

一、变压器介绍

变压器（Transformer）的符号和等效电路如图 3-1 所示。变压器由一次绕组和二次绕组以及铁心构成。

一次绕组的电感也叫励磁电感 L_m（Magnetizing Inductance），并联在变压器两端，漏感 L_{leak}（Leakage Inductance）串联在电路中，其等效电路如图 3-1b 所示。其等效电路仅适用正激变换器、半桥、推挽和全桥变换器等。反激变压器的等效电路如图 3-1c 所示，相当于两个耦合的电感 L_1 和 L_2。

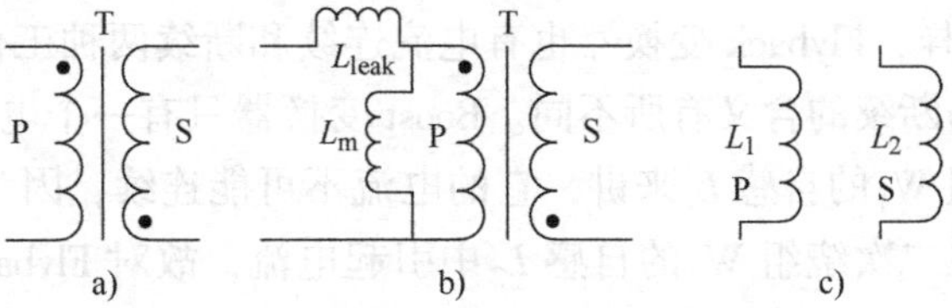

图 3-1　变压器符号和等效电路

a）变压器符号　b）正激变压器的等效电路　c）反激变压器的等效电路

二次绕组开路时，可以测量一次电感，从而得到一次电感值或励磁电感值；二次绕组短路时，可以测量一次电感，从而得到漏感值。

变压器的作用为：

- 电气隔离；
- 升、降电压；
- 大功率整流二次侧相移不同，有利于纹波系数减小；
- 磁耦合传送能量；
- 测量电压、电流。

二、反激变换器的拓扑结构

反激（Flyback）变换器[5]的拓扑结构如图 3-2 所示，由功率开关管 VF、整流二极管 VD、电容 C_f和变压器 T 构成。开关管 VF 按 PWM 方式工作。

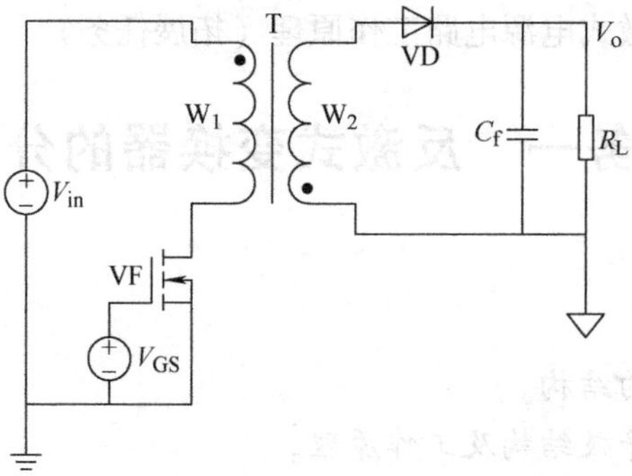

图 3-2　反激变换器的拓扑结构

图中绕组符号标有“•”号的一端，表示变压器各绕组的同名端，也就是该绕组的始端。变压器有两个绕组：一次绕组 W_1 和二次绕组 W_2，两绕组要紧密耦合。Flyback 变换器和 Forward 变换器有本质的不同，前者实际上是耦合电感，用普通导磁材料铁心时必须有气隙，以保证在最大负载电流时铁心不饱和。反激变换器相当于两个耦合的电感，等效电路如图 3-1c 所示，工作方式相当于 Boost 电感。Flyback 变换器由于电路简洁，所用元器件少，适合多路输出。通常应用在输出功率小于 200W 的场合。

三、变换器工作原理的分析

和 Boost 变换器一样，Flyback 变换器也有电流连续和断续两种工作方式。和 Boost 变换器的区别是电流连续与断续的含义有所不同。Boost 变换器只有一个电感，Flyback 变换器是耦合电感，对一次绕组 W_1 的自感 L_1 来讲，它的电流不可能连续，因为 VF 关断后电流必然为零，但这时必然会在二次绕组 W_2 的自感 L_2 中引起电流，故对 Flyback 变换器来说，电流连续是指变压器两个绕组的合成安匝在一个开关周期中不为零，而电流断续是指合成安匝在开关管 VF 截止期间有一段时间为零。变换器在不同开关模态时的等效电路如图 3-3 所示。当电流连续时，Flyback 变换器有两种开关模态，如图 3-3a 和 b 所示；而当电流断续时，Flyback 变换器有三种开关模态，如图 3-3a、b 和 c 所示。变换器在电流连续和不连续时主要波形如图 3-4 所示。下面讨论 Flyback 变换器在电流连续模式下的工作原理。

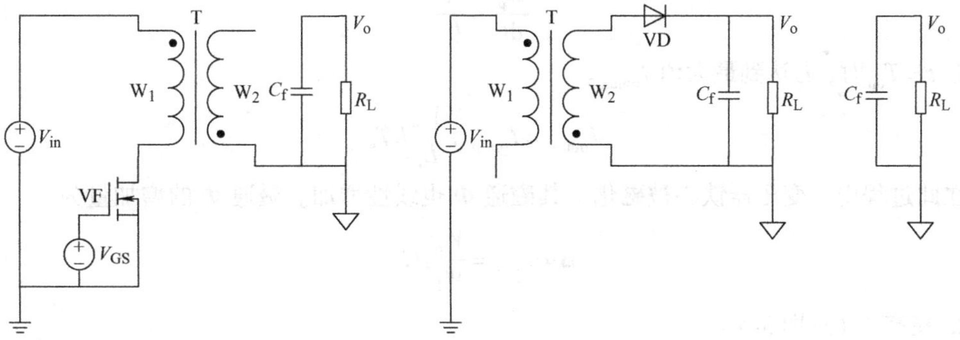

a)　　　　　　b)　　　　　　c)

图 3-3　不同开关模态时的等效电路

a）VF 导通　b）VF 截止　c）VF 截止时电流断续

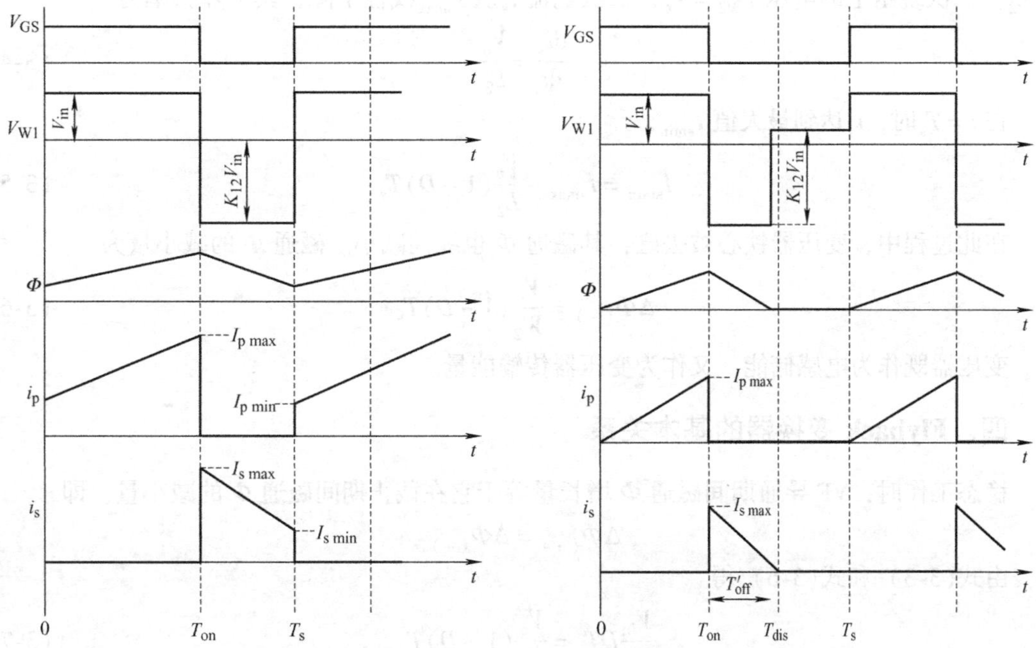

a)　　　　　　b)

图 3-4　变换器在电流连续模式和不连续模式的主要波形

a）电流连续　b）电流断续

1. 模态 1（见图 3-4a）

在 $t=0$ 时，VF 导通，V_{in}通过 VF 加在一次绕组 W_1上，因此，铁心被磁化，铁心磁通 Φ 增加，增加斜率为 V_{in}/W_1。

二次绕组 W_2 上的感应电压为：$V_{W2}=-V_{in}\times W_2/W_1$，其极性为同名端“●”端为“+”，使整流二极管 VD 截止，负载电流由滤波电容 C_f提供。此时变压器二次绕组开路，只有一次绕组工作，相当于一个电感，其电感量为 L_1，因此一次侧电流 i_p从 I_{pmin} 开始线性增加，其增长斜率为

$$\frac{\mathrm{d}i_{\mathrm{p}}}{\mathrm{d}t}=\frac{V_{\mathrm{in}}}{L_1} \tag{3-1}$$

在 $t=T_{\mathrm{on}}$时，i_{p}达到最大值 I_{pmax}。

$$I_{\mathrm{pmax}}=I_{\mathrm{pmin}}+\frac{V_{\mathrm{in}}}{L_1}DT_{\mathrm{s}} \tag{3-2}$$

在此过程中，变压器铁心被磁化，其磁通 Φ 也线性增加。磁通 Φ 的增加量为

$$\Delta\Phi_{(+)}=\frac{V_{\mathrm{in}}}{W_1}DT_{\mathrm{s}} \tag{3-3}$$

2. 模态 2（见图 3-4b）

在 T_{on}时刻，关断 VF，一次绕组开路，二次绕组的感应电势反向，其极性为同名端“•”端为“负”，使整流二极管 VD 导通，储存在变压器磁场中的能量通过 VD 释放，一方面给 C_{f}充电，另一方面向负载供电。此时变压器只有二次绕组工作，相当于一个电感，其电感量为 L_2。二次绕组上的电压 $V_{\mathrm{W2}}=V_{\mathrm{o}}$，二次电流 i_{s}从 I_{smax}线性下降，其下降斜率为

$$\frac{\mathrm{d}i_{\mathrm{s}}}{\mathrm{d}t}=\frac{V_{\mathrm{o}}}{L_2} \tag{3-4}$$

在 $t=T_{\mathrm{s}}$时，i_{s}达到最大值 I_{smin}。

$$I_{\mathrm{smin}}=I_{\mathrm{smax}}-\frac{V_{\mathrm{o}}}{L_2}(1-D)T_{\mathrm{s}} \tag{3-5}$$

在此过程中，变压器铁心被去磁，其磁通 Φ 也线性减小。磁通 Φ 的减小量为

$$\Delta\Phi_{(-)}=\frac{V_{\mathrm{o}}}{W_2}(1-D)T_{\mathrm{s}} \tag{3-6}$$

变压器既作为电感储能，又作为变压器传输能量。

四、Flyback 变换器的基本关系

稳态工作时，VF 导通期间磁通 Φ 增长量等于它在截止期间磁通 Φ 的减小量，即

$$\Delta\Phi_{(+)}=\Delta\Phi_{(-)}$$

由式(3-3) 和式(3-6) 得

$$\frac{V_{\mathrm{in}}}{W_1}DT_{\mathrm{s}}=\frac{V_{\mathrm{o}}}{W_2}(1-D)T_{\mathrm{s}} \tag{3-7}$$

化简得

$$V_{\mathrm{o}}=\frac{V_{\mathrm{in}}}{N}\frac{D}{1-D} \tag{3-8}$$

式中，N 是一次绕组与二次绕组的匝数比，$N=W_1/W_2$。

若 $N=1$，则有

$$\frac{V_{\mathrm{o}}}{V_{\mathrm{in}}}=\frac{D}{1-D} \tag{3-9}$$

式(3-9) 和 Buck-Boost 变换器电流连续时的电压表达式完全一样，可见 Flyback 变换器具有此变换器的特性，但比它们有更多灵活性，这是因为式(3-8) 中右边多了一个变量 N。

开关管 VF 截止时所承受的电压为 V_{in}和一次绕组 W_1上的感应电势之和，即

$$V_{VF}=V_{in}+\frac{W_1}{W_2}V_o=\frac{V_{in}}{1-D} \tag{3-10}$$

在电源电压 V_{in} 一定时，开关管承受的电压和占空比有关，故必须限制 D_{max} 值。

二极管 VD 承受的电压等于输出电压 V_o 和输入电压折算到二次侧的电压之和，即

$$V_{VD}=V_o+\frac{V_{in}}{N} \tag{3-11}$$

负载电流 I_o 就是流过 VD 的电流平均值，由图 3-4a 的波形图可得

$$I_o=\frac{1}{2}(I_{smin}+I_{smax})(1-D) \tag{3-12}$$

根据变压器的工作原理，有下面两个表达式

$$W_1I_{pmin}=W_2I_{smin} \tag{3-13}$$

$$W_1I_{pmax}=W_2I_{smax} \tag{3-14}$$

由式(3-2) 和式(3-12) ~式(3-14) 可得

$$I_{pmax}=\frac{W_2}{W_1}\frac{1}{1-D}I_o+\frac{V_{in}}{2L_1f_s}D \tag{3-15}$$

$$I_{smax}=\frac{W_1}{W_2}I_{pmax}=\frac{1}{1-D}I_o+\frac{W_1}{W_2}\frac{V_{in}}{2L_1f_s}D \tag{3-16}$$

I_{pmax} 和 I_{smax} 也分别是流过 VF 和 VD 的最大电流值。

五、电流断续时 Flyback 变换器的工作原理和基本关系

若在临界电流连续工作时，则式(3-8) 仍成立。此时一次绕组的电流最大值为 $I_{pmax}=\frac{V_{in}}{L_1f_s}D$，则 $I_{smax}=\frac{W_1}{W_2}\frac{V_{in}}{L_1f_s}$D，负载电流 $I_o=\frac{1}{2}I_{smax}(1-D)$，故有临界连续电流为

$$I_{oG}=I_o=\frac{V_{in}}{2Lf_s}\frac{W_1}{W_2}(1-D)D \tag{3-17}$$

在 $D=0.5$ 时，I_{oG} 达到最大值，即

$$I_{oGmax}=\frac{W_1}{W_2}\frac{V_{in}}{8L_1f_s} \tag{3-18}$$

于是式(3-17) 可写成

$$I_{oG}=4I_{oGmax}(1-D)D \tag{3-19}$$

这就是电感电流临界连续的边界。

电感电流断续时，V_o/V_{in} 不仅与 D 有关，而且还和负载电流 I_o 大小有关。设 $\Delta D\times T_s$ 为 I_s 续流相对时间，由于一个开关周期内铁心磁通增加和减少量相等，可得

$$\frac{V_{in}}{W_1}D=\frac{V_o}{W_2}\Delta D \tag{3-20}$$

故

$$\Delta D=\frac{W_2}{W_1}\cdot\frac{V_{in}}{V_o}D \tag{3-21}$$

又 $I_{smax}=\frac{V_o}{L_2}\Delta D\cdot T_s$，$I_o=\frac{1}{2}I_{smax}\Delta D$，则有

$$V_o = \frac{{V_{in}}^2 D^2}{2L_1 f_s I_o} \tag{3-22}$$

式(3-22) 表明，电流断续时输出电压不仅与占空比 D 有关，且与负载电流 I_o 有关。占空比 D 一定时，减少 I_o，则输出电压升高。Flyback 变换器的外特性曲线如图 3-5 所示。

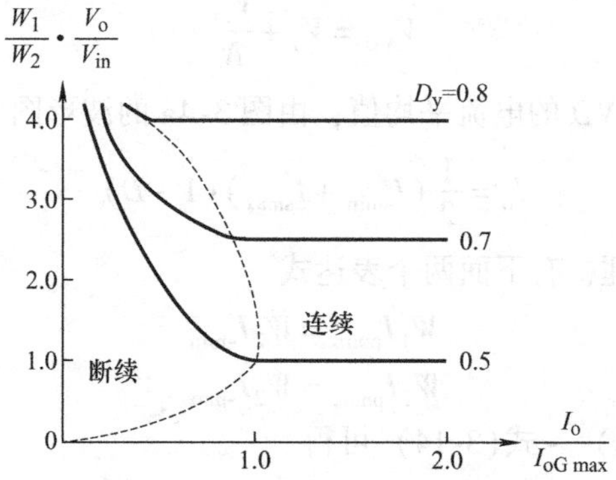

图 3-5　Flyback 变换器的外特性曲线

任务二　单片集成芯片 KA5X03XX 系列介绍

学习目标

◆ 熟悉单片集成芯片 KA5X03XX 的引脚及功能。

◆ 掌握芯片每个引脚正常工作时的电压或电流范围。

◆ 学会阅读芯片的应用信息（application note），然后根据应用信息，分析芯片外围电路，并能设计一定的功能电路。

单片集成芯片 KA5X03XX 系列介绍[10]

飞兆功率开关（FPS）序列产品包括 KA5H0365R，KA5M0365R，KA5L0365R，KA5H0380R，KA5M0380R，KA5L0380R 等型号。其主要应用于打印机、传真机、录像机、DVD 影碟机、摄像机等设备的电源中。该系列产品专门为离线式开关电源所设计，电路中只需很少的外围元器件。飞兆功率开关（FPS）集成高压 MOS 管和电流模式的 PWM 控制器，包括固定频率振荡器、欠电压锁定、优化的栅极驱动器、热关断保护、过电压保护。与分立的 MOSFET 和 PWM 控制器或 RCC 方法相比，FPS 能减少总的元件数目，降低电源尺寸和重量，同时提高效率和系统可靠性。它非常适合应用于反激或正激变换器中。

1. 芯片的主要特点

- 精确的工作频率（100/67/50kHz）；
- 启动电流很小（典型值 100μA）；
- 逐周电流限制；
- 过电流保护；
- 过电压保护（最小值 25V）；

- 内部过热关断功能；
- 欠电压锁定；
- 内部高压检测；
- 自动重启模式。

2. KA5X03XX 内部结构框图和引脚分布

内部结构框图如图 3-6 所示。

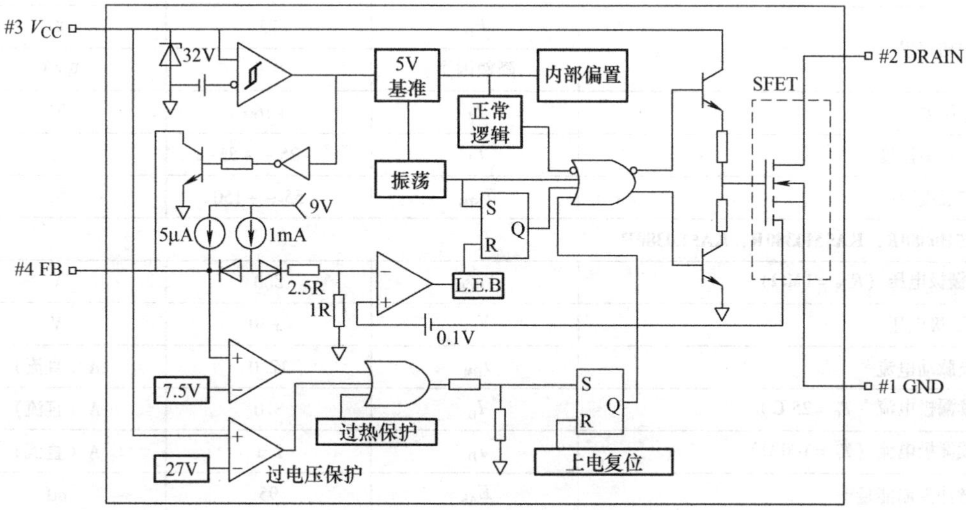

图 3-6　内部结构框图

集成芯片实物如图 3-7 所示。引脚功能及说明见表 3-1。

表 3-1　引脚功能及说明

引脚号	引脚名称	说明
1	GND	该引脚是控制电路和工作电源的公共地
2	DRAIN	该引脚是内部集成 MOSFET 的漏极，连接到功率变压器的一端
3	V_{CC}	该引脚是控制集成芯片的正电源
4	FB	该引脚为输出检测和误差放大器补偿输入端

TO-220F-4L

图 3-7　集成芯片引脚分布图

3. 芯片最大额定值和电气特性参数

1）最大额定值见表 3-2（环境温度 25℃，除非特别说明）。

表 3-2　最大额定值

参数	符号	数值	单位
KA5H0365R，KA5M0365R，KA5L0365R			
漏-栅极电压（$R_{GS}=1M\Omega$）	V_{DGR}	650	V
栅-源极电压	V_{GS}	±30	V
漏极脉动电流①	I_{DM}	12.0	A（直流）
连续漏极电流（$T_C=25℃$）	I_D	3.0	A（直流）

（续）

参数	符号	数值	单位
KA5H0365R，KA5M0365R，KA5L0365R			
连续漏极电流（$T_C=100℃$）	I_D	2.4	A（直流）
单脉冲雪崩能量②	E_{AS}	358	mJ
最大工作电压	$V_{CC,max}$	30	V
模拟输入电压范围	V_{FB}	$-0.3 \sim V_{SD}$	V
总的功率损耗	P_D	75	W
	降额因子	0.6	W/℃
工作结温	T_J	+160	℃
工作环境温度	T_A	−25 ~ +85	℃
存储温度范围	T_{STG}	−55 ~ +150	℃
KA5H0380R，KA5M0380R，KA5L0380R			
漏-栅极电压（$R_{GS}=1M\Omega$）	V_{DGR}	800	V
栅-源极电压	V_{GS}	±30	V
漏极脉动电流①	I_{DM}	12.0	A（直流）
连续漏极电流（$T_C=25℃$）	I_D	3.0	A（直流）
连续漏极电流（$T_C=100℃$）	I_D	2.1	A（直流）
单脉冲雪崩能量②	E_{AS}	95	mJ
最大工作电压	$V_{CC,max}$	30	V
模拟输入电压范围	V_{FB}	$-0.3 \sim V_{SD}$	V
总的功率损耗	P_D	75	W
	降额因子	0.6	W/℃
工作结温	T_J	+160	℃
工作环境温度	T_A	−25 ~ +85	℃
存储温度范围	T_{STG}	−55 ~ +150	℃

① 重复的额定值：脉冲宽度由最大的结温限制；

② $L=51mH$，$T_J=25℃$开始。

2）电气特性参数见表3-3（$T_A=25℃$，除非其他特别说明）。

表3-3　电气特性参数表

参数	符号	条件	最小值	典型值	最大值	单位
KA5H0365R，KA5M0365R，KA5L0365R						
漏-源击穿电压	V_{DSS}	$V_{GS}=0V$，$I_D=50\mu A$	800	—	—	V
漏极电流（$V_{GS}=0V$）	I_{DSS}	$V_{DS}=V_{DSmax}=650V$，$V_{GS}=0V$	—	—	50	μA
		$V_{DS}=0.8V_{DSmax}$，$V_{GS}=0V$，$T_C=125℃$	—	—	200	μA
静态漏-源极电阻	$R_{DS}(on)$	$V_{GS}=10V$，$I_D=0.5A$	—	3.6	4.5	Ω

（续）

参数	符号	条件	最小值	典型值	最大值	单位
KA5H0365R，KA5M0365R，KA5L0365R						
正向跨导	g_{fs}	$V_{DS}=50V$，$I_D=0.5A$	2.0	—	—	S
输入电容	C_{iss}	$V_{GS}=0V$，$V_{DS}=25V$，$f=1MHz$	—	720	—	pF
输出电容	C_{oss}		—	40	—	
反相传递电容	C_{rss}		—	40	—	
开通延迟时间	$t_{d(on)}$	$V_{DD}=0.5V_{DSS}$，$I_D=1.0A$（MOSFET 开关时间基本上与工作温度无关）	—	150	—	ns
上升时间	t_r		—	100	—	
关断延迟时间	$t_{d(off)}$		—	150	—	
下降时间	t_f		—	42	—	
栅极总电荷（GS+GD）	Q_G	$V_{GS}=10V$，$I_D=1.0A$，$V_{DS}=0.5V_{DSS}$（MOSFET 开关时间基本上与工作温度无关）	—	—	34	nC
栅-源电荷	Q_{GS}		—	7.3	—	
栅-漏电荷	Q_{GD}		—	13.3	—	
KA5H0380R，KA5M0380R，KA5L0380R						
漏-源击穿电压	V_{DSS}	$V_{GS}=0V$，$I_D=50\mu A$	800	—	—	V
漏极电流（$V_{GS}=0V$）	I_{DSS}	$V_{DS}=V_{DSmax}=650V$，$V_{GS}=0V$	—	—	250	μA
		$V_{DS}=0.8V_{DSmax}$，$V_{GS}=0V$，$T_C=125℃$	—	—	1000	μA
静态漏-源极电阻	R_{DS}（on）	$V_{GS}=10V$，$I_D=0.5A$	—	4.0	5.0	Ω
正向跨导	g_{fs}	$V_{DS}=50V$，$I_D=0.5A$	1.5	2.5	—	S
输入电容	C_{iss}	$V_{GS}=0V$，$V_{DS}=25V$，$f=1MHz$	—	779	—	pF
输出电容	C_{oss}		—	75.6	—	
反相传递电容	C_{rss}		—	24.9	—	
开通延迟时间	$t_{d(on)}$	$V_{DD}=0.5V_{DSS}$，$I_D=1.0A$（MOSFET 开关时间基本上与工作温度无关）	—	40	—	ns
上升时间	t_r		—	95	—	
关断延迟时间	$t_{d(off)}$		—	150	—	
下降时间	t_f		—	60	—	
栅极总电荷（GS+GD）	Q_G	$V_{GS}=10V$，$I_D=1.0A$，$V_{DS}=0.5V_{DSS}$（MOSFET 开关时间基本上与工作温度无关）	—	—	34	nC
栅-源电荷	Q_{GS}		—	7.2	—	
栅-漏电荷	Q_{GD}		—	12.1	—	
欠电压锁定部分						
启动阈值电压	V_{START}	$V_{FB}=GND$	14	15	16	V
停止阈值电压	V_{STOP}	$V_{FB}=GND$	8.4	9	9.6	V

（续）

参数	符号	条件	最小值	典型值	最大值	单位
KA5H0380R，KA5M0380R，KA5L0380R						
振荡部分						
振荡频率	f_{OSC}	KA5H0365R KA5H0380R	90	100	110	kHz
振荡频率	f_{OSC}	KA5M0365R KA5M0380R	61	67	73	kHz
振荡频率	f_{OSC}	KA5L0365R KA5L0380R	45	50	55	kHz
频率随温度变化	—	$-25℃ < T_a < +85℃$	—	±5	±10	%
最大占空比	D_{max}	KA5H0365R KA5H0380R	62	67	72	%
最大占空比	D_{max}	KA5M0365R KA5M0380R KA5L0365R KA5L0380R	72	77	82	%
反馈部分						
反馈源电流	I_{FB}	$0V < V_{fb} < 3V$	0.7	0.9	1.1	mA
关断反馈电压	V_{SD}	$V_{fb} > 6.5V$	6.9	7.5	8.1	V
关断延迟电流	I_{delay}	$5V < V_{fb} < V_{SD}$	4	5	6	μA
参考电压部分						
输出电压①	V_{REF}	$T_a = 25℃$	4.80	5.00	5.20	V
温度稳定性①②	$V_{REF}/\Delta T$	$-25℃ < T_a < +85℃$	—	0.3	0.6	mV/℃
电流限制（自保护部分）						
峰值电流限制	I_{OVER}	最大电感电流	1.89	2.15	2.41	A
保护部分						
过电压保护	V_{OVP}	$V_{CC} \geq 24V$	25	27	29	V
温度保护（T_j）	T_{SD}		140	160	—	℃
旁路电流						
启动电流	I_{START}	$V_{CC} = 14V$	—	100	170	μA
工作电流（仅控制部分）	I_{OP}	$V_{CC} \leq 28$	—	7	12	mA

① 所有参数不都是在产品中测试；

② 所有参数在防水中测试。

任务三　反激式变压器的制作与测试

学习目标

◆ 熟悉变压器的基本参数。

◆ 掌握变压器的制作及测试。

◆ 掌握变压器同名端和匝数比的测试。

一、变压器基本参数及引脚分布

变压器的基本参数见表3-4。变压器的引脚示意和引脚平面分布分别如图3-8和图3-10所示。变压器的制作过程可参考项目二中的拓展任务一。制作的实物如图3-9所示。

表3-4　变压器基本参数

	匝数	绕线规格	励磁电感
绕组1（一次绕组）	58	ϕ0.31mm	600～900μH
绕组2（二次绕组）	9	ϕ0.7mm	
绕组3（辅助绕组）	12	ϕ0.31mm	

用LCR电桥测量变压器的参数，如漏感、励磁电感。

测量不同气隙时变压器的励磁电感，来判断气隙与励磁电感之间的关系。

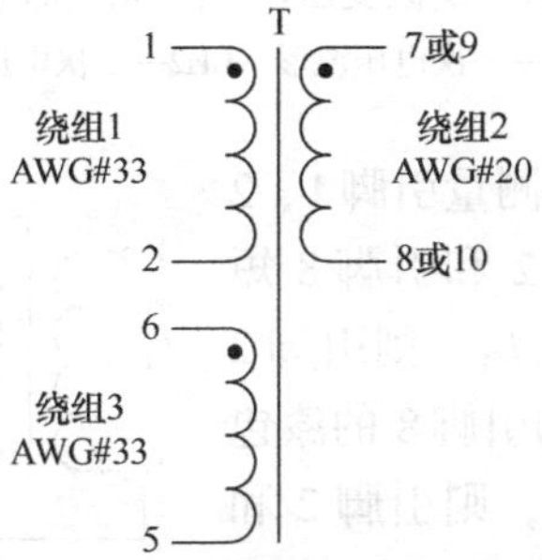

图3-8　变压器引脚示意图

图3-9　变压器实物图

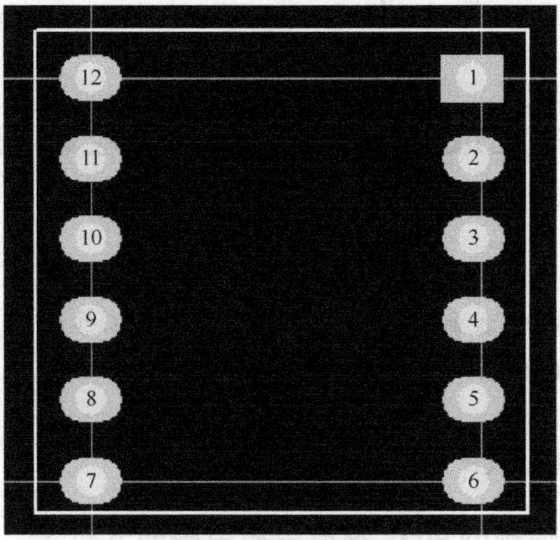

图3-10　变压器引脚平面分布图

二、变压器同名端和匝数比的测试

通常情况下，变压器制作完成之后，要进行变压器同名端和匝数比的测试，所用仪器为 LCR 电桥或者数字示波器和信号发生器。

1. 用信号发生器和示波器测试变压器的同名端和匝数比

在变压器的一次侧即变压器的引脚 1 和引脚 2 之间施加频率为 10kHz、有效值为 3V ±1V 的正弦波电压。测得一次和二次电压波形如图 3-11所示。示波器的正极连接变压器的是同名端，即变压器的引脚 1 和引脚 7 或 9 是同名端，引脚 2 和引脚 8 或 10 是同名端，满足变压器参数要求。变压器一次匝数 W_1 和二次匝数 W_2之比为

$$\frac{W_1}{W_2}=\frac{V_{12\mathrm{peak}}}{V_{78\mathrm{peak}}}=\frac{4}{0.62}\approx 6.45 \qquad (3\text{-}23)$$

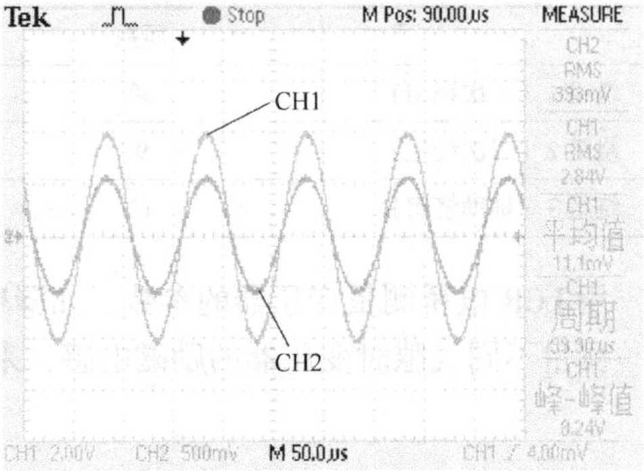

图 3-11　反激变压器一次和二次电压波形

CH1——一次电压波形　CH2—二次电压波形

2. 用 LCR 电桥测试变压器的同名端和匝数比

测试变压器同名端示意如图 3-12 所示。用 LCR 电桥测量引脚 1、2 之间和引脚 7、8 之间的电感量分别为 L_1 和 L_2。把引脚 2 和引脚 8 短路，测量引脚 1、7 之间的电感量，记为 L_3。若 $L_1+L_2<L_3$，则引脚 2 和引脚 8 是异名端，不满足变压器参数要求，把引脚 7 和引脚 8 的漆包线对调一下，就可满足变压器参数要求；若 $L_1+L_2>L_3$，则引脚 2 和引脚 8 是同名端，满足变压器参数要求。变压器一次匝数 W_1 和二次匝数 W_2之比为

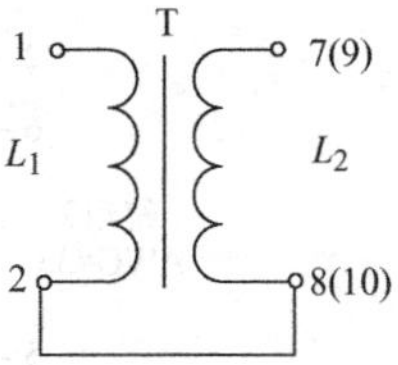

图 3-12　测试变压器同名端示意图

$$\frac{W_1}{W_2}=\sqrt{\frac{L_1}{L_2}} \qquad (3\text{-}24)$$

任务四　单片集成芯片控制反激式电路的分析与测试

学习目标

- ◆ 学会分析 KA5L0380R 控制的 40W 反激电源电路的工作原理。
- ◆ 学会调试和测试电路。
- ◆ 学会分析测试波形。
- ◆ 学会分析和排除电路故障。

一、KA5L0380R 控制的 40W 反激电源电路的分析

单片集成芯片 KA5L0380R 控制的 40W 反激电源电路如图 3-13 所示。电源的基本规格：输入电压为 AC 90 ~264V/50Hz，输出电压为 12V，输出功率为 40W，开关频率为 50kHz。

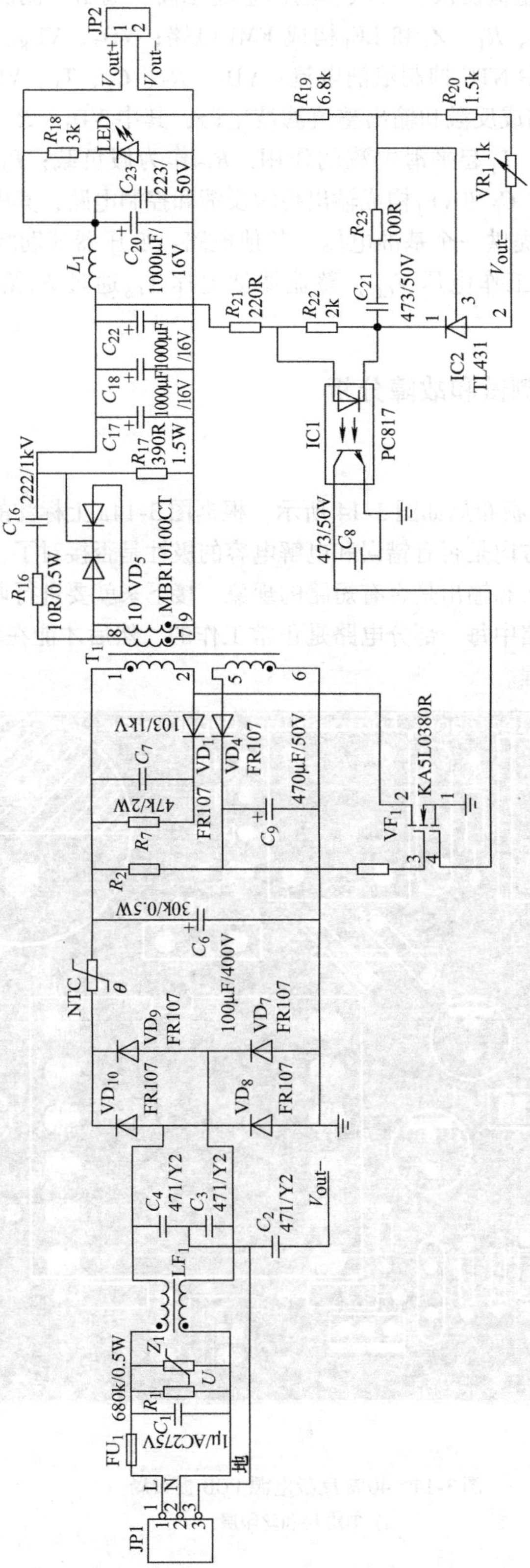

图 3-13　40W反激电源电路

电路组成结构：EMI整流滤波、反激和输出整流滤波、输出检测反馈和控制三部分电路构成。C_1、C_2、C_3、C_4、R_1、Z_1和LF_1构成EMI电路；VD_7、VD_8、VD_9、VD_{10}、NTC、C_6构成整流储能电路，其中NTC抑制浪涌电流；VD_1、R_7、C_7、T_1、VD_5、R_{16}、C_{16}、C_{17}、C_{18}、C_{22}、C_{20}、C_{23}和L_1构成反激和输出整流滤波电路，其中VD_1、R_7、C_7构成吸收网络，R_{16}、C_{16}也构成吸收网络，L_1起平滑电流的作用，R_{17}作为假负载；R_{19}、R_{20}、VR_1、R_{21}、R_{22}、R_{23}、C_{21}、IC1、IC2、C_8和VF_1构成输出检测反馈和控制电路，其中C_{21}、R_{23}、C_8构成补偿网络，IC2（TL431）提供一个基准电压。其他电路：变压器辅助绕组、VD_4和C_9给集成控制芯片VF_1提供正常工作电压V_{CC}，整流滤波电压V_{C6}通过R_2给VF_1提供启动工作电压。

二、电路的调试、测试和故障分析

1. 调试电路

图3-13电路图的PCB板布局如图3-14所示。根据图3-14a上标注的元器件序号焊接好元器件；检查有源器件的方向是否有错误和电解电容的极性是否接对了，是否有虚焊和短路的地方；用万用表测量输入和输出是否有短路的现象。接下来就要进行调试和功能测试。调试电路的作用就是保证电路中每一部分电路是正常工作的，然后才能在输入端加电去测试。下面介绍本电路的调试过程。

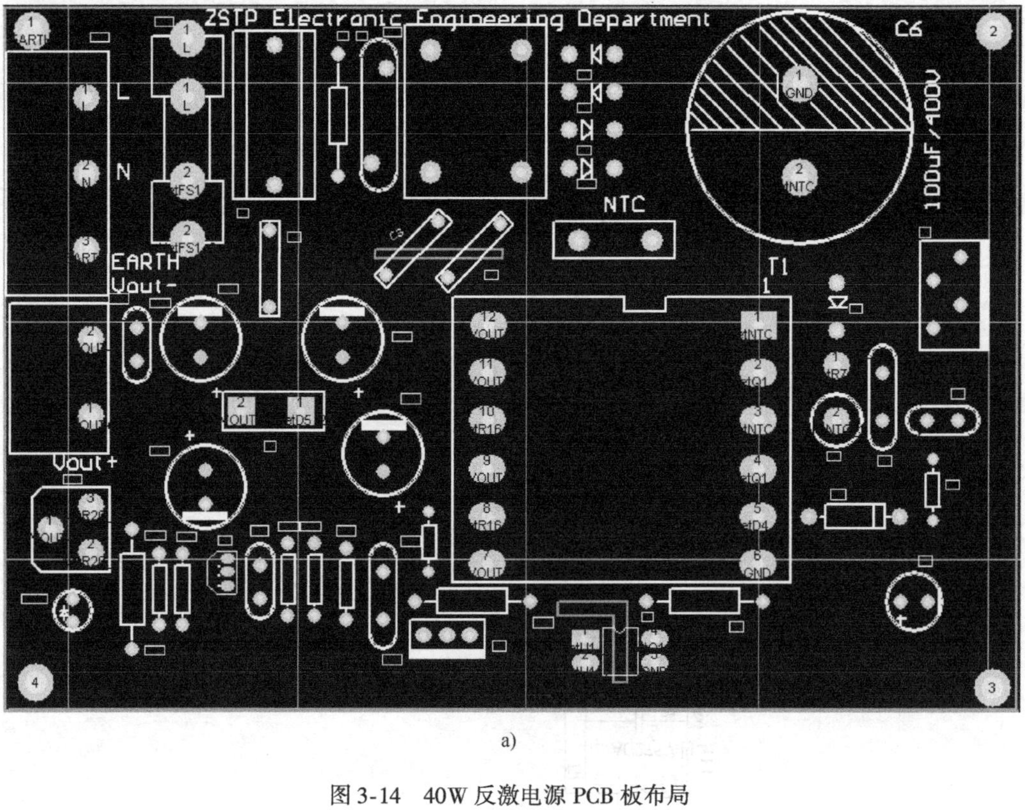

a)

图3-14　40W反激电源PCB板布局

a）TOP层和丝印层

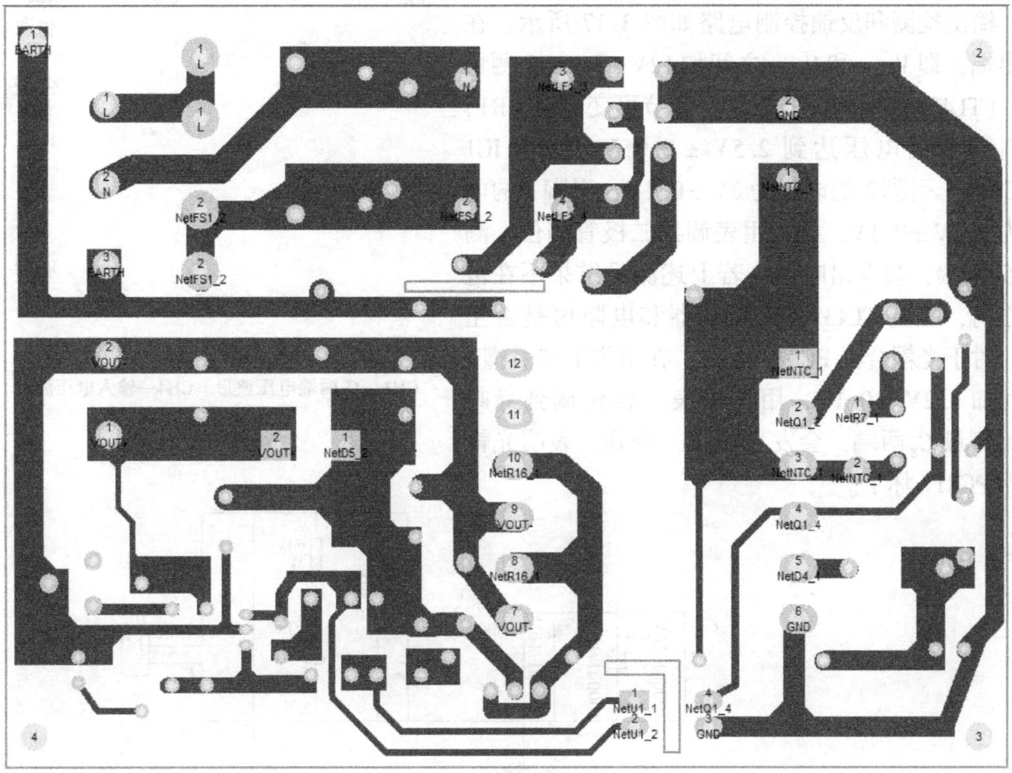

b)

图 3-14　40W 反激电源 PCB 板布局（续）

b）Bottom 层

根据前面电路工作原理的分析知，电路大致分成三部分：①EMI 整流滤波电路；②输出检测和反馈控制电路；③反激和输出整流滤波电路。

调试过程分成三部分：

（1）EMI 整流滤波电路的调试

EMI 整流滤波电路如图 3-15 所示。把 VF_1 的引脚 3（V_{CC}）短路到地，在输入端上电 AC 30V ± 1V，测量 C_6 两端电压为 42V ± 2V，波形如图 3-16 所示。如果 C_6 两端没有电压，则检查共模滤波电感、整流二极管极性是否接错，其他元器件是否接错或者元器件损坏。

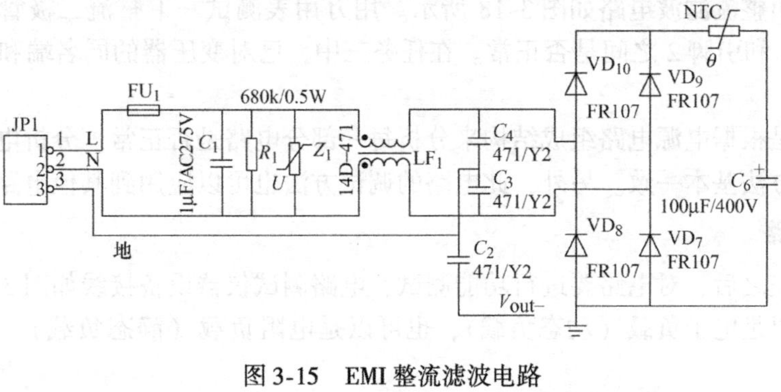

图 3-15　EMI 整流滤波电路

(2) 输出检测和反馈控制电路

输出检测和反馈控制电路如图3-17所示。在输出端，即 V_{out+} 和 V_{out-} 之间加12V±0.1V，测量IC2（TL431）引脚3的电压，调节可变电阻VR1，使引脚3的电压达到2.5V±0.05V；测量IC1（PC817）引脚2的电压为2V±0.1V，引脚1的电压为3.2V±0.1V，把万用表调到二极管档位，测量 C_8 两端，会发出响声。若上述测量结果不在范围之内，检查TL431、光耦合器和电阻值是否正常。对于光耦合器PC817而言，在引脚1和引脚2之间加1.2V±0.1V，用万用表（档位调到蜂鸣档）测量 C_8 两端，会发出响声，否则，表明光耦合器PC817坏了。

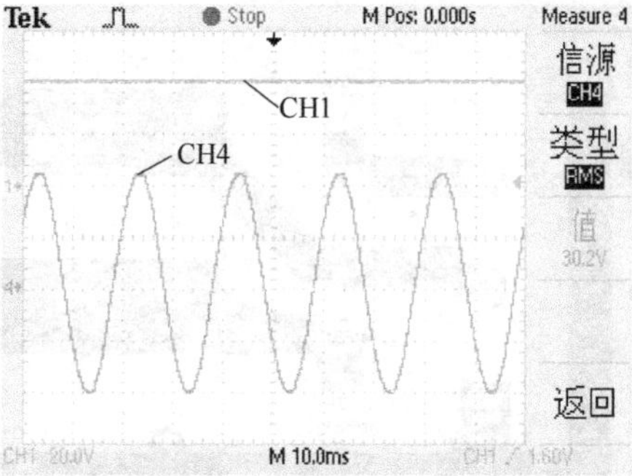

图3-16 输入电压和 C_6 两端电压波形

CH1—C_6 两端电压波形 CH4—输入电压波形

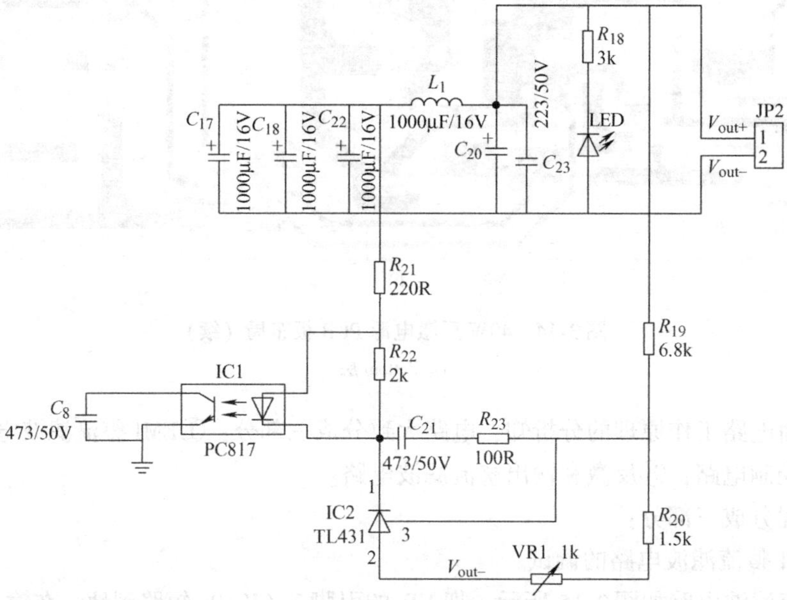

图3-17 输出检测和反馈控制电路

(3) 反激和输出整流滤波电路

反激和输出整流滤波电路如图3-18所示。用万用表测试一下整流二极管 VD_5 和集成芯片 VF_1 的引脚1和引脚2之间是否正常。在任务三中，已对变压器的同名端和匝数比进行了测试。

调试电路是根据电源电路组成结构来分析每一部分电路是否正常。分析电路故障的方法与调试电路的方法基本一致。另外，此电路的调试方法也可以应用到其他电路的调试中。

2. 测试电路

电路调试完之后，对电路要进行功能测试，电路测试仪器设备接线如图3-19所示。

负载既可以是电子负载（动态负载），也可以是电阻负载（静态负载），负载最大功率可调到45W。

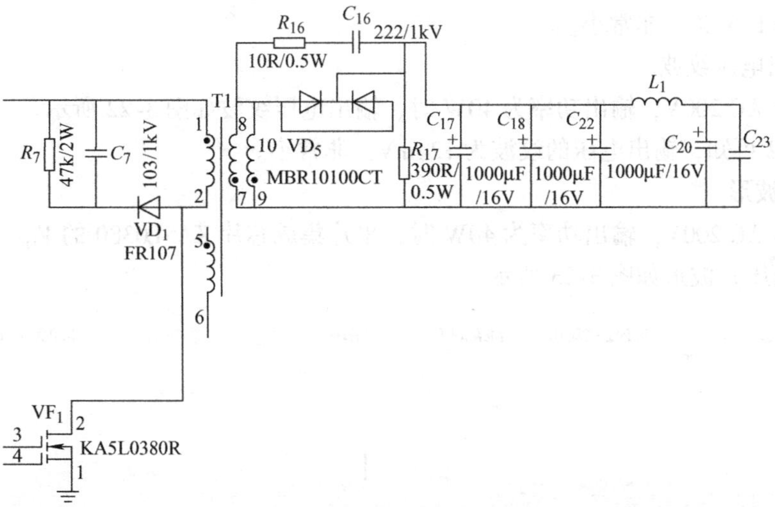

图 3-18　反激和输出整流滤波电路

按图 3-19 所示连接好仪器设备，慢慢增加输入电压到 AC 85V，LED_1 会亮，测量输出电压 V_{out}，输出电压为 12(1 ± 2%) V。如果不在此范围内，调节 VR_1，使输出电压达到范围之内。这时对电路的性能指标进行测试，部分性能指标测试的波形如下：

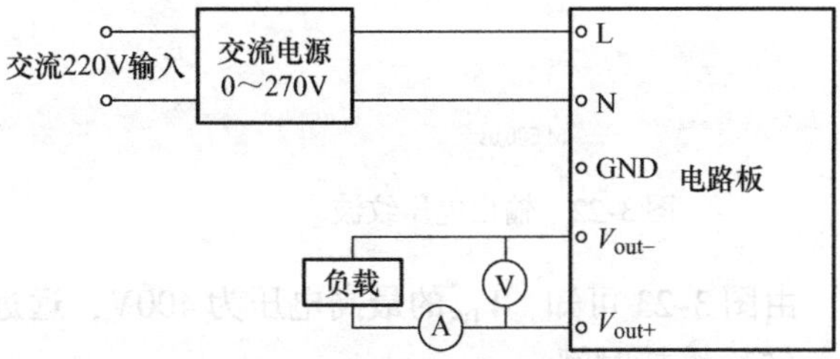

图 3-19　测试电路连接图

（1）启动波形

输入电压 AC 200V，输出功率为 5W 时，输出电压启动波形如图 3-20 所示。

由图 3-20 可知，输出电压的超调量为 12.2V − 12V = 0.2V，非常小；输出电压的上升时间（从输出电压的 10% 上升到 90% 的时间）为 6ms。

（2）输出电压波形

输入电压 AC 200V，输出功率为 40W 时，输出电压波形如图 3-21 所示。

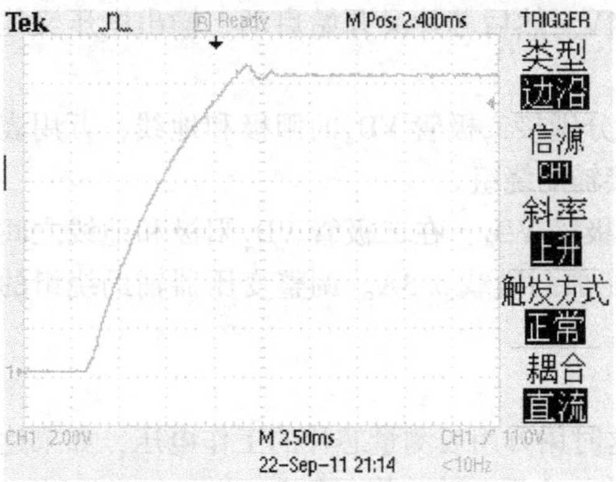

图 3-20　输出电压启动波形

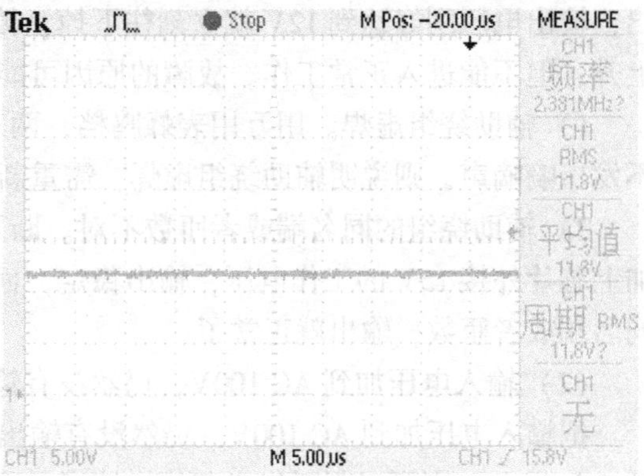

图 3-21　输出电压波形

由图 3-21 可知，输出电压的变化量为 12.2V - 12V = 0.2V，百分数值（%） = 0.2V/12V × 100% = 1.67%，非常小。

（3）输出电压纹波

输入电压 AC 200V，输出功率为 40W 时，输出电压纹波如图 3-22 所示。

由图 3-22 可知，输出电压的纹波为 124mV，非常小。

（4）V_{DS}波形

输入电压 AC 200V，输出功率为 40W 时，单片集成芯片 KA5L0380 的 V_{DS}（引脚 2 和引脚 1 之间的电压）波形如图 3-23 所示。

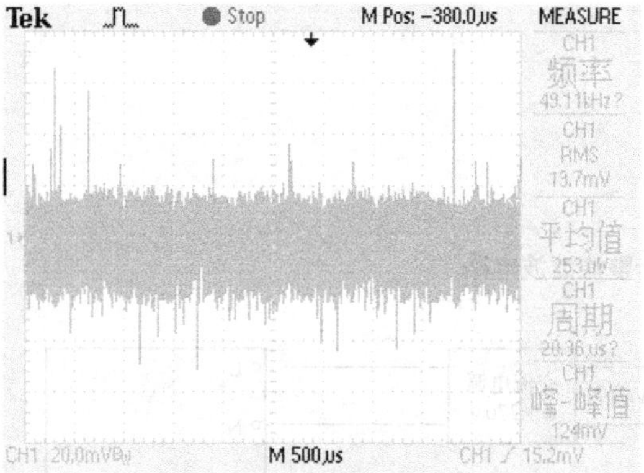

图 3-22　输出电压纹波

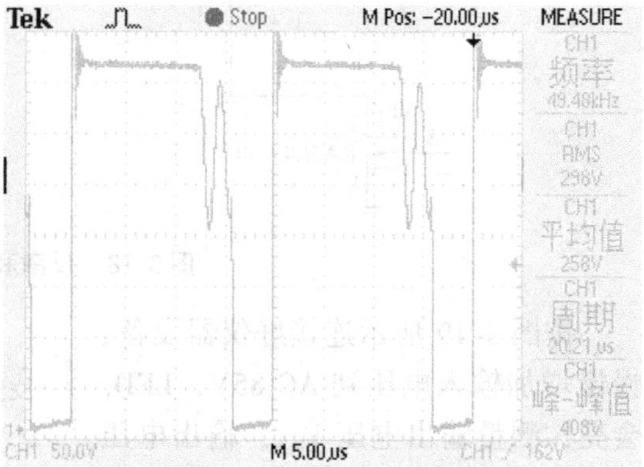

图 3-23　V_{DS}波形

由图 3-23 可知，V_{DS}的最高电压为 400V，远远低于漏源击穿电压 800V。

（5）维持时间

输入电压 AC 200V，输出功率为 40W 时，切断输入电压，测量的输出电压和输入电压的波形如图 3-24 所示。

由图 3-24 可知，输出电压下降到 90% 的时间为 89ms，即维持时间为 89ms。

3. 电路故障分析

（1）输出不稳定，带不了负载

输入电压为 AC 100V，输出波形如图 3-25 所示，输出电压不稳定，从图 3-25 中可以看出，输出电压刚好达到 12V 就立刻往下掉，掉到 4V。然后芯片又开始启动，输出电压又往上升，但不能进入正常工作。故障的原因可能是：

1）辅助绕组虚焊。用万用表蜂鸣档，两表笔分别接二极管 VD_4 的阳极和地线，万用表不发出嘀嘀声，则说明辅助绕组虚焊，需重新焊接辅助绕组。

2）辅助绕组的同名端或者匝数不对。断开二极管 VD_4，在二极管 VD_4 阳极和地线之间加上芯片外接 15V 的工作电压，输出稳定，而且能加到满载 3.3A。调整变压器辅助绕组的同名端或者匝数，输出就正常了。

（2）输入电压加到 AC 100V，仍然没有输出

把输入电压加到 AC 100V，仍然没有输出。这时用万用表测量芯片的工作电压，如果达到 70V 以上，则可以判断集成芯片烧掉了。更换芯片之后，输出恢复正常。

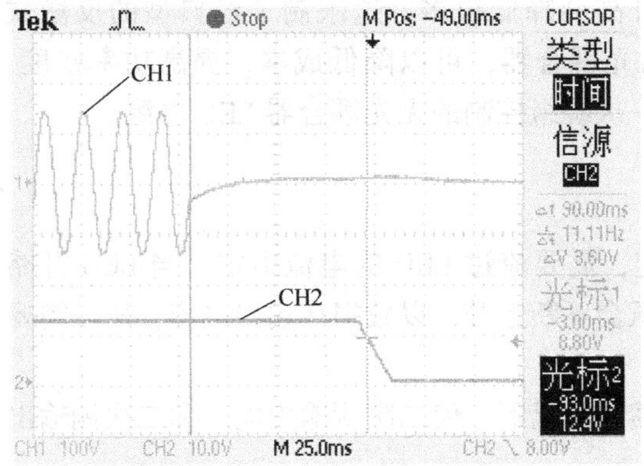

图 3-24　输入电压和输出电压波形

CH1—输入电压波形　CH2—输出电压波形

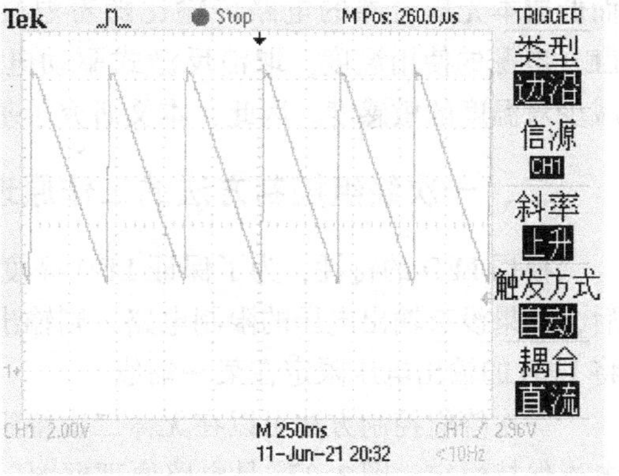

图 3-25　输出电压波形

拓展任务　一次绕组控制的反激式电源电路

学习目标

◆ 理解一次绕组控制的原理。

◆ 理解传统的反激式电源与一次绕组控制的反激式电源电路的区别。

◆ 掌握一次绕组控制同时实现恒流和恒压的推导公式。

在一些小功率应用场合，需要隔离时，反激变换器是很好的选择。但在传统的带隔离的反激变换器中，由于光耦合器的存在，使得电源的尺寸变大，功率密度不高，而且温度的变化也会对电源产生较大影响。因此，在一些应用场合，特别是小功率应用场合，比如 LED 电源电路，对于开关电源的尺寸有着严格的限制。同时，减少器件，降低整个开关电源电路的成本对于 LED 照明应用的推广非常重要。本拓展任务介绍了无光耦的反激式 LED 电源电路，即一次绕组控制的反激式 LED 电源电路，其控制效果好。

一、传统的反激式 LED 电源电路介绍

传统的反激式 LED 电源电路如图 3-26 所示，流过 LED 的电流经电流采样电阻 R_4，产生反馈电压 V_{fb}。反馈电压 V_{fb} 与基准电源 V_{REF} 的差值经过误差放大器运算后得到误差信号 V_e。V_e 的变化使得流过光耦二极管部分的电流 i_e 发生变化。流过光耦晶体管的电流按照一定的传输比跟随 i_e 变化，使得 V_{comp} 改变，控制器根据 V_{comp} 的电压幅值改变驱动脉冲的占空比，从而稳定了流过 LED 的电流。

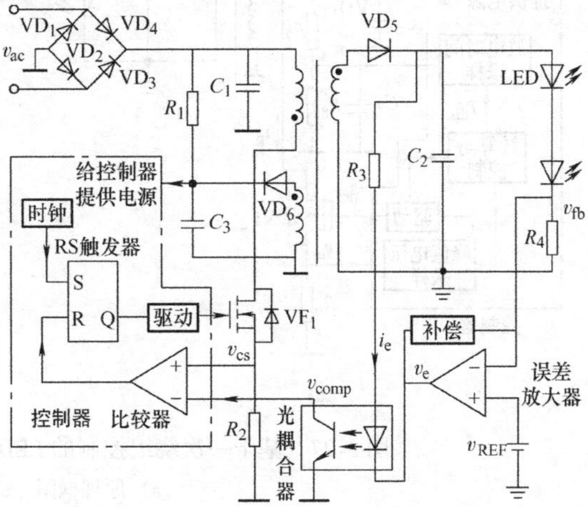

图 3-26　带光耦反激式 LED 电源电路原理图

由于 LED 电源通常在一个很小的封闭的空间中使用，电源工作的环境温度很高，

而低成本光耦合器的电路传输比随着温度的升高会降低很多，这限制了经典型的反激式 LED 电源的使用温度。取消反激式驱动电路的光耦合器，可以降低成本，提高功率密度，减少对温度的敏感度。因此，本文研究了基于一次绕组控制的无光耦合器 LED 电源。

二、一次绕组控制方法的工作原理

根据 LED 的特性，为了保证 LED 亮度恒定，需要流过 LED 的电流恒定。当 LED 开路后，如果没有输出电压的限制电路，则输出电压会不断上升，以致损坏输出电容，所以需要将 LED 的输出电压限定在某一幅值。

一次绕组控制方法可以在无需二次绕组反馈的情况下，使二次侧输出电压和二次侧输出电流保持恒定。图 3-27a 是电路原理框图。

根据 MOS 管 VF 关断时间内 VD_{11} 是否持续导通的情况，可将工作模式分为电流连续（CCM）和电流断续（DCM）以及临界连续三种模式。本项目介绍的一次绕组控制的 LED 电源电路是基于电流断续模式的反激式变换器。

电路中主要信号的理论波形如图 3-27b 所示。其中 v_{drv} 是 MOS 管 VF 的驱动信号，i_p 是变压器一次电流，i_s 是变压器二次电流，v_{vs} 是采样电阻 R_8 上的电压波形。

在 t_0 时刻，当 v_{drv} 信号为高电平时，MOS 管 VF 导通，变压器开始储能，一次绕组的电流 i_p 将会线性增加，在 R_6 上采样到的一次电流的信号也会随之线性增加。在 t_1 时刻，v_{drv} 信号变为低电平，MOS 管 VF 关断，一次电流必定降到零，二次侧二极管 VD_{11} 将导通，感应电流将出现在二次侧，随着变压器开始释放能量二次侧感应电流将会线性减小，由于辅助绕组的极性相同，在 t_1 时刻 v_{vs} 也从低电压上升为高电压：到 t_2 时刻，i_s 减小到零，而 MOS 管 VF 仍然关断，此时一次电流 i_p 和二次电流 i_s 都为零，辅助绕组的电压也从高电压谐振为低电压，LED 的电流由输出电容 C_5 提供，直至 t_3 新的开关周期开始。

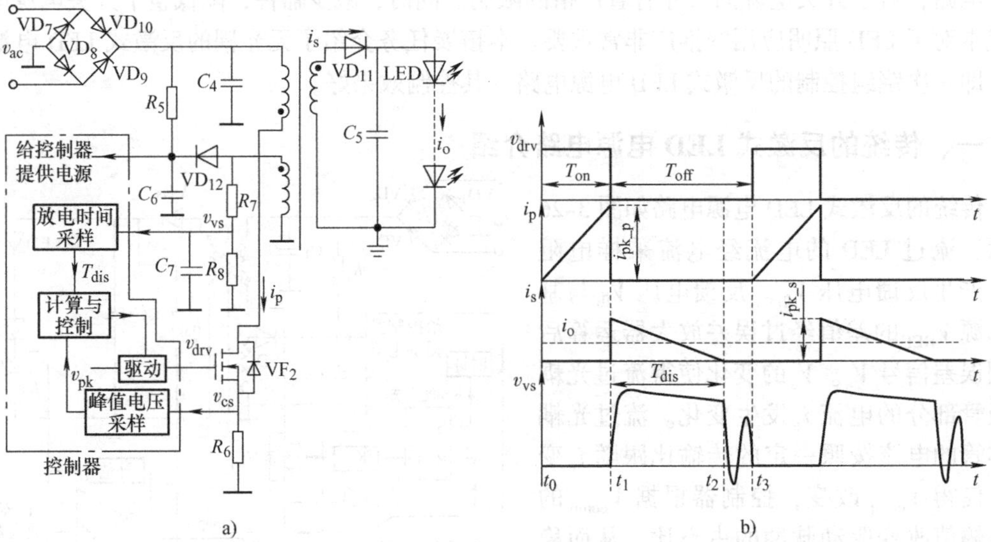

a)　　　　b)

图 3-27　基于一次绕组控制的 LED 电源电路原理框图和理论波形

a）原理框图　b）理论波形

（1）恒流原理

在 t_1 时刻，按照功率守恒原理，二次安匝值与一次安匝值相等，可以得到

$$n_p i_{pk\_p} = n_s i_{pk\_s} \tag{3-25}$$

式中，n_p 是变压器一次绕组的匝数；i_{pk_p} 为流过 MOS 管 VF 电流 i_p 的峰值电流；n_s 是变压器二次绕组的匝数；i_{pk_s} 为二次侧输出二极管 VD_{11} 电流 i_s 的峰值。由于 LED 的亮度与其流过的电流成正比，为了恒定 LED 的亮度，需要对 LED 电流做恒流控制。在断续模式下，流过 LED 的电流，也就是反激变换器的输出电流 i_o 为

$$i_o = \frac{i_{pk\_s} T_{dis}}{2T_s} \tag{3-26}$$

式中，T_{dis} 为二次侧输出二极管 VD_{11} 导通的时间；T_s 为 MOS 管 VF 的导通周期。则有

$$T_s = T_{on} + T_{off} \tag{3-27}$$

将式(3-25) 代入式(3-26)，可得

$$i_o = \frac{n_p i_{pk\_p} T_{dis}}{2n_s T_s} = \frac{n_p v_{cs\_p} T_{dis}}{2n_s T_s R_{cs}} \tag{3-28}$$

式中，R_{cs} 是一次电流检测电阻 R_6 的阻值；v_{cs_p} 是电流检测电阻 R_6 上的峰值电压。

对于已经设计好的电路，n_p、n_s 和 R_{cs} 都已经确定，从式(3-28) 可得知，只要控制 $\frac{v_{cs\_p} T_{dis}}{T_s}$ 为一个恒定的值，就可以恒定流过 LED 的电流 i_o。控制器可以通过峰值电压采样电路到 R_6 上的峰值电压 v_{cs_p}，放电时间 T_{dis} 通过放电时间采样电路采样驱动信号 v_{drv} 下降沿时刻和 v_{vs} 下降沿的时间差计算得到，计算与控制电路根据采样到的 v_{cs_p}、T_{dis} 和周期 T_s 的信息，控制 VF 的占空比以恒定 $\frac{v_{cs\_p} T_{dis}}{T_s}$ 的值，从而达到恒定 LED 电流的目的。

设

$$\frac{v_{cs\_p} T_{dis}}{T_s} = K \tag{3-29}$$

则 LED 的电流为

$$i_o = \frac{n_p \mathrm{k}}{2n_s R_{cs}} \tag{3-30}$$

从以上分析可以得出：通过设计适合的 n_p/n_s 和 R_{cs} 值，基于一次绕组反馈的反激变换器能够使流过 LED 的电流恒定，从而稳定 LED 的亮度。

（2）恒压原理

当 MOS 管 VF 管关断时，二次侧二极管 VD_{11} 导通，则二次绕组的电压 V_{se} 为

$$V_{se} = V_o + V_f \tag{3-31}$$

式中，V_o 是输出电压；V_f 是二极管 VD_{11} 的正向导通压降。根据变压器二次绕组与辅助绕组的关系得到

$$\frac{V_{se}}{V_a} = \frac{n_s}{n_a} \tag{3-32}$$

式中，V_a 是辅助绕组的电压；n_a 是变压器辅助绕组的匝数。分析控制电路图可以得到

$$V_{vs}=\frac{R_8}{R_7+R_8}V_a \tag{3-33}$$

控制器采样 t_2 时刻 V_{vs} 的电压，通过环路控制去调节占空比，从而将 t_2 时刻 V_{vs} 的电压稳定到内部参考值 V_{ref}，则根据式(3-31)、式(3-32)、式(3-33) 可得

$$V_o=V_{ref}\frac{R_7+R_8}{R_8}\frac{n_s}{n_a}-V_f \tag{3-34}$$

如果忽略二极管 VD_{11} 的正向导通压降，可以通过改变 R_7、R_8、n_s 和 n_a 来设定输出电压 V_o 的值，实现 LED 开路保护。当 LED 开路后，输出电压将恒定在设定值 V_o，保证输出电压不超过输出电容的额定耐压值。

三、电路和实验结果

反激式恒流输出电源电路技术指标和反激变压器参数如下：输入电压范围为交流 100～264V，输出端负载是 4 颗 1W 的 LED 相串联，LED 的正向电流约为 300mA，LED 正向压降为 3.3V。控制芯片选择飞兆半导体有限公司的 FAN100，其控制的反激式恒流电源电路如图 3-28所示。磁心选择 EE13，磁心材料为 PC40，变压器的一次侧电感量为 2mH，一次匝数 T_{dis} 为 125 匝，二次匝数为 25 匝，辅助绕组匝数为 30 匝。

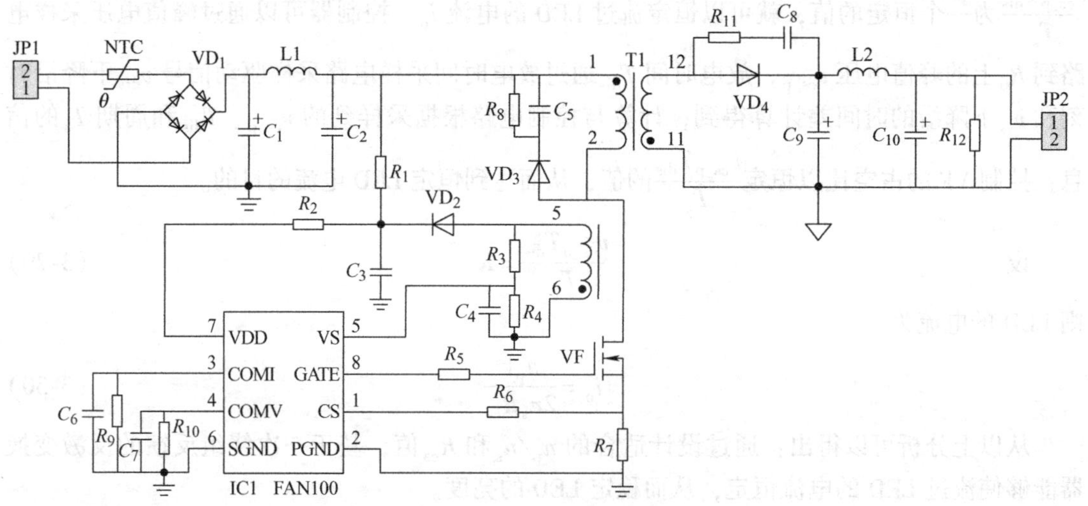

图 3-28　FAN100 一次绕组控制的恒流电源电路

交流 220V 输入时，LED 电流 i_o 波形和 MOS 管漏极电压 V_{DS} 波形如图 3-29a 所示。从波形可以看出流过 LED 的平均电流约为 300mA。由漏极电压波形可以判断此反激式变换器工作在断续模式，且开关频率为 42kHz。

图 3-29b 所示为 LED 开路保护波形。从图中可以看出，LED 开路后，流过 LED 的电流从 300mA 下降为 0A，为了不使 LED 输出电压增加得过大，控制电路将工作在恒压模式，把 LED 两端的电压即电容 C_5 两端电压 V_{C5} 控制在 17.4V，避免了 LED 开路后，输出电压过高，损坏输出电容等器件。

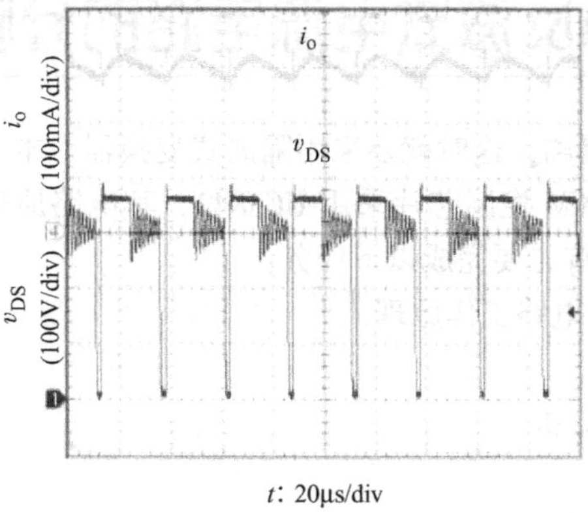

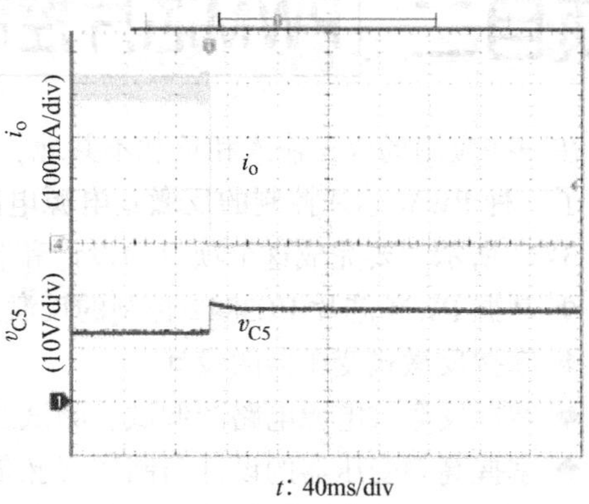

图 3-29 实验波形

a）LED 电流 i_o 波形和 MOS 管漏极电压 v_{DS} 波形 b）LED 开路时电流 i_o 波形和电压 v_{C5} 波形

项 目 小 结

本项目介绍了反激式开关电源电路。详细介绍了反激变换器的工作原理、理论关系和基本关系式；介绍了单片集成控制芯片 KA5L0380 的基本资料、引脚功能和芯片单元电路工作原理；介绍了反激式变压器的制作与测试；介绍了 KA5L0380 控制的反激式电源电路的工作原理。基于 KA5L0380 控制芯片制作了实验样机，对电路的调试、测试和故障进行了详细的分析。在拓展任务中，对一次绕组控制的电源电路工作原理（恒流和恒压工作模式）进行了详细的分析，并采用 FAN100 作为控制芯片，制作了 100～264V 输入、负载为 4 颗 1W LED 串联的样机。样机实验结果说明 FAN100 控制的反激电源输出的平均电流稳定在 295～299mA，验证了一次绕组控制的恒流电源电路是可行的。

思考与练习

1. 对于反激式电路，若考虑辅助绕组消耗的功率，一次侧和二次侧的电流之比等于匝数的反比吗？为什么？

2. 根据反激变压器的伏–秒平衡原理，推导反激变换器输入输出的基本关系式。

3. 图 3-13 所示的反激式电源电路中，若输出电压不稳定，带不了负载，分析其可能的原因。

4. 推导一次绕组控制实现恒流的公式。

项目二 PWM芯片控制的反激式电源电路的分析

在一些应用场合，输入和负载不共地，需要隔离，这时就要采用隔离式变换器。本项目介绍了一种 PWM 芯片控制的反激式电源电路，PWM 控制芯片采用 UC3842，其电路原理图如图 3-30 所示，要完成这个项目的设计和制作，首先要完成以下任务：

◆ 掌握 PWM 芯片 UC3842 控制的反激式电源电路工作原理。
◆ 掌握反激式变压器的设计。
◆ 掌握反激式电源电路的调试、测试及故障分析。
◆ 掌握高频变压器的设计与制作（拓展任务）。
◆ 理解反激式变压器设计的考虑因素（拓展任务）。

任务一 PWM 芯片控制的反激式电源电路的原理分析

学习目标

◆ 进一步熟悉反激式变换器的结构及工作原理。
◆ 学会分析 UC3842 控制的反激式电源电路的工作原理。
◆ 学会分析和设计控制电路中关键元件的参数。

1. 反激式电源电路预定技术指标及基本参数

用 UC3842 控制的输出 20W 反激式电源电路如图 3-30 所示。电路输入、输出基本参数及预定技术指标见表 3-5。

表 3-5 电路输入和输出基本参数及预定技术指标

输入电压 V_{in}	AC 100 ~ 240V
输出电压 V_o和电流 I_o	5V，4A
输出功率 P_{out}	20W
效率 η（在满载和输入 AC 100V）	> 82%
纹波电压	± 200mV
开关频率 f_s	65kHz

2. 电路组成结构的分析

电路主体是由 EMI 整流滤波、反激和输出整流滤波电路、输出检测反馈和控制三部分电路构成。C_0、C_1、C_2、NTC、FU_1 和 LF 构成 EMI 电路，其中 NTC 抑制浪涌电流；VD_1、C_3构成整流储能电路，VD_3、R_7、C_7、T_1、VD_2、R_{14}、C_{11}、C_{14}、C_{16}和 L_1 构成反激和输出整流滤波电路，其中 VD_3、R_6、C_4构成吸收网络，R_{14}、C_{11}构成吸收网络，L_1起平滑电流的作用，R_{22}作为假负载；IC1、IC2、IC3、R_{17}、R_{15}、R_{18}、R_{23}、C_{15}、C_7等构成输出检测、反馈和控制电路。功率开关管选用飞兆半导体公司的 FQPF6N60（600V，3A@25℃）。二次侧整流二极管选用安森美半导体公司的肖特基二极管 MBR1060（60V，10A）。其他电路有变压器辅助绕组、VD_4和 C_5给控制芯片 IC_1 提供正常工作电压 V_{CC}，整流滤波电压 V_{C3}通过 R_9 给 IC_1 提供启动工作电压。

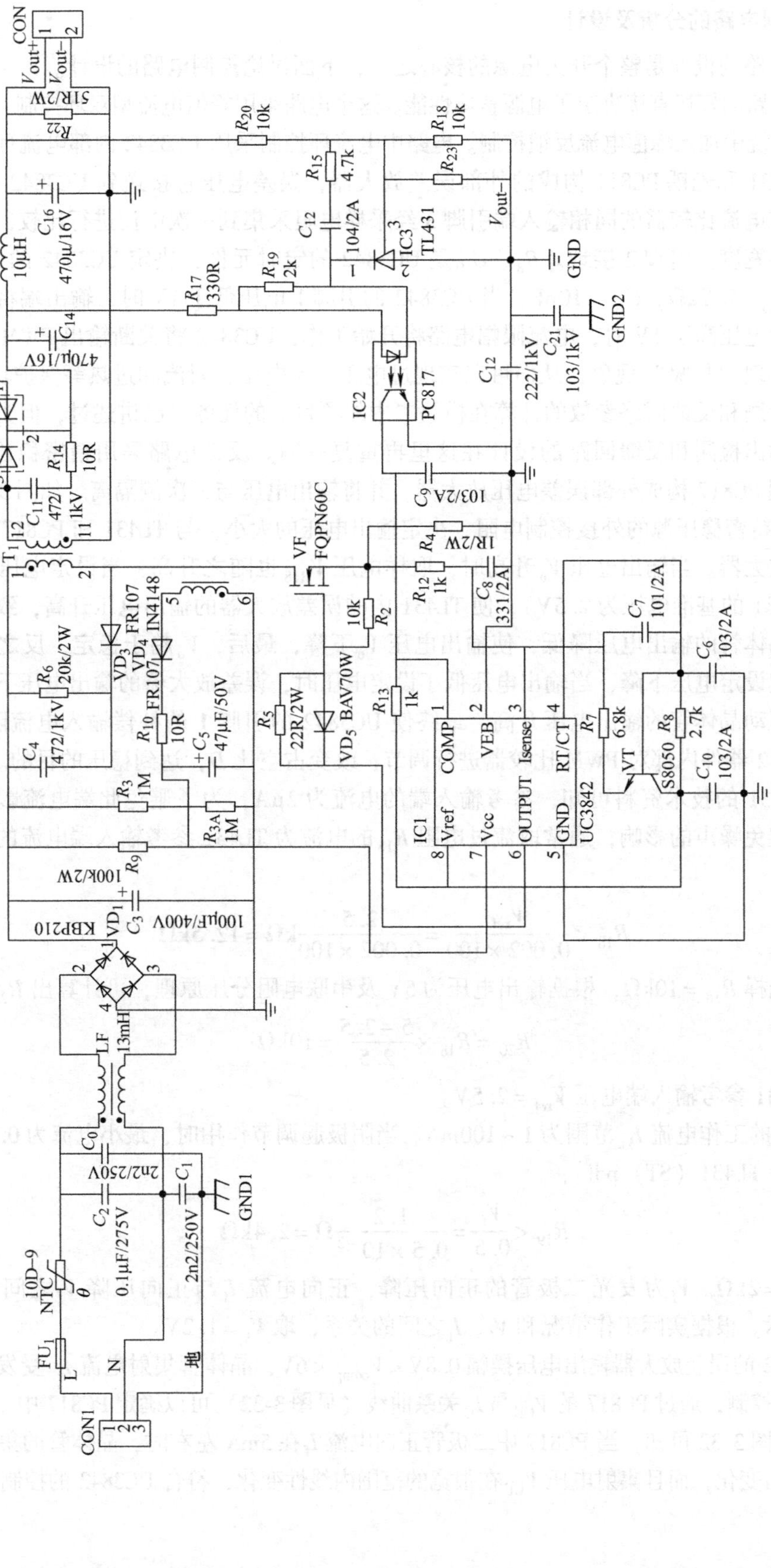

图 3-30　反激式开关电源电路

3. 控制电路的分析及设计

控制电路的设计是整个开关电源的核心之一，下面讨论控制电路的设计。

控制电路的好坏直接决定了电源整体性能。这个电路采用峰值电流型双环控制，即在电压闭环控制系统中加入峰值电流反馈控制。电路中电流环控制采用 UC3842 内部电流环，电压外环采用 TL431 和光耦 PC817 构成的外部误差放大器，误差电压直接送到 UC3842 的引脚 1。误差电压与电流比较器的同相输入端引脚 3 经采样电阻采集到一次电流进行比较，从而调节输出端脉冲宽度。引脚 2 接地。R_8、C_{10}是 UC3842 的定时元件，决定 UC3842 的工作频率，此设计中 $R_8=2.7\text{k}\Omega$，$C_{10}=10\text{nF}$。当 UC3842 的引脚 1 电压低于 1V 时，输出端将关闭；当引脚 3 上的电压高于 1V 时，电流限幅电路将开始工作，UC3842 将关断输出 PWM 波。开关管上波形出现“打嗝”现象，从而可以实现过电压、欠电压、限流和过热等保护功能。

输出检测和反馈回路参数的计算在模块二中的项目二的任务二已讲述过，但为了内容的完整性，输出检测和反馈回路的设计在这里再重复一遍。反馈电路采用精密稳压源 TL431 和线性光耦 PC817 构成外部误差电压放大器。并将输出电压与一次侧隔离。如图 3-30 所示，R_{20}、R_{18}是精密稳压源的外接控制电阻，决定输出电压的大小，与 TL431 和 PC817 一起构成外部误差放大器。当输出电压 V_o升高时，取样电压 V_{R18}也随之升高，当设定电压大于基准电压（TL431 的基准电压为 2.5V），使 TL431 内的误差放大器的输出电压升高，致使光耦器件内驱动晶体管的输出电压降低，使输出电压 V_o下降，最后，V_o趋于稳定；反之，输出电压下降引起设定电压下降，当输出电压低于设定电压时，误差放大器的输出电压下降，使光耦器件内驱动晶体管的输出电压升高，最终使 UC3842 的引脚 1 的补偿输入电流随之变化，促使 UC3842 器件内部对 PWM 比较器进行调节，改变占空比 D，达到稳压的目的。

从 TL431 的技术资料可知，参考输入端的电流为 2μA，为了避免此端电流影响分压比以及为了避免噪声的影响，通常取流过电阻 R_{18}的电流为 TL431 参考输入端电流的 100 倍以上，所以：

$$R_{18}<\frac{V_{ref}}{0.002\times100}=\frac{2.5}{0.002\times100}\text{k}\Omega=12.5\text{k}\Omega \tag{3-35}$$

这里选择 $R_{18}=10\text{k}\Omega$，根据输出电压为 5V 及串联电阻分压原理，可计算出 R_{20}为

$$R_{20}=R_{18}\times\frac{5-2.5}{2.5}=10\text{k}\Omega \tag{3-36}$$

式中，TL431 参考输入端电压 $V_{ref}=2.5\text{V}$。

TL431 的工作电流 I_{ka}范围为 1～100mA。当阴极起调节作用时，最小电流为 0.5mA［数据参考资料 TL431（ST）.pdf］：

$$R_{19}<\frac{V_f}{0.5}=\frac{1.2}{0.5\times10^{-3}}\Omega=2.4\text{k}\Omega \tag{3-37}$$

式中，$R_{19}=2\text{k}\Omega$。V_f为发光二极管的正向压降，正向电流 I_f与正向压降 V_f之间的关系如图 3-31所示。根据实际工作情况和 V_f、I_f之间的关系，取 $V_f=1.2\text{V}$。

UC3842 的误差放大器输出电压摆幅 $0.8\text{V}<V_{comp}<6\text{V}$，晶体管集射电流 I_C 受发光二极管正向电流 I_f控制，通过 PC817 的 V_{CE}与 I_C关系曲线（见图 3-32）可以确定 PC817 中二极管正向电流 I_f。由图 3-32 可知，当 PC817 中二极管正向电流 I_f在 5mA 左右时，晶体管的集射电流 I_C在 7mA 左右变化，而且集射电压 V_{CE}在很宽的范围内线性变化，符合 UC3842 的控制要求。

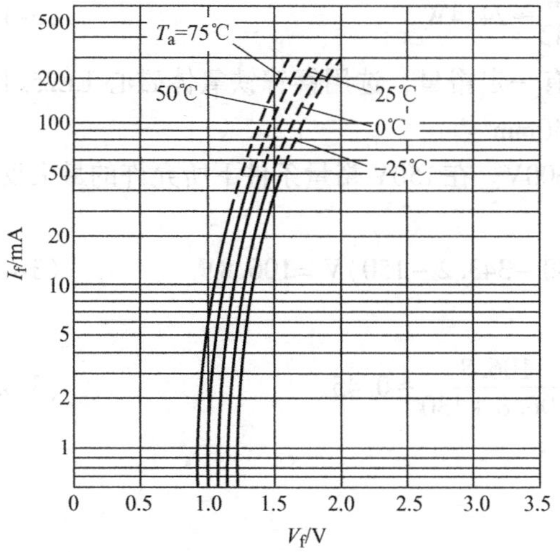

图 3-31　二极管正向电流 I_f 与正向压降 V_f 的关系

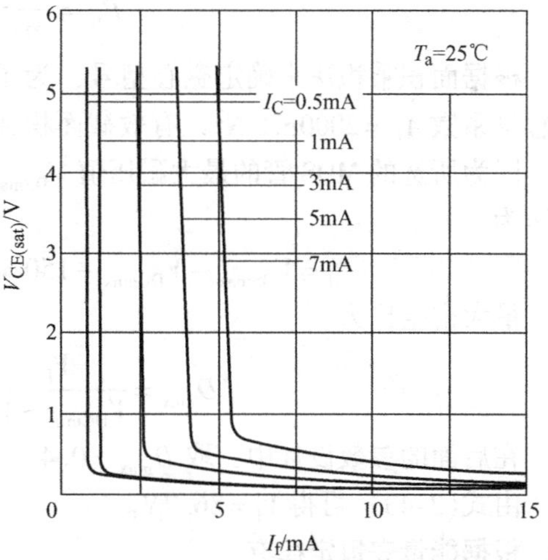

图 3-32　集射电压 V_{CE} 与二极管正向电流 I_f 的关系

PC817 的电流传输比 CTR = 0.8 ~ 1.6，当 I_C = 7mA 时，考虑最坏的情况，取 CTR = 0.8，此时要求流过发光二极管的最大电流为

$$I_f = \frac{I_C}{CTR} = \frac{7}{0.8}\text{mA} = 8.75\text{mA} \tag{3-38}$$

所以有

$$R_{17} < \frac{V_o - V_{ka} - V_f}{I_f} = \frac{5 - 2.5 - 1.2}{8.75 \times 10^{-3}}\Omega \approx 148\Omega \tag{3-39}$$

其中，V_{ka} 为 TL431 正常工作时的最低工作电压，V_{ka} = 2.5V；发光二极管能承受的最大电流为 50mA，TL431 最大电流为 100mA，故取流过 R_{17} 的最大电流为 50mA。

$$R_{17} > \frac{V_o - V_{ka} - V_f}{50 \times 10^{-3}} = \frac{5 - 2.5 - 1.2}{50 \times 10^{-3}}\Omega = 26\Omega \tag{3-40}$$

R_{17} 的取值要同时满足式(3-39) 和式(3-40)，即 $26 < R_{17} < 148$，可以选用 120Ω。

任务二　反激式变压器的设计

学习目标

◆ 进一步理解反激式变压器的等效电路。
◆ 进一步熟悉变压器的相关参数。
◆ 学会设计连续模式的反激变压器。
◆ 学会测试变压器的相关参数。

由上述反激式电源预定技术指标级基本参数可知，输入电压为 AC 100 ~ 264V，那么变压器一次侧直流电压 V_{DCmin} = 100V × 1.3 = 130V，V_{DCmax} = 264V × 1.3 = 343.2V，预设效率 η = 82%，工作频率 f_s = 65kHz，电源输出功率 P_o = 20W。

变压器的输入功率为

$$P_{in}=\frac{P_o}{\eta}=\frac{20W}{0.82}\approx 24.4W \tag{3-41}$$

根据面积乘积法来确定磁心型号，为了留有一定裕量，选用锰锌铁氧体磁心 EE25/19，电感量系数 $A_L=2000nH/N^2$，有效截面积 $A_e=40mm^2$。

因为所选的 MOS 管的最大耐压值 $V_{DSmax}=600V$。在 150V 裕量条件下所允许的最大反射电压为

$$V_f=V_{DSmax}-V_{DCmax}-150=(600-343.2-150)V=106.8V \tag{3-42}$$

最大占空比为

$$D_{max}=\frac{V_f}{V_{DCmin}+V_f}=\frac{106.8}{106.8+130}\approx 0.45 \tag{3-43}$$

在后面的参数设计中，取 $D_{max}=0.4$。

由式(3-43) 可得 $V_f=86.7V$。

根据能量守恒定律有

$$\frac{1}{2}(I_{pmax}+I_{pmin})D_{max}V_{DCmin}=P_{in} \tag{3-44}$$

一般连续模式设计，令 $I_{pmax}=3I_{pmin}$，这样就可以求出变换器的一次电流。由式(3-44) 得

$$I_{pmin}=\frac{P_{in}}{2D_{max}V_{DCmin}}=\frac{24.4}{2\times 0.4\times 130}A\approx 0.23A \tag{3-45}$$

由此可以得到一次电感量为

$$L_p=\frac{D_{max}V_{dcmin}}{f_s\Delta I_p}=\frac{0.4\times 130}{65\times 2\times 0.23}mH=1.74mH \tag{3-46}$$

式中，ΔI_p为一次电流的变化量，$\Delta I_p=I_{pmax}-I_{pmin}=2I_{pmin}$。

一次/二次匝数比为

$$n=\frac{V_f}{V_o}=\frac{86.6}{5}\approx 17.3 \tag{3-47}$$

一次绕组匝数为

$$N_p=\frac{L_pI_{pmax}}{B_wA_e}\times 10^3=\frac{1.74\times 0.23\times 3}{0.25\times 40}\times 10^3\approx 120 \tag{3-48}$$

式中，磁感应强度 $B_w=0.25T$。

为了避免磁心饱和，应该在磁回路中加入一个适当的气隙，磁心气隙 l_g 计算如下

$$l_g=\frac{0.4\pi N_p{}^2A_e}{L_p}\times 10^{-8}=\frac{0.4\pi\times 120^2\times 40\times 10^{-2}}{1.74\times 10^{-3}}\times 10^{-8}cm\approx 0.04cm \tag{3-49}$$

二次绕组匝数为

$$N_s=\frac{N_p}{n}=\frac{120}{17.3}\approx 7 \tag{3-50}$$

辅助绕组匝数为

$$N_a=\frac{N_sV_a}{V_o}=\frac{7\times 12}{5}\approx 17 \tag{3-51}$$

式中，V_a是辅助绕组电压，即 UC3842 芯片工作电压，$V_a=12V$。

为了减小变压器漏感，采用三明治绕法，一次绕组分 N_{p1}（60T）和 N_{p2}（60T）两部分绕制，如图 3-33 所示，N_{p1}绕在骨架最里层，二次绕组 N_s 绕在 N_{p1}和 N_{p2}之间，辅助绕组 N_a 绕在最外层。

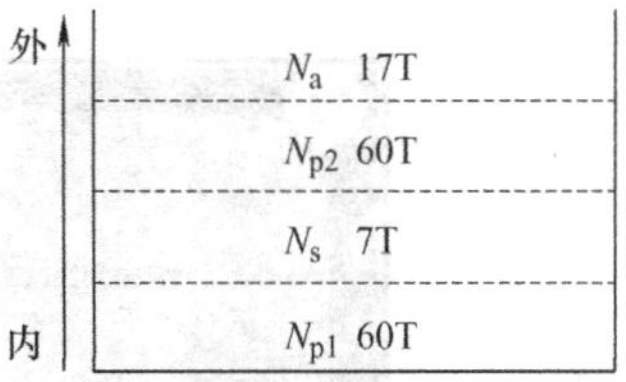

图 3-33　变压器绕制示意图

任务三　PWM 芯片控制的反激式电源电路的调试与测试

学习目标

◆ 学会调试和测试电路。
◆ 学会分析测试波形。
◆ 学会分析电路故障，并排除。

1. 调试电路

图 3-30 电路图的 PCB 板布局如图 3-34 所示。电路板的 3D 示意如图 3-35 所示。根据图 3-34a上标注的元器件序号焊接好元器件；检查有源器件的方向和电解电容的极性是否正确，有无虚焊和短路的地方；用万用表测量输入和输出是否有短路的现象。接下来就要进行调试和功能测试。调试电路的作用就是保证电路中每一部分电路是正常工作的，然后才能在输入端通电测试。下面介绍本电路的调试过程。

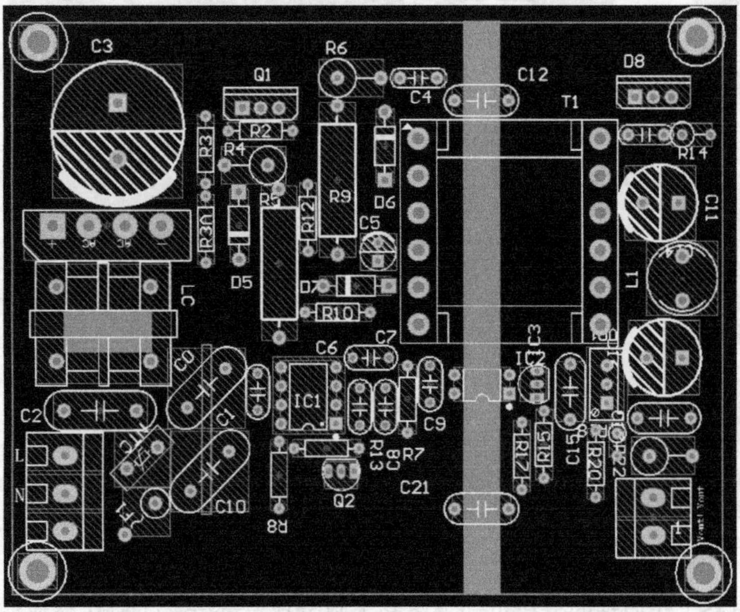

a)

图 3-34　PCB 布局

a）Top 层

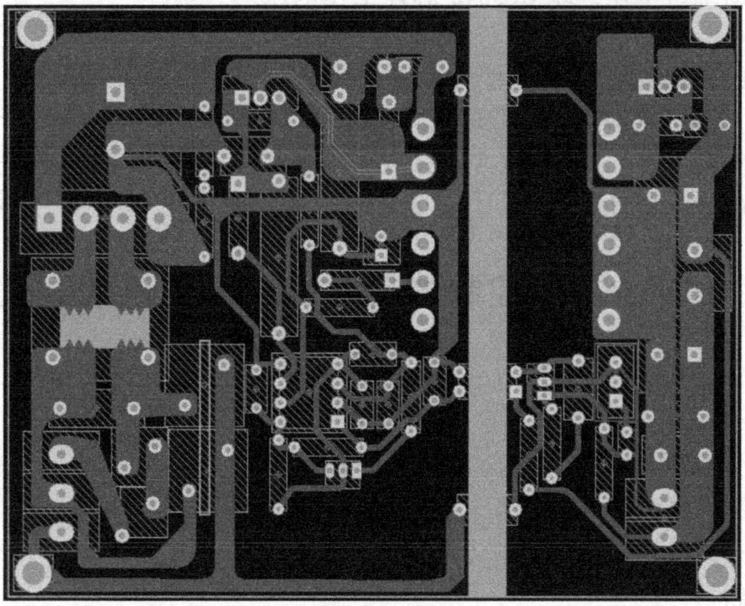

b)

图 3-34　PCB 布局（续）

b）Bottom 层

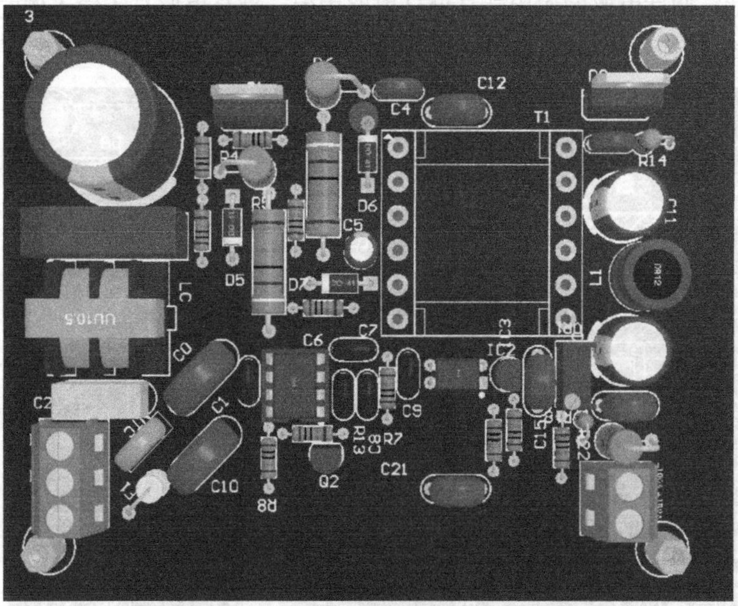

图 3-35　电路板的 3D 示意图

根据前面电路工作原理的分析可知，电路大致分成三部分：①EMI 整流滤波电路；②由 UC3842 构成的控制电路和输出检测反馈电路；③反激和输出整流滤波电路。调试过程分成三部分。其中 EMI 整流滤波电路、反激和输出整流滤波电路的调试内容见此模块中项目一的任务四。下面主要分析由 UC3842 构成的控制电路和输出检测反馈电路（见图 3-36）的调试。

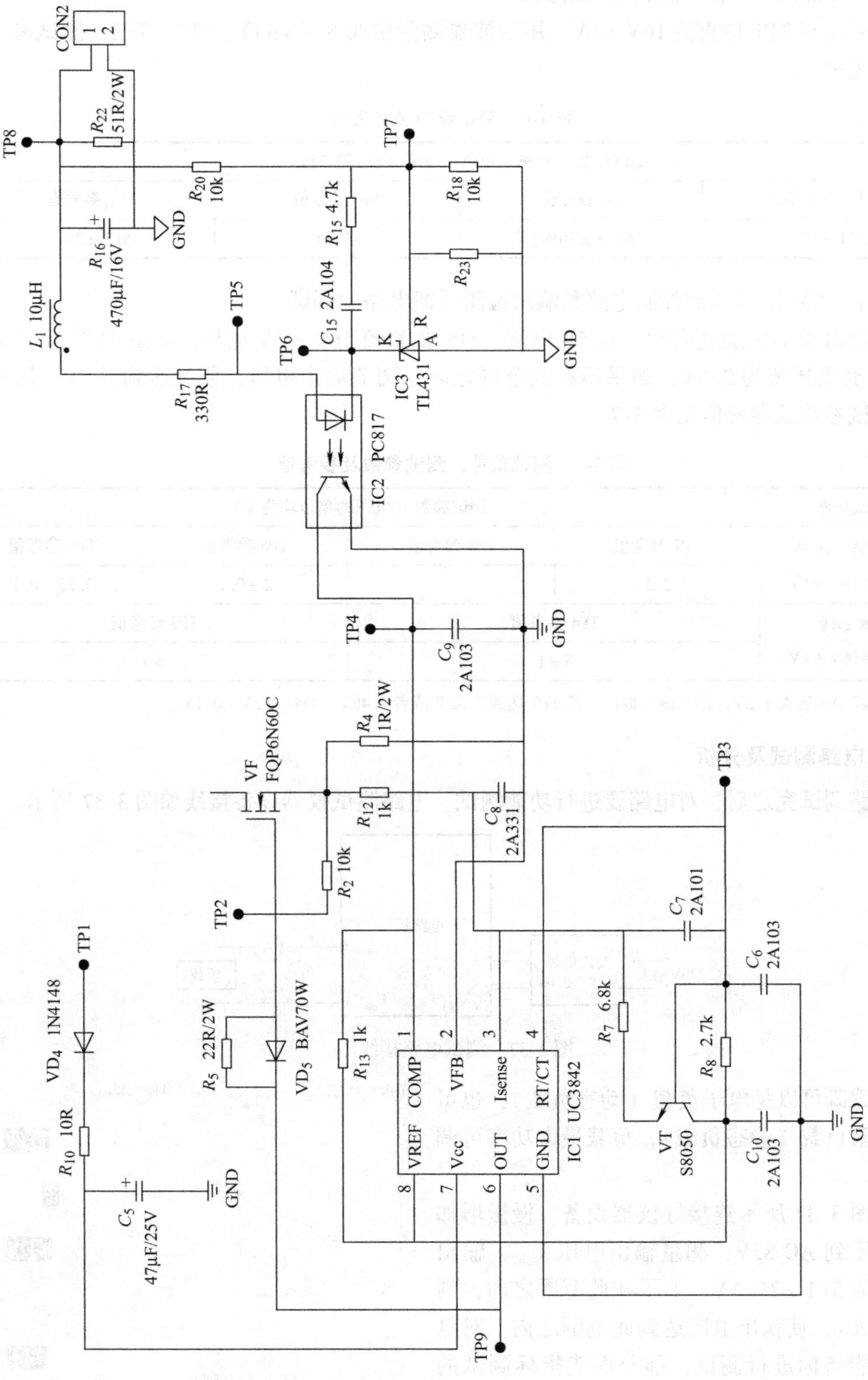

图 3-36　由UC3842构成的控制电路和输出检测反馈电路

(1) UC3842 构成的控制电路的调试

在测试点 TP1 加直流 16V ±1V，用示波器测量引脚 8 (Vref)、TP3、TP2，测试参数及参考值见表 3-6。

表 3-6　测试参数及参考值

测试参数（频率的单位：kHz，电压的单位：V）			
f_{TP3}参考值	f_{TP2}参考值	V_{TP2}参考值	V_{ref}参考值
65(1 ±10%)	65(1 ±10%)	15 ±1	5(1 ±2%)

(2) UC3842 构成的控制电路和输出检测反馈电路的调试

在输出端 TP8 加直流 5V ±0.5V 电压，TP9 加直流 16V ±1V 电压，测量 TP7 (IC3 的引脚 3)，其电压值为 2.5V，如果不在此范围之内，调节输出电压，使其达到 2.5V。测试条件、测试参数及参考值见表 3-7。

表 3-7　测试条件、测试参数及参考值

<table>
<tr><td>测试条件</td><td colspan="4">测试参数（电压的单位均为 V）</td></tr>
<tr><td rowspan="2">TP8 加 5V ±0.5V，TP9 加 16V ±1V</td><td>TP7 参考值</td><td>TP4 参考值</td><td>TP6 参考值</td><td>TP5 参考值</td></tr>
<tr><td>2.5</td><td><1</td><td>2 ±0.1</td><td>3.25 ±0.1</td></tr>
<tr><td rowspan="2">TP8 <4V
TP9 加 16V ±1V</td><td colspan="2">TP4 参考值</td><td colspan="2">TP5 参考值</td></tr>
<tr><td colspan="2">6 ±1</td><td colspan="2">>4</td></tr>
</table>

注：若 TP6 远大于 2V，则应调节输出，使 TP7 达到 2.52V 或者 2.48V，TP6 为 2V ±0.1V。

2. 电路测试及分析

电路调试完之后，对电路要进行功能测试，电路测试仪器设备接线如图 3-37 所示。

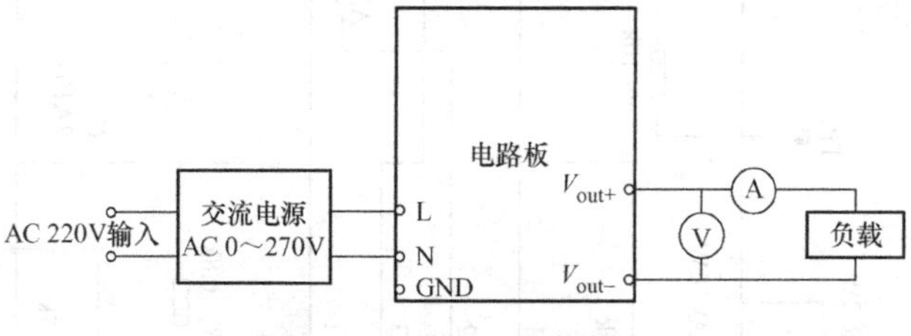

图 3-37　测试电路接线图

负载既可以是电子负载（动态负载），也可以是电阻负载（静态负载），负载最大功率可调到 20W。

按图 3-37 所示连接好仪器设备，慢慢增加输入电压到 AC 85V，测量输出电压 V_{out}，输出电压应为 5(1 ±2%) V。如不在此范围之内，则应调节 R_{23}，使输出电压达到此范围之内。对电路的性能指标进行测试，部分性能指标测试的波形如下：

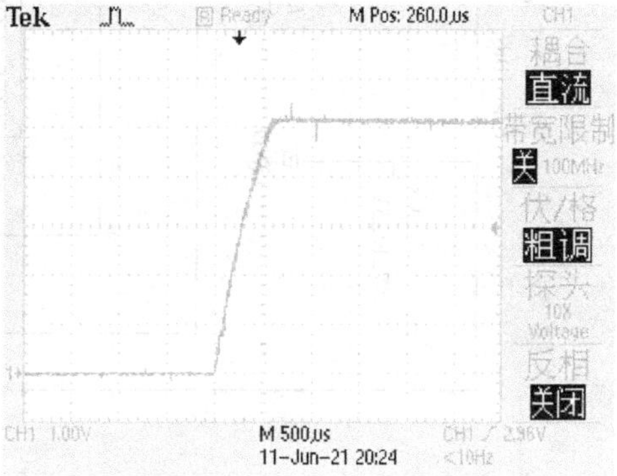

图 3-38　输出电压启动波形

（1）启动波形

输入电压 AC 200V，输出功率为 5W 时，输出电压启动波形如图 3-38 所示。

由图 3-38 可知，输出电压启动时间为 600μs，启动时间短，输出电压稳定。

（2）输出电压和纹波波形

输入电压 AC 200V，输出功率 20W 时，输出电压和纹波如图 3-39 所示。

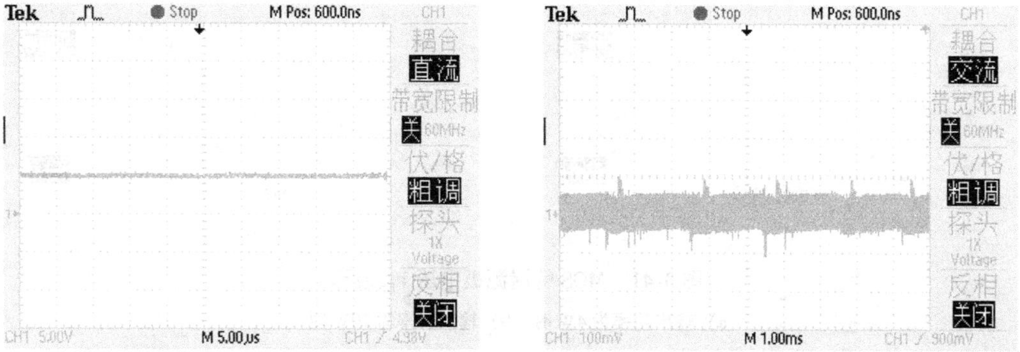

a)　　　　b)

图 3-39　输出电压和纹波

a）输出电压　b）输出电压纹波

由图 3-39 可知，输出电压很稳定，并且纹波约为 100mV，非常小。

（3）MOS 管栅源极电压

输出功率 10W，对应不同输入电压时，栅源极电压波形如图 3-40 所示。

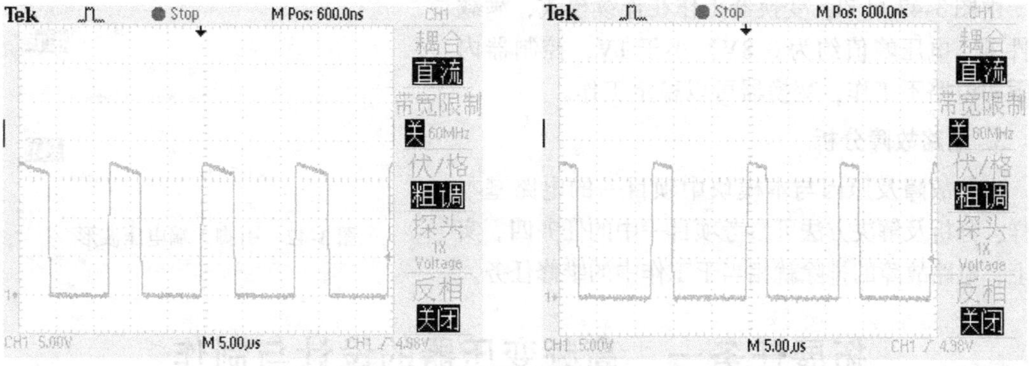

a)　　　　b)

图 3-40　MOS 管栅源极电压波形

a）输入电压为 AC 100V 时　b）输入电压为 AC 200V 时

由图 3-40 可知，开关管驱动 PWM 波前沿电压比较陡峭，电压上升很快，而且上升沿有一定过冲，有利于加快开关管的开通；驱动电平适中，满足驱动要求。开关管驱动 PWM 波占空比随着输入电压的加大而减小，满足输出电压稳定的要求。在输入电压为 AC 100V 时，占空比小于 50%。

（4）MOS 管漏源极电压

输入电压为 AC 170V，负载为轻载和满载时，漏源极电压波形如图 3-41 所示。

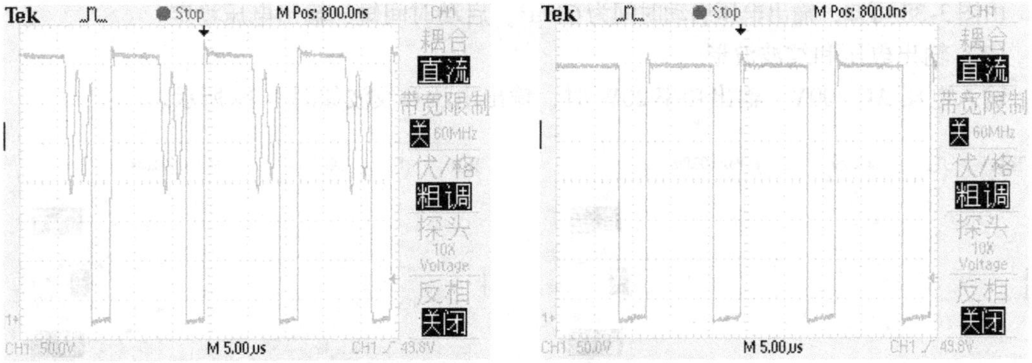

a)　　　　　b)

图 3-41　MOS 管漏源极电压 V_{DS}波形

a）输出功率为 4W 时　b）输出功率为 20W 时

由图 3-41 可知，当输入电压为 AC 170V 时，V_{DS}约为 330V。当 V_{in}为 AC 264V 时，V_{DS}约为 462V，低于 MOS 管漏源极的最大耐压 600V，并有足够的裕量，从而保护了 MOS 管，并可延长使用寿命。（注：由于示波器的限制，V_{in} = 264V 时，V_{DS}的波形显示不完全。）

（5）UC3842 引脚 3（Isense）的电压

输入电压为 AC 100V，输出功率为 20W 时，引脚 3（Isense）的电压波形，即 R_4 两端电压波形如图 3-42 所示。

由图 3-42 可知，变换器工作在连续模式，满载条件下，电压峰值约为 0.8V，小于 1V，控制器内部限幅电路不工作，变换器可以稳定工作。

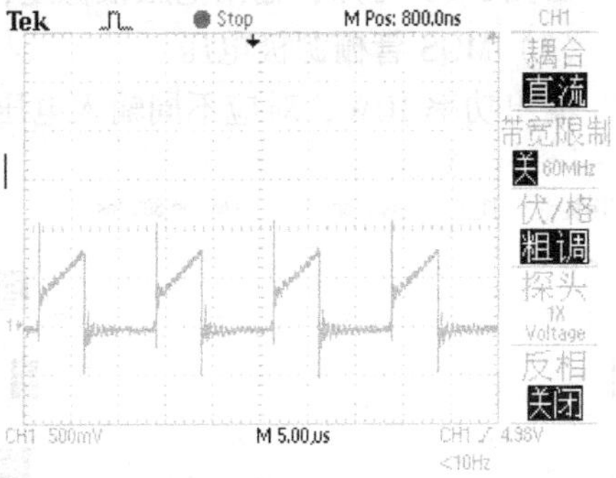

图 3-42　引脚 3 端电压波形

3. 电路故障分析

电路故障及原因与本模块中项目一的电路基本一样，分析及解决方法可参考项目一中的任务四。实际上，电路故障的排除就相当于工作中的维修任务。

拓展任务一　高频变压器的设计与制作

学习目标

- ◆ 熟悉磁性元器件的作用。
- ◆ 掌握磁性元器件的相关参数。
- ◆ 掌握变压器的设计步骤。
- ◆ 学会制作变压器。

一、磁性元件在开关电源中的作用及应用

这里讨论的磁性元件包括绕组和磁心。绕组可以是一个绕组，也可以是两个或多个绕组。磁性元件是储能、转换及隔离所必备的元件，通常把它作为变压器或电感使用。

作为变压器使用时，可起到的作用为

1）电气隔离；

2）电压比不同，实现电压升、降；

3）大功率整流二次侧相移不同，有利于纹波系数减小；

4）磁耦合传送能量；

5）测量电压、电流。

作为电感使用时，可起到的作用为

1）储能、平波、滤波；

2）抑制尖峰电压或电流，保护易受电压、电流损坏的电子元器件；

3）与电容构成谐振，产生方向交变的电压或电流。

下面讨论变压器设计中的一般问题、功率变压器设计的一般步骤以及变压器制作流程。

二、变压器设计一般问题

1. 磁心材料

软磁铁氧体由于自身特点的优势，在开关电源中应用很广泛。其优点是电阻率高、交流涡流损耗小，价格便宜，易加工成各种形状的磁心。其缺点是工作磁通密度低，磁导率不高，磁致伸缩大，对温度变化比较敏感。选择哪一类软磁铁氧体材料更能全面满足高频变压器的设计要求，需要认真筛选，才能够使设计出来的变压器具有比较理想的性能价格比。

常用的软磁铁氧体分为锰锌铁氧体和镍锌铁氧体两大系列。锰锌铁氧体的主要成分是 Fe_2O_3、$MnCO_3$、ZnO，它主要应用在1MHz以下的各类滤波器、电感器、变压器等；镍锌铁氧体的主要成分是 Fe_2O_3、NiO、ZnO 等，主要用于1MHz以上的各种调感绕组、抗干扰磁珠、共用天线匹配器等。

在开关电源中应用最为广泛的是锰锌铁氧体磁心，而且视其用途不同，材料选择也不相同。用于电源输入滤波器部分的磁心多为高磁导率磁心，其材料牌号多为 R4K～R10K，即相对磁导率为4000～10000左右的铁氧体磁心；而用于主变压器、输出滤波器等多为高饱和磁通密度 B_s 的磁性材料，其 B_s 为0.5T（即5000Gs）左右。

开关电源用铁氧体磁性材应满足以下要求：

（1）具有较高的饱和磁通密度 B_s 和较低的剩余磁通密度 B_r

磁通密度 B_s 的高低，对于变压器和绕制结果有一定影响。从理论上讲，B_s 高，变压器绕组匝数可以减小，铜损也随之减小。在实际应用中，开关电源高频变换器的电路形式很多，对于变压器而言，其工作形式可分为以下两大类。

1）双极性：电路为半桥、全桥、推挽等。变压器一次绕组里正负半周励磁电流大小相等、方向相反，因此对于变压器磁心里的磁通变化，也是对称的上下移动，B 的最大变化范

围为 $\Delta B=2B_m$，磁心中的直流分量基本抵消。

2）单极性：电路为单端正激、单端反激等，变压器一次绕组在 1 个周期内加上 1 个单向的方波脉冲电压（单端反激式同理）。变压器磁心单向励磁，磁通密度在最大值 B_m 到剩余磁通密度 B_r 之间变化，这时的 $\Delta B=B_m-B_r$，若减小 B_r，增大饱和磁通密度 B_s，可以提高 ΔB，降低匝数，减小铜耗。

（2）在高频下具有较低的功率损耗

铁氧体的功率损耗不仅影响电源输出效率，同时会导致磁心发热、波形畸变等不良后果。

在实际应用中，变压器的发热问题极为普遍，它主要是由变压器的铜损和磁心损耗引起的。如果在设计变压器时，B_m 选择过低，绕组匝数过多，就会导致绕组发热，并同时向磁心传输热量，使磁心发热。反之，若磁心发热为主体，也会导致绕组发热。

选择铁氧体材料时，要求功率损耗随温度的变化呈负温度系数关系。这是因为，假如磁心损耗为发热主体，使变压器温度上升，而温度上升又导致磁心损耗进一步增大，从而形成恶性循环，最终将使功率管和变压器及其他一些元件烧毁。因此国内外在研制功率铁氧体材料时，必须解决磁性材料本身功率损耗负温度系数问题，这也是电源用磁性材料的一个显著特点，日本 TDK 公司的 PC40 及国产的 R2KB 等材料均能满足这一要求。

（3）适中的磁导率

相对磁导率究竟选取多少合适呢？这要根据实际电路的开关频率来决定，一般情况下，相对磁导率为 2000 的材料，其适用频率在 300kHz 以下，有时也可以高些，但最高不能高于 500kHz。对于高于这一频段的材料，应选择磁导率偏低一点的磁性材料，一般为 1300 左右。

（4）较高的居里温度

居里温度是表示磁性材料失去磁特性的温度，一般材料的居里温度在 200℃ 以上，但是变压器的实际工作温度不应高于 80℃，这是因为在 100℃ 以上时，其饱和磁通密度 B_s 已跌至常温时的 70%。因此过高的工作温度会使磁心的饱和磁通密度跌落得更严重。此外，当工作温度高于 100℃ 时，其功耗已经呈正温度系数，会导致恶性循环。对于 R2KB2 材料，其允许功耗对应的温度已经达到 110℃，居里温度高达 240℃，满足高温使用要求。

2. 磁心结构

选择磁心结构时考虑的因素有：降低漏磁和漏感、增加线圈散热面积，有利于屏蔽，线圈绕线容易，装配接线方便等。漏磁和漏感与磁心结构有直接关系。如果磁心不需要气隙，则尽可能采用封闭的环型和方框型结构磁心。磁心结构适合的拓扑结构形式见表 3-8。

表 3-8　磁心结构适合的拓扑结构

磁心结构	变换器电路类型		
	反激式	正激式	推挽式
E 型磁心	+	+	0
平面 E 型磁心	−	+	0
EFD 型磁心	−	+	+
ETD 型磁心	0	+	+

（续）

磁心结构	变换器电路类型		
	反激式	正激式	推挽式
ER 型磁心	0	+	+
U 型磁心	+	0	0
RM 型磁心	0	+	0
EP 型磁心	–	+	0
P 型磁心	–	+	0
环型磁心	–	+	+

注：“+”—适合；“0”—一般；“–”—不适合。

3. 磁心参数

在磁心参数设计中，要特别注意工作磁通密度不只是受磁化曲线限制，还要受损耗的限制，同时还与功率传送的工作方式有关。磁通单方向变化时：$\Delta B = B_s - B_r$，既受饱和磁通密度限制，更主要的是又受损耗的限制，（损耗引起温升，温升又会影响磁通密度）。工作磁通密度 $B_m = (0.6 \sim 0.7)\Delta B$，开气隙可以降低 B_r，以增大磁通密度变化值 ΔB，开气隙后，虽然励磁电流有所增加，但是可以减小磁心体积。

对于磁通双向工作而言：最大的工作磁通密度 B_m，$\Delta B = 2B_m$。在磁通双方向变化工作模式时，还要注意由于各种原因造成励磁的正负变化的伏秒面积不相等，而出现直流偏磁的问题。可以在磁心中加一个小气隙，或者在电路设计时加隔直流电容，或者采用电流型控制来解决 B_{ac}、B_m与损耗之间的关系。

4. 线圈参数

线圈参数包括匝数、导线截面（直径）、导线形式、绕组排列和绝缘安排。

导线截面（直径）取决于绕组的电流密度 K_j。通常取 K_j 为 $2 \sim 5\text{A/mm}^2$。导线直径的选择还要考虑集肤效应。如有必要，还要经过变压器温升校核后再做出必要的调整。

一般用的绕组排列方式有一次绕组靠近磁心，二次绕组和反馈绕组逐渐向外排列。下面推荐两种绕组排列形式

1）如果一次绕组电压高（例如 220V），二次绕组电压低，可以采用二次绕组靠近磁心，接着绕制反馈绕组，一次绕组绕制在最外层的绕组排列形式，这样有利于一次绕组对磁心的绝缘强度。

2）如果要增加一次绕组和二次绕组之间的耦合，可以采用一半一次绕组靠近磁心，接着绕制反馈绕组和二次绕组，最外层再绕制另一半一次绕组的排列形式，这样有利于减小漏感。

5. 组装结构

高频电源变压器组装结构分为卧式和立式两种。如果选用平面磁心、片式磁心和薄膜磁心，都采用卧式组装结构。其他的一般采用立式结构。有时要根据电源外形的高度、印制电路板的大小等采用相适应的组装结构，如果高度允许，一般采用立式结构，这样可以缩小印制电路板的面积。

6. 温升校核

温升校核可以通过计算和样品测试实现。如果样品测试温升低于允许温升15℃以上，可适当增加电流密度和减小导线截面；如果超过允许温升，可适当减小电流密度和增加导线截面。如果增加导线直径，导致磁心窗口绕不下，应加大磁心尺寸，同时也增加磁心的散热面积。

三、功率变压器的设计过程

变压器根据其作用可分为：①功率变压器，主要用来传递能量；②驱动变压器，用来传递信号，解决信号之间隔离的问题或浮地的问题；③电流变压器，又称电流互感器，用来采样电流。功率变压器按照拓扑结构的工作方式分为三大类：①反激式变压器；②正激式变压器；③推挽式变压器（全桥/半桥/推挽变换器中的变压器）。功率变压器的等效电路如图3-43所示，适用于正激、半桥、全桥拓扑等的变压器等效电路如图3-43a所示，漏感 L_{leak} 串联在电路中，励磁电感（一次侧电感 L_m）并联在变压器两端。需要注意的是，有时需要减小变压器的漏感，有时需要增加漏感（利用漏感），比如LLC谐振半桥电路。适用于反激拓扑的变压器等效电路如图3-43b所示，反激式变压器相当于两个耦合的电感，工作方式相当于Boost电感。

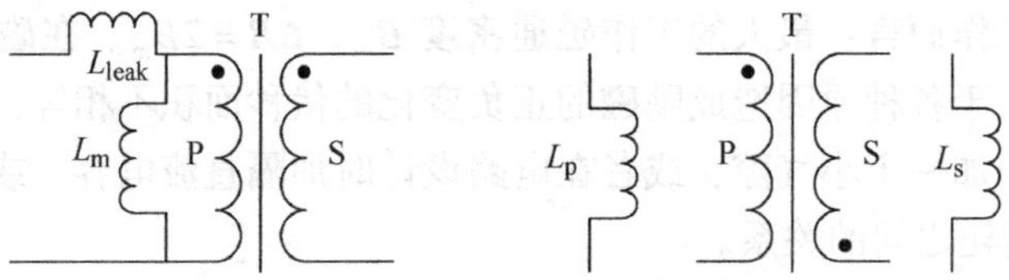

图3-43 变压器等效电路

设计变压器时，应当预先知道电路拓扑、工作频率、输入和输出电压、输出功率、整机效率以及环境条件。同时还应当知道所设计的变压器允许多大损耗和温升。总是以满足最坏的情况来设计变压器，以保证设计的变压器在规定的任何情况下都能正常工作。下面讨论连续模式和断续模式反激式变压器的设计过程和注意事项。

1. 已知参数

已知参数由设计人员根据用户的需求和电路的特点来确定，其中包括最小输入直流电压 $V_{indcmin}$、最大输入直流电压 $V_{indcmax}$、输出电压 V_o、输出功率 P_{out}、效率 η、开关频率 f_s（或周期 T）、主开关管的耐压 V_{mos} 等参数。

2. 设计步骤

在反激式变换器中，二次侧反射到一次侧电压即反激电压 V_f 与输入电压之和不能高过主开关管的耐压，同时还要留有一定的裕量（此处假设为150V）。反激电压由下式确定

$$V_f = V_{mos} - V_{indcmax} - 150 \tag{3-52}$$

反激电压和输出电压的关系由一次、二次绕组的匝数比确定。所以确定了反激电压之后，就可以确定一次、二次绕组的匝数比了。

$$N=\frac{N_p}{N_s}=\frac{V_f}{V_o} \tag{3-53}$$

另外，反激电源的最大占空比出现在最低输入电压、最大输出功率的状态，根据在稳态下变压器的磁平衡原理，可以有下式

$$V_{\text{indcmin}}D_{\max}=V_f(1-D_{\max}) \tag{3-54}$$

设在最大占空比时，当开关管开通时，一次电流为 I_{p1}，当开关管关断时，一次电流上升到 I_{p2}。若 I_{p1} 为 0，则说明变换器工作于断续模式，否则工作于连续模式。由能量守恒定律有

$$\frac{1}{2}(I_{p1}+I_{p2})D_{\max}V_{\text{indcmin}}=\frac{P_{\text{out}}}{\eta} \tag{3-55}$$

一般连续模式设计，我们令 $I_{p2}=3I_{p1}$，这样就可以求出变换器的一次电流，由此可以得到一次绕组的电感量：

$$L_p=\frac{D_{\max}V_{\text{indcmin}}}{f_s\Delta I_p} \tag{3-56}$$

对于连续模式，$\Delta I_p=I_{p2}-I_{p1}=2I_{p1}$；对于断续模式，$\Delta I_p=I_{p2}$。

可由 A_wA_e 法求出所需要磁心：

$$A_wA_e=\left(\frac{L_pI_{p2}^2\times10^4}{B_wK_oK_j}\right)^{1.14} \tag{3-57}$$

式中，A_w——磁心窗口面积，单位为 cm^2；

A_e——磁心截面积，单位为 cm^2；

L_p——原边电感量，单位为 H；

I_{p2}——原边峰值电流，单位为 A；

B_w——磁心工作磁感应强度，单位为 T；

K_o——窗口有效使用系数，根据安规的要求和输出路数确定，一般为 0.2 ~ 0.4；

K_j——电流密度系数，一般取 $395A/cm^2$。

根据求得的 A_wA_e 值选择合适的磁心，一般尽量选择窗口长宽之比较大的磁心，这样磁心的窗口有效使用系数较高，同时还可以减小漏感。磁心确定后，就可以求出一次绕组的匝数。根据

$$N_p=\frac{L_pI_{p2}\times10^4}{B_wA_e} \tag{3-58}$$

再根据一次、二次的匝数比关系可以求出二次绕组的匝数。有时算出的匝数不是整数，这时应该调整某些参数，使一次绕组和二次绕组的匝数合适。

一次电流平均值最大值为

$$I_{\text{inavemax}}=\frac{P_{\text{out}}}{\eta V_{\text{indcmin}}} \tag{3-59}$$

一次电流有效值的最大值出现在最低输入电压、最大输出功率的状态。如果变换器工作在连续模式，一次电流有效值最大值为

$$I_{\text{inrmsmax}}=\frac{I_{\text{inavemax}}}{\sqrt{D}} \tag{3-60}$$

如果变换器工作在断续模式，一次电流有效值的最大值为

$$I_{inrmsmax} = I_{inavemax}\sqrt{\frac{4}{3D}} \tag{3-61}$$

一次绕组的线径为

$$d_{w_p} = 1.13\sqrt{\frac{I_{inmax}}{K_j}} \tag{3-62}$$

式中，d_{w_p}——绕线线径，单位为 mm；

K_j——电流密度系数，一般取 3.95A/mm^2。

根据模块三的分析可知，二次电流的平均值等于负载电流，即输出电流 I_o。那么，二次绕组电流有效值的最大值为

$$I_{srmsmax} = \frac{1.155I_o}{\sqrt{0.8 - D_{max}}} \tag{3-63}$$

因此，二次绕组线径为

$$d_{w_s} = 1.13\sqrt{\frac{I_{srms}}{K_j}} \tag{3-64}$$

如果二次电流很大，计算出的单根线径很大时，需要采用多股导线并绕时，应考虑集肤效应的影响，电流趋肤深度 d_{w_H} 为

$$d_{w_H} = \frac{76.5}{\sqrt{f_s \times 1000}} \tag{3-65}$$

式中，f_s——开关频率，单位为 kHz。

多股导线并绕时的线径必须小于或等于 d_{w_H} 值。单根导线绕制时，线径如果超过 d_{w_H} 值就要考虑采用多股并绕。

为了避免磁心饱和，应该在磁回路中加入一个适当的气隙，计算如下

$$l_g = \frac{0.4\pi N_p^2 A_e \times 10^{-8}}{L_p} \tag{3-66}$$

式中，l_g——气隙长度，单位为 cm；

A_e——磁心截面积，单位为 cm^2；

L_p——一次绕组电感量，单位为 H；

N_p——一次绕组匝数。

至此，单端反激式开关电源变压器的主要参数设计完成。在设计完成后应该核算窗口面积是否够大、变压器的损耗和温升是否可以接受。同时，在变压器的制作中还有一些工艺问题需要注意。

四、高频变压器的制作

高频变压器的电路如图 3-44 所示。

高频变压器的制作流程如图 3-45 所示。

高频变压器的制作大致包括以下 10 个过程，现对每个过程的流程、工艺及注意事项做详细的分析。

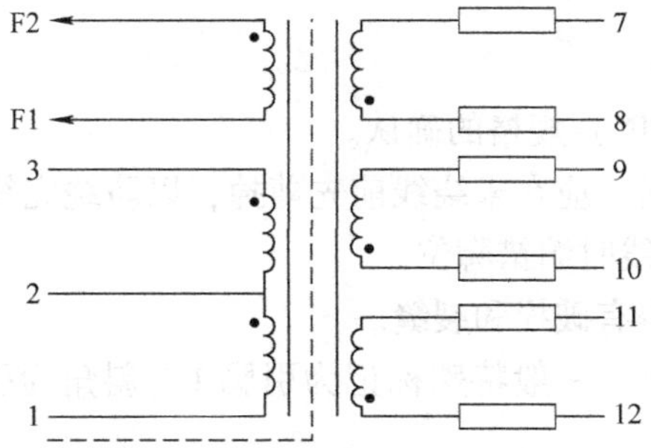

图 3-44　高频变压器的电路

符号说明

1）表示绕组的起绕点，也就是变压器绕组的同名端

2）—— 表示出线引到线轴的端子上

3）⟶ 表示不接端子（PIN）的引出线，F 为英文 FLYING-LEAD 的字头，意思为飞出来的引线，通常称之为飞线

4）|| 表示变压器的铁心　5）┆ 表示铜箔　6）-□- 表示套管

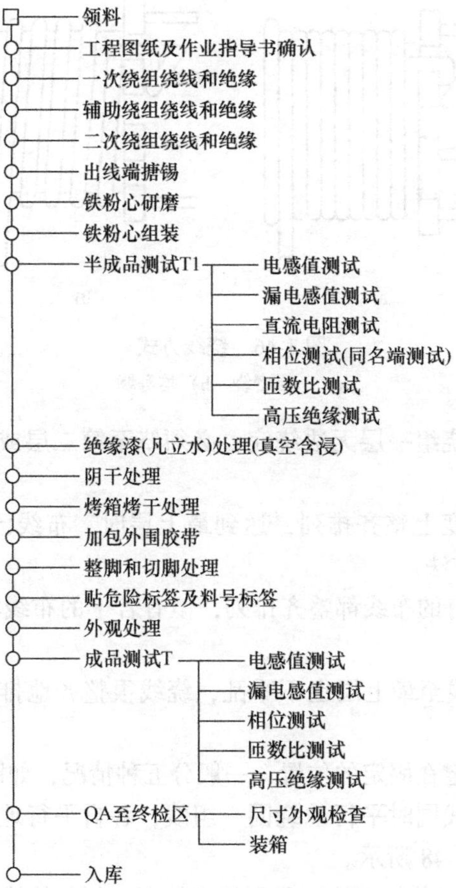

图 3-45　高频变压器的制作流程

1. 绕线

（1）材料确认

1）变压器骨架（BOBBIN）规格的确认。

2）不用的引脚须剪去时，应在未绕线前先剪掉，以防绕完线后再剪除时会刮伤线或剪错引脚，而且还可以避免绕线时缠错脚位。

3）确认骨架完整，不得有破损和裂缝。

4）将骨架正确插入治具，一般特殊标记为引脚 1（斜角为引脚 1），如果图面无注明，则引脚 1 朝向机器。

5）须包醋酸布的先依工程图要求包好，紧靠骨架两侧，再在指定的引脚上先缠线（或先钩线）后再开始绕线，原则上应在指定的范围内绕线。

（2）绕线方式

1）绕线方式：根据变压器要求不同，绕线的方式大致可分为以下几种。

① 一层密绕：布线只占一层，线与线间没有空隙，整齐紧密的绕线如图 3-46a 所示。

② 均等绕：在绕线范围内以相等的间隔进行绕线；间隔误差在 20% 以内可以允许，如图 3-46b 所示。

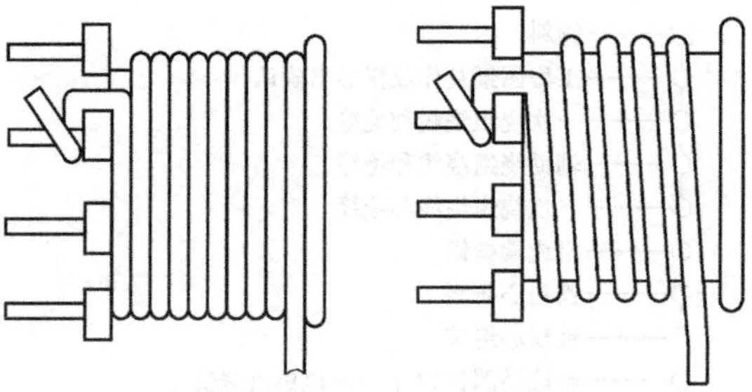

a)　　　　b)

图 3-46　绕线方式

a）一层密绕　b）均等绕

③ 多层密绕：当一个绕组一层无法绕完，必须绕至第二层或二层以上，此绕法分为三种情况。

a. 任意绕。在一定程度上整齐排列，达到最上层时，布线已零乱，呈凹凸不平状况，这是绕线中最粗略的绕线方法。

b. 整列密绕。几乎所有的布线都整齐排列，但有若干的布线零乱（约占全体 30%，圈数少的约占 5% REF）。

c. 完全整列密绕。绕线至最上层也不零乱，绕线很整齐地排列着，这是绕线中最难的绕线方法。

④ 定位绕线：布线指定在固定的位置，一般分五种情况，如图 3-47 所示。

⑤ 并绕：两根以上的线同时平行地绕同一组线，各自平行地绕，不可交叉，此绕法大致可分为四种情况，如图 3-48 所示。

2）引线要领：飞线引线的长度按工程图要求控制，如需绞线，长度须多预留 10%。套管须深入挡墙 3mm 以上，如图 3-49 所示。

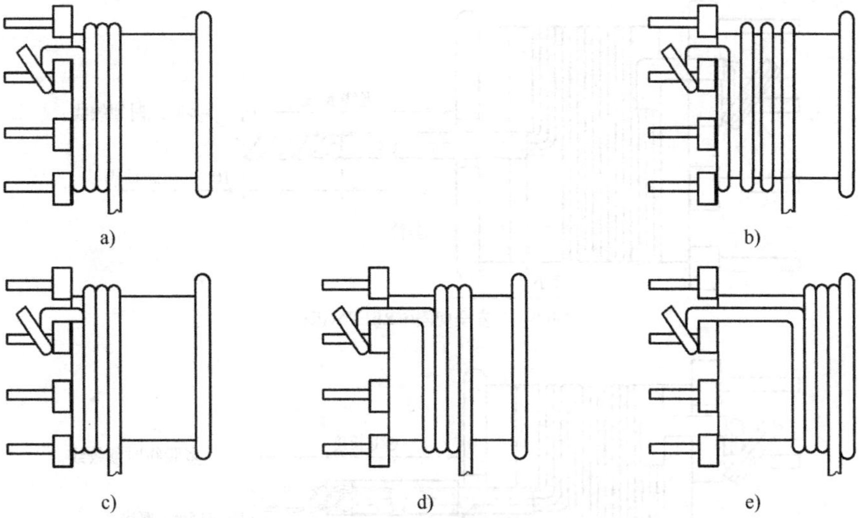

图3-47　定位绕线

a）密绕指定点绕线　b）均匀疏绕指定点绕线　c）密绕指定侧绕线（出线侧）

d）密中绕　e）密绕指定侧绕线（相对侧）

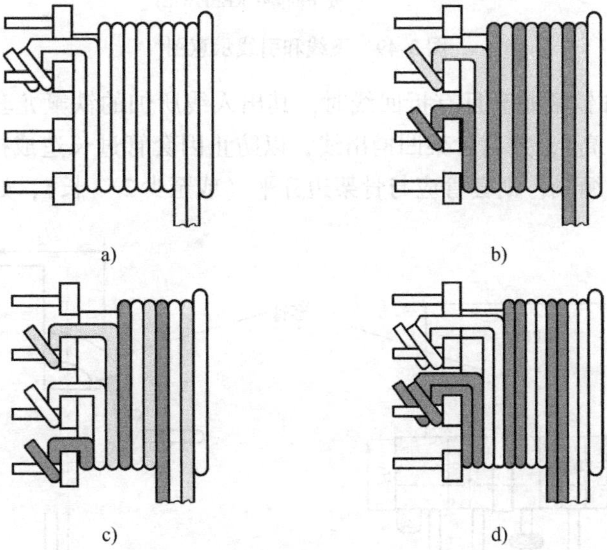

图3-48　并绕方式

a）同组并绕　b）不同组或同组并绕　c）多组并绕　d）不同组或同组双并绕

3）注意事项：

① 当起绕（START）和结束（FINISH）出入线在骨架同一侧时，结束端回线前须贴一块横越胶布（CROSSOVER TAPE）作隔离。

② 出入线于使用骨架的凹槽出线时，原则上以一线一凹槽的方式出线，若同一引脚有多组可使用同一凹槽或相邻的凹槽出线，须在焊锡及装套管时要注意避免短路。

③ 绕线时需均匀整齐绕满骨架绕线区为原则，除工程图面上有特别规定绕法时，则以图面为准。

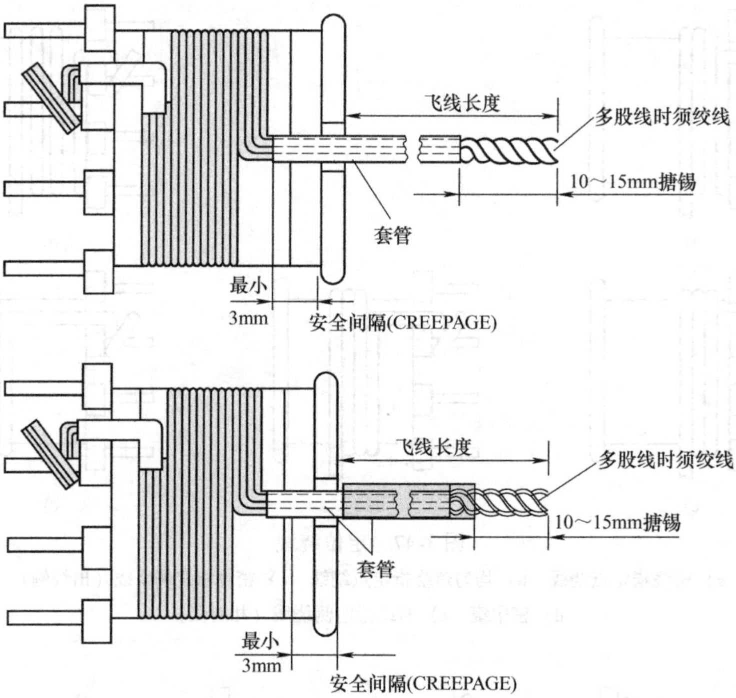

图 3-49　飞线和引线示意图

④ 变压器中有加铁氟龙套且有折回线时，其出入线所加的铁氟龙套管须与骨架凹槽口齐平（或至少达 2/3 高），并自骨架凹槽出线，以防止因套管过长造成拉力将线扯断。但若为 L 形引脚水平方向缠线，则套管应与骨架边齐平（或至少 2/3 长），如图 3-50 所示。

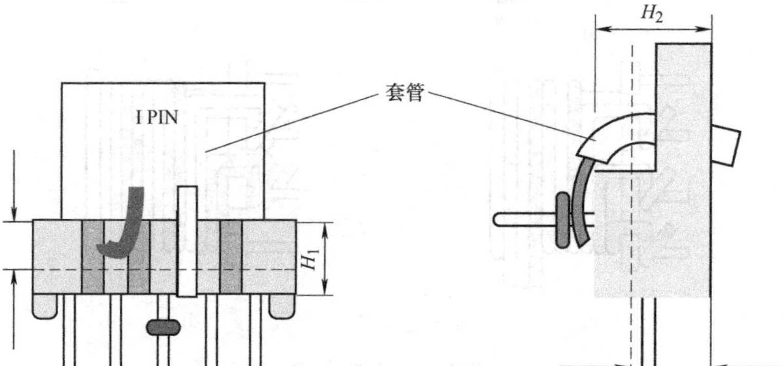

图 3-50　套管的长度示意图

⑤ 变压器中须加醋酸布作为挡墙胶带时，其挡墙胶带必须紧靠模型两边。为避免线包过胖及影响漏感过高，故要求 2TS 以上的醋酸布重叠不可超过 5mm，包一圈的醋酸布只需包 0. 9T，留缺口以利于凡立水良好地渗入底层。醋酸布宽度选择与变压器安规要求有关，VED 绕法 ACT 宽度 3. 2mm 包两边且须加套管。绕法：PIN 端 6mm/4. 8mm/4. 4mm/4mm；TOP 端 3mm/2. 4mm/2. 2mm/2mm 时不须套管。绕线时铜线不可上挡墙，若有套管，套管必须伸入挡墙 3mm 以上。

2. 包铜箔

(1) 铜箔绕制工法

1) 铜箔的种类及在变压器中的作用：根据铜箔的外形，分为裸铜和背胶两种。铜箔表面有覆盖一层胶带的为背胶，反之为裸铜。以在变压器中的位置不同可分为内铜和外铜，裸铜一般用于变压器的外铜。铜箔在变压器中一般起屏蔽作用，主要是减小漏感、励磁电流，在绕组所通过的电流过高时，取代铜线，起导体的作用。

2) 铜箔的加工：

① 内铜箔一般加工方法：焊接引线→铜箔两端平贴于醋酸布中央→折回醋酸布（醋酸布须完全覆盖住焊点）→剪断醋酸布（铜箔两边须留 1mm 以上），如图 3-51 所示。

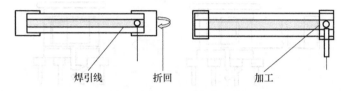

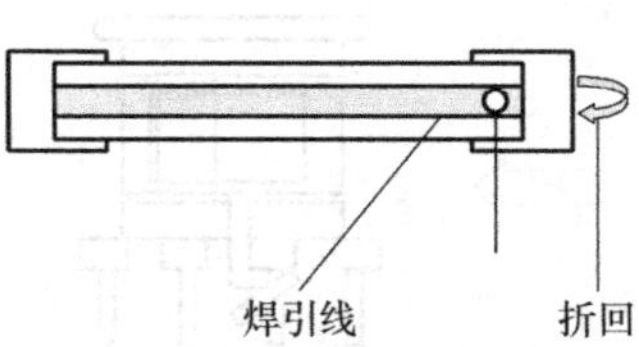

图 3-51 内铜箔加工示意图

② 内铜飞宏加工方法如图 3-52 所示。

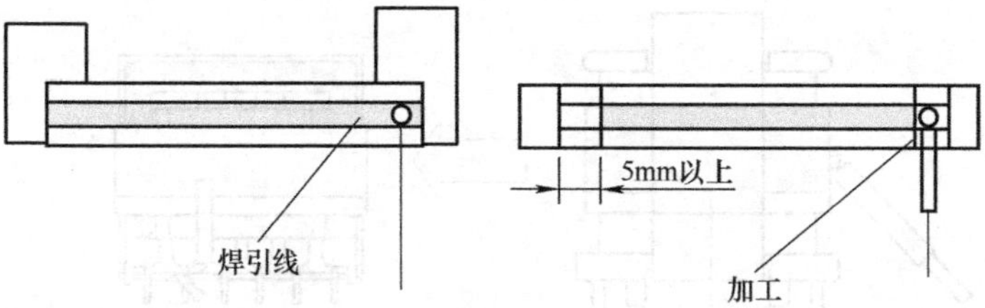

图 3-52 内铜飞宏加工方法

③ 外铜加工方法如图 3-53 所示。

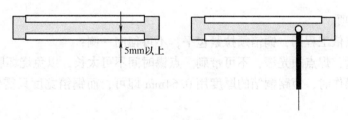

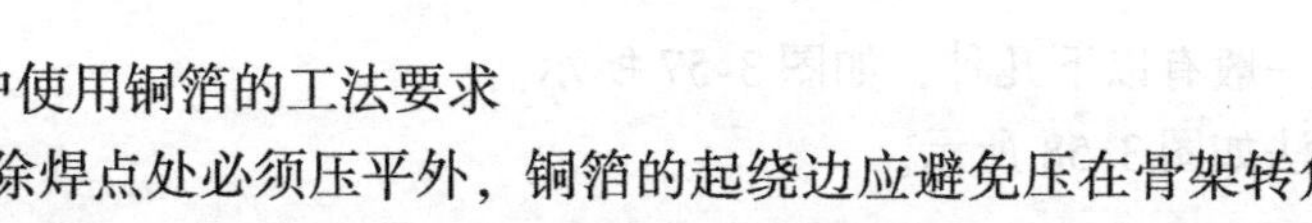

图 3-53 外铜加工方法

(2) 变压器中使用铜箔的工法要求

1) 铜箔绕法除焊点处必须压平外，铜箔的起绕边应避免压在骨架转角处，须自骨架的中央处起绕，以防止第二层铜箔与第一层间因挤压刺破胶布而形成短路，如图 3-54 所示。

2) 内铜片于层间作屏蔽绕组时，其宽度应尽可能涵盖该层的绕线区域面积。另外，厚度在 0.025mm（1mil）以下时，两端可免倒圆角，但厚度在 0.05mm（2mil）及以上时，两端则需以倒圆角方式处理。

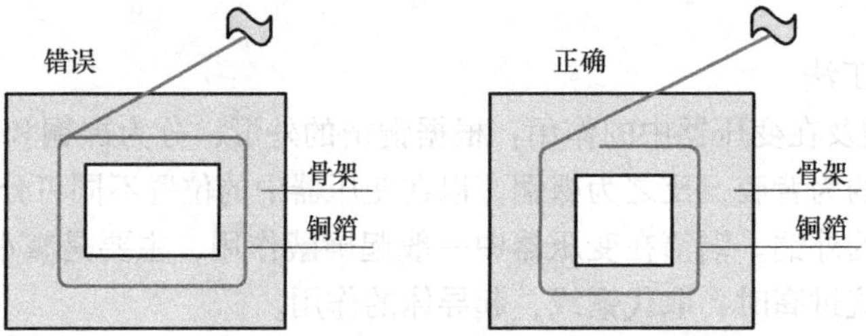

图 3-54　使用铜箔的工法要求

3）铜箔须包正包平，不可偏向一边，不可上挡墙，如图 3-55 所示。

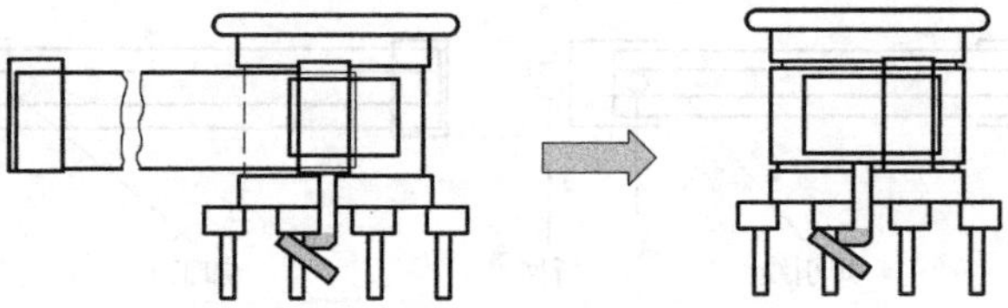

图 3-55　包铜箔的示意图

4）焊接外铜，如图 3-56 所示。

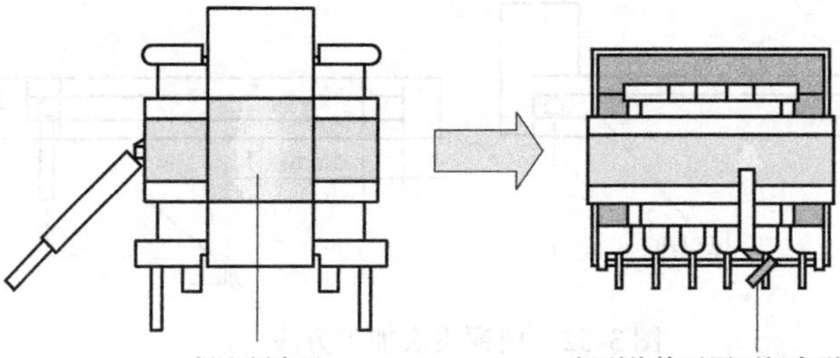

图 3-56　焊接外铜的示意图

（3）注意事项

1）铜箔焊点依工程图，铜箔须拉紧包平，不可偏向一侧；

2）点锡适量，焊点须光滑，不可带刺。点锡时间不可太长，以免烧坏胶带；

3）在实际操作时，短路铜箔的厚度用 0.64mm 即可，而铜箔宽度只需铜窗绕线宽度的一半。

3. 包胶带

包胶带的方式一般有以下几种，如图 3-57 所示。

压线胶带的贴法如图 3-58 所示。

4. 压脚

1）将铜线理直理顺并缠在相应的引脚上；

2）用斜口钳将铜线缠紧并压至引脚底部紧靠挡墙；

3）剪除多余线头；

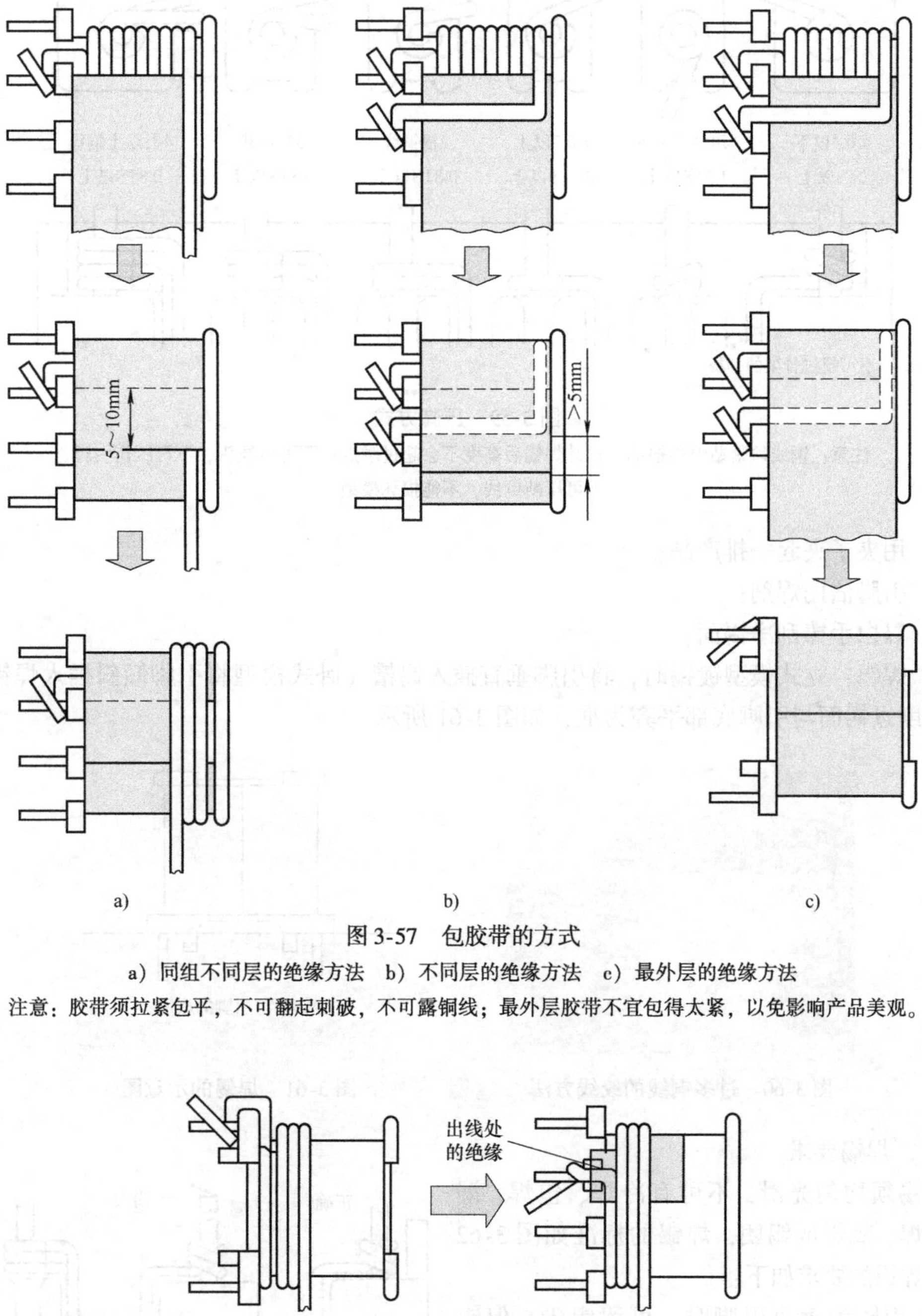

图 3-57　包胶带的方式

a）同组不同层的绝缘方法　b）不同层的绝缘方法　c）最外层的绝缘方法

注意：胶带须拉紧包平，不可翻起刺破，不可露铜线；最外层胶带不宜包得太紧，以免影响产品美观。

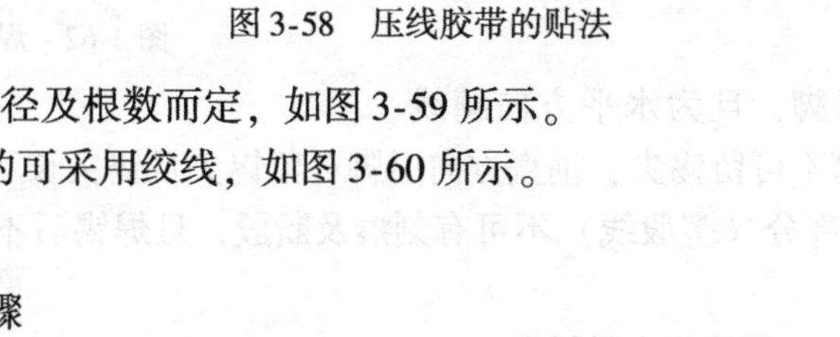

图 3-58　压线胶带的贴法

4）缠线圈数依线径及根数而定，如图 3-59 所示。另外，铜线过多的可采用绞线，如图 3-60 所示。

5. 焊锡

（1）焊锡作业步骤

1）将产品整齐摆放；

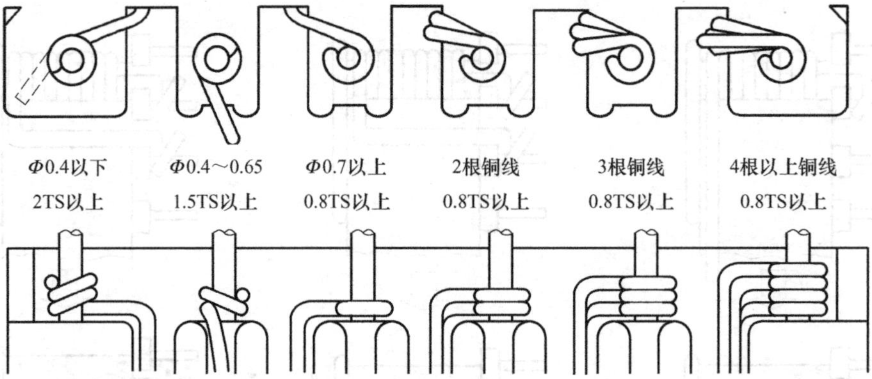

图 3-59　压脚方式

注意：铜线须紧贴引脚根部，预计焊锡后高度不会超过墩点；不可留线头，不可压伤引脚，不可压断铜线，不能损坏模型。

2）用夹子夹起一排产品；

3）引脚沾助焊剂；

4）以白手捧刮净锡面；

5）焊锡：立式模型镀锡时，将引脚垂直插入锡槽（卧式模型将引脚倾斜插入焊锡槽），镀锡深度以锡面与引脚底部平齐为准，如图 3-61 所示。

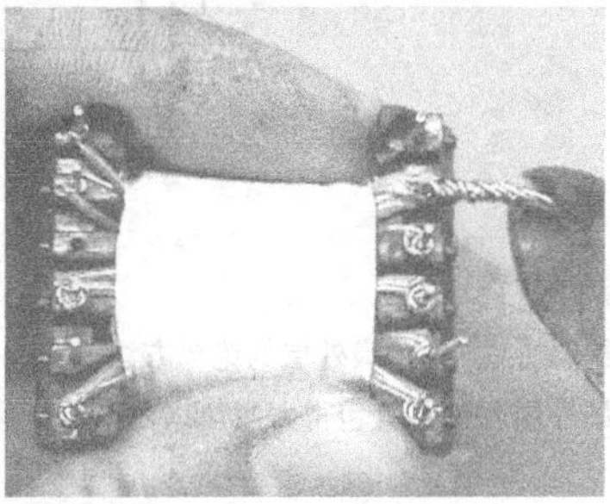

图 3-60　过多铜线的绞线方法

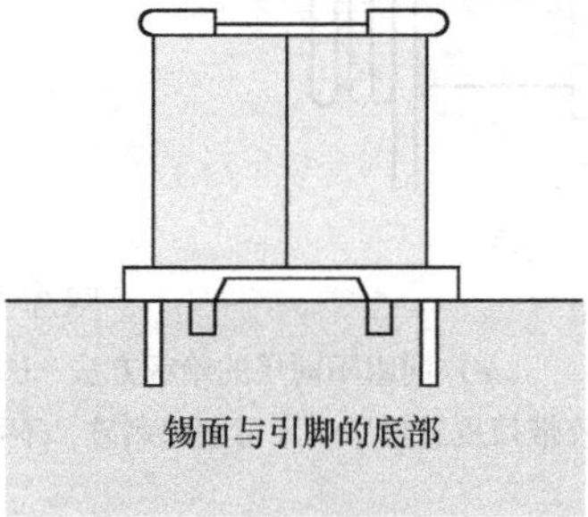

图 3-61　焊锡的示意图

（2）焊锡要求

镀锡须均匀光滑，不可有冷焊、包焊、漏焊、连焊、氧焊或锡团，焊锡的标准如图 3-62 所示。焊锡的要求如下：

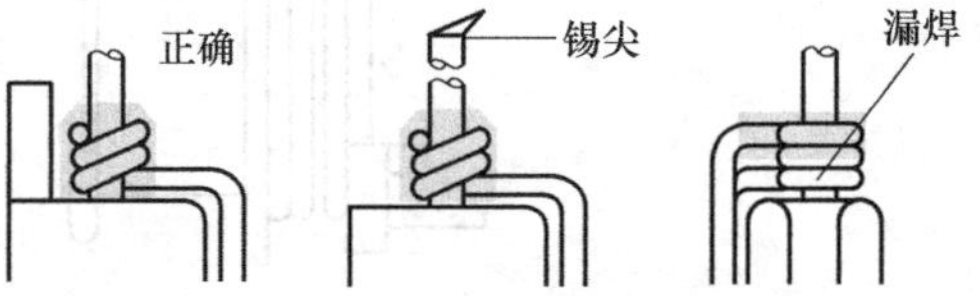

图 3-62　焊锡的标准

1）引脚为垂直引脚时，可留锡尖，但锡尖长不超过 1. 5mm。

2）引脚为 L 形引脚，且为水平方向缠线时，在水平方向的引脚不可留锡尖，垂直方向引脚可留锡尖且锡尖长不可超过 1. 5mm。

3）PVC 线的裸线部分（多股线）不可有刻痕及断股，且焊锡后不可有露铜或沾胶，亦不可沾有其他杂质。

4）助焊剂（FLUX）须使用中性溶剂。

5）锡炉温度须保持在450～500℃之间，焊锡时间因线径不同而异：AWG#30号线以上，1～2s；AWG#21～AWG#29号线，2～3s；AWG#20号线以下，3～5s。

6）锡炉用焊锡条，其锡铅比例标准为3∶2（质量比）。每月须加一次新焊锡，约为1/3锡炉量。

7）焊一次锡面须刮净后再焊第二次。

8）每周清洗锡炉一次，并加新焊锡至锡炉满为止。

（3）注意事项

1）白包模型含锡油多，焊锡时间不可过长；

2）塑料模型不耐高温，易产生包焊或引脚移位；

3）不可烧坏胶带。三层绝缘线须先脱皮后再镀锡；

4）焊点之间最小间隙须在0.5mm以上，如图3-63所示。

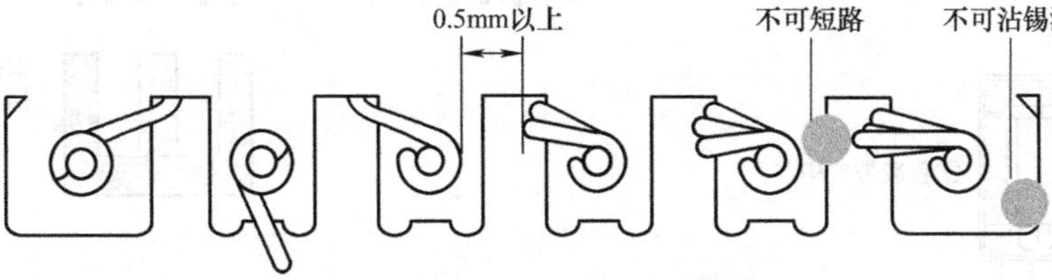

图3-63　焊点之间的距离要求

6. 组装铁心

（1）铁心组装作业过程

1）铁心确认：不可破损或变形；

2）工程图规定须有气隙的铁心研磨，须加工的铁心；

3）组装：如无特殊规定，卧式模型已研磨的铁心装一次端，立式模型已研磨的装引脚端；

4）铁心固定方式可以铁夹（CLIP）或三层胶布方式固定，且可在铁心接合处点环氧树脂胶（EPOXY）固定，点胶后须阴干半小时再置于120℃烤箱中烘烤一小时。包铁心的固定胶布须使用与线包颜色相同的胶布（图面特殊要求除外），厂家需符合UL规格。组装过程如图3-64所示。

注意：铁心胶布起绕处与结束处，立式起绕于引脚端中央，结束于中央；卧式起绕于引脚1，结束于引脚1。有的铜箔则起绕于焊接点，结束于焊接点。

（2）组装铁心的注意事项

1）组装铁心时，不同材质的铁心不可组装在同一产品上；

2）有加气隙的变压器与电感器，其气隙方式须依照图面所规定的气隙方法，放于气隙中的材质须能耐温130℃以上，且有材质证明者或是铁心经加工研磨处理；

3）无论是有加气隙或无加气隙的铁心组合，铁心与铁心接触面都需保持清洁，否则在含浸作业后电感值会下降；

4）包铁心的胶布宽度规定，首先以实物外观为优，其次以铁心宽度减胶布宽度留出空隙约0.3～0.7mm为最佳。

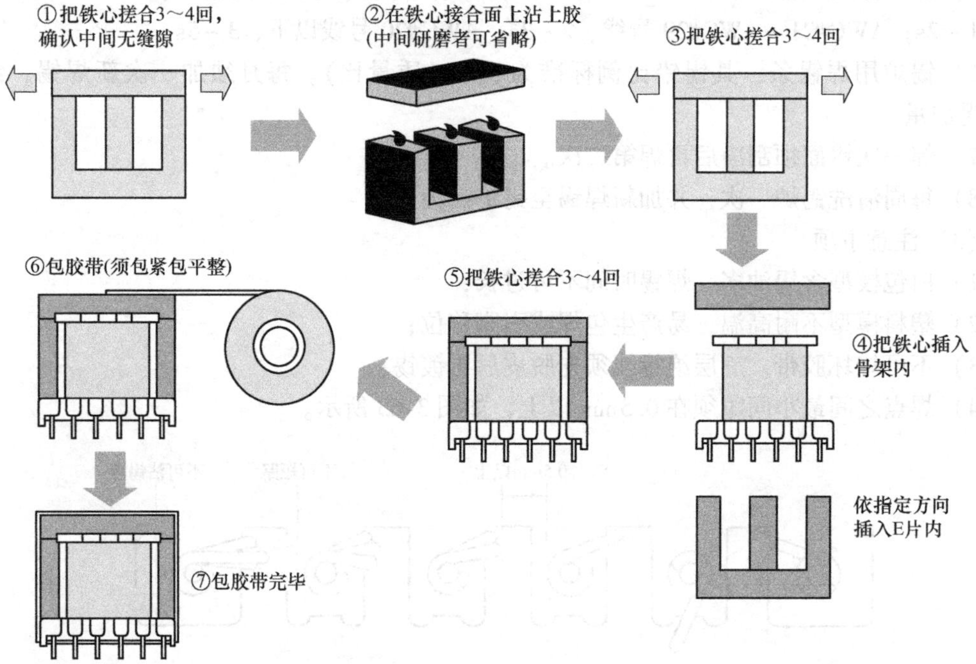
①把铁心搓合3～4回，
确认中间无缝隙
②在铁心接合面上沾上胶
(中间研磨者可省略)
③把铁心搓合3～4回
④把铁心插入
骨架内
依指定方向
插入E片内
⑤把铁心搓合3～4回
⑥包胶带(须包紧包平整)
⑦包胶带完毕

图 3-64　组装变压器过程示意图

7. 含浸

（1）操作步骤

操作过程如图 3-65 所示，操作要求如下：

1）将产品整齐摆放于铁盘内。

2）调好绝缘漆（凡立水）浓度：0.915 ± 0.04。

3）将摆好产品的铁盘放于含浸槽内。

4）启动真空含浸机，抽气至 40 ~ 50cm/kg，放入绝缘漆，再抽气至 65 ~ 75cm/kg，须连续抽真空，破真空 3 ~ 5 次，含浸 10 ~ 15min，视产品无气泡溢出。

5）放气，放下绝缘漆，再反抽至 65 ~ 75cm/kg 一次，放气，待产品稍干后取出放置滤干车上阴干。

6）滤干 10min 以上，视产品无绝缘漆滴下。

7）烘干：先将烤箱温度调至 80℃，预热 1h 再将温度调至 100℃，烘烤 2h 最后将温度调至 110℃，烘烤 4h，拆样确认。

8）将产品取出烤箱。

9）冷却：用风扇送风加速冷却。

10）摆盘后送至生产线。

（2）注意事项

1）绝缘漆与稀薄剂调配比例为 2:1（质量比）；

2）放入绝缘漆时，绝缘漆高度以完全淹没产品为准，但绝缘漆不可上铜脚（特殊机种除外）。

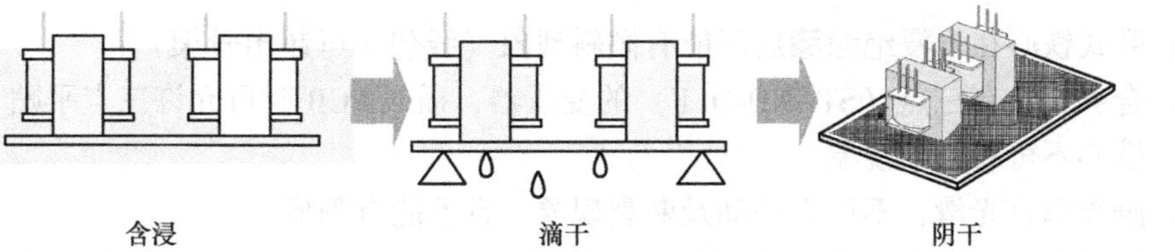

图 3-65　含浸过程示意图

8. 贴标签（或喷字）

1）标签确认：检查标签内容是否正确、有无漏字错字、字迹是否清晰、标签是否过期。喷字时必须确认所设定的标签完全正确，如图 3-66 所示。

2）贴标签时，应将产品初级朝同一方向整齐摆放，喷墨时应将产品的喷印面朝喷头，摆放于输送带上，产品必须放正。

3）贴标签：料号标签及危险标签须依图面所规定的位置及方向盖印或粘贴。标示“DANGER”或“HIGH VOLTAGE”及闪电符号标签应贴附于变压器上方中央位置。其贴示方向以“DANGER”箭头方向朝变压器一次绕组为作业要求，如图 3-67 所示。

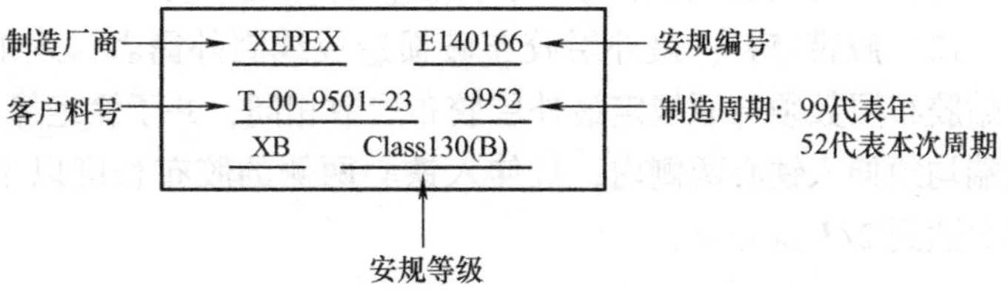

图 3-66　标签包含的内容

图 3-67　标签示意图

4）注意事项：标签须贴正贴平，贴完后须用手拍平，使之与产品完全接触；标签不可贴错、贴反、贴歪或漏贴。

9. 外观

外观检查包括以下几个方面的内容：

1）确认产品是否完整：①模型是否有裂缝，是否断开；②铁心是否有破损；③胶带是否刺破；④套管是否有破损，是否过短；⑤是否剪错脚位。

2）清除脏物：①含浸后变压器铁心四周不得残留余胶（绝缘漆固体状），以免变压器无法平贴于 PCB 上，或粘贴标签时无法平整；②清除铜渣锡渣。

3）卧式铁心在含浸绝缘漆后不能有倾斜现象（线包不可超出骨架）。

4）合 PCB：有三点（STAND-OFF）的变压器，插入 PCB 时可允许三点平贴 PCB 即可。

5）铁心不可有松动现象。

6）脚须垂直光滑，不可有松动及断裂现象，且不能有刻痕。

7）引脚不可有弯曲变形或露铜氧化，间隔（PITCH）则以图面上规定或实套 PC 板为准，骨架的引脚长以图面规定为准。

8）检查焊锡是否完整。

9）检查标签是否正确，是否有贴错、贴反或漏贴。

10）检查打点是否清晰，位置是否正确，有无打错、打反或漏打。

11）不良品必须进行修补，无法修补方可报废。

12）胶带修补：最外层胶布破损造成线圈外露者，须加贴胶布完全覆盖住破损处，且加贴胶布层数须与原规定最外层胶布层数相同，并于涂绝缘漆后烘烤干方可。加贴胶布的头尾端均须伸入铁心两侧内，且伸入铁心两侧的胶布长度以不超过铁心厚度为限（胶布伸入至少达到 2/3 铁心厚）。

10. 电气测试

电气测试主要包括以下三个方面的内容：

1）电感测试：测试主线圈的电感量。半成品测试时，须将电感值范围适当缩小。

2）圈数测试：测试产品的圈数、相位即同名端。

3）耐高电压测试。

拓展任务二　反激式变压器设计时应考虑的因素

学习目标

◆ 理解反激式变压器的工作过程。

◆ 了解磁心饱和的概念。

◆ 掌握变压器中气隙的作用。

◆ 理解变压器中磁场能量的分布。

一、反激式开关电源的设计思考一

对一般变压器而言，一次绕组的电流由两部分组成：一部分是负载电流分量，它的大小与二次负载有关；当二次电流加大时，一次负载电流分量也增加，以抵消二次电流的作用；另一部分是励磁电流分量，主要产生主磁通，在空载运行和负载运行时，该励磁分量均不变化。

励磁电流分量就如同抽水泵中必须保持有适量的水一样，若抽水泵中无水，它就无法产生真空效应，大气压就无法将水压上来，水泵就无法正常工作。只有给水泵中加适量的水，让水泵排空，才可正常抽水。在整个抽水过程中，水泵中保持的水量又是不变的。这就是，励磁电流在变压器中必须存在，并且在整个工作过程中保持恒定。

正激式变换器和上述情况基本一样，一次绕组的电流也是由励磁电流和负载电流两部分组成。在一次绕组有电流的同时，二次绕组也有电流，一次负载电流分量去平衡二次电流，励磁电流分量会使磁心沿磁滞回线移动。而一次绕组和二次绕组的安匝数相互抵消，它们不会使磁心沿磁滞回线来回移动。因为励磁电流只占一次总电流很小一部分，一般不大于总电流10%，因此不会造成磁心饱和。

反激式变换器和上述情况大不相同，反激式变换器工作过程分两步：

第一：开关管导通，母线通过一次绕组将电能转换为磁能储存起来；

第二：开关管关断，储存的磁能通过二次绕组向电容充电，同时向负载供电。

可见，反激式变换器开关管导通时，二次绕组均没有构成回路，整个变压器如同仅有一个一次绕组的带磁心的电感器一样，此时仅有一次电流，转换器没有二次安匝数去抵消它。一次电流全部用于磁心沿磁滞回线移动，实现电能向磁能的转换，这种情况极易使磁心饱和。

磁心饱和时，很短的时间内极易使开关管损坏。因为当磁心饱和时，磁感应强度基本不变，dB/dt 近似为零，根据电磁感应定律，将不会产生自感电动势去抵消母线电压，一次绕组线圈的电阻很小，这样母线电压将几乎全部加在开关管上，开关管会瞬时损坏。

由上边分析可知，反激式开关电源的设计，在保证输出功率的前提下，首先要解决磁心饱和的问题。

如何解决磁心饱和的问题呢？磁场能量存于何处？这些问题将在反激式开关电源变压器设计的思考二中讨论。

二、反激式开关电源的设计思考二

“反激式开关电源的设计思考一”中，分析了反激式变换器的特殊性——防止磁心饱和的重要性，那么如何防止磁心的饱和呢？大家知道增加气隙可在相同 ΔB 的情况下，ΔI 的变化范围扩大许多，为什么气隙有此作用呢？

由全电流定律可知：

$$\oint lH\mathrm{d}l = \sum I \qquad Hl_m = N_pI$$

又

$$B = \mu_0\mu_r H \rightarrow H = B/(\mu_0 \times \mu_r)$$

得

$$B/(\mu_0 \times \mu_r) \times l_m = N_pI$$

$$B = 4\pi \times 10^{-7} \times \mu_r \times N_p \times I/l_m \tag{3-67}$$

式中，l_m 为磁路长度，一般在开关电源中用的铁氧体磁心的磁路长度比较短，这样磁感应强度 B 值会很大，容易饱和。

如果加上气隙后情况则大不相同，带气隙的磁心的磁路有效长度增加为 $l_\partial = l_m + \mu_r l_g$，$l_g$ 为气隙长度，常用开关电源磁心的 μ_r 为1500～2000。

式(3-67) 变为

$$B = 4\pi \times 10^{-7} \times \mu_r \times N_p \times I/l_\partial = 4\pi \times 10^{-7} \times \mu_r \times N_p \times I/(l_m + \mu_r l_g) \tag{3-68}$$

现在举例说明。

若磁心型号为EI33，$N_p=100$ 匝，$I_p=0.5A$，$\mu_r=1500$，$l_g=1mm$，$l_m=76mm$，则

当无气隙时：

$$B_m=4\pi\times10^{-7}\times1500\times100\times0.5/0.076T=1.239T \tag{3-69}$$

当有气隙时：

$$B_g=4\pi\times10^{-7}\times1500\times100\times0.5T/[0.076+(1500\times0.001)]=0.0597T \tag{3-70}$$

由上例可知，同一个磁心在电流不变的条件下，仅增加1mm气隙，使得加气隙后的磁感强度仅为不加气隙的磁感应强度的4.8%，看来效果相当明显。加了气隙后，是否会影响输出功率？换句话说，加了气隙的变压器还能否储存原来那么多能量吗？看下面的例子就知道了。

在“思考一”中已经讨论过，当开关管导通时，二次绕组均不构成回路。此时，变压器像是一个仅有一次绕组带磁心的电感器，母线将二次需要的全部能量都存在这个电感器里。如图3-68所示的就是一个有气隙的电感器。

图3-68表示一个磁心长为 l_m、气隙长为 l_g、截面积为 A_e 的磁心，在其上绕 N 匝线圈，当输入电压为 V_{in} 时，输入功率 W_{in} 为

$$W_{in}=\int_0^{t_a}V_{in}\times i\mathrm{d}t \tag{3-71}$$

假设忽略线圈电阻，这个能量必然以磁能 W_m 的形式存于电感中，即

$$W_m=W_{in}=\int_0^{t_a}V_{in}\times i\mathrm{d}t \tag{3-72}$$

图3-69为磁路的磁化曲线，假设当 $t=t_a$ 时，$i=i_a$，磁链 $\psi=\psi_a$；忽略线圈电阻，那么线圈的自感电动势 e 和 V 相等，根据法拉第电磁感应定律可知：

$$V=e=N\mathrm{d}\phi/\mathrm{d}t=\mathrm{d}\psi/\mathrm{d}t \tag{3-73}$$

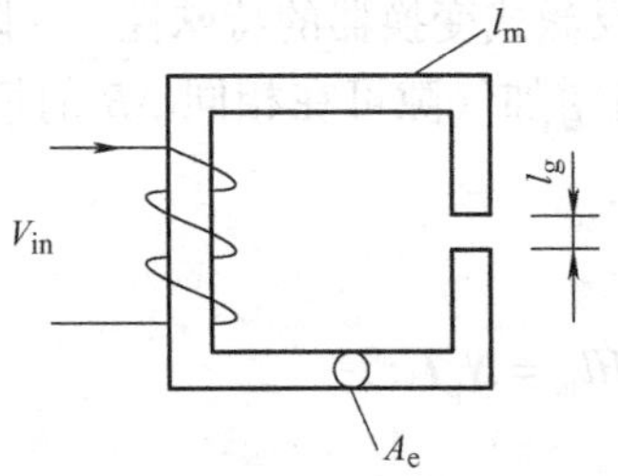

图3-68　有气隙的电感器示意图

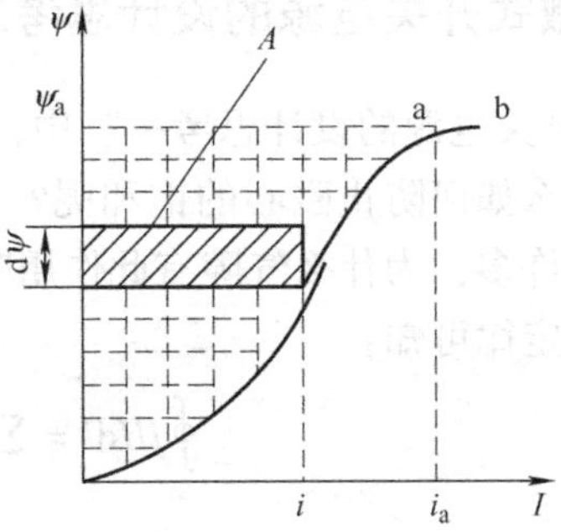

图3-69　磁化曲线

将式(3-73)代入式(3-72)得

$$W_m=\int_0^{t_a}\mathrm{d}\psi/\mathrm{d}t=\int_0^{\psi_a}i\mathrm{d}\psi \tag{3-74}$$

式(3-74)右边的积分为图3-69中阴影部分面积 A，也就是说，磁场能量的大小等于磁化曲线b和纵轴所围成的面积大小。图3-68中，假定磁路各部分的面积相等，磁心各部分的磁场强度为 H_m，气隙部分的磁场强度为 H_g，由全电流定律得

$$\begin{aligned}NI&=\oint H\mathrm{d}l=H_m\times l_m+H_g\times l_g\\&=[B/(\mu_0\times\mu_r)]\times l_m+(B/\mu_o)\times l_g\end{aligned} \tag{3-75}$$

由式(3-75) 得

$$I=(B/N)\times[l_m/(\mu_0\times\mu_r)+l_g/\mu_0] \tag{3-76}$$

由式(3-76) 代入式(3-74) 得

$$W_m=\int_0^{\psi_a}(B/N)\times[l_m/(\mu_0\times\mu_r)+l_g/\mu_0]\mathrm{d}\psi \tag{3-77}$$

又因 $\psi=N\phi=N\times A_e\times B$，则有

$$\mathrm{d}\psi=N\times A_e\times\mathrm{d}B \tag{3-78}$$

将式(3-78) 代入式(3-77) 得

$$\begin{aligned}W_m&=\int_0^{B_a}(B/N)\times[l_m/(\mu_0\times\mu_r)+l_g/\mu_0]\times N\times A_e\times\mathrm{d}B\\&=A_e\int_0^{B_a}l_m/(\mu_0\times\mu_r)\times B\mathrm{d}B+A_e\int_0^{B_a}l_g/\mu_0B\mathrm{d}B\\&=(A_e\times l_m/\mu_0)\int_0^{B_a}B/\mu_r\mathrm{d}B+(A_e\times l_g/\mu_0)\int_0^{B_a}B\mathrm{d}B\end{aligned} \tag{3-79}$$

式(3-79) 右边第一项是磁心中的磁场能量，第二项是气隙部分的磁场能量，分别用 W_i 和 W_g表示，那么

$$W_g/W_i=[(A_e\times l_g/\mu_0)\int_0^{B_a}B\mathrm{d}B]/[(A_e\times l_m/\mu_0)\int_0^{B_a}(B/\mu_r)\mathrm{d}B] \tag{3-80}$$

若假定μ_r不变，那么式(3-80) 变为

$$W_g/W_i=\mu_r\times l_g/l_m \tag{3-81}$$

若用上例参数：$l_m=76\text{mm}$，$l_g=1\text{mm}$，$\mu_r=1500$，将它们代入式(3-81)，得

$$W_g/W_i=1500\times1/76\approx19.7$$

由上面分析可知，母线通过一次绕组将电能转换为磁场能量，储存在磁心和气隙两部分中，其中大部分集中在气隙中，如图3-70 所示。

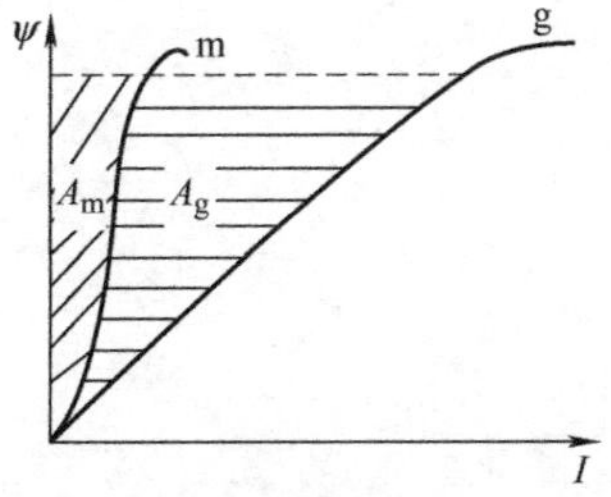

图3-70　磁场能量储存示意图

图3-70 中，曲线 m 表示图3-68 电感器无气隙时的磁化曲线，曲线 g 表示有气隙时的磁化曲线。图中，面积A_m表示储存在磁心部分的磁场能量；面积A_g表示储存在气隙部分的磁场能量。这就是气隙的作用以及磁场能量在变压器中的分布。

项目小结

本项目介绍了 PWM 芯片控制的反激式开关电源电路。详细介绍了 UC3842 控制的反激式电源电路的工作原理、反激式变压器的设计、电路的调试和性能指标的测试。在拓展任务中，对高频变压器的设计与制作以及反激式变压器的设计考虑因素等进行了详细的介绍，尤其是变压器的制作过程、反激式变压器气隙的作用及能量的储存。

思考与练习

1. 已知 V_{in}在 AC 100～240V 范围内变化，MOS 管的最大耐压值为 680V，推导最大占空

比是多少？已知最大占空比，根据伏-秒平衡原理，推导折射电压 V_f 是多少？

2. 由 UC3842 构成的控制电路的调试过程中，若引脚 6（Out）没有 PWM 波的输出，分析其可能的原因。

3. 若输出电压不稳定，在 0V 和 5V 之间跳动，分析其可能的原因及解决的方法。

4. 简述反激式变压器的磁心为何容易饱和，如何解决这个问题。

5. 证明反激式变换器的大部分能量储存在气隙中。

项目三　准谐振反激式电源电路的分析

随着全球业界对电源效率的要求越来越高，包括 ATX 电源、消费类电子产品等在内的电源应用在工作与待机模式的效率面对日益严峻的挑战，并要应对各国不同的节能要求。所以创新设计，特别是改善电源系统的设计，以实现各种节能目标。另外，传统电源设计由于传统拓扑（如固定 PWM 开关频率）的局限性，难以满足上述要求。由于高效电路比较昂贵，传统技术的 PWM 控制器设计，对于低待机能耗没有良好的脉冲模式控制技术等。由两大关键元素组成的 NCP1337 器件，能够在待机与工作模式下实现卓越的高效表现。

在待机工作模式下，传统的 PWM 控制器（如 UC384X、TLXXX IC）不考虑待机的具体要求。但在 NCP1337 中，用软跳周期技术来控制峰值电流并去除一些开关脉冲，从而控制开关损耗，进而实现空载、轻载状态下的卓越高效性能，并能在变压器进入跳周期工作时有效去除噪声。

本项目介绍了由 NCP1337 控制的准谐振反激式电源电路，其电路原理如图 3-77 所示，要完成这个项目的设计和制作，首先要完成以下任务：

◆ 掌握准谐振反激式变换器的工作原理。
◆ 熟悉控制芯片 NCP1337 的基本资料。
◆ 掌握控制芯片 NCP1337 外围电路的分析。
◆ 掌握准谐振反激式电源电路工作原理的分析。
◆ 掌握主电路参数和芯片部分外围电路参数的设计。
◆ 掌握准谐振反激式电源电路的调试、测试及故障分析。

任务一　准谐振反激式变换器的工作原理

学习目标

◆ 熟悉准谐振反激式变换器的结构。
◆ 掌握准谐振反激式变换器的工作原理。

图 3-71 为典型的单端反激式电路结构。电容 C_d 是开关管 VF 的输出电容 C_{oss} 和外并电容之和。图 3-72 为单端准谐振反激式变换器的典型工作波形。

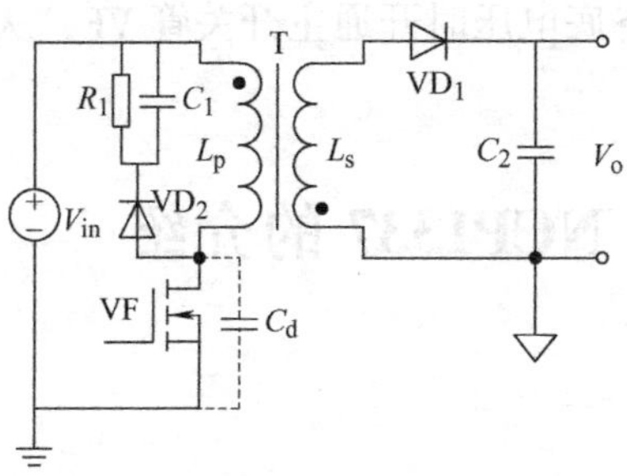

图 3-71　单端反激式开关电源电路图

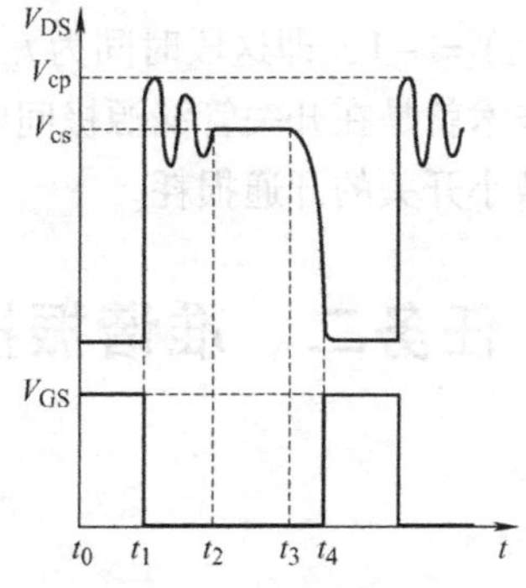

图 3-72　单端准谐振反激式变换器工作波形

1. 开关状态 1 [t_0, t_1]

t_0时刻，开关管 VF 导通，输入电压 V_{in}全部加在变压器一次电感L_p上（L_p包括励磁电感 L_m和漏感 L_{leak}），L_p上的电流 i_L开始线性增加到峰值 i_{Lpo}。变压器二次电感 L_s由于二极管 VD_1反向截止，处于开路状态。VF 的开通时间 t_{on}内有

$$i_{Lp}=\frac{V_{in}t_{on}}{L_p} \tag{3-82}$$

2. 开关状态 2 [t_1, t_2]

t_1时刻，开关管 VF 关断，开始时刻L_p给等效电容 C_d充电，当 C_d两端电压变为 $V_{in}+NV_{out}$时，VD_1导通，储存在变压器中的能量通过 VD_1释放，给 C_2充电，同时也给负载供电。变压器励磁电感被二次电压钳位，只剩下漏感 L_{leak}与 C_d产生谐振。VF 漏源极间最大电压为

$$V_{DSmax}=V_{in}+N(V_o+V_F)+i_{Lp}\sqrt{\frac{L_{leak}}{C_d}} \tag{3-83}$$

式中，V_F为二次侧二极管 VD_1压降；N 为变压器一次/二次的匝数比。

3. 开关状态 3 [t_2, t_3]

t_2时刻漏感 L_{leak}与 C_d谐振结束，开关管 VF 漏源极电压为 $V_{in}+NV_o$，二次电流线性减少到 t_3时刻为零。下降时间为

$$t_f=t_3-t_2=\frac{i_{Lp}L_p}{N(V_o+V_F)} \tag{3-84}$$

4. 开关状态 4 [t_3, t_4]

t_3因为变压器二次电流降到了零，变压器的二次绕组不再被输出电压钳位，所以从 t_3时刻开始，变压器一次励磁电感 L_p、C_d和变压器上及线路上的等效电阻串联谐振，VF 漏源极电压满足

$$V_{DS}=V_{in}+N(V_o+V_F)e^{-\alpha(t-t_3)}\cos 2\pi f_x(t_4-t_3) \tag{3-85}$$

式中，α 为振荡衰减系数；f_x为谐振频率，即

$$f_x=\frac{1}{2\pi\sqrt{L_pC_d}} \tag{3-86}$$

t_4时刻，V_{DS}达到振荡最低点（谷底），由于时间很短，$e^{-\alpha(t-t_3)}$的值近似为 1，此刻 $\cos 2\pi f_x(t_4-t_3)=-1$，即这段时间为 $t_w=\pi\sqrt{L_pC_d}$。

准谐振技术就是在开关管漏源极间电压下降到谷底电压时开通主开关管 VF，从而可以最大程度地减小开关的开通损耗。

任务二　准谐振控制芯片 NCP1337 的介绍

学习目标

◆ 熟悉准谐振控制芯片 NCP1337 的引脚功能及电气特性参数。

◆ 掌握芯片每个引脚正常工作时电压或电流的范围。

◆ 学会阅读芯片的应用信息（application note），然后根据应用信息，分析芯片外围电路，并能设计一定的功能电路。

一、芯片的特点、结构框图、引脚功能说明及电气特性参数

1. 芯片的主要特点

- 自由运行的边界/临界模式，准谐振工作模式
- 具有过功率补偿的电流模式
- 待机切换频率最低的软跳模式
- 独立于辅助电压的自动恢复短路保护
- 过电压保护
- 掉电保护（持续低压保护）
- 两个外部可触发故障比较器（一个用于禁用功能，另一个用于永久锁存器）
- 内置 4.0ms 软启动功能
- 500mA 峰值电流驱动器灌电流功能
- 最高工作频率 130kHz
- 内部前沿消隐，内部过热保护
- 直接光耦连接
- 动态自供电，电平为 12V（开）和 10V（关）
- 可用于瞬态和交流分析的 SPICE 模型

2. 器件描述及结构框图

NCP1337 是一款结合电流模式调节器和去磁检测器的芯片，以充分确保边界/临界导通模式在任何负载/输入电压条件，并具有最低漏极电压（准谐振工作模式）。因为采用了无线圈去磁检测技术，变压器磁心复位检测是在内部完成的，无需使用任何外部信号。根据限制标准，频率在内部限制为 130kHz，从而防止控制器在 150kHz CISPR-22 EMI 起始极限以上运行。

通过监测反馈引脚，一旦功率下降到预定水平以下时，控制器就会进入跳跃周期模式。由于每次重新启动都通过内部 soft-skip™软化，并且频率不低于 25kHz，所以没有音频噪声。

NCP1337 还具有高效的保护电路。该电路在出现过电流情况时会禁用输出脉冲并进入打嗝模式，以尝试重新启动。一旦默认设置消失，设备将自动恢复。电路中还包括大容量电压监视功能（称为欠电压保护），可调节的过载补偿和 V_{CC} 过电压保护。在上述任何一种情况下，控制器都会立即重新启动，除非故障计时器超时。最终，内部 4.0ms 软启动功能消除了传统的启动应力。

内部结构框图如图 3-73 所示。

3. 引脚名称和功能

引脚分布如图 3-74 所示。

各引脚名称和功能见表 3-9。

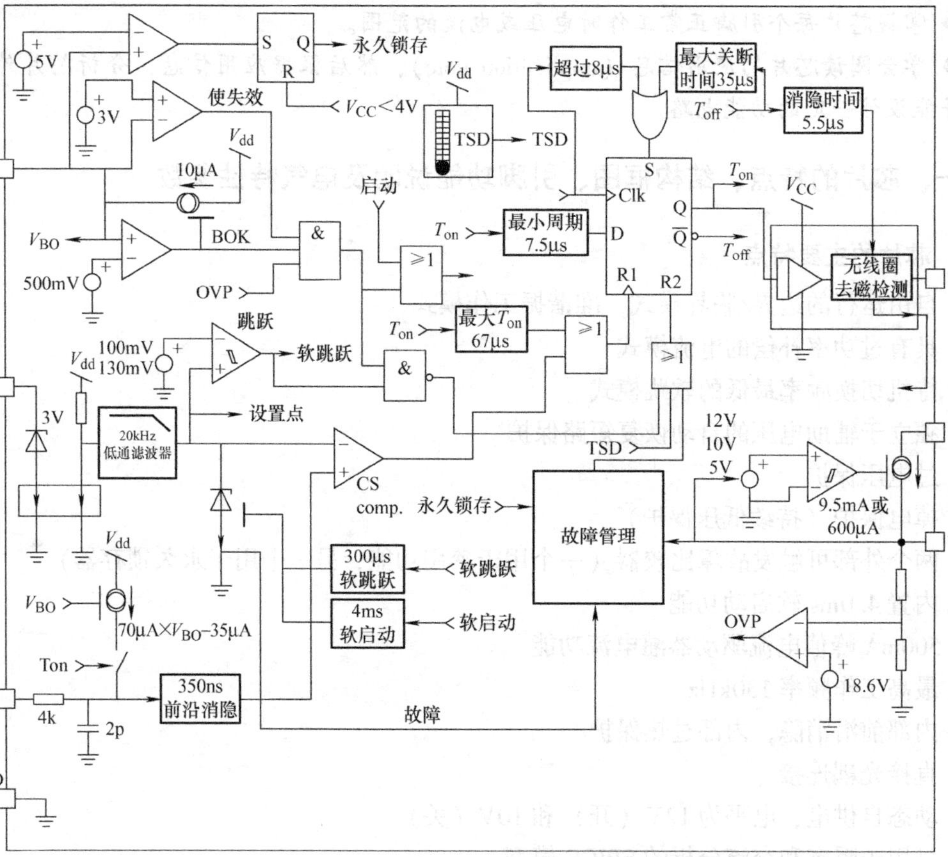

图 3-73　芯片 NCP1337 内部结构框图

表 3-9　各引脚名称和功能

引脚	符号	功能	描述
1	BO	欠电压和外部触发	•通过电阻分压器将引脚连接到输入电压，控制器通过 500mV 的欠电压比较器确保在安全的电压水平下运行 •如果外部使该引脚的电压高于 3.0V，则控制器的输出被禁用 •如果外部使该引脚的电压高于 5.0V，则控制器将永久锁死
2	FB	峰值电流设定	•将光电耦合器或辅助绕组连接到该引脚，根据输出功率的需求设置峰值电流点 •当需求的峰值电流设定点低于内部待机电平时，设备进入软跳周期模式
3	CS	电流检测输入和过载补偿调节	•该引脚检测一次电流，并通过 L. E. B. 将其送到内部比较器 •该引脚上串联一个电阻，可以控制过功率补偿电平
4	GND	IC 公共地	
5	DRV	栅极驱动输出	•与外部 MOSFET 相连接
6	V_{CC}	IC 工作电压	•连接一个电容（可能需要一个辅助绕组）。 •当 V_{CC} 达到 18.6V 时，内部的过电压保护停止输出脉冲
8	HV	高电压引脚	•连接到高压母线端，该引脚注入一个恒定的电流到 V_{CC} 大容量电容，并保证无损启动时序

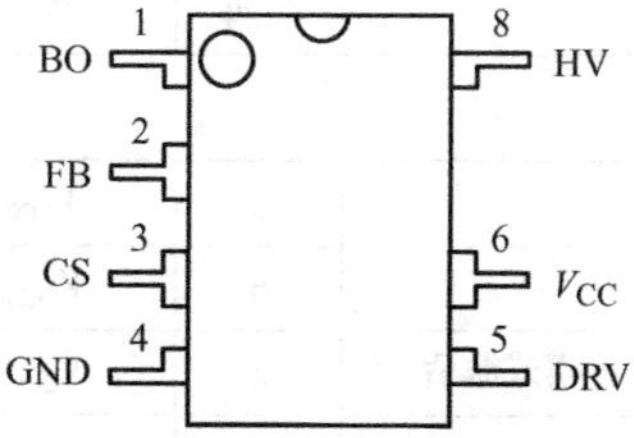

图 3-74　引脚分布图

4. 芯片电气特性参数

芯片最大额定值见表 3-10。

表 3-10　芯片最大额定值

参数	符号	值	单位
当引脚 6（V_{CC}）和地之间连接 10μF 电容，引脚 8（HV）的电压值	V_{HV}	-0.3 ~ 500	V
引脚 8（HV）的最大电流	—	20	mA
电源电压，引脚 6（V_{CC}）和引脚 5（DRV）	V_{CCmax}	-0.3 ~ 20	V
引脚 6（V_{CC}）的最大电流		±30	mA
最大 V_{CC} 电压变化率（dV/dt）	dV_{CC}/dt	9.0	V/ms
除引脚 8（HV）、引脚 6（V_{CC}）和引脚 5（DRV）外，所有引脚的最高电压	—	-0.3 ~ 10	V
除引脚 8（HV）、引脚 6（V_{CC}）和引脚 5（DRV）外，所有引脚的最大电流	—	±10	mA
在启动时间和 T_{BLANK} 期间，进入引脚 5（DRV）的最大电流	—	±1.0	A
在关断期间，流入引脚 5（DRV）的最大电流	—	±15	mA
热电阻，结点到壳	$R_{\theta JC}$	57	℃/W
热电阻，结点到环境，SOIC 封装	$R_{\theta JA}$	178	℃/W
热电阻，结点到环境，DIP 封装	$R_{\theta JA}$	100	℃/W
最高结温	T_{Jmax}	150	℃
工作温度范围	—	-40 ~ +125	℃
储存温度范围	—	-60 ~ +150	℃
静电放电能力，HBM 模型根据 Mil-std-883，3015 方法（除 HV 引脚外的所有引脚）	—	2.0	kV
静电放电能力，机械模型	—	200	V

注：超过最大额定值的应力可能会损坏设备。最大额定值仅为应力额定值。建议不要在推荐的条件下进行功能操作。长时间工作在高于建议工作条件的应力下可能会影响设备的可靠性。

电气特性参数见表 3-11。

表 3-11　电气特性参数

特性	引脚	符号	最小值	典型值	最大值	单位
供电部分						
控制器启动时 V_{CC} 电平	6	V_{CCON}	11	12	13	V
控制器关断时 V_{CC} 电平	6	V_{CCMIN}	9.0	10	11	V
当 V_{CC} 达到 HV 电流源启动时的电平，保护模式激活	6	V_{CCOFF}	—	9.0	—	V
V_{CC} 下降到闭锁阶段结束时的电平	6	$V_{CCLATCH}$	3.6	5.0	6.0	V
控制器进入保护模式的 V_{CC}	6	V_{CCOVP}	17.6	18.6	19.6	V
内部 IC 消耗，引脚 5 上无输出负载，$F_{SW}=60kHz$	6	I_{CC1}	—	1.2	—	mA
内部 IC 消耗，引脚 5 上连接 1.0nF 输出负载，$F_{SW}=60kHz$	6	I_{CC2}		2.0		mA
内部 IC 消耗，闭锁阶段，$V_{CC}=8.0V$	6	I_{CC3}	—	600	—	μA
跳跃模式时 IC 内部消耗电流	6	I_{CCLOW}	—	600	—	μA
内部启动电流源						
在高压引脚上的最低保证启动电压	8	V_{HVmin}	—	—	55	V
当 $V_{CC}>V_{CCINHIB}$ 时，高压电流源（$V_{CC}=10.5V$，$V_{HV}=60V$）	8	I_{C1}	5.5	9.5	15	mA
当 $V_{CC}<V_{CCINHIB}$ 时，高压电流源（$V_{CC}=0V$，$V_{HV}=60V$）	8	I_{C2}	0.3	0.6	1.1	mA
高压电流源关断时，漏电电流（$V_{CC}=17V$，$V_{HV}=500V$）	8	I_{HVLeak}	—	—	90	μA
驱动输出						
输出电压上升时间@ $C_L=1.0nF$，输出信号的 10% ~90%	5	T_R	—	50	—	ns
输出电压下降时间@ $C_L=1.0nF$，输出信号的 10% ~90%	5	T_F	—	20	—	ns
源电阻	5	R_{OH}	—	20	—	Ω
下沉电阻	5	R_{OL}	—	8.0	—	Ω
热关断						
热关断	—	T_{SD}	130	—	—	℃
热关断迟滞	—	—	—	30	—	℃
电流比较器						
最大内部电流设定值（@ $I_{FB}=I_{FB100\%}$）	3	$V_{CSLimit}$	475	500	525	mV
最小内部电流设定值（@ $I_{FB}=I_{FBrippleIN}$）	3	$V_{CSrippleIN}$	—	100	—	mV
内部电流设定值，$I_{FB}=I_{FBrippleOUT}$ 时	3	$V_{CSrippleOUT}$	—	130	—	mV
从电流检测到栅极关断状态的传播延迟时间	3	T_{DEL}	—	120	150	ns
前沿消隐时间	3	T_{LEB}	—	350	—	ns
开通期间在 CS 引脚上注入内部电流偏移（过功率补偿）	3	I_{OPC}	—	35	—	μA

（续）

特性	引脚	符号	最小值	典型值	最大值	单位
电流比较器						
@引脚1上为1.0V，Vpin3=0.5V @引脚1上为2.0V，Vpin3=0.5V			—	105	—	
最大开通时间	5	T_{ONmax}	52	67	82	μs
反馈部分						
检测出故障时FB电流	2	I_{FBopen}	—	40	—	μA
内部设定值为100%的FB电流	2	$I_{FB100\%}$	—	50	—	μA
驱动脉冲停止时的FB电流	2	$I_{FBrippleIN}$	—	220	—	μA
达到$I_{FBrippleIN}$后重新启动驱动脉冲的FB电流	2	$I_{FBrippleOUT}$	—	205	—	μA
FB引脚电压不再被调节时的FB电流	2	$I_{FBregmax}$	—	500	—	μA
当$I_{FBopen}<I_{FB}<I_{FBregmax}$时，FB引脚电压	2	V_{FB}	2.8	3.0	—	V
发现故障后进入保护模式之前的持续时间	—	T_{FAULT}	—	80	—	ms
内部软启动持续时间（达到$V_{CSLimit}$）	—	T_{SS}	—	4.0	—	ms
内部软跳跃持续时间（达到$V_{CSLimit}$）	—	T_{SSkip}	—	300	—	μs
欠电压和锁存部分						
欠电压水平	1	V_{BO}	460	500	540	mV
欠电压比较器触发时，从引脚1流出的电流	1	I_{BO}	—	10	—	μA
禁用输出时V_{pin1}阈值	1	$V_{DISABLE}$	2.8	3.0	3.3	V
激活永久锁存器时V_{pin1}阈值	1	V_{LATCH}	4.75	5.0	5.25	V
去磁检测模块						
去磁检测的电流阈值	5	I_{SOXYth}	—	210	—	μA
在T_{BLANK}后的关断时间内，DRV引脚上的最大电压（当灌电流为15mA时）	5	$V_{DRVlowmax}$	—	—	1.5	V
在T_{BLANK}后的关断时间内，DRV引脚上的最小电压（当源电流为15mA时）	5	$V_{DRVlowmin}$	-0.6	—	—	V
从去磁检测到驱动信号开启状态时的传播延迟（I_{GATE}变化斜率500A/S）	5	T_{DMG}	—	180	220	ns
退磁检测前，栅极关闭状态后消隐时间	5	T_{BLANK}	—	5.5	—	μs
退磁信号超时	5	T_{OUT}	—	8.0	—	μs
最大关断时间	5	T_{OFFmax}	—	35	42	μs
最小开关周期	5	$T_{periodmin}$	6.8	7.7	8.5	μs

注：典型值$T_J=25℃$，最小/最大$T_J=0℃\sim+125℃$，$V_{CC}=11V$，除非另有说明。

二、芯片的应用信息

NCP1337采用标准电流模式架构，关闭时间取决于峰值电流设置点，而内核复位检测则触发启动事件。该器件是要求极少元器件数应用的理想选择。尤其是低成本的AC-DC适配器、消费类电子产品、笔记本计算机电源适配器、LCD 显示器电源、LCD 电视电源等应用。

在待机工作模式下，传统的 PWM 控制器（如 UC384X、TLXXX IC）不考虑待机时的具体要求。但在 NCP1337 用软跳周期技术来控制峰值电流并去除一些开关脉冲，从而控制开关损耗，进而实现空载、轻载状态下的卓越高效性能，并能在变压器进入跳周期工作时有效去除噪声。

NCP1337 在工作状态下，有良好的准谐振（QR）功能，在电源负载上效率非常高。不仅能降低开关损耗，还能通过与输出整流器匹配的同步整流技术大幅减少次级损耗。由于 NCP1337 在准谐振 QR 模式工作，因此变压器绕组能自然地驱动 MOSFET。此外，NCP1337 还可降低开关周期内高频电流尖峰信号造成的电磁干扰。

实施无线圈去磁检测（Soxyless Detection），能够减少元器件数量并实现高能效解决方案。无线圈去磁检测技术（针对 QR 检测）是 NCP1337 技术实施的关键，由此很容易做到减少外部元器件及检测时无需独立的引脚。

- **准谐振工作**：不管工作条件如何，都能确保谷底开关操作，这主要是内部无线圈去磁检测电路发挥的作用。因此，几乎没有一次开关的开通损耗，也没有二次二极管的恢复损耗，减小了电磁干扰和音频噪声干扰。
- **动态自供电**（DSS）：由于采用了超高压集成电路（VHVIC）技术，NCP1337 能与高压 DC 引脚直接相连接。动态电流源为电容充电，并提供完全独立的 V_{CC} 电平。因此，低能耗应用不需要任何辅助绕组供电给控制器。在需要该绕组的应用中（见应用说明中的“功率消耗”部分），DSS 将简化选择 V_{CC} 电容。
- **过电流保护**（OCP）：当反馈电压在低于最小值时，NCP1337 会检测到故障。如果故障持续超过 80ms，NCP1337 将进入自动恢复的软脉冲模式。所有脉冲将停止，电容放电，电压降至 5.0V 以下。通过监控 V_{CC} 电平，电流源启动 ON 与 OFF，从而产生脉冲模式。电流源启动两次后，控制器尝试再次启动软启动时间为 4ms。如果故障信号已经消失，开关电源恢复运行。如果故障仍然存在，则再次启动脉冲序列。软启动与最小频率钳位一起工作，可有效降低短路条件下变压器中产生的噪声。
- **过电压保护**（OVP）：通过持续监测 V_{CC} 电平，NCP1337 检测到过电压情况时即停止开关操作。
- **掉电检测**（BO）：通过监控正常工作时引脚 1 上的电平，控制器可保护开关电源不受主电源过低的影响。当引脚 1 电平低于 500mV 时，控制器将停止脉冲，直到电压回升到适当值再重新工作，除非故障计时器超时。通过调整连接在高输入电压和引脚 1 之间的电阻分压器，启动和停止电平是可编程的。
- **过载补偿**（OPC）：内部电流源从引脚 3（CS）注入与引脚 1 上电压匹配的电流。该电压反映了输入电压的大小，插入与引脚 3 串联的电阻，就能在电流感应信号上形成补偿输入电压差异的偏置。
- **外部锁存跳闸点**：从外部给引脚 1 强加上大于 3V 而低于 5V 的电平，比如温度感应器的信号，就可能禁用控制器的输出。如果电压强制高于 5V，那么 IC 将永久锁死。欲恢复正常工作，V_{CC} 电压须降至 4V 以下，就要拔掉 SMPS 与电源的连接。
- **待机功能**：在轻载情况下，NCP1337 进入软跳周期模式。当 CS 设置点比最大峰值电流低 20% 时，输出脉冲停止，当 FB 回路强制设置点高于 25% 时，开关变换器又重新开始。

当这种情况出现在低峰值电流、软启动、T_{OFF}被钳位时，即使采用低成本的变压器也能无噪声工作。

在 NCP1337 中有两个重要特征：一是用软跳周期技术来控制峰值电流并去除一些开关脉冲，从而控制开关损耗，进而实现空载、轻载状态下的卓越高效性能，并能在变压器进入跳周期工作时有效去除噪声。二是为了保证任何时候都能在谷底值开通，实现准谐振工作方式，使用了无线圈去磁检测技术。

1. 软跳周期技术

在轻载下或待机工作模式时，NCP1337 进入软跳周期模式。当 FB 设置点比最大峰值电流低 20% 时（V_{CS}在 100mV），输出脉冲停止。当 FB 回路强制设置点高于 25%（V_{CS}在 130mV）时，开关转换又重新开始，而且每次启动都内部软化，即软启动使得频率不会低于 25kHz。当这种情况出现在低峰值电流、软启动、T_{OFF} 被钳位时，即使采用低成本的变压器也能无噪声工作，如图 3-75 所示。

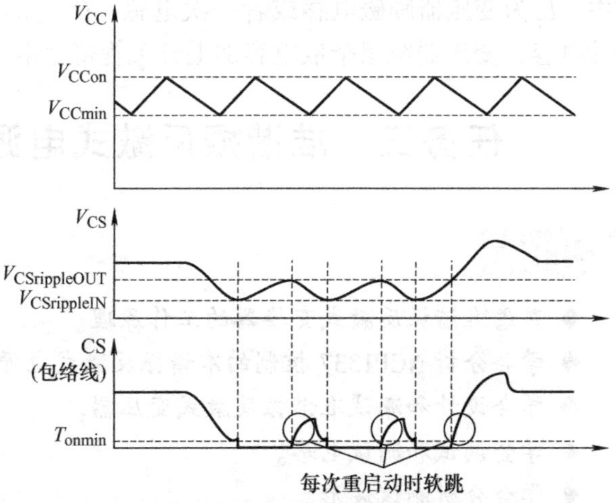

图 3-75 在待机状态下的软跳周期模式

2. 无线圈去磁检测技术

为了得到准谐振工作模式，最佳点应对应于漏极电压的“谷点”，同时这也对应于总漏极电容的最低能量存储点。安森美半导体的特定功率 MOSFET 驱动器，混合 MOS 与双极机制检测负栅电流，使负栅电流不通过底端传导，而通过正 V_{CC} 电压的路径传导。这样，检测到的电流会从 V_{CC}通过很简单的补偿机制流向栅极，形成了有源负电压钳位。因此，负栅电流能转化为便于处理的正电流。随后，简单的比较器可检测零电流栅极交叉，进而提供“谷点”信号。因此，不需要变压器辅助绕组电压等任何外部信号就能自动检测功率开关管漏极的谷底电压，使电路设计更为简单。无线圈去磁检测示意图和波形如图 3-76 所示。

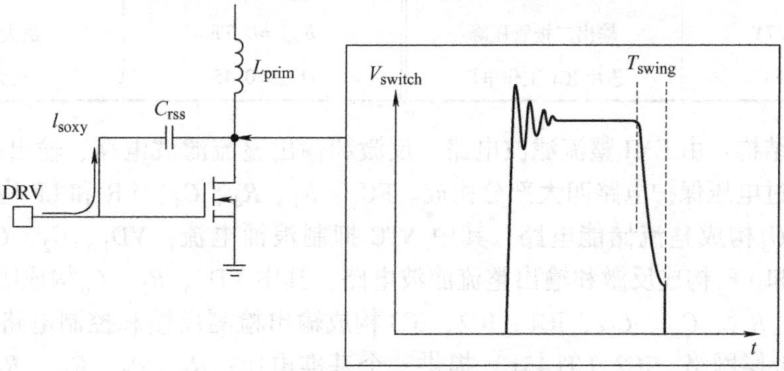

图 3-76 无线圈去磁检测示意图和波形

功率开关管栅极电流为 $I_{gate} = V_{ringing}/Z_C$（$Z_C$为电容阻抗）

所以，

$$I_{gate}=V_{ringing}\times(2\times\pi\times F_{res}\times C_{rss})\tag{3-87}$$

栅极电流的大小取决于 MOSFET、谐振频率和漏极上的电压波动。

死区时间 T_{swing} 为

$$T_{swing}=0.5/F_{res}=\pi\times\sqrt{L_p\times C_{drain}}\tag{3-88}$$

式中，L_p为变压器励磁电感或者一次电感；C_{drain}为 MOSFET 漏极上的总电容。该电容包括缓冲电容、变压器绕组杂散电容加上开关管寄生电容 C_{oss}和 C_{rss}。

任务三　准谐振反激式电源电路的分析与测试

学习目标

- ◆ 熟悉准谐振反激式变换器的工作原理。
- ◆ 学会分析 NCP1337 控制的准谐振反激式电源电路的工作原理。
- ◆ 学会设计和测试准谐振反激式变压器。
- ◆ 学会调试和测试电路。
- ◆ 学会分析测试波形。

一、NCP1337 控制的准谐振反激式电源的技术指标及电路分析

NCP1337 控制的准谐振反激式电源电路如图 3-77 所示。电路预定技术指标及参数见表 3-12。

表 3-12　电路预定技术指标及参数

名称	描述	名称	描述
V_{inmin} = AC 90V	最低交流输入电压	I_o = 3A	输出电流
V_{inmax} = AC 264V	最高交流输入电压	P_o = 57W	标称输出功率
V_{out} = DC 19V	正常输出电压	η = 0.90	典型效率@ AC 220V
V_{outmax} = DC 24V	最大输出电压	f_{smin} = 25kHz	最小开关频率
V_{VD1} = DC 0.7V	输出二极管压降	B_{max} = 0.3T	最大磁场强度
V_{CC} = DC 15V	芯片 IC1 工作电压	D_{max} = 0.45	最大占空比

电路组成结构：由 EMI 整流滤波电路、反激和输出整流滤波电路、输出检测反馈和控制电路、输出过电压保护电路四大部分构成。FU_1、R_1、R_4、C_4、VR 和 LF 构成 EMI 电路；VD_2、NTC 和 C_3 构成整流储能电路，其中 NTC 抑制浪涌电流；VD_1、C_2、C_7、C_8、VT_1、VD_3、R_2、C_6和 VF_1构成反激和输出整流滤波电路，其中 VD_3、R_2、C_6构成吸收网络；R_5、R_7、R_{11}、R_{12}、R_{13}、C_{10}、C_{25}、IC1、IC2、IC3 构成输出检测反馈和控制电路。其中，C_{10}、R_{11}、C_{25}构成补偿网络，IC2（TL431）提供一个基准电压；R_8、R_9、R_{16}、R_{21}、C_{13}、IC4、VT_2、VT_3、C_{10}构成输出过电压保护电路。其他电路：变压器辅助绕组、VD_5、VD_7、VT_1、C_{12}、R_{14}给控制芯片 IC1 提供正常工作电压 V_{CC}，整流滤波电压 V_{C3}通过 R_{15}给 IC1 提供启动工作电压。

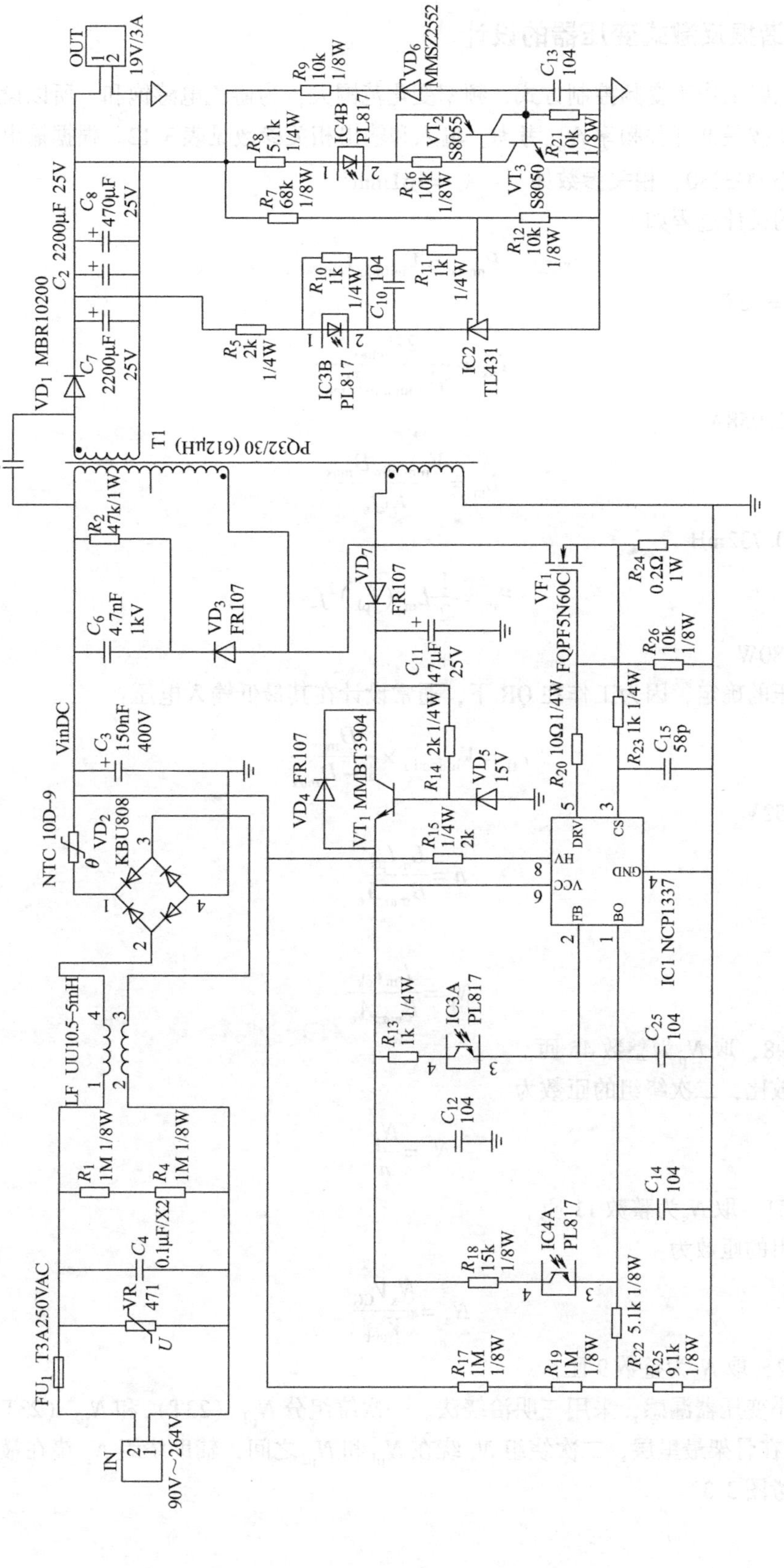

图 3-77 NCP1337控制的准谐振反激式电源电路

二、准谐振反激式变压器的设计

由于本电路工作于变频控制方式，频率变化范围大，为避免电感饱和，所以设计变压器一次电感时要按最低开关频率f_{smin}考虑。输入和输出相关参数见表3-12。根据输出功率的大小，选用磁心 PQ3230，相关参数如下：$A_e = 161mm^2$。

变压器的设计过程如下：

$$P_{omax} = V_{outmax}I_{out} \tag{3-89}$$

则 $P_{omax} = 72W$

$$I_{pk} = \frac{2P_{omax}}{\eta V_{indcmin}D_{max}} \tag{3-90}$$

则 $I_{pk} = 2.958A$

$$L_m = \frac{V_{indcmin}D_{max}}{I_{pk}f_s} \tag{3-91}$$

则 $L_m = 0.732mH$

$$P_{in} = \frac{1}{2}L_m(I_{pk})^2f_s \tag{3-92}$$

则 $P_{in} = 80W$

反射电压的确定，因为工作在 QR 下，通常设计在其最低输入电压：

$$V_{fl} = V_{indcmin} \times \frac{D_{max}}{1 - D_{max}} \tag{3-93}$$

则 $V_{fl} = 98.352V$

$$n = \frac{L_mI_{pk}}{B_{max}A_e} \tag{3-94}$$

则 $n = 3.982$

$$N_p = \frac{L_mI_{pk}}{B_{max}A_e} \tag{3-95}$$

则 $N_p = 44.798$，取 N_p为整数 45 匝。

已知匝数比，二次绕组的匝数为

$$N_s = \frac{N_p}{n} \tag{3-96}$$

则 $N_s = 11.251$，取 N_s为整数 11 匝。

辅助绕组的匝数为

$$N_a = \frac{N_sV_{CC}}{V_{out}} \tag{3-97}$$

则 $N_a = 8.882$，取 N_a为整数 9 匝。

为了减小变压器漏感，采用三明治绕法。一次绕组分 N_{p1}（23T）和 N_{p2}（23T）两部分绕制，N_{p1}绕在骨架最里层，二次绕组 N_s 绕在 N_{p1}和 N_{p2}之间，辅助绕组 N_a 绕在最外层。具体绕法可参考图 3-33。

三、电路的调试、测试和故障分析

1. 调试电路

图3-77电路图的PCB板布局如图3-78所示。电路板的3D示意如图3-79所示。根据图3-78a和b上标注的元器件序号焊接好元器件；检查有源器件的方向是否有错误和电解电容的极性是否接对，是否有虚焊和短路的地方；用万用表测量输入和输出是否有短路的现象。接下来就要进行调试和功能测试。调试电路的作用就是保证电路中每一部分电路是正常工作的，然后才能在输入端加电测试。下面介绍本电路的调试过程。

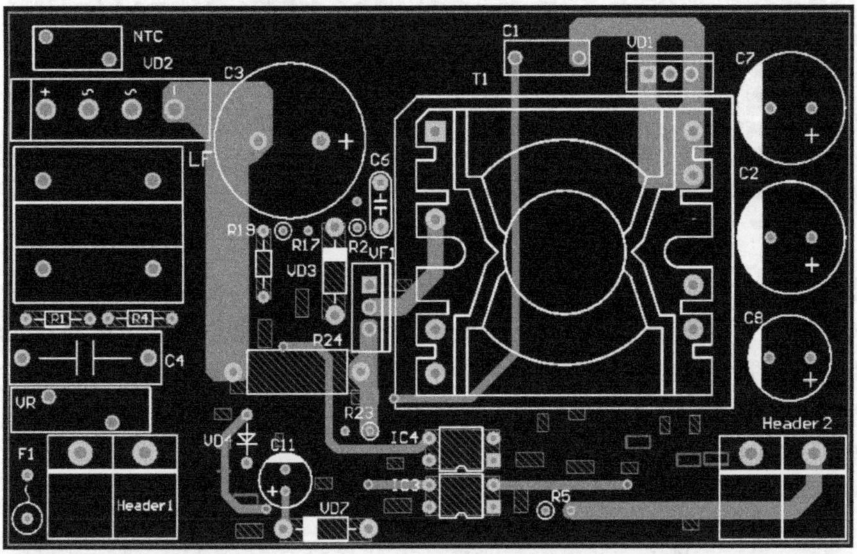

a)

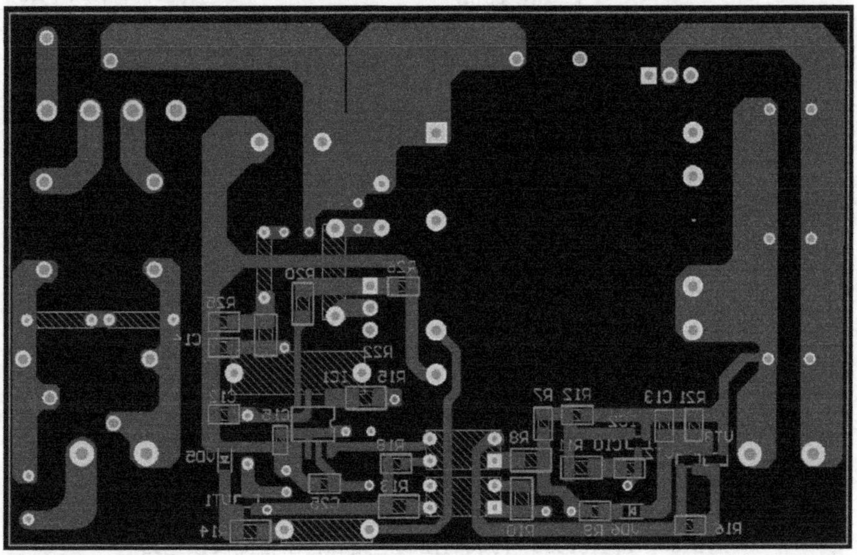

b)

图3-78　PCB布局
a）Top层　b）Bottom层

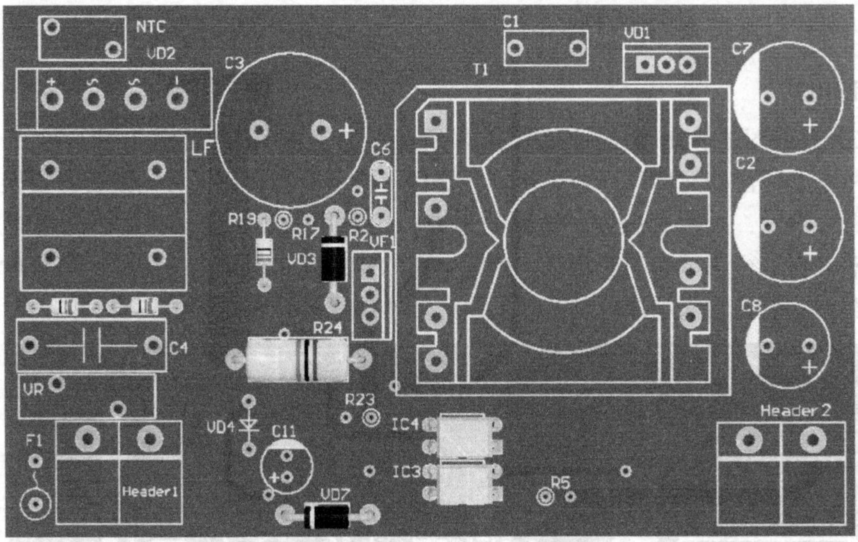

图 3-79　电路板的 3D 示意图

根据前面电路工作原理的分析可知，电路大致分成四部分：①EMI 整流滤波电路；②由 NCP1337 构成的控制电路和输出检测反馈电路；③反激和输出整流滤波电路；④输出过电压保护电路。调试过程分成三部分，其中 EMI 整流滤波电路和反激和输出整流滤波电路的调试见此模块中项目一的任务四内容。下面主要分析由 NCP1337 构成的控制电路和输出检测反馈电路（见图 3-80）的调试。

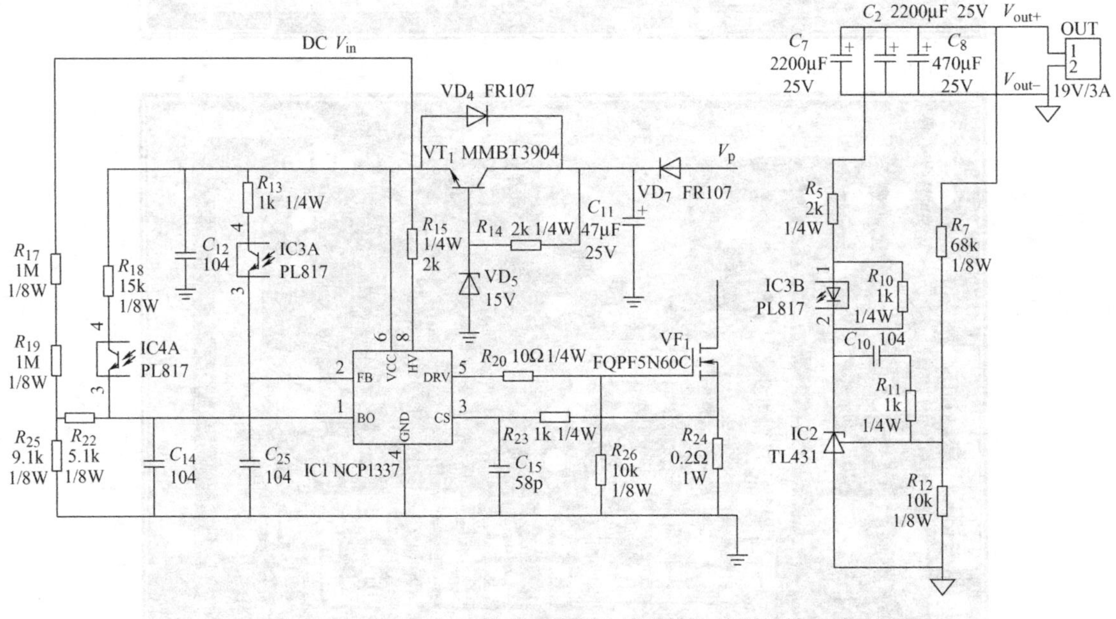

图 3-80　由 NCP1337 构成的控制电路和输出检测反馈电路

（1）IC2（TL431）和 IC3（PL817）的调试

在输出端，即 V_{out+} 和 V_{out-} 之间加 19V ± 0.5V 直流电压，测量 IC2（TL431）引脚 3 的

电压，使引脚 3 的电压达到 2.5V ±0.05V；测量 IC3（PL817）引脚 2 的电压为 2V ±0.1V，引脚 1 的电压为 3.18V ±0.1V，把万用表调到二极管档位，测量 IC3 引脚 3 和引脚 4 两端，会发出响声。若上述测量结果不在范围之类，检查 TL431、光耦和电阻值是否正常。对于光耦 PL817 而言，在引脚 1 和引脚 2 之间加 1.2V ±0.1V，用万用表（档位调到蜂鸣档）测量引脚 3 和引脚 4 两端，会发出响声，否则，说明光耦 PL817 损坏。

（2）IC1（NCP1337）、IC2（TL431）和 IC3（PL817）的联合调试

IC1（NCP1337）外接 V_{CC}，即在 V_p 和一次侧地之间加 17V ±0.5V；V_{out+} 和 V_{out-} 之间加 19V ±0.5V，测量 IC1 引脚 2 的电压为 10.1V ±0.1V。若把输出电压降到 18V 或以下，测量 IC1 引脚 2 的电压为 0V。

（3）IC1 中 HV 和 V_{CC} 的调试

在输入端（IN）加 AC 100V，即 V_{in} 为 DC 144V ±5V。测量 IC1 引脚 6 和引脚 8 的电压分别为 10.3V ±0.5V 和 140V ±5V。

2. 测试电路

电路调试完之后，对电路要进行功能和性能指标的测试，电路测试仪器设备接线如图 3-81 所示。

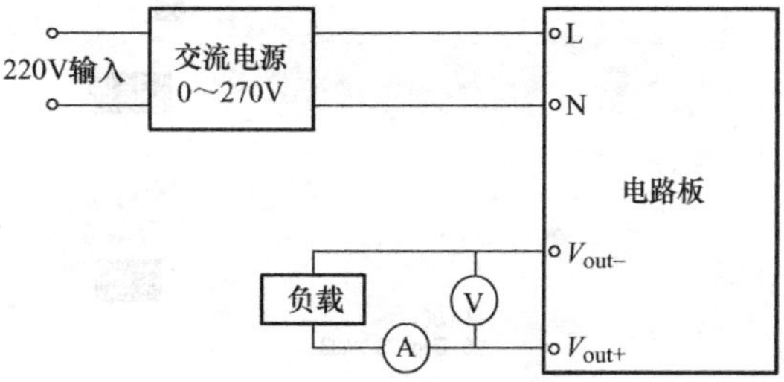

图 3-81　测试电路连接图

负载既可以是电子负载（动态负载），也可以是电阻负载（静态负载），负载最大功率可调到 75W。

按图 3-81 所示连接好仪器设备，慢慢增加输入电压到 AC 90V，LED_1 会亮，测量输出电压 V_{out}，输出电压为 19（1 ±2%）V。对电路的性能指标进行测试，部分性能指标测试的波形如下：

（1）启动波形

输入电压 AC 220V，输出功率为 50W 时，输出电压启动波形如图 3-82 所示。

由图 3-82 可知：输出电压的超调量为 21V − 19V = 2V，非常小；输出电压的上升时间（从输出电压的 10% 上升到 90% 的时间）约为 30ms。

（2）输出电压波形

输入电压 AC 200V，输出功率为 57W 时，输出电压波形如图 3-83 所示。

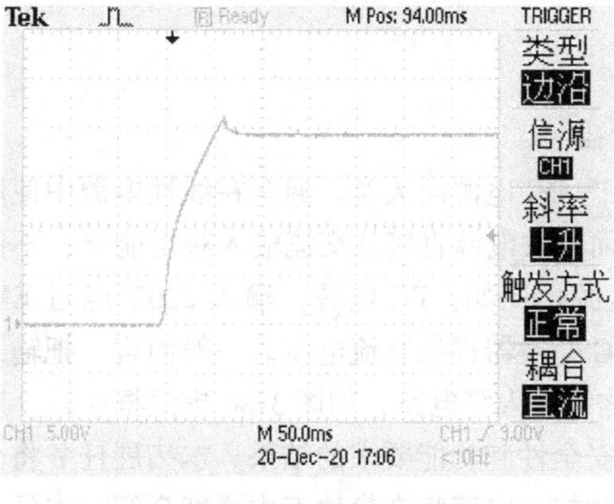

图 3-82　输出电压启动波形

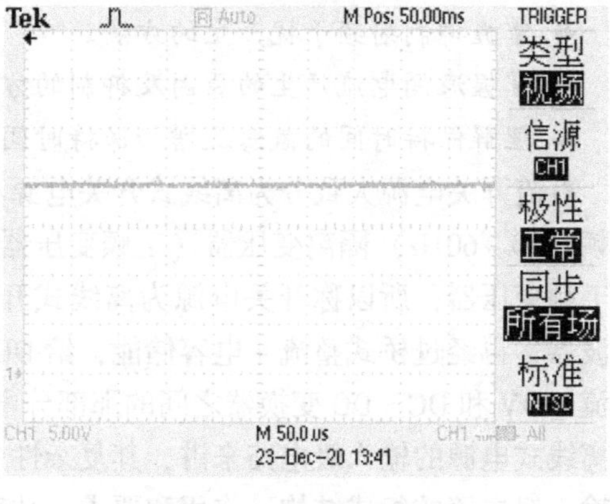

图 3-83　输出电压波形

由图 3-83 可知，输出电压的变化量为 19.5V − 19V = 0.5V，百分数值（%）= 0.5/19 × 100% = 2.6%，非常小。

（3）输出电压纹波

输入电压 AC 200V，输出功率为 57W 时，输出电压纹波如图 3-84 所示。

由图 3-84 可知，输出电压的纹波约为 200mV，非常小。

（4）V_{DS}波形

输入电压 AC 180V，输出功率为 57W 时，开关管 VF_1 中漏源极间电压的波形如图 3-85 所示。

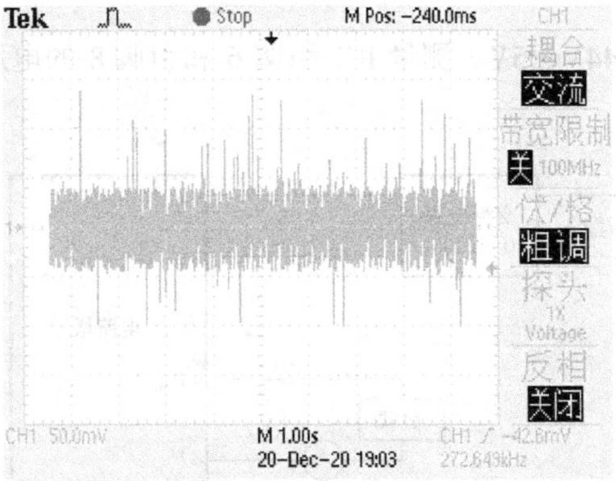

图 3-84 输出电压纹波

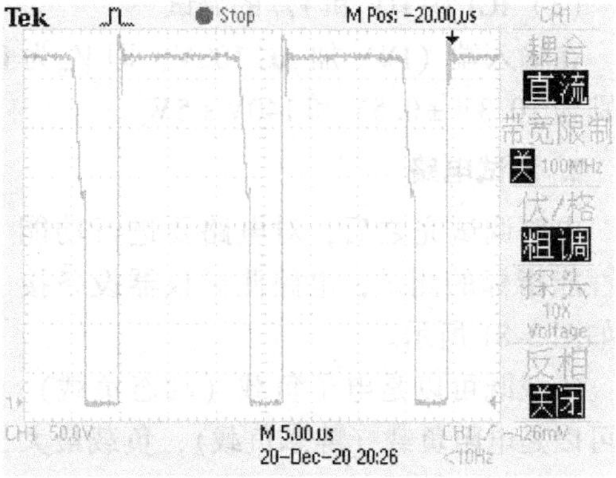

图 3-85 V_{DS}的波形

由图 3-85 可知：V_{DS}的最高电压为 360V，远远小于开关管 VF_1 中漏源击穿电压 600V。

拓展任务　开关电源输入级电路介绍

学习目标

◆ 掌握离线运行电路的工作原理。

◆ 了解射频干扰产生的原因及安规事项。

◆ 掌握抑制射频干扰产生的方法。

◆ 掌握浪涌电流产生的原因及抑制的方法。

◆ 理解保持时间的概念及增加保持时间的方法。

直流开关电源大致分为离线式开关电源和 DC − DC 电源两大类。通常在线性电源中使用低频（50 ~ 60Hz）隔离变压器（工频变压器），而开关电源直接从交流输入获得能量，不使用工频变压器，所以称开关电源为离线式开关电源。比如：PC 电源，输入 220V 经过 EMI 滤波器，再经过桥式整流 + 电容储能，给 DC − DC 变换器提供直流电压。一般而言，把输入交流 220V 和 DC − DC 变换器之间的那部分电路称为输入级电路，如图 3-86 虚线框所示。对于离线式电源的输入级电路来讲，其复杂性多是安全性和功能要求的结果。本拓展任务将介绍输入级电路的组成结构、作用和要求。功率因数校正电路将在模块五中详细介绍，本任务就不再阐述了。

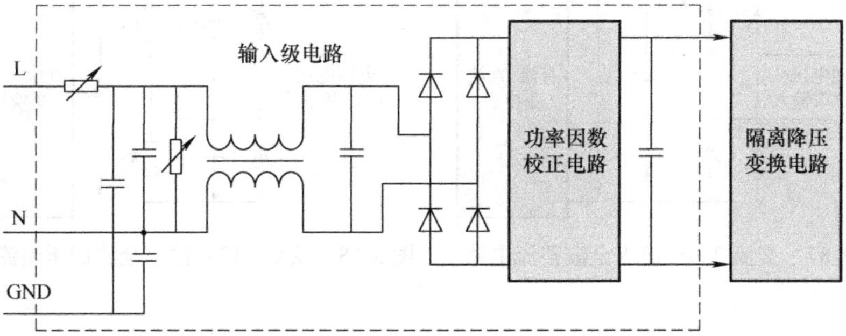

图 3-86　输入级电路结构

一、离线运行

1. 三种整流滤波电路

世界各地的电力系统是多种多样的，主要地区的情况见表 3-13。

表 3-13　输入交流电压类型

地区	电压/V	频率/Hz
美国	117	60
欧洲	240	50
日本	100	60
中东	240	50/60

大体来讲，电网电压将在额定电压的 ±10% ~ ±15% 之间变化。多数商业电源的设计满足日本和美国标准，并且限定电压范围在 90 ~ 135V 或者 190 ~ 270V，而通用电源必须能够在 90 ~ 270V 范围内工作。如：PC 电源和笔记本计算机的电源适配器上都标有输入电压的范围和频率。

交流 220V 输入全波整流电容滤波电路如图 3-87 所示，交流 117V 输入全波倍压整流电容滤波电路如图 3-88 所示，两者都能提供额定值约为 310V 的直流输出。图 3-89 所示的电路综合了图 3-87 和图 3-88 的电路，通过切换开关来适应 117V 和 220V 的输入电压，也能够得到额定 310V 的直流输出。上述三种电路输出电压的变动范围为 300 ~ 400V。两个电阻 R_1 和 R_2 相等，其作用是使电压在两个电容上平均分配。

图 3-87 中的电路能够用于通用的输入电源，不过此时其输出电压不再是恒定的 310V。在这种情况下，此电路的输出电压变化范围为 12 ~ 400V，因此这时需要后级的直流-直流变换器具有更大的调整范围。如果输入交流电压为 117V，图 3-87 和图 3-88 的仿真波形如图 3-90 所示。

全波倍压整流电路也可以应用到辅助电源 V_{CC} 中，电路如图 3-91 所示。辅助电源 V_{CC} 为控制芯片提供正常工作的电压。

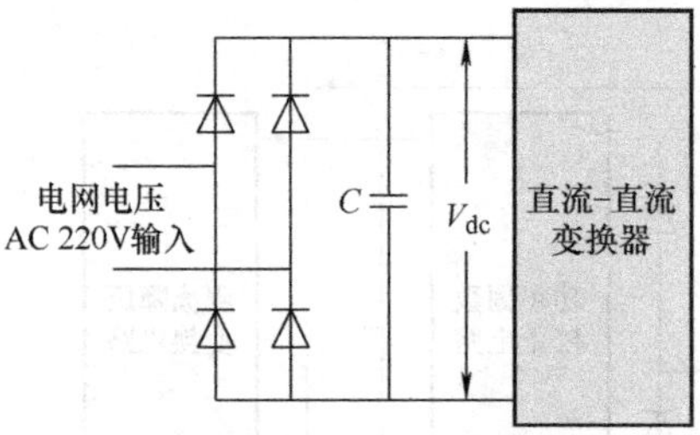

图 3-87　交流 220V 输入全波整流电路

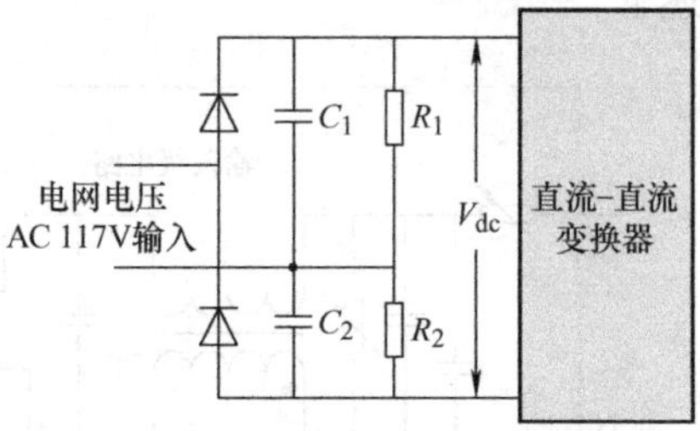

图 3-88　交流 117V 输入全波倍压整流电路

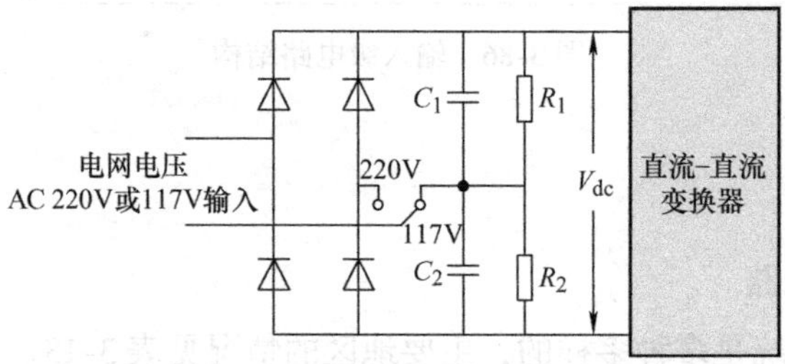

图 3-89　在 117V 和 220V 之间切换以获得 310V 直流整流电路

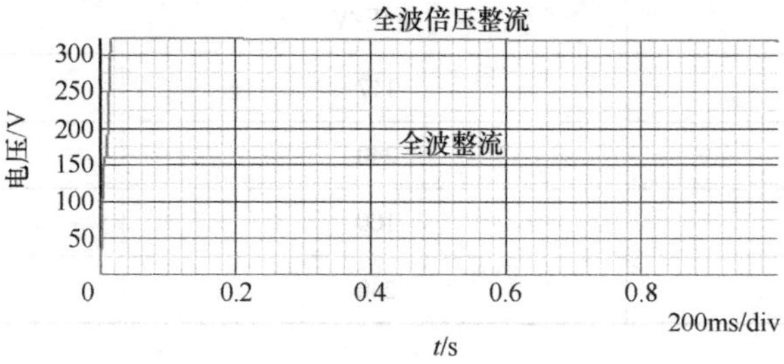

图 3-90　两种整流滤波电路输出电压波形

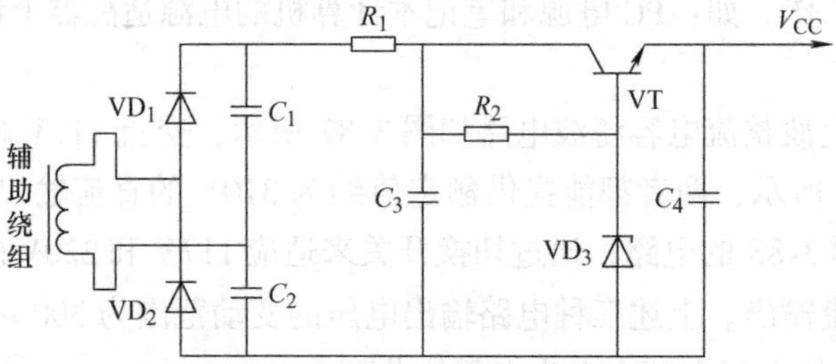

图 3-91　辅助电源 V_{CC} 电路

2. 输入储能电容特性

输入储能电容就是指整流桥输出的储能电容 C，如图 3-86 所示。铝电解电容是唯一能够提供足够高的耐压值和电容值的元件。耐压值为 400～450V 的电容对于 220V 的工作场合已经足够。对于电网电压为 117V 的倍压器，两个耐压值为 200～250V 的电容比较适合，这样的系统要求较大的分压电阻，使得电压在两个电容上平均分配。如果没有分压电阻，两个电容上的电压会有较大差异，从而引起电容的过电压击穿。为了保证足够的裕量，选择耐压值为300V或者更高的电容比较适合。

电容上存在着等效串联电阻（ESR），电容在充电和放电时，等效串联电阻产生的功率损耗将会导致电容升温。如果长时间工作，散热条件不好，超过电容器允许的最高工作温度，电容就会损坏。电容的“屁股”往上翘，表明已经损坏。

3. 输入整流器

线性电源采用铁心变压器实现主电路和母线之间的隔离并将输出电压变换至所需值，变压器避免了很多由于母线情况变化引起的负面效应。这种传输模式取决于绕组之间的容性耦合，同时减小了整流器承受的应力。

离线式电源中的整流器直接和母线相连接，因此可以承受很大的电压脉冲和浪涌电流。为了保护输入整流器，输入母线需要增加瞬间保护元器件。目前有两种元器件适用于瞬间保护：齐纳二极管和金属氧化物变阻器。齐纳二极管可采用背对背接法，但是耐高压齐纳二极管价格比较昂贵。Vishay半导体公司推出了一系列专用于瞬间抑制的TransZorb齐纳二极管。金属氧化物变阻器（MOV）具有雪崩特性，在雪崩电压之前具有很高的阻值，到达雪崩电压时，电阻器短路，吸收瞬间能量。当电压降至雪崩电压时，又恢复电阻特性。金属氧化物变阻器的额定电压必须远高于最高母线电压。如果输入电压高于雪崩电压，金属氧化物将会钳位并失效。金属氧化物变阻器的失效是个小问题，但如果金属氧化物变阻器的失效是由于输入电压引起的，则很有可能会引起爆炸，因此保护电路是必要的。金属氧化物变阻器和齐纳二极管可以限制峰值电压和瞬间变量，最好选择1000V PRV二极管以实现足够的浪涌电压保护。

输入二极管只是在总输入电压的一小段时间内导通，整流器电流可能是母线电流有效值的10～20倍。储能电容体积的大小直接影响电流峰值和平均值的比值，为了获得较长的保持时间，往往采用较大的电容，这将引起该比值的增大，因此要求整流管具有更高的额定平均电流等级。根据经验，通常的做法是限定电流峰值与平均值的比值，最大值不能超过20。

选择足够大功率的整流管也很必要。Motorola公司生产的MDA970A6桥式整流器，其平均电流额定值为4.0A（20℃时），但是在80℃会降至2.0A。功率损耗和热电阻必须综合考虑来估计结点温度。通常二极管的导通压降为0.7V，二极管压降与其电流成指数关系。对于硅二极管，电流为10A时，压降略高于1V。这些值通常都在数据表中给出，可以根据平均电流估算功率损耗。

二、射频干扰抑制

1. 射频干扰产生的原因

输入电源的电压与电流波形如图3-92所示。底部是输入电压波形，中间是输入电流波形，顶部是电容上的电压波形。输入电流波形上升和下降时间都非常短，其实质是窄矩形脉冲。这种波形的谐波含量非常大，可达5MHz甚至更高。同时DC-DC变换器的瞬变开关电流产生的噪声会引入到整流器的输入中，这些瞬变产生开关频率的噪声及谐波，即使小功率的电源也能产生明显射频干扰噪声。另外，PCB板以及隔离变压器的匝间电容或者寄生电感等也会产生干扰射频噪声。早在20世纪80年代初，射频干扰成为开关电源和计算机的严重问题，为此美国联邦通信委员会制定了47CFR、Part15J标准，其内容主要涉及设备输出射频噪声的辐射与传导问题。后来美国联邦通信委员会更改了此标准，使其等效于欧盟的EN61000－3－2标准。产品设计通过上述两者之一即可。

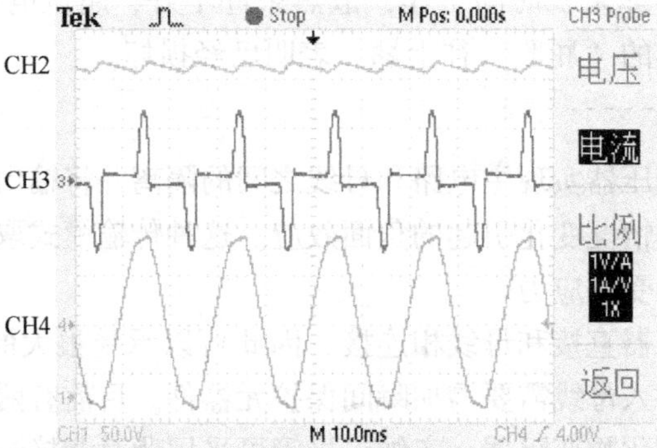

图3-92　输入电压、电容电压和输入电流波形

CH2—电容电压波形　CH3—输入电流波形　CH4—输入电压波形

2. 抑制射频干扰的方法

（1）欧洲的EN61000－3－2标准

EN61000－3－2谐波标准，把输入功率大于75W的设备分成四个等级，即将单相或三相电器设备分为A、B、C和D四大类：A类为平衡三相设备；B类为便携式设备；C类为照明装置；D类为输入功率大于600W的设备来设定谐波的标准；对于输入功率小于75W的设备，谐波要求没有限制。上述四类设备谐波标准分别见表3-14和表3-15。

表3-14　A类和B类设备谐波标准

A类		B类	
谐波次数 n	最大谐波电流/A	谐波次数 n	最大谐波电流/A
奇次谐波		奇次谐波	
3	2.30	3	3.45
5	1.14	5	1.71
7	0.77	7	1.16
9	0.40	9	0.60
11	0.33	11	0.50
13	0.21	13	0.32
$15 \leqslant n \leqslant 39$	$0.15 \times 15/n$	$15 \leqslant n \leqslant 39$	$0.23 \times 15/n$
偶次谐波		偶次谐波	
2	1.08	2	1.62
4	0.43	4	0.65
6	0.30	6	0.45
$8 \leqslant n \leqslant 40$	$0.23 \times 8/n$	$8 \leqslant n \leqslant 40$	$0.35 \times 8/n$

表 3-15 C 类和 D 类设备谐波标准

C 类		D 类		
谐波次数 n	最大谐波电流（% 基波电流）	谐波次数 n	最大谐波电流 /（mA/W）	最大谐波电流/A
2	3	3	3.4	2.30
3	30 × PF	5	1.9	1.14
5	10	7	1.0	0.77
7	7	9	0.5	0.40
9	5	11	0.35	0.33
11≤n≤39（仅奇次）	3	13≤n≤39（仅奇次）	3.85/n	0.13 × 13/n

（2）抑制射频干扰的电路

典型的带电磁干扰抑制 EMI 滤波器的输入级电路如图 3-93 所示，共模信号和差模信号均能被图中的滤波器抑制。其中，差模信号来源于电网与开关电路的直接连接端，而共模信号是由隔离变压器的匝间电容或杂散磁耦合等寄生引起的。图 3-93 中，C_1、C_3、C_5通常是欧盟标准的 X2 类电容，滤除差模信号；C_2和C_4通常是 Y2 类电容，滤除共模信号；L_1和L_2是差模电感，滤除差模信号；L_3是共模电感，滤除共模信号。

为了抑制共模干扰，通常在相线、中线与安全地线之间接入电容，但这也给供电电源提供了一个漏电流通道，而漏电流会被接地故障漏电保护器检测到，从而当作危险情况予以处理。因此，接入的电容应该尽可能小，以控制漏电流值。对医用系统来讲，此类电容被限定在 470pF 以内；而对商用系统，在 4700pF 以内都是可以接受的。图 3-93 所示电路中的 EMI 滤波器为低通滤波器，其截止频率约为 1kHz。

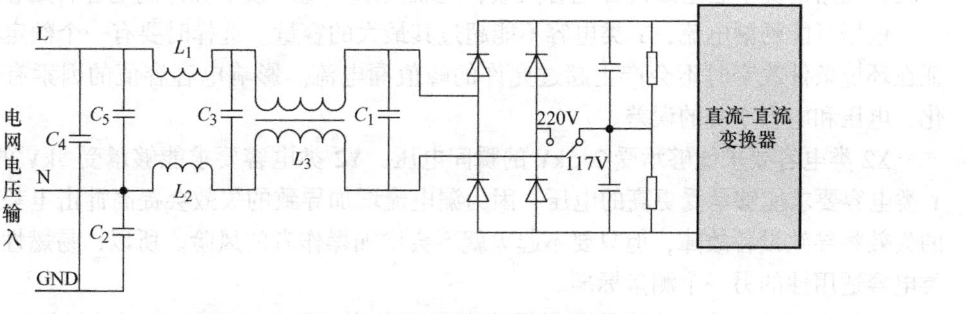

图 3-93 带 EMI 滤波器的输入级电路

三、安规事项

由于大量瞬间态高压源的存在，网侧供电线供给的是标准正弦电压与瞬间高压叠加后的电压。欧洲的电源生产商研究了上述瞬态高压源及其出现的频率后得知：雷电能够产生 6kV、100ns 的瞬态高压；电源网络的故障和靠近电源的装置故障（例如熔断器熔断）是严重程度仅次于雷电的高压源，它们能够产生 1.2kV、持续 60μs 的高压。在线运行设备中有 80% 的瞬间高压持续时间长达 1 ~ 10μs，而且幅值超过 1.2kV。雷电和电源网络瞬间电压是安规的基本关注对象。

在美国，EMI 滤波器电容适用的标准为 UL1414、UL1283 和 IEC950［Underwrites Laboratories 公司（简称 UL）所采用］。另外，加拿大标准 CSA C22.2 No.1 等效于 UL1414，而 CSA C22.2 No.8 等效于 UL1283。上述标准限定应用于射频、视频和某些电信仪器。与之对应的，欧盟的标准是 EN132400（最初为 IEC 384-14），其要求比北美的标准更加全面和严格，因此按照欧洲标准设计的产品多数情况下能够满足北美标准的要求。

EN132400 规定了在线运行设备中 EMI 滤波器电容的六个级别，但是目前只有其中的 X1、X2、Y1 和 Y2 四个级别较为常用。X 类电容用来连接 220V 美国和欧洲系统的相线以及 110V 系统中的相线和中线；Y 类电容则用来连接相线与地线或者中线与地线。Y2 类电容是 Y 类电容中最为常用的类型，多用于诸如计算机电源的系统中；Y1 类电容由于主要连接双重绝缘设备的相线、中线与地线，其要求更为严格。X1 类电容专门用于诸如建筑物中的大型计算机或者镇流器等设备；X2 类电容是常用的 X 类电容，主要用于开关电源等设备。

最常见的电容失效模式之一是，在瞬间电压时产生流经电介质的短路电流。不过，镀金属纸电容和镀金属膜电容能够在上述失效模式后自动恢复。失效点流过电容的电流非常大，其原因是短路电流熔化了电镀层，然后将其从电介质中的孔隙中转移。而这些区域跟电容其他部分隔离，在此之后就不会再失效了，因此，电容自恢复后可以继续实现其功能。

但是自恢复过程会留下一些导电的残余物质，假如此过程过多的发生，那么导电的残余物质会导致过大的电流。如果导电残余物积累过多，那么电容最终将会因为过热与过大的漏电流而失效，更为严重的是过热将会导致设备起火。

自恢复过程中，镀金属纸和酯金属膜电容几乎不会产生阻性残留物质，因为纸和聚合酯电介质中含有最少的游离碳，而游离碳的数量标志着阻性残留的多少。所以，上述材料非常适合做 EMI 滤波电容。

陶瓷电容不具备自恢复能力，所以其必须有足够的电介质浓度来抵御可能的瞬变电流。并且，短路情况下会造成陶瓷电容失效，这就要求陶瓷射频干扰抑制电容有足够大的体积。

依据可能的漏电流，Y 类电容不能超过其最大的容量。选择时要有一个额定容量以此保证在环境条件改变时不会产生超过允许的峰值漏电流。影响电容容值的因素有：过热、老化、电压和电容本身的误差。

X2 类电容要求能够承受 2.5kV 的瞬间电压，Y2 类电容要求能够承受 5kV 的瞬间电压。Y 类电容要求能够承受更高的电压，因为漏电流增加导致的失效会提高冲击电势。X 类电容的失效将导致设备故障，但只要不起火就不会增加操作者的风险。所以，易燃性是 X 类和 Y 类电容适用性的另一个测量标准。

安规事项单纯关注故障是否对操作者产生危害，所以 IEEE587 标准增加了额外的要求来保证系统在电网侧存在瞬变高压时不会产生故障。因为系统故障很大的来源是雷电引入的瞬变高压，所以 IEEE587 标准规定以峰值 6kV 的阻尼正弦曲线作为检测标准。

四、浪涌电流

1. 浪涌电流产生的原因

输入交流电压的任意时刻通过开关管的控制传递能量给负载，电路刚开始启动工作时，大的储能电容相当于短路，如果在这时输入电压的峰值给电容充电，就会产生一个很大的电流，该电流由 EMI 滤波器的电阻和其他整流器之前的电阻所限制，该浪涌电流可能是额定情况下系统峰值电流的20～1000倍，可能对储能电容、整流器和功率开关管造成破坏性损害。因此，需采取措施来抑制浪涌电流在规定的范围之内。

2. 抑制浪涌电流的方法

抑制浪涌电流大致有以下四种方法，根据电源产品规格的要求，选择合适的元器件值，把浪涌电流抑制在规定的范围之内。

（1）串联热敏电阻NTC（负温度系数）

串联热敏电阻分两种情况：①电源电路中没有功率因数校正电路，热敏电阻一般串联在输入端或者整流器和储能电容之间，如图3-94a所示；②电源电路中有功率因数校正（PFC）电路，热敏电阻串联在PFC的输出端，如图3-94b所示。对于同样功率输出的电路来说，热敏电阻的损耗在PFC输出端比在输入端要小很多，因为PFC的输出电压一般为380V，比输入电压220V大，流过热敏电阻的电流就小很多。

热敏电阻的电阻率从室温到工作温度都比较高。若在很短时间内功率突增到额定的几倍，但负温度系数的热敏电阻并不能提供保护，为了提供有效保护，热敏电阻必须在工作周期之间迅速冷却。也就是说在电源第二次启动之前，热敏电阻必须要冷却，否则的话，电阻值很小，会产生很大的浪涌电流，甚至对电路会造成破坏性影响。在小功率的电源中，用热敏电阻抑制浪涌电流非常普遍，此方法最大优点是成本低、简单实用。其缺点是可靠性不高。

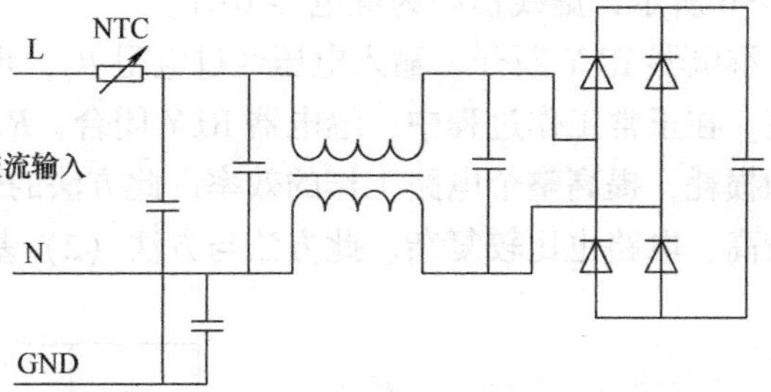

a)

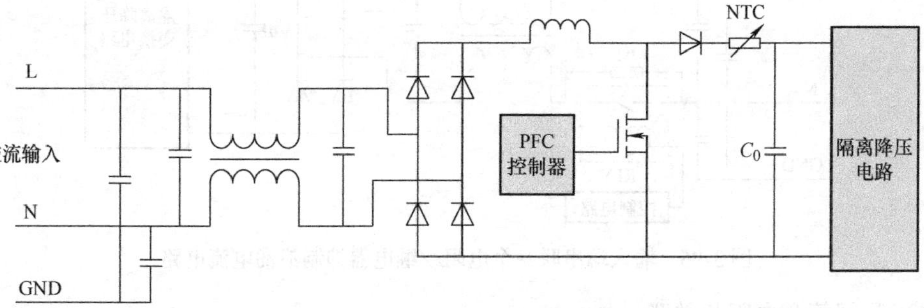

b)

图3-94　用热敏电阻串联在电路中抑制浪涌电流
a）热敏电阻串联在输入端　b）热敏电阻串联在PFC的输出端

（2）电阻与MOS管相并联

通常输出300W以上的大功率电源中，浪涌电流很大，用热敏电阻就不适合了，而且在正常工作时，热敏电阻的损耗也很大，降低了电路的效率。需要采用其他方法来抑制浪涌电流，比如在 PFC 输出储能电容 C_0 上串联一个电阻 R_2 与 MOS 管相并联，如图 3-95 所示。

在电路刚启动时，MOS 管 VF_2 截止，输入电压经过二极管整流之后，通过 R_2 对 C_0 充电，减小输入浪涌电流。在正常工作过程中，VF_2 导通，R_2 相当于被短路，不起作用。这样可以减小电路中的损耗，提高整个电路工作的效率。此方法的优点是可靠性高、电路效率高；其缺点是成本高、电路较复杂。

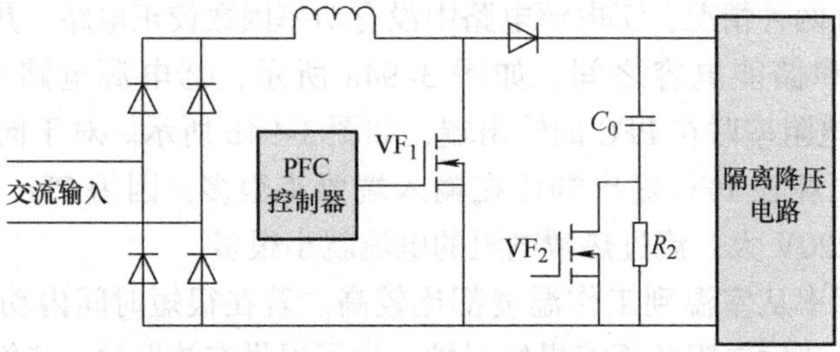

图 3-95　储能电容上串联一个电阻//MOS 管抑制浪涌电流电路

（3）继电器和电阻相并联

在输出功率为中等功率以上的电源中，浪涌电流也会比较大，考虑到热敏电阻的可靠性和整个电路效率的因素，选择其他抑制浪涌电流的方法，比如在输入端加入继电器（RLY）和电阻相并联，如图 3-96 所示，虚线框内为继电器 RLY。

在电路刚启动时，继电器 RLY 断开，输入电压经过电阻 R_1，再经过二极管整流对 C_0 充电，减小输入浪涌电流。在正常工作过程中，继电器 RLY 闭合，R_1 相当于短路，不起作用。这样可以减小电路中的损耗，提高整个电路工作的效率。此方法的优点是可靠性高、电路效率高；其缺点是成本较高、电路也比较复杂。此方法与方法（2）基本类似。

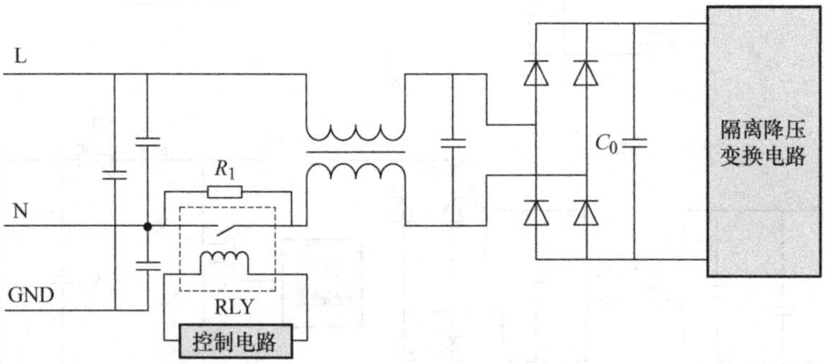

图 3-96　输入端串联一个电阻//继电器抑制浪涌电流电路

（4）晶闸管和电阻相并联

由于继电器吸合时间较长（ms 级），离散性大，闭合时间难以把握，在大功率使用中防浪涌能力较差，对整流桥保护较弱。用晶闸管可以在 μs 级内使其导通，可以较精确地根据储能电容上的电压或充电时间进行控制，可有效防止浪涌电流，保护整体电路。用晶闸管抑制浪涌电流电路如图 3-97 所示。

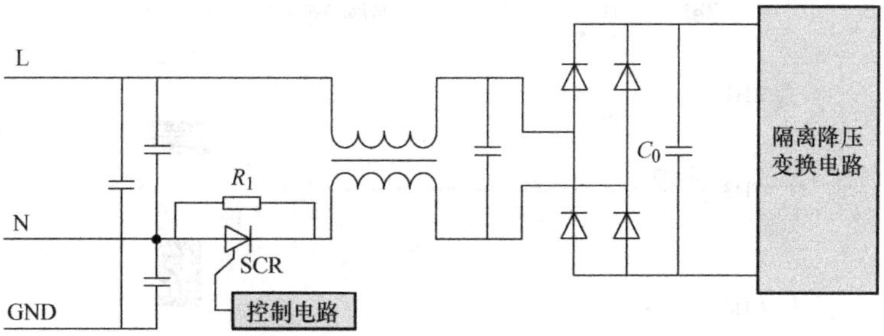

图 3-97　用晶闸管抑制浪涌电流电路

五、保持时间

如前面分析，电网中的功率母线并不总是提供无杂波、恒定的正弦电压。通常，功率母线会缺失一个或多个周期。很多系统，比如大型计算机系统，都不允许这样的情况存在。为这些系统供电的开关电源需要很大的储能电容，并且能够在缺失的几个周期内正常工作。在周期缺失时，可以采用两种方法为负载提供能量：①增加输出的储存能量，可以通过采用大量输出电容实现；②增加输入电源的储存能量。

通常并不采用增加输出电容的方法。首先，在多路输出的电源中，每个输出电容都必须增大。储存在电容中的能量为 $CV^2/2$，所以输入侧电压为 340V 时所需电容值要比输入为 5V 或者 12V 时小得多。输出电容的增大也会引起瞬间响应变慢。从以上分析可以看出，当母线电压为 117V，持续时间要求较长时，倍压整流电源相比较全波桥式整流电路是一个很好的选择。对于相同的电容，倍压整流电源的储存能量增至原来的 4 倍。

图 3-98 所示为周期缺失时，采用普通电容的输入滤波器会引起的问题。输入电压峰值时，电容充电时间仅为半周期的 20%。如果母线电压在电容开始充电之前发生周期缺失，如图 3-98 所示，底部是输入电压波形，中间是输入电流波形，顶部是电容上的电压波形。以掉电作为最差情况分析，必须增加半个周期的时间间隔。对于工作频率为 50Hz 的场合，持续时间必须增加 8ms。电容输入滤波器的另一个问题是周期缺失时的母线电压。如果周期缺失发生在电力减弱时（雷电天气中经常发生），储存在电容中的能量为最低。最小电容值的计算必须包括低压情况。

这里提供一种输入储能最小电容值的计算方法：

1）计算出输入功率时电源必需的工作时间，也就是半个周期的数目和电网频率的乘积，再加上 80% 的半个周期时间。

2）计算出输入功率缺失时需要传输的能量，也就是最大输出功率（W）和时间（s）的乘积再除以电源效率，由此得出所需能量（J）。

3）计算断电时的峰值电压。

4）决定周期缺失时直流-直流变换器提供最大功率所需的最小电压。

5）用下式计算出所需电容（F）：

$$C \times V_{峰值}^2 = Q_{保持} + C \times V_{最小}^2 \tag{3-98}$$

例如，如果电源输入为交流 240V，频率为 60Hz，输出功率为 150W，效率为 78%，直流-直流变换器至少需要 250V 的直流电压以保证正常工作。希望该电源在缺失一个完整周

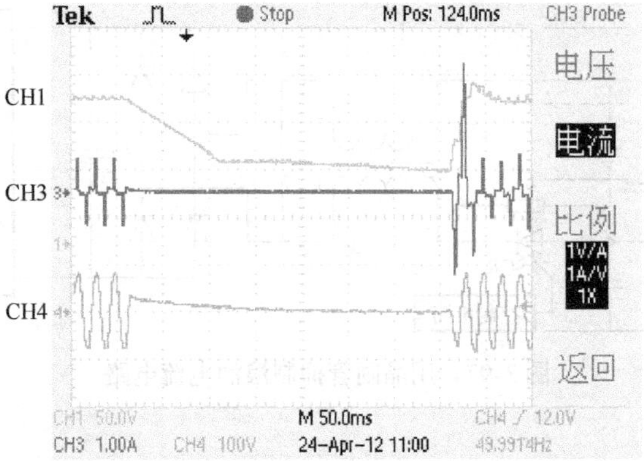

图 3-98　失去输入信号时最坏情况下的电容电压、输入电流和输入电压的波形

CH1—电容电压波形　CH3—输入电流波形　CH4—输入电压波形

期时可以正常工作，保持时间为 16.7ms 加上 80% 的半个周期时间，总计 23.3ms，所需能量为 4.48J，断电时峰值线电压为 240V ×1.414 ×0.85 =288V。由式(3-98) 可得

$$C\times 288^2 = 4.48 + C\times 250^2 \tag{3-99}$$

由式(3-99) 可得

$$82911C - 62500C = 4.48 \tag{3-100}$$

那么，$C = 1.48 \div 2011 = 220\mu F$

有源功率因数校正的另一个好处是持续时间较长。有源功率因数校正可以使输出电压相对比较稳定，因此持续时间不再取决于母线电压的缺失时刻。能量损失只是发生在功率完全缺失的情况下。因此无论母线电压如何变化，输出电压都能保持稳定。有源功率因数校正的持续时间与母线电压无关，只与储能电容和负载大小有关。

项目小结

本项目介绍了准谐振控制芯片 NCP1337 控制的反激式开关电源电路。详细介绍了控制芯片 NCP1337 的基本资料、引脚功能说明、芯片单元电路工作原理的分析等；准谐振反激式变换器的工作原理；详细分析了 NCP1337 控制的反激式电源电路的工作原理、反激变压器的设计、电路的调试和性能指标的测试。在拓展任务中，对开关电源的输入级电路进行了详细的介绍。

思考与练习

1. 推导准谐振反激式变换器的工作原理。
2. 输出检测反馈电路的调试中，若 TL431 的引脚 3 是 2.5V，而引脚 1 的电压是 17.8V，该如何调节输出电压，使引脚 1 的电压变为 2V？
3. 若输出电压纹波过大，如何调整电路参数或者改变测试方法，来降低输出电压的纹波？
4. 简述准谐振反激变压器的设计步骤。
5. 简述浪涌电流产生的原因，并画出其中一种抑制浪涌电流电路。
6. 简述保持时间的定义及增加保持时间的方法。

模块四

正激式开关电源原理与实例分析

项目一 PWM芯片控制复位绕组的正激式电源电路的分析

在大功率（通常大于100W）的应用场合，输入和负载不共地，需要隔离，就要采用隔离式变换器。本项目介绍了一种PWM芯片控制的正激式电源电路，PWM控制芯片采用UC3844，其电路原理图如图4-5所示，要完成这个项目的设计和制作，首先要完成以下任务：

- ◆ 熟悉复位绕组正激变换器的结构。
- ◆ 掌握复位绕组正激变换器的工作原理、理论波形及基本关系式。
- ◆ 理解正激变换器和反激变换器的区别。
- ◆ 掌握PWM芯片UC3844控制的正激式电源电路工作原理的分析。
- ◆ 掌握正激式电源电路的调试、测试及故障分析。

任务一 复位绕组正激变换器的分析

学习目标

- ◆ 熟悉复位绕组正激变换器的结构。
- ◆ 掌握正激变压器的等效结构及工作原理。
- ◆ 掌握正激变换器的工作原理、理论波形及基本关系式。

Buck、Boost和Buck-Boost变换器都是不隔离的直流变换器。（不隔离就是指输入和输出共地。）具有隔离的直流变换器也可按单管、两管和四管分类。单管隔离直流变换器有正激（forward）和反激（flyback）两种方式；两管隔离直流变换器有半桥（half-bridge）和推挽（push-pull）两种方式；四管隔离直流变换器是全桥（full-bridge）方式。

隔离式直流变换器都使用变压器作为电气隔离。为了减小损耗和改善电力电子器件的工作条件，变压器各绕组应紧密耦合，尽量减小漏磁。

正激直流变换器[5]变压器铁心的磁复位有多种方法，在输入端接入复位绕组是最基本的方法，其次还有RCD复位、LCD复位和有源钳位等磁复位方法。下面介绍具有复位绕组的正激变换器。

一、复位绕组正激变换器（Forward converter with reset winding）

复位绕组正激变换器如图4-1所示。Forward变换器实际上是Buck变换器中插入隔离变压器而成。变压器中有三个绕组：一次绕组 W_1，二次绕组 W_2，复位绕组 W_3。图中绕组符号标有“·”号的一端，表示变压器各绕组的同名端，也就是该绕组的始端。功率开关管VF按PWM方式工作，VD_1是输出整流二极管，VD_2是续流二极管，L_f是输出滤波电感，C_f是输出滤波电容，VD_3是复位绕组 W_3的串联二极管。

二、Forward变换器的工作原理分析

图4-2给出了变换器在不同开关模态下的等效电路，主要理论波形如图4-3所示。下面讨论电感电流连续时Forward变换器的工作原理。

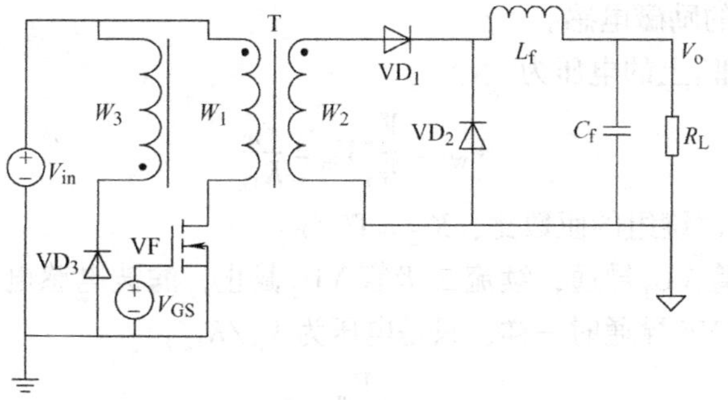

图 4-1　复位绕组正激变换器

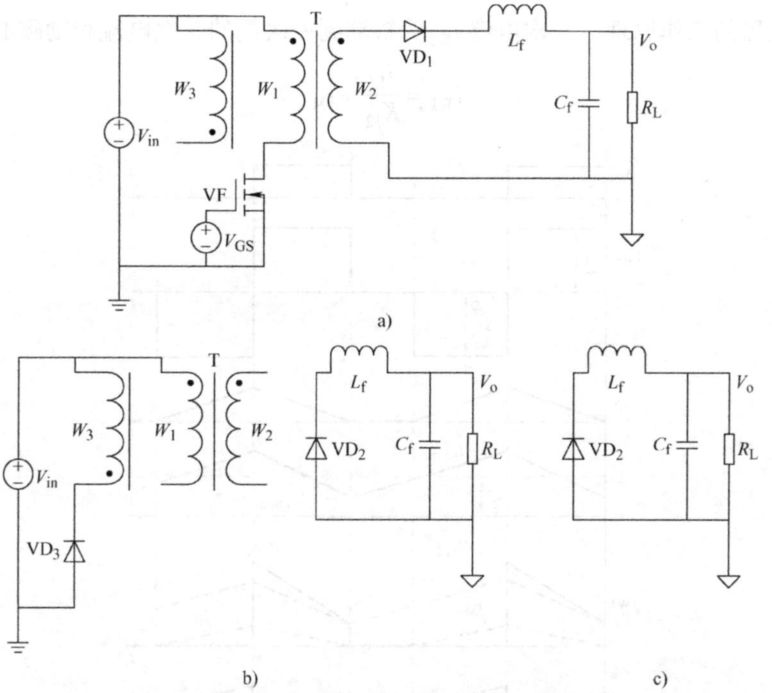

图 4-2　不同开关模态下的等效电路

a）VF 导通　b）VF 截止　c）VF 截止时磁复位完成

（1）模态 1（见图 4-2a）

在 $t=0$ 时，VF 导通，V_{in} 通过 VF 加在一次绕组 W_1 上。因此，铁心磁化，铁心磁通 Φ 增加，有

$$V_{in}=W_1\frac{d\Phi}{dt} \tag{4-1}$$

在 $t=T_{on}$ 时，铁心磁通 Φ 的增加量为

$$\Delta\Phi_{(+)}=\frac{V_{in}}{W_1}DT_s \tag{4-2}$$

变压器的励磁电流 i_M 从 0 开始线性增加，即

$$i_M=\frac{V_{in}}{L_M}t \tag{4-3}$$

式中，L_M是一次绕组的励磁电感。

那么，二次绕组 W_2上的电压为

$$V_{W2}=\frac{W_2}{W_1}V_{in}=\frac{V_{in}}{K_{12}} \tag{4-4}$$

式中，K_{12}是一次与二次绕组的匝数比，$K_{12}=W_1/W_2$。

此时，整流二极管 VD_1导通，续流二极管 VD_2截止，滤波电感电流 i_{Lf}线性增加，这与 Buck 变换器中开关管 VF 导通时一样，只是电压为 V_{in}/K_{12}。

$$\frac{di_{Lf}}{dt}=\frac{\frac{V_{in}}{K_{12}}-V_o}{L_f} \tag{4-5}$$

根据变压器的工作原理，一次电流 i_{W1}为折算到一次侧的二次电流和励磁电流之和，即

$$i_{W1}=\frac{i_{Lf}}{K_{12}}+i_M \tag{4-6}$$

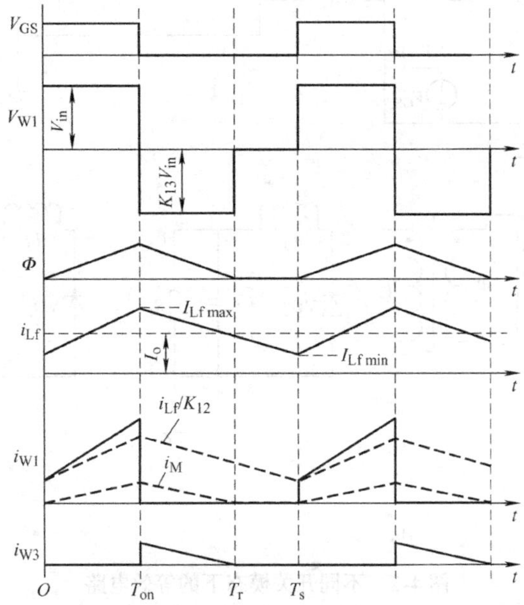

图 4-3　主要理论波形

（2）模态 2（见图 4-2b）

在 T_{on}时刻，关断 VF，一次绕组和二次绕组中没有电流流过，此时变压器通过复位绕组 W_3进行磁复位，励磁电流 i_M从复位绕组 W_3经过二极管 VD_3回馈到输入电源中去。那么复位绕组上的电压为

$$V_{W3}=-V_{in} \tag{4-7}$$

这样一次绕组和二次绕组上的电压分别为

$$V_{W1}=-K_{13}V_{in} \tag{4-8}$$

$$V_{W2}=-K_{23}V_{in} \tag{4-9}$$

式中，K_{13}是一次绕组与复位绕组的匝数比，$K_{13}=W_1/W_3$；K_{23}是二次绕组与复位绕组的匝

数比，$K_{23}=W_2/W_3$。

此时，整流二极管 VD_1关断，滤波电感电流 i_{Lf}通过续流二极管 VD_2续流，与 Buck 变换器中开关管 VF 关断时类似。

在此开关模态中，加在 VF 上的电压 V_{VF}为

$$V_{VF}=V_{in}+K_{13}V_{in} \tag{4-10}$$

电源电压 V_{in}反向加在复位绕组 W_3上，故铁心去磁，铁心磁通 Φ 减小：

$$-V_{in}=W_3\frac{d\Phi}{dt} \tag{4-11}$$

铁心磁通 Φ 的减小量为

$$\Delta\Phi_{(-)}=\frac{V_{in}}{W_3}\Delta DT_s \tag{4-12}$$

式中，$\Delta D=(T_r-T_{on})/T_s$，是变压器磁心的去磁时间 T_r-T_{on}与 T_s的比值，ΔD 小于$1-D$。

励磁电流 i_M从一次绕组中转移到复位绕组中，并且开始线性减小。

$$i_{W3}=i_M=K_{13}\left[\frac{V_{in}}{L_M}T_{on}-\frac{K_{13}V_{in}}{L_M}(t-T_{on})\right] \tag{4-13}$$

在 T_r时刻，$i_{W3}=i_M=0$，变压器完成磁复位。

(3) 模态 3（见图 4-2c）

在 T_r时刻，所有绕组中均没有电流，它们的电压均为 0，滤波电感电流继续经过续流二极管续流，与 Buck 变换器在开关管关断时一样。此时，加在开关管 VF 的电压为 V_{in}。

三、Forward 变换器的基本关系式

从前面的分析知，Forward 变换器实际上是一个隔离的 Buck 变换器，其输入输出电压之间的关系为

$$V_o=\frac{V_{in}}{K_{12}}D \tag{4-14}$$

在 Forward 变换器中，一个比较重要的概念是：变压器必须要复位，否则它的磁通将不断增加，最后导致磁心饱和而毁坏。也就是说，磁通的增加量 $\Delta\Phi_{(+)}$应该等于磁通的减小量 $\Delta\Phi_{(-)}$，由式(4-2) 和式(4-12) 可以得到

$$\Delta D=\frac{W_3}{W_1}D \tag{4-15}$$

由于 $\Delta D\leqslant 1-D$，要满足式(4-15)，必须有

$$D_{max}\leqslant\frac{W_1}{W_1+W_3}=\frac{K_{13}}{K_{13}+1} \tag{4-16}$$

从式(4-10) 和式(4-16) 可以看出，如果 $W_1\geqslant W_3$，即 $K_{13}\geqslant 1$，那么 D_{max}可以大于 0.5，而 V_{VF}高于 $2V_{in}$；而且 K_{13}越大，D_{max}可以越大，而 V_{VF}则越高。如果 $W_1<W_3$，即 $K_{13}<1$，$D_{max}\leqslant 0.5$，而 V_{VF}低于 $2V_{in}$；而且 K_{13}越小，D_{max}就越小，而 V_{VF}则越低。为了充分提高占空比 D，而又减小 V_{VF}，一般折中选择 $K_{13}=1$，即 $W_1=W_3$，这时 $D_{max}=0.5$，而 V_{VF}等于 $2V_{in}$。

在 VF 导通、铁心磁化时，续流二极管 VD_2上的电压 V_{VD2}为

$$V_{VD2}=\frac{W_2}{W_1}V_{in} \tag{4-17}$$

在 VF 截止、铁心去磁时，整流二极管 VD_1上的电压 V_{VD1}为

$$V_{VD1}=\frac{W_2}{W_3}V_{in} \tag{4-18}$$

二极管 VD_3上的电压 V_{VD3}在 VF 导通、铁心磁化时求得

$$V_{VD3}=(1+\frac{W_3}{W_1})V_{in} \tag{4-19}$$

电感电流 i_{Lf}最大值 I_{Lfmax}为

$$I_{Lfmax}=I_o+\frac{V_{VD2}}{2L_f f_s}D=I_o+\frac{V_{in}}{K_{12}}\frac{1}{2L_f f_s}D \tag{4-20}$$

电感电流 i_{Lf}最大值 I_{Lfmax}也是流过 VD_1和 VD_2电流的最大值。

流过开关管 VF 电流的最大值 I_{VFmax}为

$$I_{VFmax}=\frac{W_2}{W_1}I_{Lfmax}+I_{Mmax}=\frac{1}{K_{12}}(I_o+\frac{V_{in}}{K_{12}}\frac{1}{2L_f f_s}D)+\frac{V_{in}}{L_M f_s}D \tag{4-21}$$

变压器的引入，不仅实现了电源侧与负载侧之间的电气隔离，也使变换器的输出电压可以高于或者低于输入电源电压，还可以很方便地实现多路电压输出，多路输出的正激变换器如图 4-4 所示，V_{o1}和 V_{o3}为正电压；V_{o2}为负电压。而开关管 VF 的占空比也可以在比较合适的范围内变化，一般选择 D_{max}在 0.45 左右变化。

正激变换器和降压式变换器一样，可以在电感电流连续的条件下工作，也可以在电感电流断续的条件下工作。这时二极管 VD_1和 VD_2的反向恢复条件得到了改善，同样也改善了开关管 VF 的开通条件。

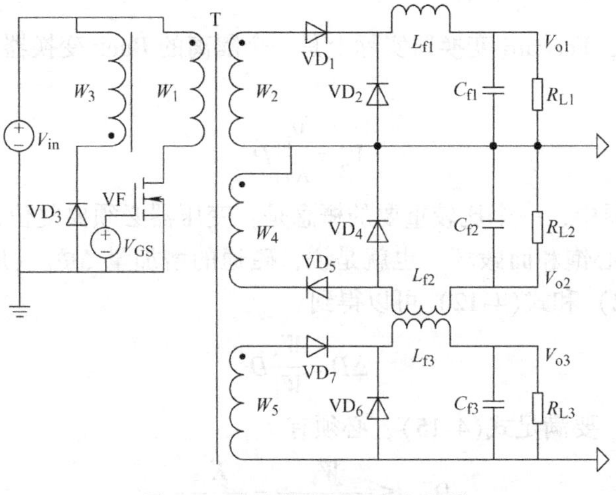

图 4-4　多路输出的正激变换器

任务二　正激变换器和反激变换器的区别

学习目标

◆ 熟悉正激变换器和反激变换器的结构。

◆ 掌握正激变压器和反激变换器在结构及工作原理上的区别。

1. 结构上的区别

正激变换器和反激变换器中变压器同名端不一样；二次侧整流输出，正激变换器多一个续流二极管和储能电感；正激变换器需要磁复位电路，反激变换器不需要磁复位电路。

2. 工作原理上的区别

对一般变压器而言，一次绕组的电流由两部分组成：一部分是负载电流分量，它的大小与二次侧负载有关，当二次电流加大时，一次负载电流分量也增加，以抵消二次电流的作用；另一部分是励磁电流分量，主要产生主磁通，在空载运行和负载运行时，该励磁分量均不变化。

励磁电流分量就如同抽水泵中必须保持有适量的水一样，若抽水泵中无水，它就无法产生真空效应，大气压就无法将水压上来，水泵就无法正常工作；只有给水泵中加适量的水，让水泵排空，才可正常抽水。在整个抽水过程中，水泵中保持的水量又是不变的。这就是，励磁电流在变压器中必须存在，并且在整个工作过程中保持恒定。

正激式变压器和上述基本一样，一次绕组的电流也由励磁电流和负载电流两部分组成。在一次绕组有电流的同时，二次绕组也有电流，一次负载电流分量去平衡二次电流，激励电流分量会使磁心沿磁滞回线移动。而一、二次侧负载安匝数相互抵消，它们不会使磁心沿磁滞回线来回移动，而励磁电流占一次侧总电流很小一部分，一般不大于总电流的10%，因此不会造成磁心饱和。

反激式变换器和以上所述大不相同，反激式变换器工作过程分两步：①开关管导通，母线通过一次绕组将电能转换为磁能存储起来；②开关管关断，存储的磁能通过二次绕组给电容充电，同时给负载供电。

可见，反激式变换器开关管导通时，二次绕组均没构成回路，整个变压器如同仅有一个一次绕组的带磁心的电感器一样，此时仅有一次电流，转换器没有二次侧安匝数去抵消它。一次侧的全部电流用于磁心沿磁滞回线移动，实现电能向磁能的转换，这种情况极易使磁心饱和。磁心饱和时，很短的时间内极易使开关管损坏。因为当磁心饱和时，磁感应强度基本不变，dB/dt近似为零，根据电磁感应定律，将不会产生自感电动势去抵消母线电压，一次绕组线圈的电阻很小，这样母线电压将几乎全部加在开关管上，开关管会瞬时损坏。

由上边分析可知，反激式开关电源的设计，在保证输出功率的前提下，首要解决的是磁心饱和问题。

任务三　UC3844控制的复位绕组正激式电源电路的分析与测试

学习目标

◆ 会调试和测试电路。

◆ 会分析测试波形。

一、UC3844控制的复位绕组正激电路预定技术指标及参数

UC3844控制的复位绕组正激电路及元器件详细参数如图4-5所示，电路预定技术指标及参数见表4-1。

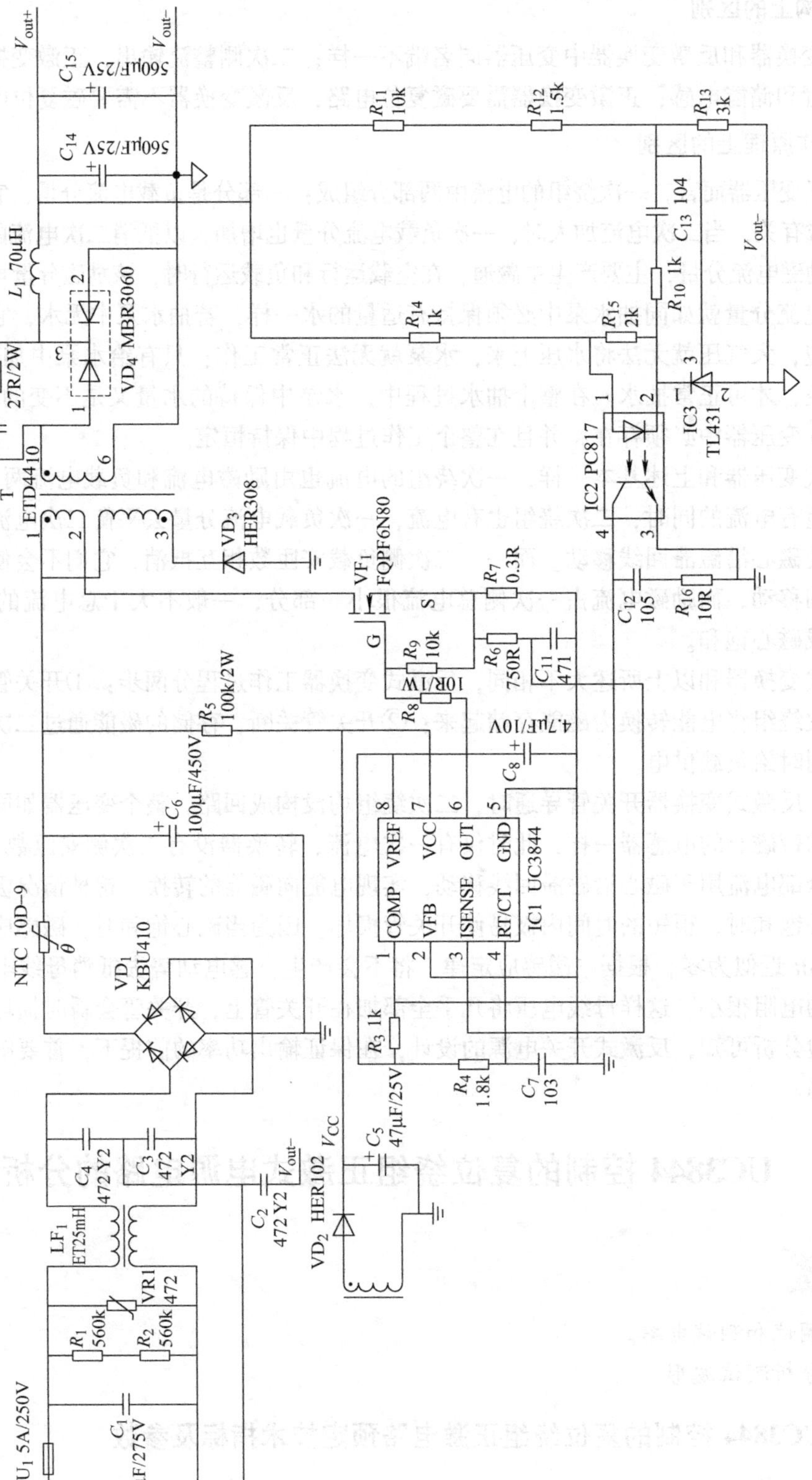

图4-5 UC3844控制的复位绕组正激电路

表 4-1　电路预定技术指标及参数

名称	描述	名称	描述
V_{inmin} = AC 100V	最低交流输入电压	I_o = 8A	输出电流
V_{inmax} = AC 264V	最高交流输入电压	P_o = 96W	标称输出功率
V_{out} = DC 12V	正常输出电压	η = 0.9	典型效率@ AC 220V
V_{VD4} = DC 0.75V	输出二极管压降	f_s = 65kHz	开关频率
V_{CC} = DC 12V	芯片 IC1 工作电压	D_{max} = 0.4	最大占空比

二、电路结构的分析

电路由 EMI 整流滤波电路、正激和输出整流滤波电路、控制电路和输出检测反馈电路三大部分构成。FU_1、R_1、R_2、C_1 ~ C_4、VR_1 和 LF_1 构成 EMI 电路；VD_1、NTC、C_6 构成整流储能电路，其中 NTC 抑制浪涌电流；VF_1、VD_3、VD_4、R_{17}、C_{16}、T、R_7、C_{14}、C_{15}、L_1 等构成正激和输出整流滤波电路，其中 VD_3 和复位绕组构成磁复位电路，R_{17}、C_{16} 构成吸收网络；功率开关管选用飞兆半导体公司的 FQPF6N80（800V，3.6A@25℃）。二次侧整流二极管选用安森美半导体公司的肖特基二极管 MBR3060（60V，30A）。R_{10} ~ R_{16}、C_{12}、C_{13}、IC1、IC2 和 IC3 构成输出检测反馈和控制电路。其中，C_{12}、C_{13}、R_{10}、R_{16} 构成补偿网络，IC3（TL431）提供一个基准电压。其他电路：变压器辅助绕组、VD_2 和 C_5 给 PWM 控制芯片 IC1 提供正常工作电压 V_{CC}，整流滤波电压 V_{C6} 通过 R_5 给 IC1 提供启动工作电压。

三、正激变压器的设计

由任务一中正激变换器的分析可知，如果 $W_1 \geqslant W_3$，即 $K_{13} \geqslant 1$，那么 D_{max} 可以大于 0.5，而 V_{VF} 高于 $2V_{in}$；而且 K_{13} 越大，D_{max} 可以越大，而 V_{VF} 则越高。如果 $W_1 < W_3$，即 $K_{13} < 1$，$D_{max} \leqslant 0.5$，而 V_{VF} 低于 $2V_{in}$；而且 K_{13} 越小，D_{max} 就越小，而 V_{VF} 则越低。为了充分提高 D，而又减小 V_{VF}，一般折中选择 $K_{13} = 1$，即 $W_1 = W_3$，这时 $D_{max} = 0.5$，而 V_{VF} 等于 $2V_{in}$。本电路中，正激变压器复位绕组采用此比例，即一次绕组匝数和复位绕组匝数一样。变压器的磁心采用 ER2834。其余参数的设计可参考本模块中项目二的设计。

四、电路的调试和测试

1. 调试电路

图 4-5 电路图的 PCB 板布局如图 4-6 所示。电路板的 3D 示意图如图 4-7 所示。根据图 4-6上标注的元器件序号焊接好元器件；检查有源器件的方向是否有错误和电解电容的极性是否接对，是否有虚焊和短路的地方；用万用表测量输入和输出是否有短路的现象。接下来就进行电路的调试。

根据前面电路工作原理的分析知，电路大致分成三部分：①EMI 整流储能电路；②由 UC3844 构成的控制电路和输出检测反馈电路；③正激和输出整流滤波电路。调试过程分成三部分。其中 EMI 整流滤波电路、正激和输出整流滤波电路的调试可参考模块三中项目一的任务四内容；由 UC3844 构成的控制电路和输出检测反馈电路（见图 4-8 所示）的调试详细见模块三中项目二的任务三内容。此项目中不再介绍电路的调试。调试此电路需要注意的一点：R_{13} 不是可调电阻，需调节输出端外接的直流电源，使 TL431 的引脚 3 达到 2.5V。

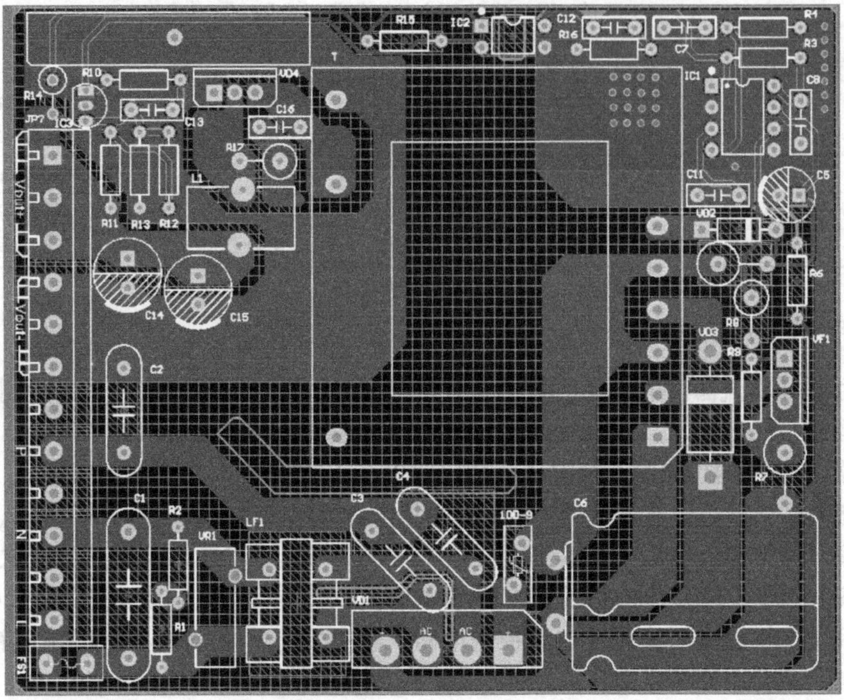

图 4-6　PCB 布局

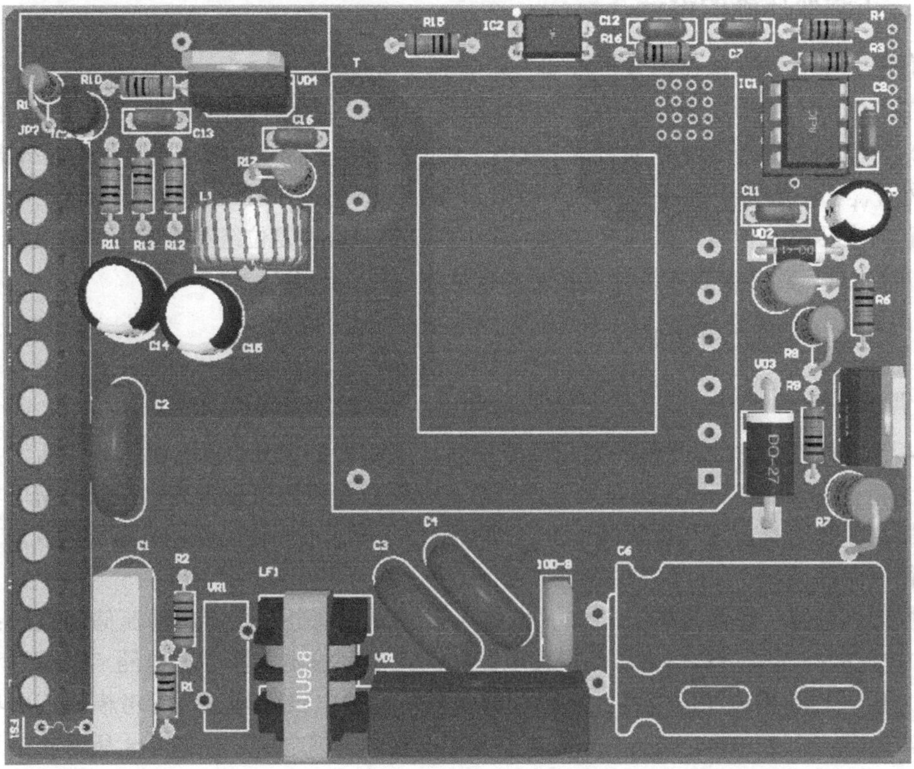

图 4-7　电路板的 3D 示意图

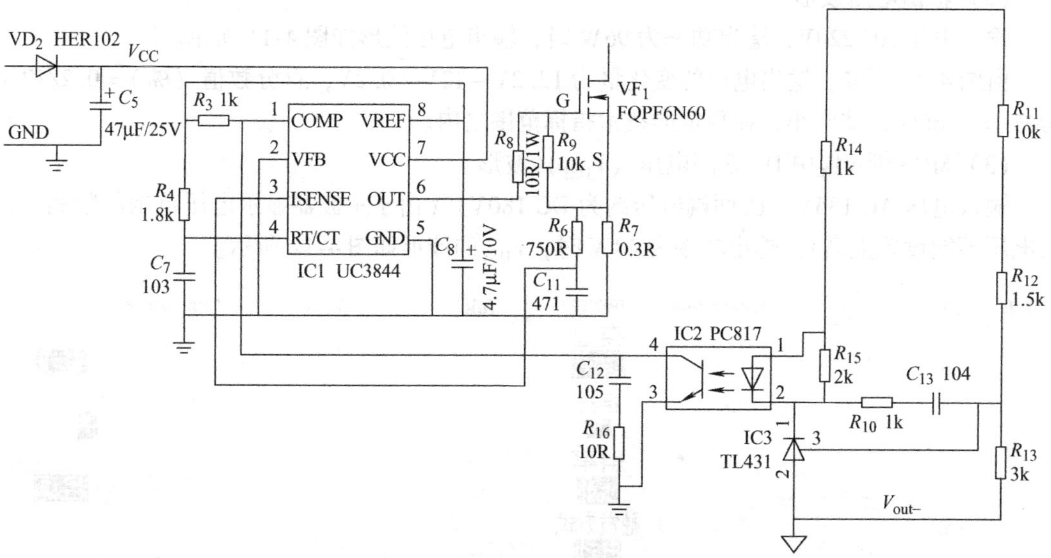

图 4-8　由 UC3844 构成的控制电路和输出检测反馈电路

2. 测试电路

电路调试完成之后，对电路要进行性能指标的测试，电路测试仪器设备整体接线如图 4-9所示。

负载既可以是电子负载（动态负载），也可以是电阻负载（静态负载），负载最大功率可调到 100W。

按图 4-9 所示连接好仪器设备，慢慢增加输入电压到 AC 100V，电子负载上显示输出电压值，测量输出电压 V_{out}，输出电压为 12（1 ±2%）V。对电路的性能指标进行测试，部分性能指标测试的波形如下：

（1）启动波形

输入电压 AC 220V，输出功率为 48W 时，输出电压启动波形如图 4-10 所示。

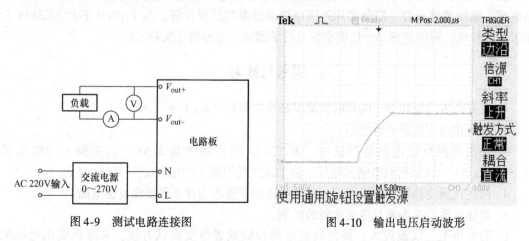

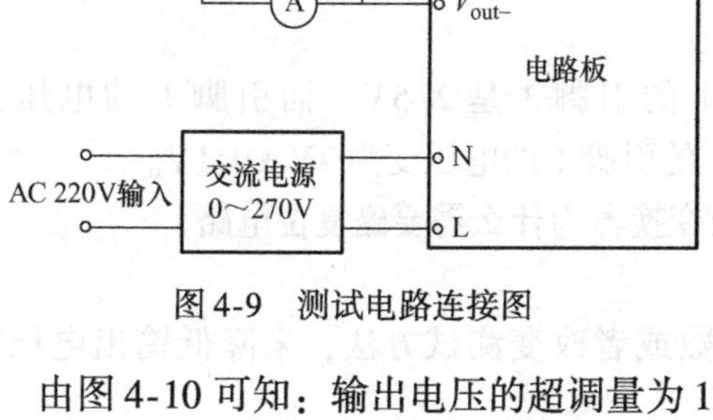

图 4-9　测试电路连接图

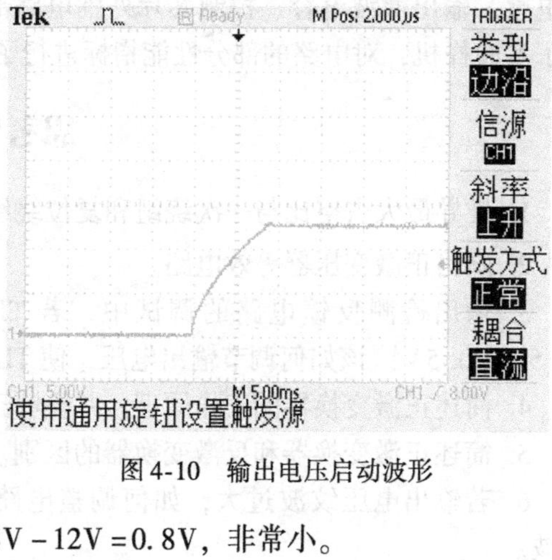

图 4-10　输出电压启动波形

由图 4-10 可知：输出电压的超调量为 12.8V－12V＝0.8V，非常小。

(2）输出电压波形

输入电压 AC 220V，输出功率为 96W 时，输出电压波形如图 4-11 所示。

由图 4-11 可知：输出电压的变化量为 12.2V − 12V = 0.2V，百分数值（%）= 0.2/12 × 100% = 1.66%，非常小，在预定的技术指标范围之内。

(3）MOS 管 VF_1 中 D、S 间电压（V_{DS1}）波形

输入电压 AC 135V（C_6 两端电压约为 DC 180V）（由于示波器显示电压范围的限制，输入电压不能设置太高），输出功率为 48W 时，V_{DS1} 的波形如图 4-12 所示。

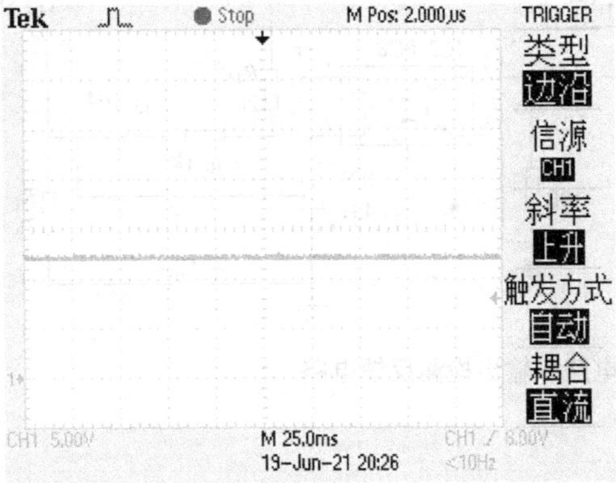

图 4-11　输出电压波形

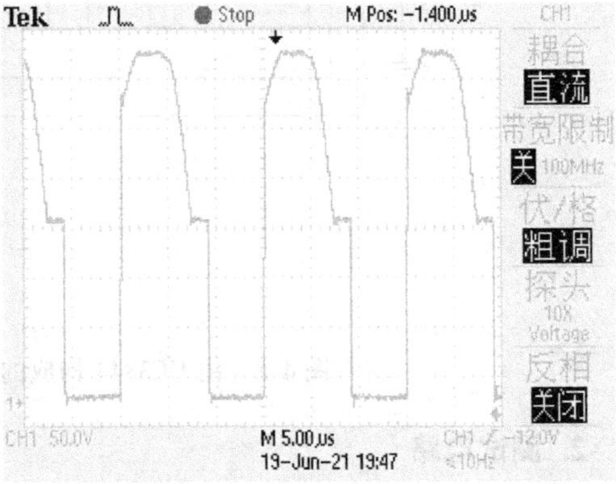

4-12　V_{DS1} 的波形

由图 4-12 可知：V_{DS1} 最高电压约为 360V，等于输入电压 DC 180V 的两倍。当变压器磁复位完成之后，V_{DS1} 降为约 180V，等于输入电压。实验波形测的数据与理论分析相一致。

项目小结

本项目介绍了 PWM 芯片 UC3844 控制的带复位绕组的正激电源电路。详细介绍了复位绕组正激变换器工作原理、理论波形和基本关系式；从结构和工作原理上介绍了正激和反激变换器的区别；介绍了 UC3844 控制的复位绕组正激电源电路的组成结构，以及变压器、输出电感、输出滤波电容、控制芯片外围电路部分参数的设计等。基于 PWM 芯片 UC3844 制作了实验样机，对电路的部分性能指标进行了测试，并分析了实验波形。

思考与练习

1. 推导最大占空比与一次绕组和复位绕组匝数比（K_{13}）的关系。

2. 画出正激变压器等效电路。

3. 输出检测反馈电路的调试中，若 TL431 的引脚 3 是 2.5V，而引脚 1 的电压是 11.5V ± 0.5V，该如何调节输出电压，使 TL431 的引脚 1 的电压变为 2V ± 0.1V。

4. 简述正激变换器的工作原理，并说明正激变换器为什么需要磁复位电路。

5. 简述正激变换器和反激变换器的区别。

6. 若输出电压纹波过大，如何调整电路参数或者改变测试方法，来降低输出电压的纹波。

项目二 PWM芯片控制的双管正激式电源电路的分析

在大功率（通常大于400W）的应用场合，功率电路一般采用正激变换器、半桥变换器和全桥变换器等。本项目介绍了一种 PWM 芯片控制的双管正激式电源电路，PWM 芯片采用 NCP1252，其电路原理图如图 4-19 所示，要完成这个项目的设计和制作，首先要完成以下任务：

- ◆ 掌握双管正激式变换器的工作原理、理论波形及关系式。
- ◆ 熟悉 PWM 芯片 NCP1252 的基本资料。
- ◆ 掌握 PWM 芯片 NCP1252 外围电路的分析。
- ◆ 掌握 PWM 芯片 NCP1252 控制的双管正激式电源电路工作原理的分析。
- ◆ 掌握 PWM 芯片 NCP1252 控制的双管正激式电源电路关键元件参数的计算。
- ◆ 掌握双管正激式电源电路的调试、测试及波形分析。

任务一 双管正激变换器的分析

学习目标

- ◆ 熟悉双管正激变换器的结构。
- ◆ 掌握双管正激变压器的等效结构及工作原理。
- ◆ 掌握双管正激变换器的工作原理、理论波形及基本关系式。

一、双管正激变换器的结构

双管正激变换器[3]如图 4-13 所示，其变压器的二次侧电路和磁复位绕组正激变换器是一样的，但一次绕组与两个开关管 VF_1 和 VF_2 串联。开关管 VF_1 和 VF_2 是同时导通或关断的。在每个开关管和一次绕组之间，各并联了一个续流二极管 VD_3 和 VD_4，使得开关管 VF_1 和 VF_2 关断时，变压器的储能有一个释放回路，经过二极管 VD_3 和 VD_4 回馈到直流输入电源。所以双管正激变换器无须另加磁复位电路。此外，二极管 VD_3 和 VD_4 还可以起到钳位的作用，将开关管 VF_1 和 VF_2 承受的电压钳位到输入电压 V_{in}。

有的文献称这种电路为混合桥式（Hybrid Bridge）电路。其中，开关管 VF_1 和二极管 VD_4 组成一个桥臂，开关管 VF_2 和二极管 VD_3 组成另一个桥臂。

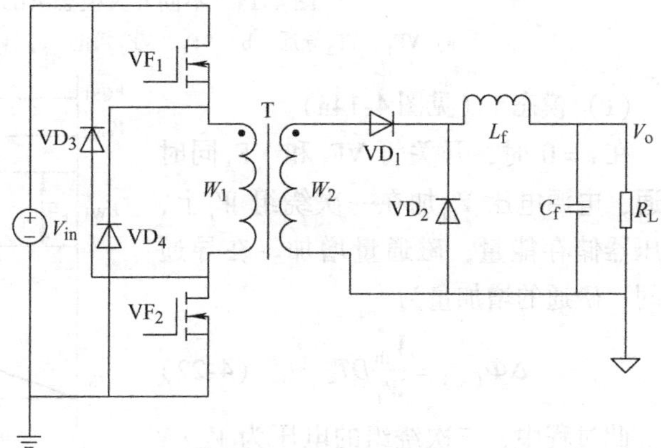

图 4-13 双管正激变换器

二、双管正激变换器的工作原理分析

由于电路中的开关管 VF_1 和 VF_2 是同时导通和同时关断的，变压器是单方向磁化，故属于单端电路。不同开关模态下的等效电路如图 4-14 所示，理论波形如图 4-15 所示。其工作原理、波形和计算都与磁复位绕组正激变换器有相同和相似之处，下面简单讨论电感电流连续时双管正激变换器的工作原理。

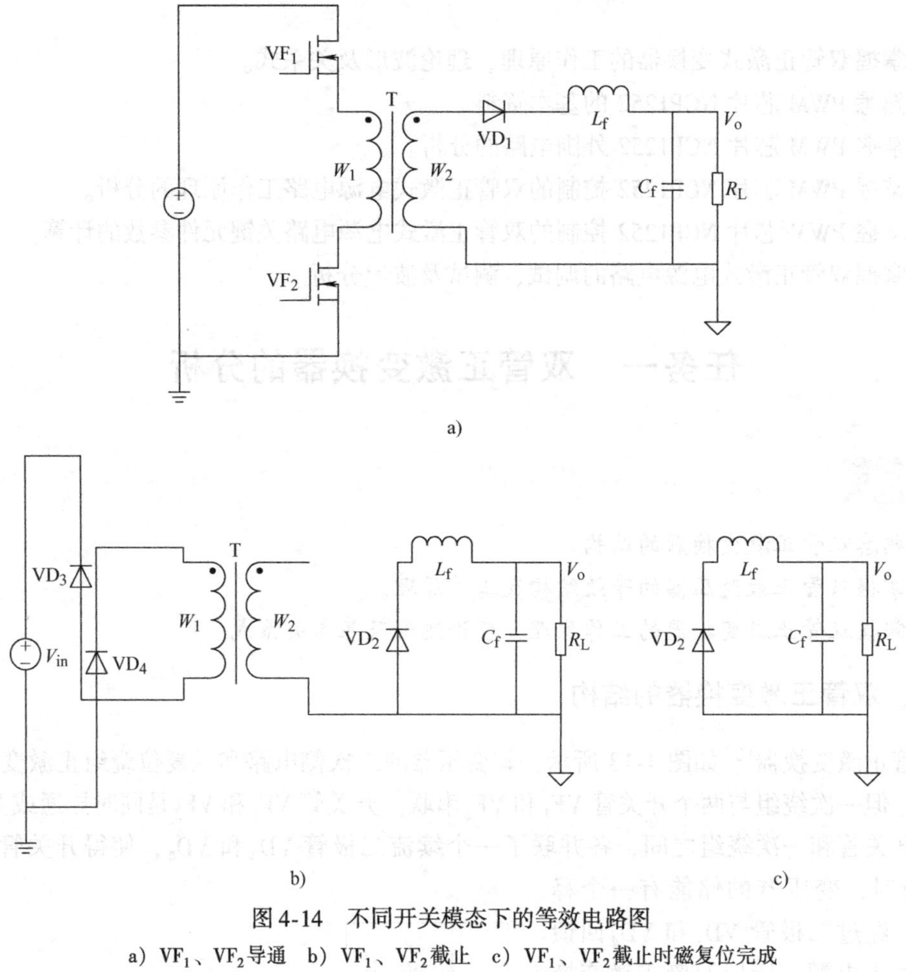

图 4-14　不同开关模态下的等效电路图

a) VF_1、VF_2 导通　b) VF_1、VF_2 截止　c) VF_1、VF_2 截止时磁复位完成

(1) 模态 1（见图 4-14a）

在 $t=0$ 时，开关管 VF_1 和 VF_2 同时导通，电源电压 V_{in} 加在一次绕组 W_1 上，变压器储存能量，磁通量增加。在导通期间，磁通的增加量为

$$\Delta\Phi_{(+)}=\frac{V_{in}}{W_1}DT_s \qquad (4\text{-}22)$$

此过程中，二次绕组的电压为 V_{in}/N（N 为一次绕组和二次绕组的匝数比），

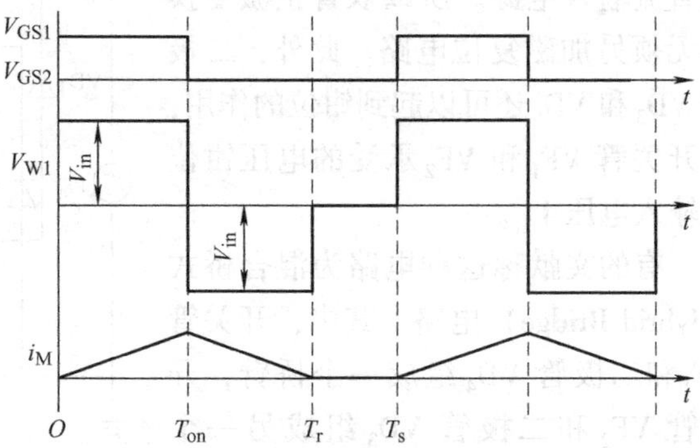

图 4-15　主要理论波形

整流二极管 VD_1导通，给电感 L_f、电容 C_f充电和负载 R_L供电。

（2）模态 2（见图 4-14b）

开关管 VF_1和 VF_2同时截止，变压器一次侧励磁电感中的电流不能跃变（方向不变，大小连续变化），通过续流二极管 VD_3和 VD_4继续流通。此时，变压器进行磁复位，加在变压器上的电压为 $-V_{in}$。磁通量的减小量为

$$\Delta\Phi_{(-)}=\frac{V_{in}}{W_1}\Delta DT_s \tag{4-23}$$

对于二次绕组 W_2，同名端"·"的电压为负，整流二极管 VD_1截止，续流二极管 VD_2导通，电感 L_f和电容 C_f释放能量，给负载 R_L供电。

在 T_r时刻，$i_M=0$，变压器完成磁复位。

（3）模态 3（见图 4-14c）

在 T_r时刻，所有绕组中均没有电流，它们的电压均为 0，滤波电感 L_f电流继续经过续流二极管 VD_2续流，与 Buck 变换器在开关管关断时一样。

三、双管正激变换器的基本关系式

从前面的分析知，双管正激变换器的工作原理与磁复位绕组正激变换器相类似，只是复位的方式不一样，故输入输出电压之间的关系为

$$V_o=\frac{V_{in}}{N}D \tag{4-24}$$

变压器要完成磁复位，也就是增加的磁通量等于减小的磁通量，即 $\Delta\Phi_{(+)}=\Delta\Phi_{(-)}$。

由式(4-22) 和式(4-23) 得

$$\frac{V_{in}}{W_1}DT_s=\frac{V_{in}}{W_1}\Delta DT_s\Rightarrow D=\Delta D \tag{4-25}$$

确定最大占空比 D_{max}：由于 $\Delta D\leqslant 1-D$，那么

$$D+\Delta D\leqslant 1\Rightarrow D_{max}=50\% \tag{4-26}$$

通常，双管正激变换器中，最大占空比为 45% 左右。

电感电流 i_{Lf}最大值 I_{Lfmax}，也是流过 VD_1和 VD_2电流最大值，以及开关管电流最大值与磁复位绕组正激变换器中的一样。

四、双管正激变换器的优点

1）变压器储能有释放回路，不必另加磁复位电路或磁复位绕组。虽然变压器的一次侧只有一个绕组，但由于有续流二极管的存在，所以能量传输和励磁电能回馈都可以用这个绕组，结构简单。此外，由于一次绕组直接被续流二极管 VD_3和 VD_4钳位在 V_{in}上，所以加在开关管上的电压几乎没有过电压尖峰，对开关管更加安全（如果有回馈能量的去磁绕组时，一次绕组和回馈能量绕组之间漏感能量会使一次绕组产生相应的过电压，影响钳位的效果，为了避免这种影响，需要另加吸收电路）。

2）变压器一次电路中半导体器件承受的电压等于变换器的输入电压 V_{in}。例如，开关管 VF_1和二极管 VD_4串联承受电压为 V_{in}，当开关管 VF_1导通时 VD_4承受的电压为 V_{in}，当 VD_4导通时，VF_1承受的电压为 V_{in}，所以

$$V_{VDmax}=V_{VFmax}=V_{in} \tag{4-27}$$

式中，V_{VDmax}、V_{VFmax}分别为二极管、开关管承受的最大峰值电压。

3）双管正激变换器中两个开关管无直通短路的危险。正常工作时两个开关管是同时导通和同时关断的，有变压器一次绕组承受电压，没有直通现象。

任务二　控制芯片 NCP1252 的介绍

学习目标

◆ 熟悉控制芯片 NCP1252 的引脚名称及功能。

◆ 熟悉每个引脚正常工作时电压或电流的范围，引脚之间相互影响的关系。

◆ 学会阅读芯片的应用信息（application note），然后根据应用信息，会分析芯片外围电路，并能设计一定的功能电路。

一、芯片的特点、结构框图、各引脚功能说明及电气特性参数

1. NCP1252 的主要特点

- 峰值电流模式控制
- 可调开关频率，最高可达 500kHz
- 开关频率的抖动频率 ±5%
- 锁定的一次侧过电流保护，固定延迟为 10ms
- 延迟扩展到 150ms（E 版本）
- 通过内部固定计时器，启动时延迟运行（仅 A、B 和 C 版本）
- 可调软启动计时器
- 掉电检测时自动恢复
- UC384X -类似 UVLO 阈值
- V_{CC}范围为 9 ~28V，带自动恢复 UVLO
- 内部 160ns 前沿消隐
- 可调内部斜坡补偿
- +500mA/ -800mA 源/灌电流驱动能力
- 最大 50% 占空比：A 版本
- 最大 80% 占空比：B 版本
- 最大 65% 占空比：C 版本
- 最大 47.5% 占空比：D&E 版本

2. 器件描述

NCP1252 控制器提供了构建专用于 ATX 电源或任何正向应用的经济高效且可靠的 AC - DC 开关电源所需的一切。由于使用了内部固定定时器，NCP1252 可以在不依赖辅助 V_{CC} 的情况下检测输出过载。欠电压输入可提供低输入电压保护，并提高变换器的安全性。最后，SOIC - 8 封装节省了 PCB 空间，是成本敏感项目中的首选解决方案。

3. 引脚名称和功能

引脚分布如图4-16所示。

各引脚名称和功能见表4-2。

4. 芯片电气特性参数

芯片最大额定值见表4-3。

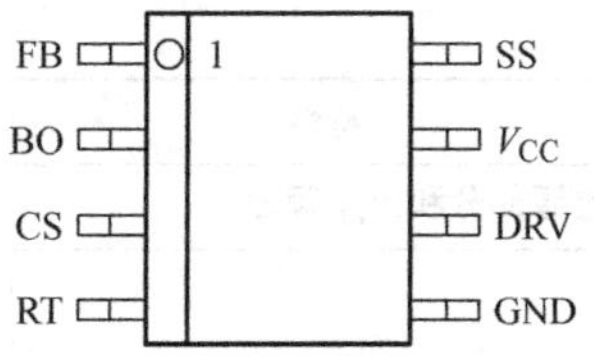

图4-16　引脚分布图

表4-2　引脚名称和功能

引脚	引脚名称	功能	描述
1	FB	反馈	该引脚直接连接到光耦合器集电极
2	BO	欠电压输入	该引脚监控输入电压，以提供欠电压保护
3	CS	电流检测	监控一次电流并允许选择斜坡补偿幅度
4	RT	定时元件	连接电阻到地来固定开关频率
5	GND	接地	控制器接地引脚
6	DRV	驱动	此引脚连接到MOSFET的栅极
7	V_{CC}	芯片工作电压	此引脚电压范围为8~28V
8	SS	软启动	连接一个电容到地来设置软启动时间，软启动在延迟定时器期间接地

表4-3　芯片最大额定值

符号	参数	值	单位
V_{CC}	电源电压，V_{CC}引脚，瞬间电压：10ms，$I_{VCC}<20mA$	30	V
	电源电压，V_{CC}引脚，连续电压	28	V
I_{VCC}	注入引脚7的最大电流	20	mA
V_{DRV}	DRV引脚上电压范围	$-0.3\sim V_{CC}$	V
—	低功率引脚（引脚1、2、3、4、8）上的电压范围（引脚6、7除外）	$-0.3\sim10$	V
$R_{\theta JA-PDIP8}$	热阻，结-环境 PDIP8	131	℃/W
$R_{\theta JA-SOIC8}$	热阻，结-环境 SOIC8	169	℃/W
T_{JMAX}	最高结温	150	℃
T_{STG}	储存温度范围	$-60\sim+150$	℃
ESD_{HBM}	静电放电能力，HBM模型	1.8	kV
ESD_{MM}	静电放电能力，机器模型	200	V

注：1. 超过最大额定值表中所列的应力可能会损坏设备。如果超过这些限制中的任何一个，则设备功能可能会发生损坏，并可能影响可靠性。

2. 本设备系列包含ESD保护，超过以下测试：根据JEDEC标准JESD22－A114E，人体模型1800V；根据JEDEC标准JESD22－A115A，机器模型200V。

3. 此设备包含锁存保护，根据JEDEC标准JESD78，超过100mA。

电气特性参数见表4-4。（典型值 $T_J=25℃$，最小/最大 $T_J=0\sim+125℃$，$V_{CC}=11V$，除非另有说明）

表 4-4　电气特性参数

特性	测试条件	符号	最小值	典型	最大值	单位
电源部分和 V_{CC} 管理						
启动阈值	V_{CC}增长 A、B、C 版本 D、E 版本	$V_{CC(on)}$	9.4 13.1	10 14	10.6 14.9	V
驱动脉冲停止时的最小工作电压	V_{CC}递减	$V_{CC(off)}$	8.4	9	9.6	V
$V_{CC(on)}$ 和 $V_{CC(min)}$ 之间的迟滞	A、B、C 版本 D、E 版本	$V_{CC(HYS)}$	0.9 4.5	1.0 5.0	— —	V
启动电流，控制器禁用	$V_{CC} < V_{CC(on)}$ & V_{CC}从零开始增加	I_{CC1}	—	—	100	μA
IC 内部消耗，控制器开关	$f_{sw} = 100\text{kHz}$，断开 DRV	I_{CC2}	0.5	1.4	2.2	mA
IC 内部消耗，控制器开关	$f_{sw} = 100\text{kHz}$，$C_{DRV} = 1\text{nF}$	I_{CC3}	2.0	2.7	3.5	mA
电流比较器						
电流检测电压阈值		V_{ILIM}	0.92	1	1.08	V
前沿消隐持续时间		t_{LEB}	—	160	—	ns
输入偏置电流	（见注①）	I_{bias}	—	0.02	—	μA
传输延迟	从 CS 检测到栅极驱动关断	t_{ILIM}	—	70	150	ns
内部斜坡补偿电压	@25℃（见注②）	V_{ramp}	3.15	3.5	3.85	V
CS 引脚到内部斜坡补偿电阻	@25℃（见注②）	R_{ramp}	—	26.5	—	kΩ
内部振荡器						
振荡频率	$R_T = 43\text{k}\Omega$&DRV 引脚 $= 47\text{k}\Omega$	f_{OSC}	92	100	108	kHz
振荡频率	$R_T = 8.5\text{k}\Omega$&DRV 引脚 $= 47\text{k}\Omega$	f_{OSC}	425	500	550	kHz
频率调制占 f_{OSC} 的百分比	（见注①）	f_{jitter}	—	±5	—	%
调频周期	（见注①）	T_{swing}	—	3.33	—	ms
最大工作频率	（见注①）	f_{max}	500	—	—	kHz
最大占空比- A 版本		D_{maxA}	45.6	48	49.6	%
最大占空比- B 版本		D_{maxB}	76	80	84	%
最大占空比- C 版本		D_{maxC}	61	65	69	%
最大占空比- D&E 版本		D_{maxD}	44.2	45.6	47.2	%
反馈部分						
从 FB 到 CS 设定点的内部分压		V_{FBdiv}	—	3	—	—
内部上拉电阻		$R_{pull\text{-}up}$	—	3.5	—	kΩ
FB 引脚最大电流	FB 引脚连接到地	I_{FB}	1.5	—	—	mA
从 FB 到 GND 的内部反馈阻抗		Z_{FB}	—	40	—	kΩ
开环反馈电压	FB 引脚断开	V_{FBOL}	—	6.0	—	V
内部二极管正向电压	（见注①）	V_f	—	0.75	—	V
驱动输出						
DRV 源电阻		R_{SRC}	—	10	30	Ω

（续）

特性	测试条件	符号	最小值	典型	最大值	单位
驱动输出						
DRV 灌电阻		R_{sink}	—	6	19	Ω
输出电压上升时间	$V_{CC}=15V$，$C_{DRV}=1nF$，10% ~90%	t_r	—	26	—	ns
输出电压下降时间	$V_{CC}=15V$，$C_{DRV}=1nF$，10% ~90%	t_f	—	22	—	ns
钳位电压（最高栅极电压）	$V_{CC}=25V$，$R_{DRV}=47k\Omega$，$C_{DRV}=1nF$	V_{CL}	—	15	18	V
高阻状电压降	$V_{CC}=V_{CC(min)}+100mV$，$R_{DRV}=47k\Omega$，$C_{DRV}=1nF$	$V_{DRV(clamp)}$	—	50	500	mV
跳周期						
跳周期电平		V_{skip}	0.2	0.3	0.4	V
跳阈值重置		$V_{skip(reset)}$	—	$V_{skip}+V_{skip(HYS)}$	—	V
跳阈值迟滞		$V_{skip(HYS)}$	—	25	—	mV
软启动						
软启动充电电流	SS 引脚连接到地	I_{ss}	8.8	10	11	μA
软启动完成电压阈值		V_{ss}	3.5	4.0	4.5	V
达到 $V_{CC(on)}$ 时开始软启动之前的内部延迟	只适用于 A、B 和 C 版本，不适用于 D 和 E 版本	SS_{delay}	100	120	155	ms
保护						
电流检测故障电压电平触发定时器		V_{FCS}	0.9	1	1.1	V
锁定故障（过载或短路）前定时器延迟（适用于 A/B/C/D 版本）	当 CS 引脚电压大于 V_{FCS}	T_{fault}	10	15	20	ms
锁定故障（过载或短路）前定时器延迟（适用于 E 版本）	当 CS 引脚电压大于 V_{FCS}	T_{fault}	120	155	200	ms
欠电压保护电压		V_{BO}	0.974	1	1.026	V
内部电流源产生欠电压保护迟滞	$-5℃\leqslant T_J\leqslant+125℃$ $-25℃\leqslant T_J\leqslant+125℃$	I_{BO}	8.8 8.6	10 10	11.2 11.2	μA

① 由设计来保证。

② 由设计保证 V_{ramp}、R_{ramp}。

二、芯片的应用信息

NCP1252 内置一个高性能电流模式控制器，专门用于驱动为 ATX 和适配器市场的电源。

• **电流模式运行**：实现峰值电流模式控制拓扑，该电路提供类似 UC384X 的特性来构建稳固的电源。

• **可调开关频率**：接在 R_T 引脚和地之间的电阻精确地将开关频率设置在 50 ~ 500kHz 之间。

• **内部频率抖动**：频率抖动通过中心频率 ±5% 的频带内分散峰值能量来软化电磁干扰信号。

• **宽 V_{CC} 偏移**：控制器允许连续工作电压高达 28V。并在 10ms 内，I_{VCC} 小于 20mA，工作的瞬间电压可达 30V。

• **栅极驱动钳位**：大多数功率 MOSFET 不允许其驱动电压超过 20V。控制器包括一个低损耗钳位电压，可防止栅极电压超过 15V（典型值）。

• **低启动电流**：当控制器需要一个外部有损电阻连接到大容量电容时，达到空载低待机功耗是有一定困难的。保证启动电流小于 100μA（最大值），可帮助设计人员达到低待机功耗水平。

• **短路保护**：当 CS 引脚电压超过 1V（最大峰值电流）时，控制器通过监控 CS 引脚电压来检测故障并启动内部数字定时器。在数字定时器超时的情况下，控制器将永久锁定。这允许不依赖于辅助绕组的精确过载或短路检测。复位发生在：①检测到 BO 复位；②V_{CC} 下降到 $V_{CC(min)}$ 电平。如果短路或故障在故障计时器结束前消失，CS 引脚电压低于 1V，在至少 3 个开关周期内故障计时器复位。重置故障计时器之前的延迟，可防止任何错误或遗漏故障或过载检测。

• **可调软启动**：在内部最小延迟时间 120ms（SS_{delay}）后，V_{CC} 上升并超过 $V_{CC(on)}$，软启动被激活。而且当欠电压引脚复位时，不需要定时器延迟。这种内部时间延迟为功率因数校正提供了额外的时间，以确保功率因数校正输出电压处于调节状态。软启动引脚接地，直到内部延迟结束。注意，SS_{delay} 仅适用于 A、B 和 C 版本。

• **关断**：如果外部晶体管使 BO 引脚下降，则控制器关断，但所有内部偏置电路都是有效的。当该引脚被释放时，软启动时序重启。

• **欠电压保护**：BO 引脚监测输入电压。该引脚电压低于 V_{BO} 阈值时，电路保持关闭。一旦 BO 电压回到安全范围内，脉冲就会通过包括软启动在内的启动时序重新启动。迟滞通过连接到 BO 引脚的电流源来实现；该电流源从该引脚到地吸收电流（I_{BO}）。由于电流源状态取决于欠电压比较器，因此可用于迟滞。晶体管将 BO 引脚拉到地时将关闭控制器。释放后，软启动时序重启。

• **内部斜坡补偿**：允许设计人员在 CS 引脚到检测端连接一个电阻，加入斜坡补偿。

• **跳跃周期特性**：当电源负载降低到一定程度时，占空比也降低到控制器能够提供的最小值。如果输出负载消失，转换器将以传播延迟和驱动模块确定的最小占空比运行。它通常向二次侧输送过多的能量，并触发电压监控器。为避免这一问题，使 FB 引脚电压在 T_{on_min} 时降至 V_f，并进一步降至 V_{skip}，输出零占空比。该模式有助于确保空载输出时符合更新的 ATX 规范要求。请注意，转换器在达到零占空比之前达到 T_{on_min}。因此，不会影响正常工作。图 4-17 说明了不同的工作模式与 FB 引脚电压的关系。

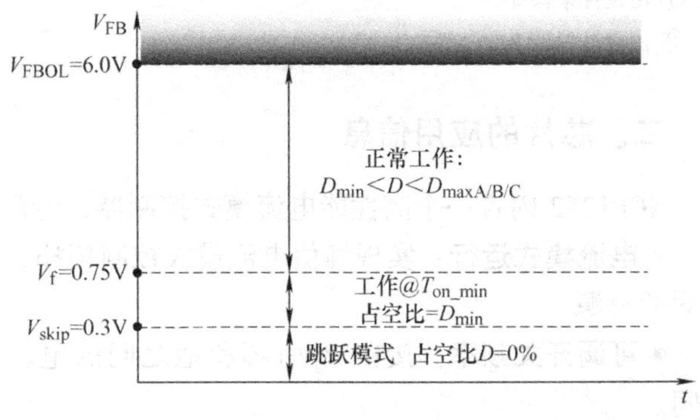

图 4-17 不同的工作模式与 FB 引脚电压的关系

• **启动时序**：当 V_{CC} 引脚达到 $V_{CC(on)}$ 电平时，启动时序被激活。一旦启动时序被激活，内部延迟定时器（SS_{delay}）运行（除了 D 版本）。只有当内部延迟消失时，而且 BO 引脚电平高于 V_{BO} 阈值电平，才允许软启动。

如果达到 BO 引脚阈值，或者一旦达到该电平时允许软启动。当允许软启动时，连接到 SS 引脚的电流源给 SS 引脚上的外部电容充电。SS 引脚上的电压除以 4 就可得到 CS 引脚上的峰值电压。图 4-18 给出了不同的启动情况。

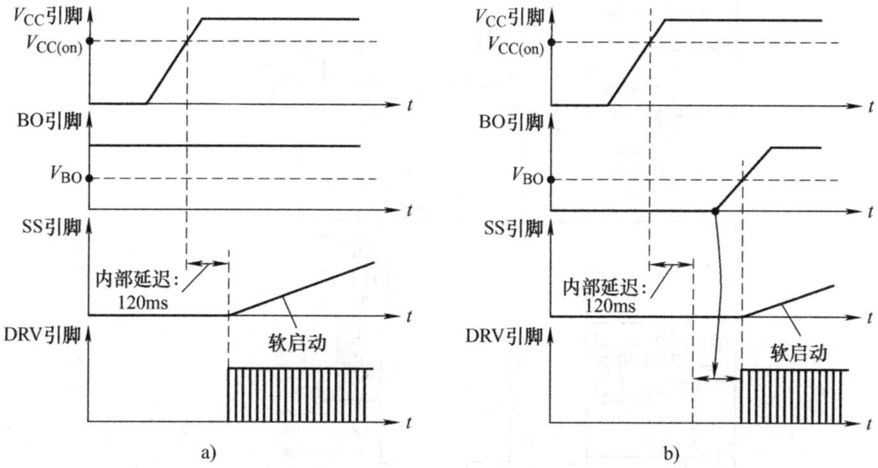

图 4-18　不同的启动时序（对于 A、B 和 C 版本）

对于图 4-18a，当 V_{CC} 引脚达到 $V_{CC(on)}$ 电平时，内部定时器开始计时。当内部延迟结束时，BO 引脚电平高于 V_{BO} 阈值时，软启动开始。

对于图 4-18b，在内部延迟结束时，BO 引脚电平低于 V_{BO} 阈值时，软启动无法启动。只有当 BO 引脚达到 V_{BO} 阈值时，新的软启动才会开始。

任务三　NCP1252 控制的双管正激式电源电路的分析与设计

学习目标

- ◆ 学会分析 NCP1252 控制的双管正激式电源电路的工作原理。
- ◆ 掌握电路中主要元件参数的设计。
- ◆ 会调试和测试电路。

一、NCP1252 控制的双管正激电源电路及输入输出基本参数

用 NCP1252 控制的双管正激电路如图 4-19 所示。电路输入输出基本参数见表 4-5。

表 4-5　电路输入和输出基本参数

名称	描述	名称	描述
V_{inmin} = AC 200V	最低交流输入电压	I_o = 20A	输出电流
V_{inmax} = AC264V	最高交流输入电压	P_o = 480W	标称输出功率
V_{out} = DC24V	正常输出电压	η = 0.92	典型效率@ AC 220V
V_{VD4} = DC0.75V	输出二极管压降	f_s = 110kHz	开关频率
V_{CC} = DC12V	芯片 IC1 工作电压	D_{max} = 0.45	最大占空比

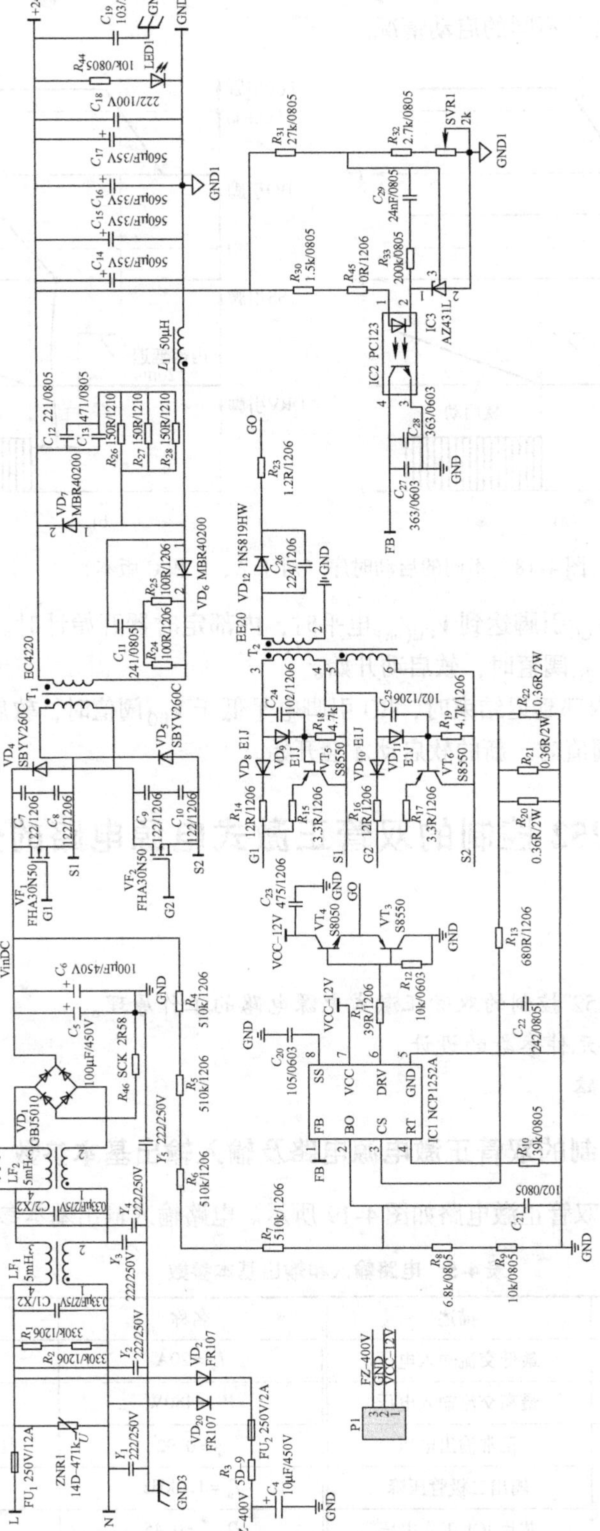

a)

图 4-19　NCP1252控制的双管正激电路

a) NCP1252控制的双管正激电路总图

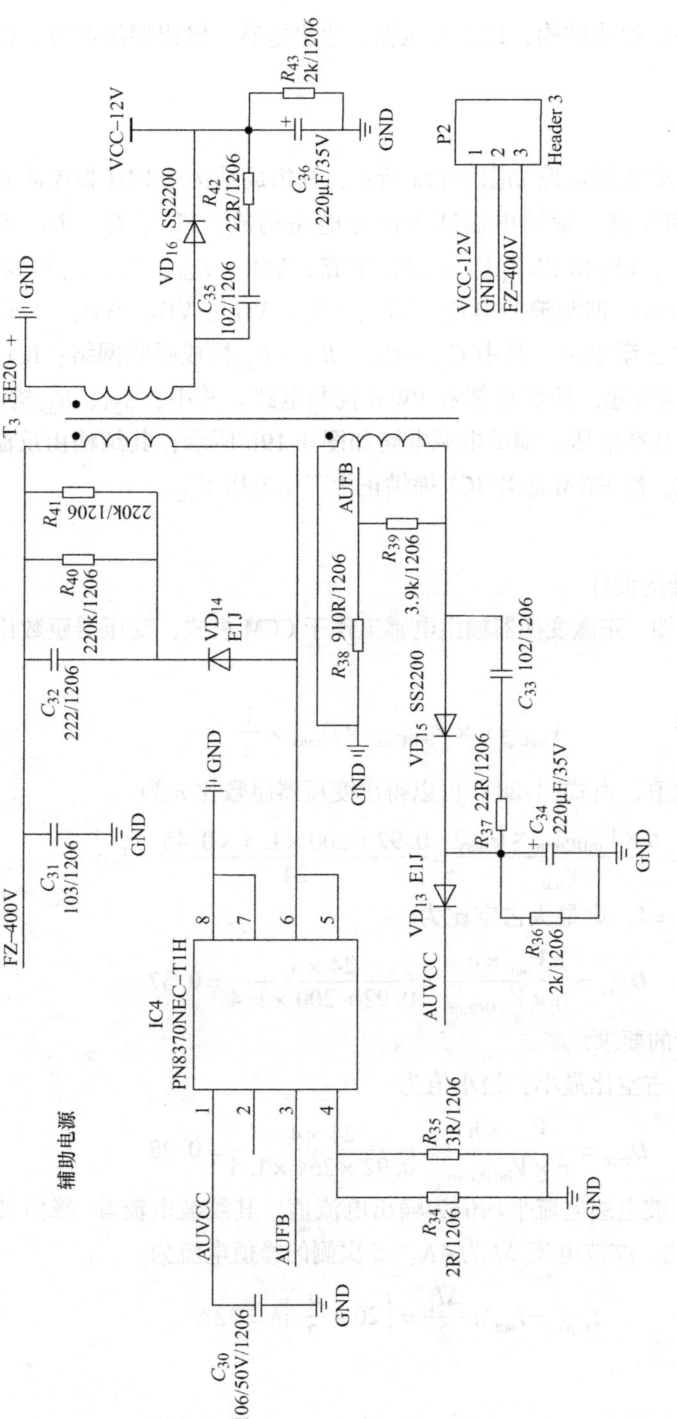

b)

图4-19　NCP1252控制的双管正激电路（续）

b) 辅助电源

二、电路分析及参数设计

下面详细分析电路的组成结构，以及变压器、输出电感、输出滤波电容、控制芯片外围电路部分参数的设计。

1. 电路的组成结构

NCP1252 控制的双管正激电路如图 4-19a 所示，其组成结构由 EMI 整流滤波、双管正激电路、输出检测反馈和控制、辅助电源四大部分电路构成。FU_1、R_1、R_2、C_1、C_2、Y_1、Y_2、Y_3、Y_4、VD_3、LF_1、LF_2和 ZNR_1 构成 EMI 电路；VD_1、R_{46}、C_5、C_6构成整流储能电路，其中 R_{46}（SCK 2R58）抑制浪涌电流；VF_1、VF_2、VD_4、VD_5、VD_6、VD_7、T_1、C_7 ~ C_{18}、R_{24} ~ R_{28}构成双管正激电路，其中 C_{11} ~ C_{13}、R_{24} ~ R_{28}构成吸收网络；IC1、IC2、IC3、R_{30}、R_{45}、C_{27} ~ C_{29}等构成输出检测反馈和 PWM 控制电路。其中，C_{29}、R_{33}构成补偿网络，IC3(AZ431) 提供一个基准电压；辅助电源电路如图 4-19b 所示，其结构由反激变压器 T_3、IC4、VD_{16}、C_{36}等组成，给 PWM 芯片 IC1 提供正常工作电压 V_{CC}。

2. 电路参数设计

(1) 正激式变压器的设计

由电源电路参数可知，正激变换器输出电感工作于 CCM 模式，变压器匝数比由式(4-28)确定。

$$V_{out} = \eta \times V_{inDCmin} \times D_{max} \times \frac{1}{n} \tag{4-28}$$

根据表 4-5 的参数值，由式(4-28) 可以得出变压器匝数比 n 为

$$n = \frac{\eta \times V_{inDCmin} \times D_{max}}{V_{out}} = \frac{0.92 \times 200 \times 1.4 \times 0.45}{24} = 4.8 \tag{4-29}$$

本电路设计中取 $n = 4$，则最大占空比为

$$D_{max} = \frac{V_{out} \times n}{\eta \times V_{inDCmin}} = \frac{24 \times 4}{0.92 \times 200 \times 1.4} = 0.37$$

$D_{max} = 0.37$，满足设计的要求。

最大输入电压时，占空比最小，最小值为

$$D_{min} = \frac{V_{out} \times n}{\eta \times V_{inDCmax}} = \frac{24 \times 4}{0.92 \times 264 \times 1.4} = 0.28$$

一般来说，输出滤波电感电流平均值为输出电流值，其纹波电流峰-峰值被设定为输出电流峰值的 20%。因此，纹波电流 ΔI 为 4A。二次侧的峰值电流为

$$I_{s\_pk} = I_{out} + \frac{\Delta I_L}{2} = \left(20 + \frac{4}{2}\right)\text{A} = 22\text{A} \tag{4-30}$$

一次侧的峰值电流为

$$I_{p\_pk} = \frac{I_{s\_pk}}{n} = \frac{22}{4}\text{A} = 5.5\text{A} \tag{4-31}$$

为了保证有足够的一次侧磁化电流使磁心复位，通常减小磁心中心柱气息来获得足够的磁化电流。通常取一次电流的 10% 为磁化电流。由于一次侧的峰值电流为 5.5A，将磁化电

流设定为0.55A。用输入电压AC 220V和一个脉冲持续时间（$\tau=\frac{D_{max}}{f_s}=\frac{0.45}{110kHz}=4.1\mu s$），得出一次电感为

$$L_m=\frac{V_{inDCmin}}{\frac{10\% I_{p\_pk}}{\tau}}=\frac{200\times1.4}{\frac{0.1\times5.5}{4.1\times10^{-6}}}mH=2.1mH$$

根据表4-5的数据及一次电感量，选择磁心为EC4220。

（2）输出滤波电感L_1的选择

根据模块二中的式(2-75)，可知电感工作于连续电流模式下，电感值要满足以下关系式：

$$L_1\geqslant\frac{V'_{in}D(1-D)}{f_s\Delta I}=\frac{V_o(1-D_{min})}{f_s\Delta I}=\frac{24\times(1-0.28)}{110\times4}mH=39.2\mu H$$

如果考虑在高温和高电流下电感值下降10%，本电路设计和实验中，取电感量为50(1±10%)μH。具体的设计过程可参考模块五中项目二的任务三中电感的设计。

（3）开关频率的设置

接在R_T引脚对地之间的电阻可以设定频率在50～500kHz之间，图4-20曲线可以通过频率来选择相应的电阻值。

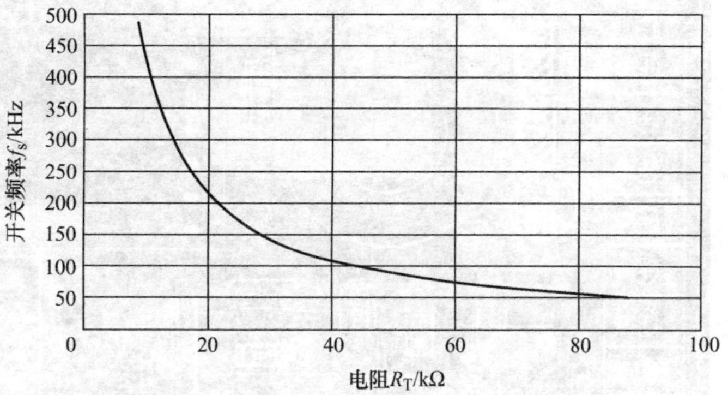

图4-20　电阻R_T与开关频率f_s之间的曲线关系

根据开关频率的电阻值选择由式(4-32)确定：

$$R_T=\frac{1.95\times10^9\times V_{RT}}{f_s}\tag{4-32}$$

式中，V_{RT}为内部基准链接到R_T的电压，等于2.2V。

如果假设开关频率为110kHz。由式(4-32)，得

$$R_T=\frac{1.95\times10^9\times2.2}{110\times10^3}=39k\Omega$$

本电路设计中，取电阻为39kΩ。

（4）电流采样电阻的选择

NCP1252的最大检测峰值电流电压为1V，下面的式(4-33)给出了电流采样电阻的计算，其中预留20%的裕度。

$$R_{sense}=\frac{V_{CS}}{1.2\times I_{p\_pk}}=\frac{1}{1.2\times5.5}=152m\Omega\tag{4-33}$$

本电路设计中，取采样电阻为120mΩ，实际电路中采用三个360mΩ/2W的电阻并联。

尽管芯片NCP1252有前沿消隐技术（LEB=130ns），为了消除应用中的噪声，建议在CS脚加入RC滤波。很小的RC网络会清除电流检测的干扰，提高电源的鲁棒性。不过此时间常数不能大于开关周期。滤波网络一般选择150～300ns的时间。

三、电路的调试和测试

1. 调试电路

图4-19电路图的PCB板布局如图4-21所示，其中图4-21a为双管正激电路PCB，图4-21b为辅助电源电路的PCB。电路板的3D示意如图4-22所示。根据图4-21a和b上标注的元器件序号焊接好元器件；检查有源器件的方向是否有错误和电解电容的极性是否接对，是否有虚焊和短路的地方；用万用表测量输入和输出是否有短路的现象。接下来就要进行调试和功能测试。调试电路的作用就是保证电路中每一部分电路是正常工作的，然后才能在输入端加电测试。EMI整流滤波电路、功率电路及辅助电源的调试在此就不再介绍了。下面主要介绍由NCP1252构成的控制电路及输出检测反馈电路（见图4-23）和驱动电路（见图4-24）的调试过程。

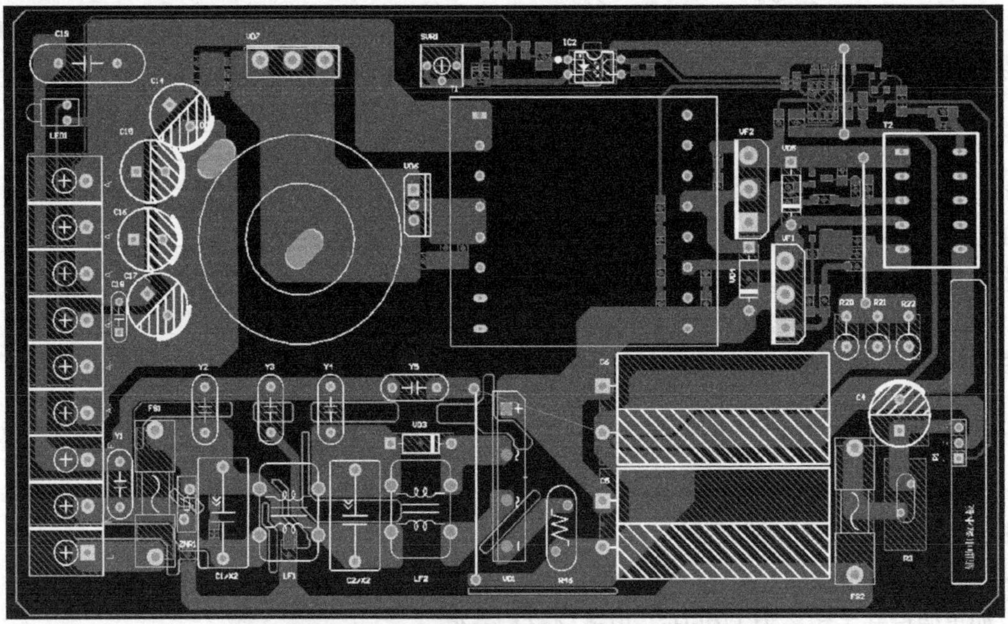

a)

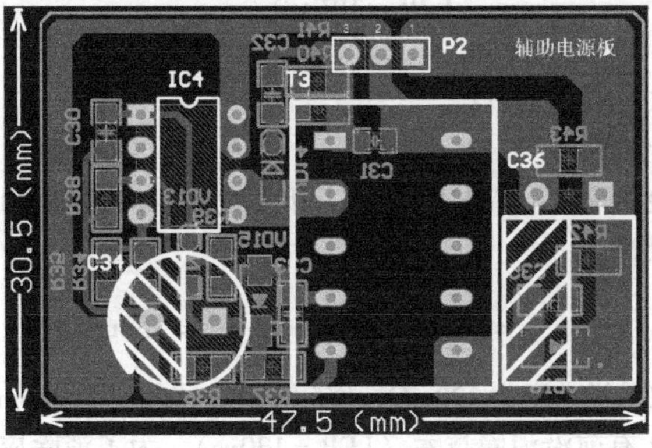

b)

图4-21　PCB布局

a）NCP1252控制的双管正激电路　b）辅助电源

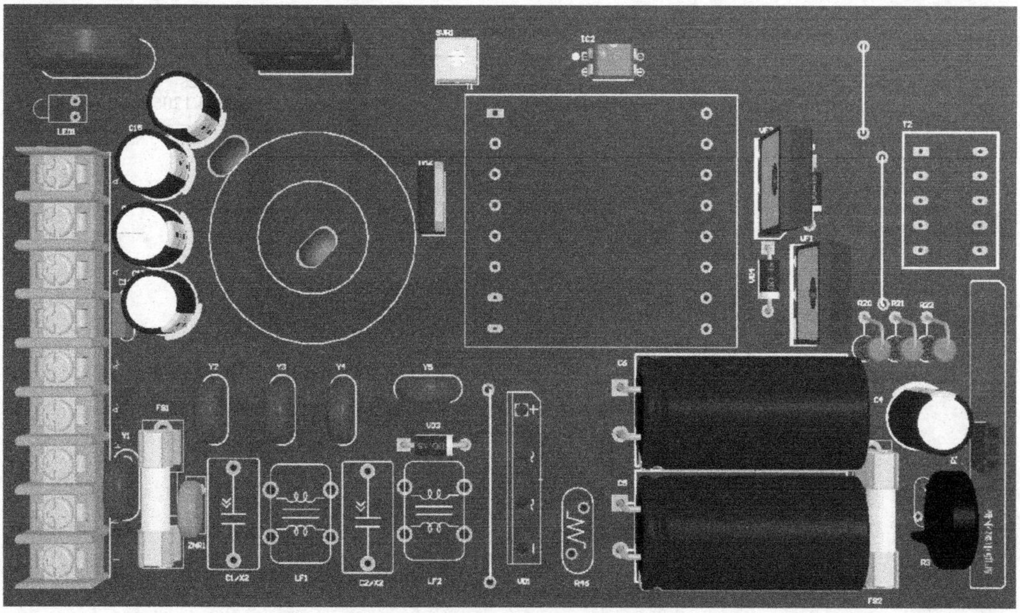

图 4-22 电路板的 3D 示意图

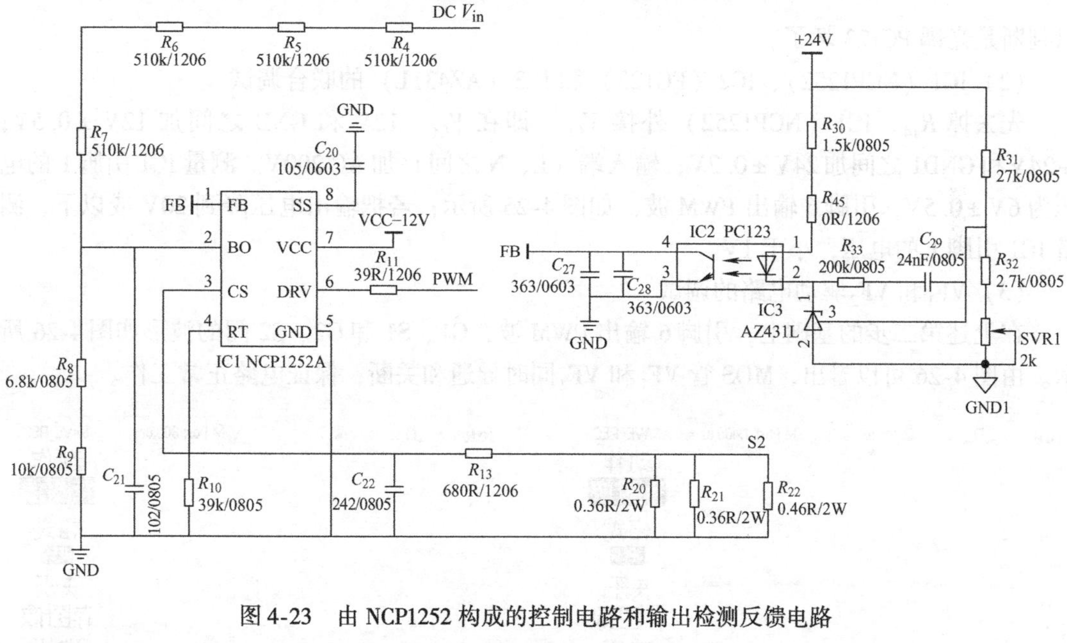

图 4-23 由 NCP1252 构成的控制电路和输出检测反馈电路

（1）IC3（AZ431L）和 IC2（PC123）的调试

在输出端，即 +24V 和 GND1 之间加 24V ±0.2V；调节 SVR1，使 IC3（AZ431L）引脚 3 的电压为 2.5V ±0.05V；测量 IC2（PC123）引脚 2 的电压为 2V ±0.1V，引脚 1 的电压为 3.2V ±0.1V，把万用表调到二极管档位，测量 C_{28} 两端，会发出响声。若上述测量结果不在范围之类，检查 AZ431L、光耦和电阻值是否正常。对于光耦 PC123 而言，在引脚 1 和引脚 2 之间加 1.2V ±0.1V，用万用表（档位调到蜂鸣档）测量 C_{28} 两端，会发出响声，否则，可

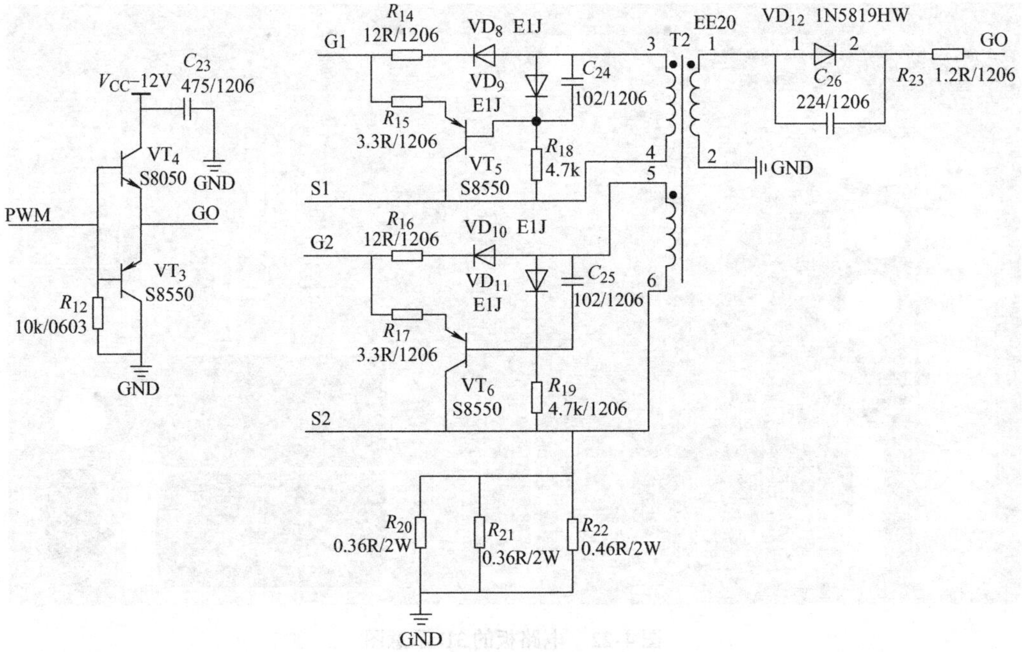

图 4-24　驱动电路

以判断是光耦 PC123 坏了。

（2）IC1（NCP1252）、IC2（PC123）和 IC3（AZ431L）的联合调试

先去掉 R_{14}，IC1（NCP1252）外接 V_{CC}，即在 V_{CC}-12V 和 GND 之间加 12V ±0.5V；+24V 和 GND1 之间加 24V ±0.2V；输入端（L、N 之间）加 AC 200V。测量 IC1 引脚 1 的电压为 6V ±0.5V，引脚 6 输出 PWM 波，如图 4-25 所示；若把输出电压降到 20V 或以下，测量 IC1 引脚 1 的电压，小于 1V。

（3）VF_1 和 VF_2 驱动电路的调试

在上述第二步的基础上，引脚 6 输出 PWM 波，G1、S1 和 G2、S2 间的波形如图 4-26 所示。由图 4-26 可以看出，MOS 管 VF_1 和 VF_2 同时导通和关断，保证电路正常工作。

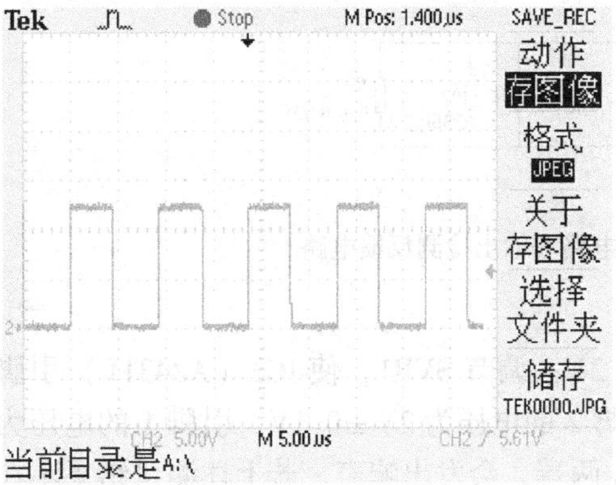

图 4-25　引脚 6（DRV）输出 PWM 波形

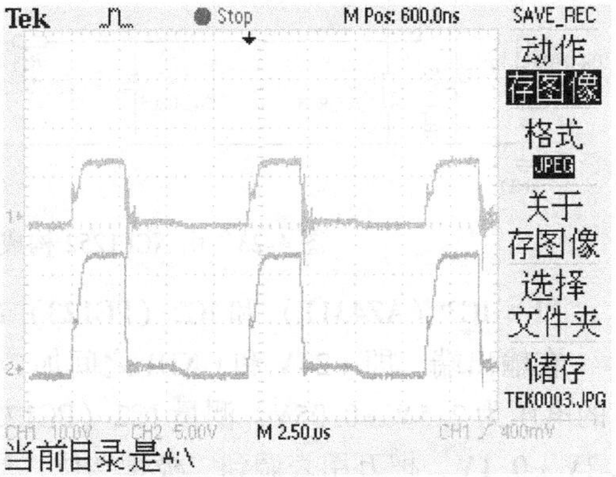

图 4-26　驱动波形

2. 测试电路

电路调试完成之后，对电路要进行功能和性能指标的测试，电路测试仪器设备接线如图 4-27所示。

负载既可以是电子负载（动态负载），也可以是电阻负载（静态负载），负载最大功率可调到 500W。

按图 4-27 所示连接好仪器设备，慢慢增加输入电压到 AC 200V，LED_1 会亮，测量输出电压 V_{out}，输出电压为 24（1 ±2%）V。对电路的性能指标进行测试，部分性能指标测试的波形如下。

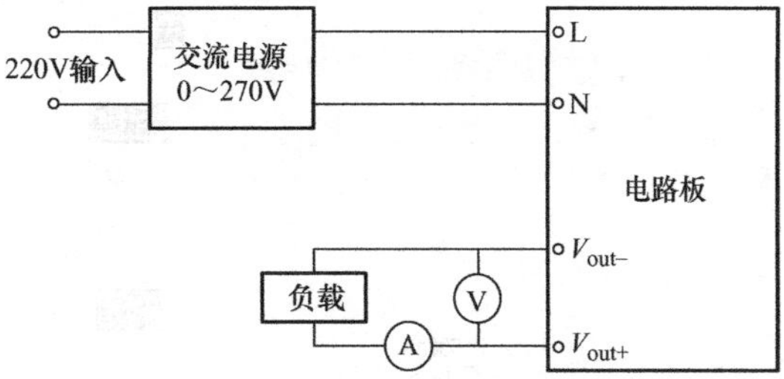

图 4-27　测试电路连接图

（1）启动波形

输入电压 AC 220V，输出功率为 200W 时，输出电压启动波形如图 4-28 所示。

由图 4-28 可知：输出电压的超调量为 25V－24V＝1V，非常小；输出电压的上升时间（从输出电压的 10% 上升到 90% 的时间）约为 80ms。

（2）输出电压波形

输入电压 AC 220V，输出功率为 480W 时，输出电压波形如图 4-29 所示。

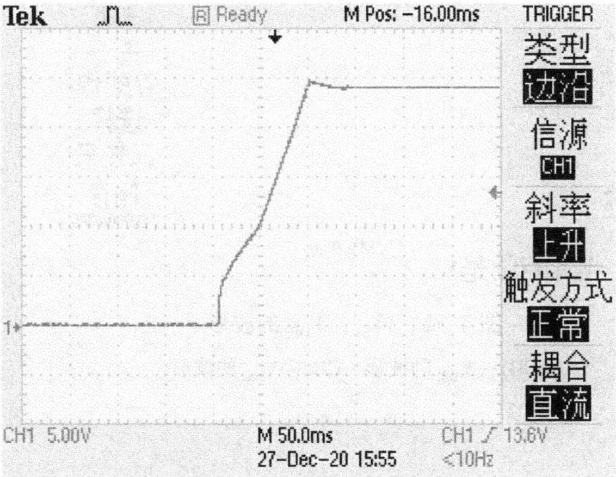

图 4-28　输出电压启动波形

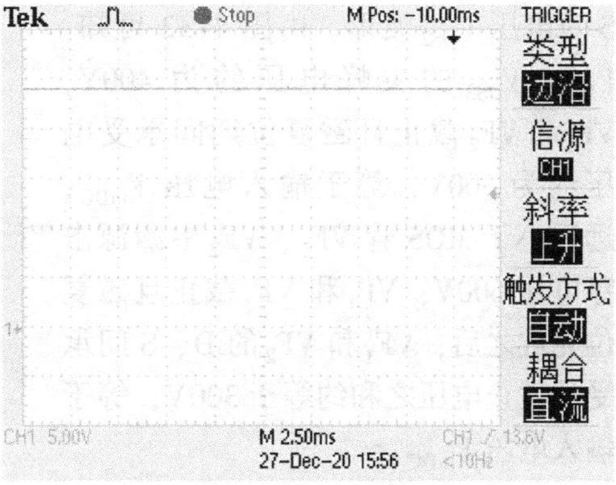

图 4-29　输出电压波形

由图 4-29 可知：输出电压的变化量为 24.2V－24V＝0.2V，百分数值(%)＝0.2/24×100%＝0.83%，非常小。

（3）输出电压纹波

输入电压 AC 220V，输出功率为 480W 时，输出电压纹波如图 4-30 所示。（注意：输出端并两个 104 电容）

由图 4-30 可知：输出电压的纹波约为 100mV，非常小。

（4）变压器二次电压波形

输入电压 AC 220V，输出功率为 480W 时，变压器二次电压波形如图 4-31 所示。

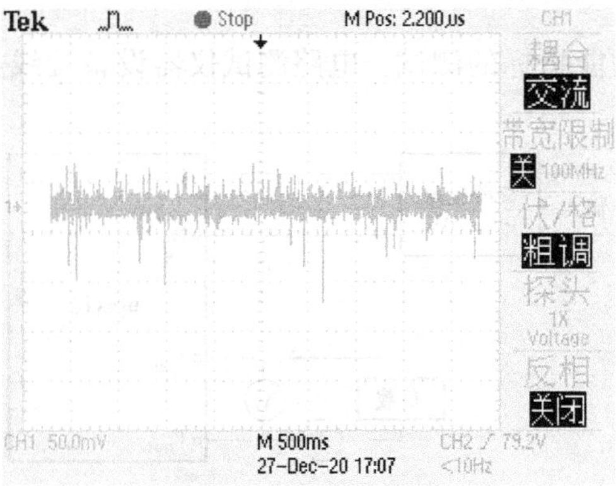

图 4-30　输出电压纹波

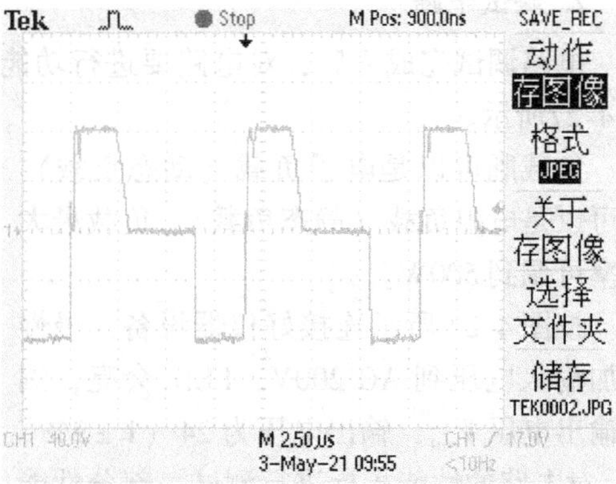

图 4-31　变压器二次电压波形

由图 4-31 可知：变压器二次反向电压最大值为 88V，则二极管 VD_6 承受的反向电压最大值为 112V，远远小于二极管 VD_6 的反向截止电压 200V。

（5）MOS 管 VF_1 和 VF_2 的 D、S 间电压（V_{DS1}、V_{DS2}）波形

输入电压 AC 220V，输出功率为 480W 时，V_{DS1}、V_{DS2} 的波形如图 4-32 所示。

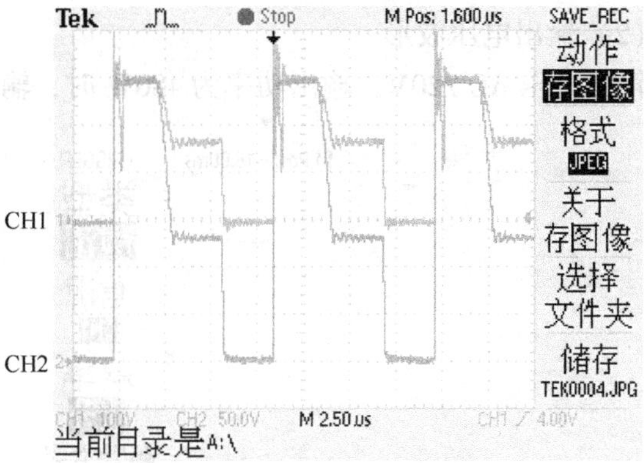

图 4-32　V_{DS1}、V_{DS2} 的波形

CH1—V_{DS1} 的波形　CH2—V_{DS2} 的波形

CH1 测量的是 VF_1 的 D、S 间电压 V_{DS1} 波形，CH2 测量的是 VF_2 的 D、S 间电压 V_{DS2} 波形。由图 4-32 可知：V_{DS1}、V_{DS2} 的尖峰电压约为 400V，VF_1 和 VF_2 截止且磁复位期间承受电压约为 300V，等于输入电压 V_{inDC}，远远小于 MOS 管 VF_1、VF_2 中漏源击穿电压 600V；VF_1 和 VF_2 截止且磁复位完成之后，VF_1 和 VF_2 的 D、S 间承受的截止电压之和约等于 300V，等于输入电压 V_{inDC}。

项目小结

本项目介绍了 PWM 芯片 NCP1252 控制的双管正激式电路。详细介绍了双管正激变换器的工作原理、理论波形和基本关系式；详细介绍了 PWM 芯片 NCP1252 的基本资料、引脚功能说明、芯片单元电路工作原理的分析等；介绍了 NCP1252 控制的双管正激式电路的组成结构，以及变压器、输出电感、输出滤波电容、控制芯片外围电路部分参数的设计等。基于 PWM 芯片 NCP1252 制作了实验样机。对电路进行了调试和测试，并对测试波形和数据进行了详细的分析。

思考与练习

1. 推导双管正激变换器中占空比 D 的范围。

2. 简述双管正激变换器的工作原理，并推导输入输出电压的基本关系式。

3. 若输出电压纹波过大，如何调整电路参数或者改变测试方法，来降低输出电压的纹波？

4. 描述不同的 V_{FB} 电压范围与变换器工作模式之间的关系。

5. 当 NCP1252 工作频率为 120kHz，引脚 4 连接到地的电阻值为多少？

6. 若输出电流纹波过大，如何调整电路参数或者改变测试方法，来降低输出电流的纹波？

模块五

带功率因数校正的开关电源原理与实例分析

项目一　填谷式无源功率因数校正电路的分析

在一些离线式的电源中，如交流 220V 市电，输入电流畸变大，谐波含量高，功率因数低。一方面会给输入端电流谐波造成噪声和对电网造成污染，另一方面会降低输入端的功率因数，减小负载得到的实际功率。因此，要采用适当的电路，减小输入电流的畸变，从而提高功率因数，减小输入电流的谐波含量。

本项目介绍功率因数校正（Power Factor Correction，PFC）的相关概念，重点介绍填谷式无源功率因数校正电路及其工作原理。基于控制芯片 MT7801，介绍一种填谷式无源 PFC 电路，对电路参数进行了详细的分析和设计。该电路适用于输出功率低于 50W 的应用场合，其电路原理图如图 5-12 所示。

从图 5-12 可以看出，要完成这个项目的设计和制作，首先要完成以下任务：

◆ 掌握填谷式无源 PFC 电路的工作原理。
◆ 熟悉控制芯片 MT7801 的基本资料。
◆ 掌握控制芯片 MT7801 外围电路的分析。
◆ 掌握无源 PFC 电路工作原理的分析。
◆ 掌握主电路参数和芯片部分外围电路参数的设计。

任务一　功率因数校正的基本概念

学习目标

◆ 理解功率因数校正（PFC）的作用。
◆ 掌握功率因数校正的基本概念。
◆ 会分析填谷式无源 PFC 电路的工作原理。

一、为什么采用功率因数校正[2]

从交流 220V 电源经整流滤波供给直流电是电力电子技术及电子仪器中应用极为广泛的一种基本变流方案。例如在离线式开关电源（AC－DC 开关电源）的输入端，AC 电源经桥式整流后，一般接一个大电容器，如图 5-1a 所示，以得到波形较为平滑的直流电压。整流器-电容滤波电路是一种非线性元件和储能元件的组合。因此，虽然输入交流电压 V_{in} 是正弦的，但输入交流电流 i_{in} 波形却严重畸变，呈脉冲状，如图 5-1b 所示。

由此可见，脉冲状的输入电流含有大量谐波，使谐波噪声水平提高，因此在 AC－DC 整流电路的输入必须增加滤波器，既贵，体积又庞大，且笨重。图 5-2 给出了图 5-1 输入电流的谐波成分，其中电流的三次谐波分量达 90.5%，五次谐波分量达 80.3%；总的谐波电流分量［或称总谐波畸变（Total Harmonic Distortion，THD）］为 95.6%，输入端功率因数只有 0.583。

另外，大量电流谐波分量倒流入电网，造成对电网的谐波污染。一方面产生“二次效应”，即电流流过线路阻抗造成谐波电压降，反过来使电网电压（原来是正弦波）也发生畸变。另一方面，会造成电路故障，使变电设备损害。例如10kV电力线路和配电变压器过热；谐波电流会引起电网LC谐振，或高次谐波电流流过电网的高压电容，使之过电流、过热而爆炸；在三相电路中，中线流过三相三次谐波电流的叠加，使中线过电流而损坏等。

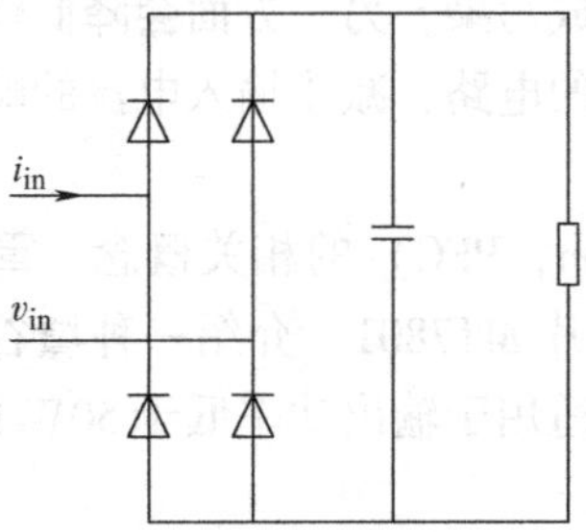

a)

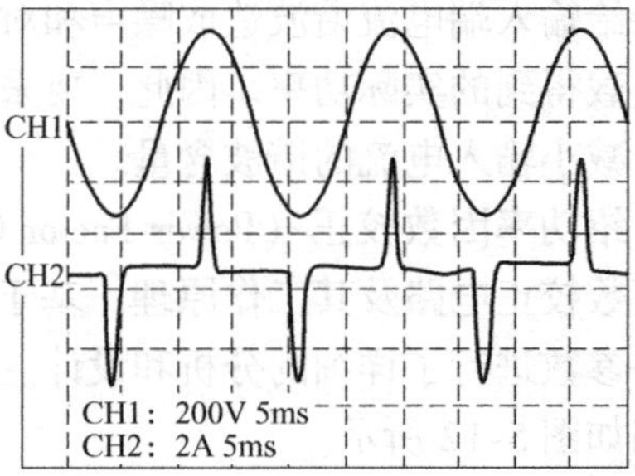

b)

图5-1　AC－DC整流电路及输入端波形

a）电路图　b）输入电压和电流波形

由于谐波电流的存在，使AC－DC整流电路输入端功率因数下降，负载上可以得到的实际功率减少。脉冲状的输入电流波形，有效值大而平均值小。所以，电网输入端伏安数大，负载吸收的功率却较小。例如图5-1的电路中，设输入正弦电压有效值为$V_{in}=230V$，输入非正弦电流有效值为$I_{in}=16A$时，输入伏安数为$V_{in}I_{in}=3680VA$，而负载功率只有2000W，当电路的效率为95%时，其输入功率因数可计算得出：$2000/(3680\times0.95)=0.572$。图5-1电路的输入功率因数一般为0.55～0.65。如果采取适当措施，使图5-1电路的输入电流为正弦波形，则输入功率因数可接近1，从而使负载功率可以提高到3500W。

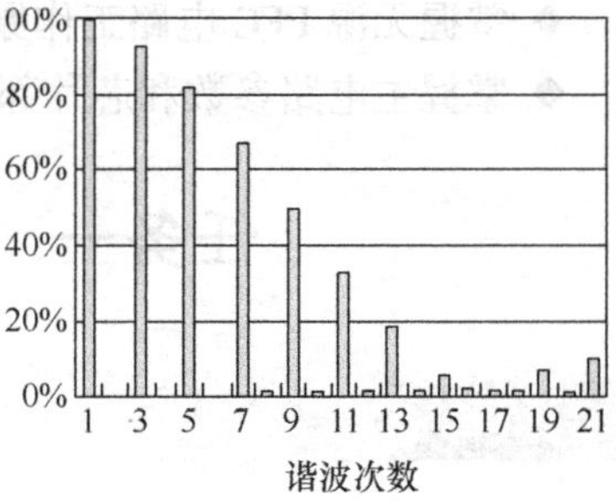

图5-2　图5-1中输入电流的谐波成分

带有源功率因数校正的电源输入电流/电压的波形如图5-3a，相应的谐波含量成分如图5-3b。从图中可以看出，电流和电压的相位及形状都极为相似。各次谐波含量都非常小，这时输入功率因数达到0.99以上，THD小于8%。

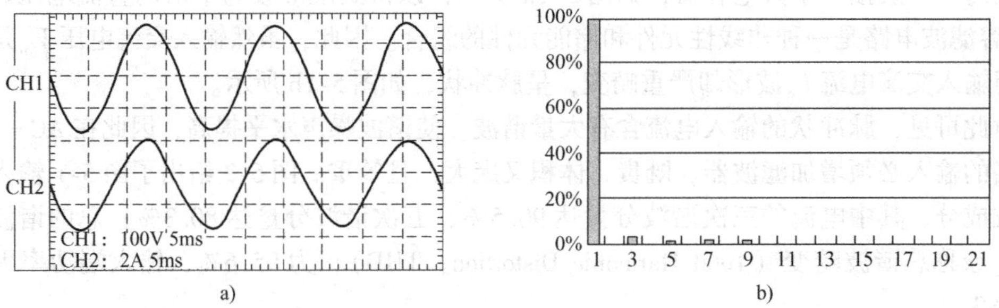

a)　b)

图5-3　AC－DC整流输入端波形及输入电流的谐波成分

a）输入电压和电流波形　b）输入电流的谐波成分

二、功率因数和 THD[2]

1. 功率因数的定义

电工原理中线性电路的功率因数习惯用 $\cos\varphi$ 表示，φ 为正弦电压与正弦电流间的相位差。由于整流电路中二极管的非线性，尽管输入电压为正弦波形，但输入电流却发生了相位的变化和波形的严重畸变，因此线性电路的功率因数计算方法不再适用于 AC－DC 整流电路，即不能仅用 $\cos\varphi$ 来表示功率因数，而应该加入波形畸变的因素。本章用 PF（Power Factor）表示功率因数。

$$\mathrm{PF}=\frac{\text{有功功率}}{\text{视在功率}}=\frac{P}{VI} \tag{5-1}$$

设 AC－DC 整流电路的输入电压 V_i（有效值 V）为正弦，输入电流为非正弦，其有效值为

$$I=\sqrt{I_1^2+I_2^2+\cdots+I_n^2+\cdots} \tag{5-2}$$

式中，I_1是输入电流基波的有效值；I_n是输入电流 n 次谐波电流的有效值，$n=2, 3, \cdots$。

注意：输入电流中只有基波电流与输入电压同频率，向负载输送有功功率，其他高次谐波电流与输入电压频率不同，只能产生无功功率。

设基波电流 i_1 落后 v_i，相位差为 φ，如图 5-4 所示。

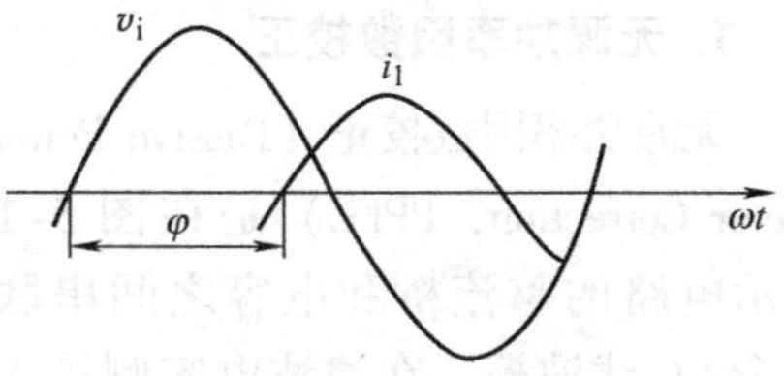

图 5-4　基波电流和电压波形

则有功功率和功率因数可表示为

$$P=VI_1\cos\varphi \tag{5-3}$$

$$\mathrm{PF}=\frac{VI_1\cos\varphi}{VI}=\frac{I_1\cos\varphi}{I} \tag{5-4}$$

式中，

$$\frac{I_1}{I}=\frac{I_1}{\sqrt{I_1^2+I_2^2+\cdots+I_n^2+\cdots}} \tag{5-5}$$

式(5-4) 表示基波电流相对值（以非正弦电流值 I 为基波），称为畸变因数（Distortion Factor），$\cos\varphi$ 称为移位因数（Displacement Factor）。即功率因数为畸变因数和移位因数的乘积。当 $\varphi=0$ 时，$\mathrm{PF}=I_1/I$。

2. 功率因数与 THD 的关系

谐波含量的丰富程度用谐波总量来衡量，或用总谐波畸变（THD）来表示。总谐波畸变定义为

$$\mathrm{THD}=\frac{I_h}{I_1}=\sqrt{\frac{I_2^2+I_3^2+\cdots+I_n^2+\cdots}{I_1^2}} \tag{5-6}$$

式中，I_h是所有谐波电流分量的总有效值，$I_h=\sqrt{I_2^2+I_3^2+\cdots+I_n^2+\cdots}$。

由式(5-5) 和式(5-6) 可得

畸变因数：

$$\frac{I_1}{I}=\frac{1}{\sqrt{1+\mathrm{THD}^2}} \tag{5-7}$$

当 $\varphi=0$ 时，
$$PF=\frac{I_1}{I}=\frac{1}{\sqrt{1+THD^2}} \tag{5-8}$$

由式(5-8) 所得计算值与实测值的对比见表5-1。

表5-1 已知PF值时THD计算结果举例（计算时设 $\varphi=0$）

PF	0.5812	0.9903	0.995	0.99875	0.99955
THD%（计算值）	140	14	10	5	3
THD%（实测值）		10	7	4.27	

由表5-1可见，当THD≤5%时，PF值可控制在0.999左右。

三、提高输入端功率因数的主要方法

功率因数校正（Power Factor Correction，PFC）就是采用适当的电路，减小输入电流的谐波含量，使输入电流接近于正弦波，提高输入端的功率因数；电源系统采用PFC的另外一个原因是为了符合规范要求，如欧洲的电气设备必须符合欧洲规范EN61000-3-2。提高AC-DC电路输入端功率因数和减小输入电流谐波的主要方法有以下两大类：无源功率因数校正和有源功率因数校正。

1. 无源功率因数校正

无源功率因数校正（Passive Power Factor Correction，PPFC）是在图5-1所示电路的整流桥和电容之间串联一个LC滤波器、在滤波电容侧接入电容和二极管构成填谷式PFC电路或者在整流桥和滤波电容之间接入LCD电路[4]，如图5-5所示。其主要优点是：简单、成本低、可靠性高、EMI小。

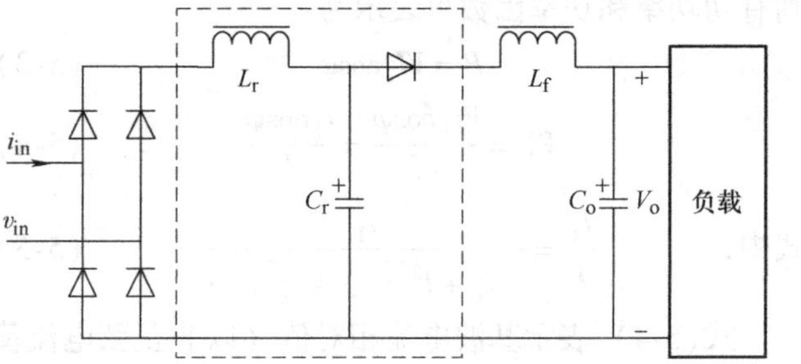

图5-5 无源PFC电路

主要缺点是：尺寸、重量大，难以得到高功率因数（一般可提高到0.9左右），工作性能与频率、负载变化及输入电压变化有关，电感和电容间有大的充放电电流等。

2. 有源功率因数校正

有源功率因数校正按照电路实现的方式分为两种：两级PFC和单级PFC。两级PFC方案[8]如图5-6所示，将PFC级输出端与DC-DC变换器相串联，但是两级控制电路相互独立，PFC使输入电流跟随输入电压，使输入电流正弦化，提高功率因数，减少谐波含量，后接的DC-DC变换器实现输出电压的快速调节。单级PFC[7]将PFC和DC-DC变换器组合在一起共用一个开关管和一套控制电路，如图5-7所示，实现对输入电流的整形和对输出电压的调节。根据功率的大小来选择单级PFC或者两级PFC，一般而言，小功率的应用场合选择单级PFC结构，大功率的应用场合（150W以上）选择两级PFC结构。

PFC变换技术采用电流反馈，使输入端电流 i_{in} 波形跟踪交流输入正弦电压波形，可以

使 i_{in} 接近正弦，从而使输入电流的 THD 小于 10%，功率因数可提高到 0.99 或更高。这个方案中，由于应用了有源器件，故称为有源功率因数校正（Active Power Factor Correction，APFC）。

它的主要优点是：可以得到较高的输入功率因数，如 0.97 ~ 0.99，甚至接近 1；THD 小；可在较宽的输入电压范围（如 AC 90 ~ 264V）和宽频带下工作；体积、重量小；输出电压也可保持恒定。主要缺点是：电路复杂、MTBF 下降、成本高（例如两级 PFC 变换器结构中，成本将提高 15%）、EMI 高、效率有所降低。

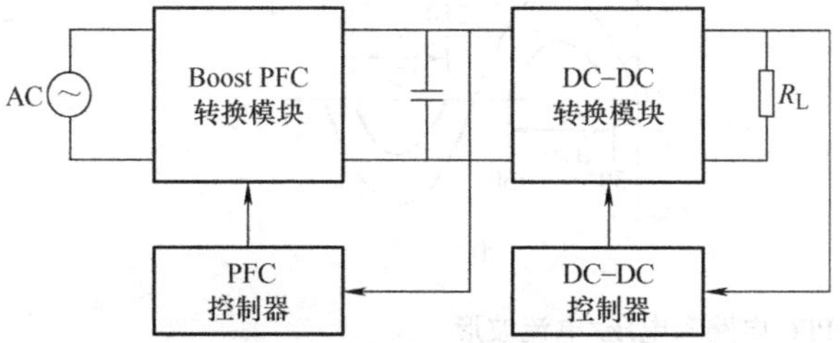

图 5-6　两级 PFC 结构示意图

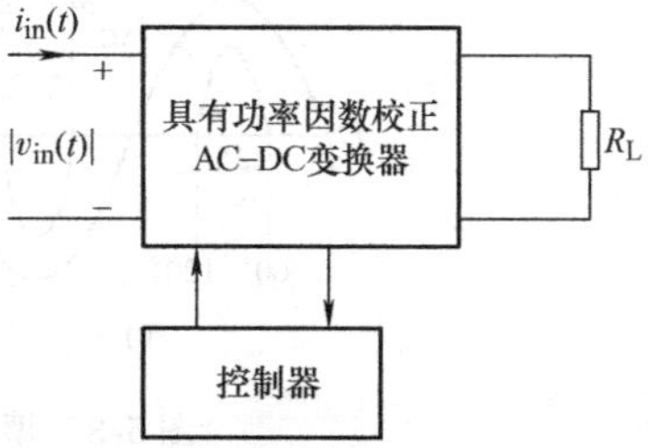

图 5-7　单级功率因数校正 AC - DC 变换器结构

现在 PFC 技术已广泛应用于 AC - DC 开关电源、交流不间断电源（UPS）、荧光灯电子镇流器及 LED 驱动电路中，本项目主要介绍填谷式无源 PFC 电路及工作原理；在项目二和项目三中介绍有源功率因数校正电路及工作原理。

任务二　填谷式无源功率因数校正电路的介绍

学习目标

- ◆ 熟悉填谷式无源 PFC 电路的结构。
- ◆ 会分析填谷式无源 PFC 电路的工作原理。

填谷式无源 PFC 电路的分析[6]

普通整流滤波电路如图 5-8a 所示，将图 5-8a 中的电容 C_1 用图 5-8b 所示的三个二极管（VD_5、VD_6 和 VD_7）和两个等值电容 C_1 与 C_2 来替代，则可以大大地改善输入电流的失真。由 VD_5 ~ VD_7 和 C_1 与 C_2 组成的填谷式无源 PFC 电路，也被称作部分或不完全滤波电路。

在交流线路电压较高时，由于二极管 VD_6 的接入，电容 C_1 和 C_2 以串联方式被充电。只要交流电压高于 C_1 和 C_2 上的电压，线路电流将通过负载。一旦线路电压幅值降至每个电容上的充电电压 $V_{acpeak}/2$ 以下，VD_6 则反向偏置，而 VD_5 和 VD_7 导通，C_1 和 C_2 以并联方式通过负载放电，此时交流电流不再向负载供电。这种不完全滤波填谷式电路的输出电压 V_o 波形呈脉动形状，极不平滑，但工频输入电流却得到修整，导通角达 120°，即从 30°增加到 150°，从 210°增加到 330°，如图 5-8d 所示。采用填谷式电路能使线路功率因数高于 0.9，3 次和 5 次谐波电流分别降至 20% 和 16% 以下，总谐波失真（THD）降至 30%。

填谷式 PFC 电路在输出功率小于 50W 的应用中非常广泛。

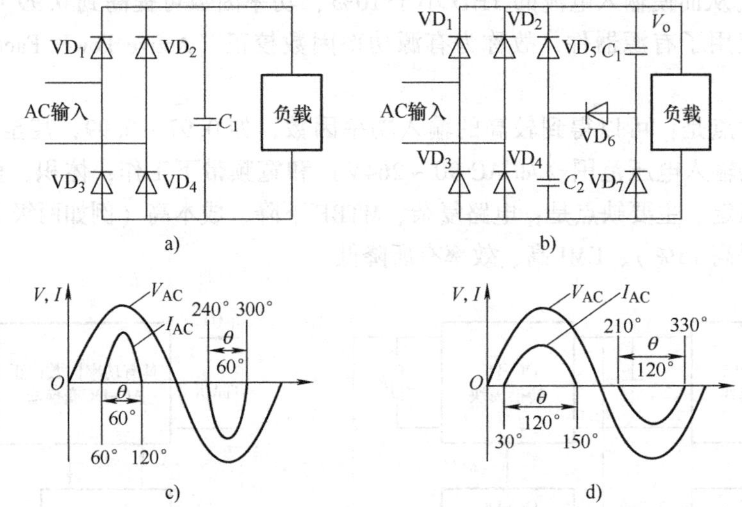

图 5-8 填谷式无源 PFC 电路和电压/电流波形

a）普通整流滤波电路 b）填谷式无源 PFC 整流滤波电路

c）普通整流时输入电压电流波形 d）填谷式 PFC 整流时输入电压电流波形

任务三 控制芯片 MT7801 的介绍

学习目标

◆ 熟悉控制芯片的引脚名称及功能。

◆ 熟悉每个引脚正常工作时电压或电流的范围，引脚之间相互影响的关系。

◆ 学会阅读芯片的应用信息（application note），然后根据应用信息，分析芯片外围电路，并能设计一定的功能电路。

一、控制芯片 MT7801 的特点、引脚功能说明及电气特性参数

1. 控制芯片 MT7801 的特点

- 内置 500V 高压功率管
- 临界导通模式，对电感不敏感
- 最高 95% 以上的峰值效率
- 高精度 LED 恒流电流
- 逐周期峰值电流控制
- LED 短路保护
- 前沿消隐控制
- 欠电压锁定保护（UVLO）
- 过热保护

2. 器件描述

MT7801 是一款工作于零电流导通、峰值电流关断的临界导通模式(Critical Conduction Mode，CCM）高精度 LED 恒流控制芯片，主要应用于非隔离降压型电源系统。

临界导通模式确保了 MT7801 可以控制功率开关在电感电流为零时刻开启，减小了功率管的开关损耗，确保了系统具有 95% 以上的峰值效率。电感电流谷值为零的临界导通模式结合经过输入母线电压补偿后的峰值电感电流，确保了输出 LED 电流的高精度，并且具有良好的线性调整率和负载调整率。对电感量变化不敏感，可以使用工字电感。

芯片内部集成了 500V 的高压开关管，外围电路简单，系统成本低。MT7801 工作电压宽，适合全范围交流输入电压或是 10～400V 直流电压输入。MT7801 同时实现了各种保护功能，包括逐周期过电流保护（OCP)、LED 短路保护（SCP）和过热保护（OTP）等，以确保系统可靠地工作。

芯片工作时参数的最大额定值见表 5-2；内部结构框图如图 5-9 所示。

表 5-2　最大额定值

符号	描述	范围	单位
I_{VCC}	V_{CC}端最大吸收电流	5	mA
V_{LCOMP}	线电压补偿引脚端电压	-0.3～25	V
V_{DRAIN}	内部高压功率开关管漏端对地电压	-0.3～500	V
V_{SOURCE}	内部高压功率开关管源端对地电压	-0.3～40	V
V_{CS}	电流检测引脚的电压	-0.3～6	V
P_{DMAX}	芯片最大功耗	0.8	W
T_{STG}	存储温度	-55～150	℃
T_J	结温	150	℃

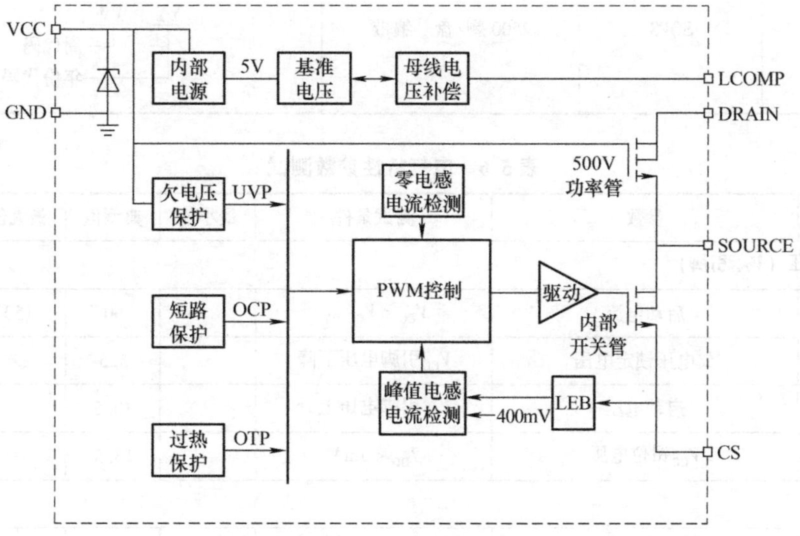

图 5-9　内部结构框图

3. 引脚分布及功能说明

引脚分布如图5-10所示。

引脚功能及说明见表5-3；推荐工作条件见表5-4。

订购信息见表5-5。

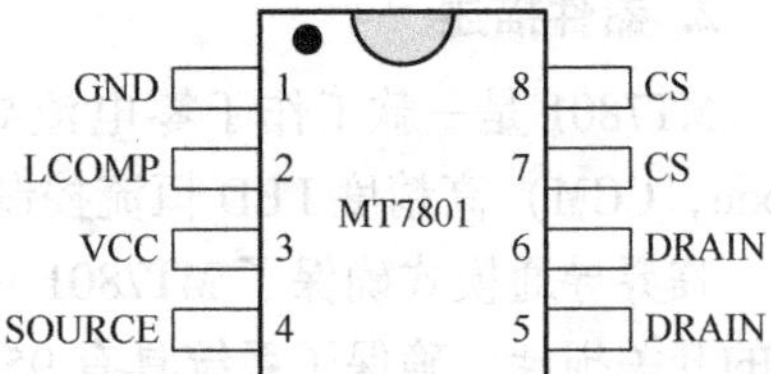

图5-10 引脚分布图

4. 控制芯片MT7801的电气特性

电气特性参数测试见表5-6。除非特别说明，测试条件为 $V_{CC}=13V$，$T_A=25℃$。

表5-3 引脚功能及说明

引脚名称	引脚号	说明
GND	1	芯片地
LCOMP	2	输入母线电压补偿引脚
VCC	3	芯片电源，内部限压13.5V
SOURCE	4	内部高压功率开关管源端
DRAIN	5/6	内部高压功率开关管漏端
CS	7/8	电流采样端，接采样电阻到地

表5-4 推荐工作条件

工作温度（外部环境温度）	-40～105℃
输出LED电流	<200mA

表5-5 订购信息

订购型号	封装	包装	芯片表面标记
MT7801	SOP8	2500颗/盘 编带	SRZY YY WW WW—周代码 YY—年份代码

表5-6 电气特性参数测试

符号	参数	测试条件	最小值	典型值	最大值	单位
启动与电源电压（V_{CC}引脚）						
I_{START}	启动电流	$V_{CC}<V_{CC\_UV}$		60	150	μA
V_{CC_UV}	欠电压锁定电压	V_{CC}引脚电压下降		5.5		V
V_{START}	启动电压	V_{CC}引脚电压上升		10.5		V
$V_{CC-CLAMP}$	V_{CC}钳位电压	$I_{DD}<5mA$		13.5		V
电源电流						
I_{op}	工作电流			0.3		mA

（续）

符号	参数	测试条件	最小值	典型值	最大值	单位
电流检测（CS 引脚）						
V_{CS-TH}	峰值电流检测阈值		390	400	410	mV
LEB1	CS 引脚内置前沿消隐时间			500		ns
过热保护						
OTP	过热保护温度阈值			155		℃
	过热保护释放的迟滞温度			30		℃
驱动电路						
T_{OFF_MIN}	最小截止时间			4		μs
T_{OFF_MAX}	最大截止时间			300		μs
T_{ON_MAX}	最大导通时间			45		μs
高压功率 MOS 管（DRAIN/SOURCE）						
R_{DSON}	内部高压功率管导通阻抗	$V_{GS}=13V$，$I_{DS}=0.5A$		10		Ω
V_{DSS}	内部高压功率管击穿电压	$V_{GS}=0V$，$I_{DS}=250\mu A$	500			V

二、功能描述

MT7801 是一款集成了 500V 高压功率管的恒流驱动的芯片，适用于 LED 照明驱动。芯片工作于电感电流临界导通模式，控制功率开关在电感电流为零时刻开启，减小了功率管的开关损耗，提高了效率。采用 MT7801 芯片的驱动电路恒流精度高，外围元器件少，成本低。

1. 启动过程

上电时，V_{CC}通过一个连接到输入母线的启动电阻充电。当 V_{CC}达到 10.5V 时，控制逻辑就开始工作，内部开关开始开关动作。如果 V_{CC}升高到 13.5V，则被钳位。如果 V_{CC}低于 5.5V，则 MT7801 将被关闭。

2. 临界导通模式控制与输出电流设置

MT7801 通过监测 CS 脚电压，逐周期检测流过内部开关管的峰值电流（电感峰值电流），当 CS 端电压达到 400mV 阈值时，功率管关断；当电感电流降为零时，电路将重新开启功率管。电感电流波形如图 5-11 所示。

电感峰值电流的表达式为

$$I_{LPK}=\frac{400}{R_{CS}}mA \qquad (5\text{-}9)$$

式中，R_{CS}为电流采样电阻，单位为 Ω。CS 比较器还包括一个 500ns 的前沿消隐时间以滤除 CS 端在导通瞬间的噪声。LED 输出电流的计算

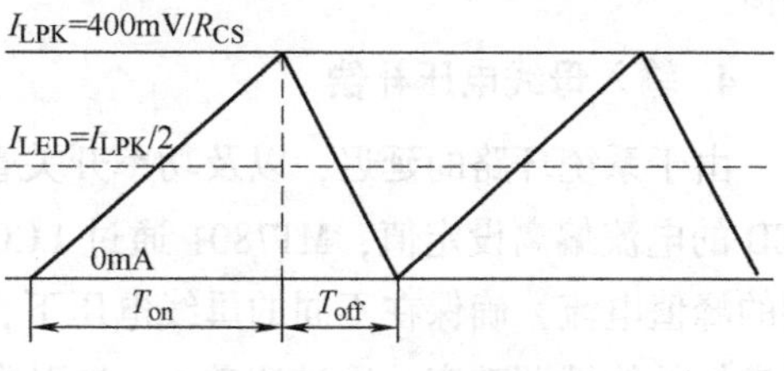

图 5-11　电感电流波形

公式为

$$I_{LED}=\frac{I_{LPK}}{2}=\frac{400}{2\times R_{CS}}\text{mA} \tag{5-10}$$

式中，I_{LPK}为电感峰值电流。由式(5-10) 可知，输出 LED 电流仅由电流采样电阻 R_{CS}和内部 400mV 参考电压决定，与电感量无关。

3. 工作频率

MT7801 工作于电感电流临界导通模式，当电感电流降为零时，检测电路将重新导通内部开关管，高压功率管的 SOURCE 端被拉低，功率开关管也导通，电感电流从零开始上升，功率管导通的时间为

$$T_{on}=\frac{L\times I_{LPK}}{V_{in}-V_{LED}} \tag{5-11}$$

式中，L 为电感的感量；I_{LPK}是流过电感的电流峰值；V_{in}是输入端整流桥整流后的输入直流电压；V_{LED}是负载 LED 上的正向压降。

当 CS 引脚上的电压达到设定的 400mV 峰值限制，内部开关管将被关断，SOURCE 端电压升高，功率开关管也被关断，电感将通过续流二极管对负载 LED 放电，直到电感电流下降到零时，芯片将再次开启内部开关管。功率管的关断时间为

$$T_{off}=\frac{L\times I_{LPK}}{V_{LED}} \tag{5-12}$$

因此系统的工作频率计算为

$$f=\frac{1}{T_{on}+T_{off}}=\frac{V_{LED}\times\left(1-\dfrac{V_{LED}}{V_{in}}\right)}{L\times I_{LPK}} \tag{5-13}$$

从式(5-13) 可以看出，MT7801 的系统工作频率和系统输入电压 V_{in}，负载 LED 的正向压降 V_{LED}，以及电感的感量 L 相关。系统输入电压 V_{in}越高，系统的工作频率越高。为了兼顾 EMI 和效率，系统的工作频率范围一般设置在 30 ~ 80kHz 之间，所以应在系统最低输入电压下，选择合适的电感值，使系统频率满足设计的要求。MT7801 设置了系统的最大截止时间为：$T_{offmax}=300\mu s$，最小截止时间为：$T_{offmin}=4\mu s$。

由 T_{off}的计算公式可知，如果电感量很大，T_{off}可能会超过 T_{offmax}，使电感电流还没有降到零又开始下一个周期充电，电感电流进入连续模式，所以实际的负载 LED 电流会大于目标设计值；同理，如果电感量很小，T_{off}可能会小于 T_{offmin}，使电感电流出现为零的时刻，电感电流进入断续模式，所以实际的负载 LED 电流小于目标设计值。因此需要选择合适的电感值。

4. 输入母线电压补偿

由于系统环路的延迟，以及功率开关管的非理想特性，输入母线电压的变化会导致负载 LED 的电流偏离设定值，MT7801 通过 LCOMP 引脚检测母线电压的变化，来调整流过开关管的峰值电流，确保在不同的母线电压下，流过开关管的峰值电流都保持为一个恒定值，达到良好的线性调整率。通过调整 V_{CC}与引脚 LCOMP 之间的电阻值可以调节补偿量。如果输

出 LED 电流随着输入电压升高而增大，则应增大电阻值以增大补偿量；反之，则应减小电阻值。

5. 过电流保护

一旦引脚 CS 电压超过 400mV，MT7801 将立即关断内部开关管，从而关断功率开关管。这种每周期过电流检测的方式保护了相关的元器件免于损坏，如功率开关管、变压器等。

6. 其他保护功能

MT7801 完善的保护功能还包括 LED 短路保护、电流采样电阻开路保护、电流采样电阻短路保护，以及过热保护等。芯片工作时会进入自动监测状态，如果出现 LED 短路或是电流采样电阻短路，芯片会立刻进入短路保护状态，停止开关信号，同时对 V_{CC} 引脚端放电，系统进入打嗝—重启状态，系统只消耗轻微的功率，确保系统安全。当短路状况解除后，芯片自动恢复到正常工作状态。内部过热保护电路会监测芯片的 PN 结温度，当温度超过过热保护阈值时，芯片进入保护状态，停止开关动作，芯片温度下降 30℃以后，才会退出过热保护状态，重新恢复到正常工作状态。

7. PCB 注意事项

在画 MT7801 的 PCB 时，对于 V_{CC}（引脚 3）的对地电容（通常为 1 ~ 4.7μF 的陶瓷电容）必须靠近芯片的引脚 3，距离一般不得超过 5mm，这样可以极大地提高系统的抗噪声能力。

任务四　填谷式无源功率因数校正电路的分析与设计

学习目标

- 学会分析填谷式无源 PFC 电路的工作原理。
- 掌握电路中主要元器件参数的设计。
- 会调试和测试电路。

一、电路预定技术指标及参数

MT7801 控制的填谷式无源 PFC 电路（应用于 LED 驱动）如图 5-12 所示，电路预定技术指标及参数见表 5-7。输出端 LED 的连接：8 个 LED（正向电压降 3.3V，正向电流 25mA）串联为一组，20 组相并联，实际输出电流为 0.36A，输出功率为 10W。

表 5-7　电路预定技术指标及参数

名称	描述	名称	描述
V_{inmin} = AC 100V	最低交流输入电压	$V_{outopen}$ < DC 45V	开路输出电压
V_{inmax} = AC 264V	最高交流输入电压	I_o = 0.36A	输出电流
V_{outmin} = DC 21V	最小输出电压	P_o = 10W	标称输出功率
V_{outmax} = DC 42V	最大输出电压	η = 0.88	典型效率@ AC 220V

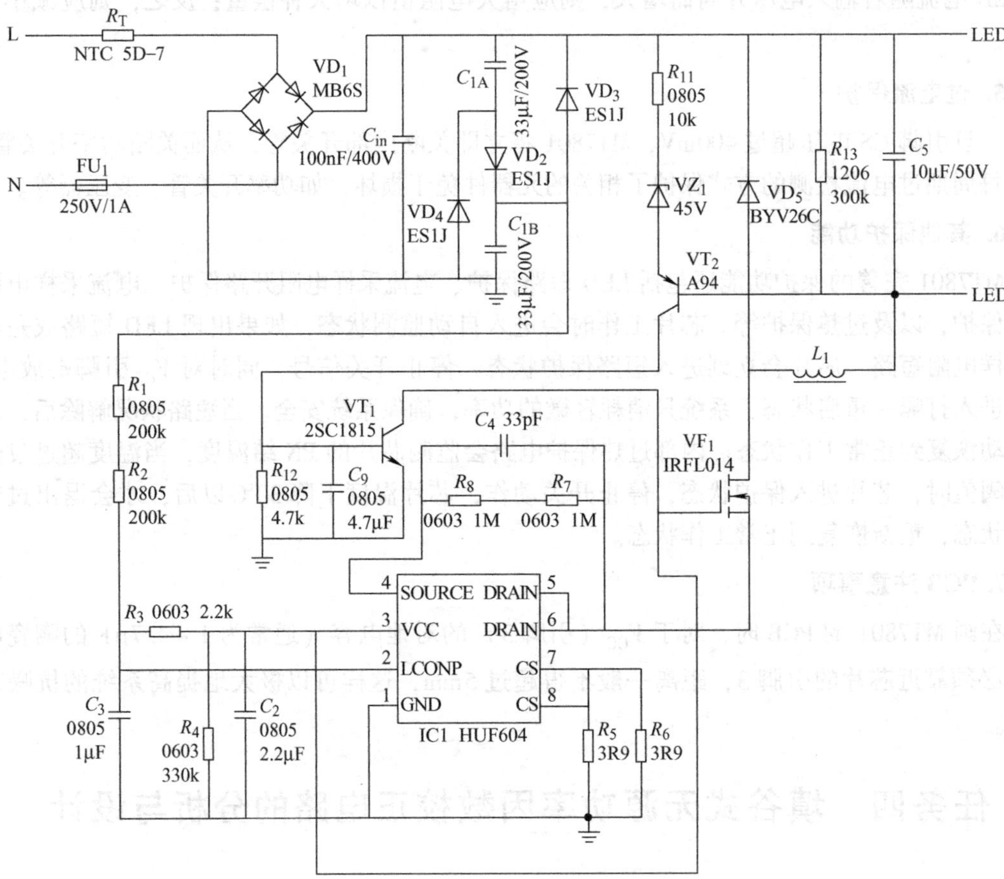

图 5-12 填谷式无源 PFC 电路

二、电路的分析

电路由 EMI 整流滤波（FU_1、R_T、VD_1、C_{in}）、填谷式无源功率因数校正电路（VD_2、VD_3、VD_4、C_{1A}、C_{1B}）、降压式变换电路（VD_5、L_1、C_5、开关管集成在控制芯片内部）、由 MT7801 构成的控制电路和输出开路限压电路（R_{11}、VZ_1、VT_1、C_9、R_{12}、VF_1）等部分构成。

三、电路参数设计

下面的描述及元器件标号均参考图 5-12 中的电路，除非另外说明。

(1) 输入滤波电容 C_{1A}、C_{1B}

输入滤波电容 C_{1A}、C_{1B}的作用是保持输入电压，确保在市电的波谷期间输入电压仍然高于 LED 灯串的电压，使得系统能够正常工作。其电容值的大小取决于输入电压的范围、输出功率等因素。对于 AC 100 ~ 264V 的全电压应用，一般按经验公式，输出 1W 对应 2μF 电容值，来选取 C_{1A}、C_{1B}的电容值。如输出 10W 的方案，一般取 C_1 = 20μF，那么 C_{1A} = C_{1B} = 40μF，根据实际情况，取 C_{1A} = C_{1B} = 36μF。对于相对较窄的输入电压范围，C_{1A}、C_{1B}的电容值相应可以取得小一些。

（2）启动电阻 R_1、R_2

启动电阻 R_1、R_2为芯片提供必需的工作电流。对于全电压 AC 100～264V 的应用，由于单颗电阻的耐压值不够，因此建议启动电阻采用两颗等值的电阻串联。对于 AC 110V 的单电压应用，则可以采用一个电阻。MT780X 系列芯片正常工作时的电流约为 200μA，因此启动电阻值可以简单计算为

$$R_1+R_2=\frac{V_{\mathrm{inDCmin}}-8}{200}\times 10^3 \tag{5-14}$$

实例：对于 AC 100～264V 的应用，$V_{\mathrm{inDCmin}}=100\mathrm{V}\times 1.3=130\mathrm{V}$。由式(5-14)，可以求出 $R_1+R_2=610\mathrm{k\Omega}$，因此取 $R_1=R_2=610\mathrm{k\Omega}/2\approx 300\mathrm{k\Omega}$。实际方案中，按式(5-14) 计算出的启动电阻值往往偏小，只能作为参考，这是因为在工作过程中，芯片内部的引脚 SOURCE 在开关过程中，也会给芯片供电，因此 200μA 的芯片工作电流并不是全部由启动电阻提供。因此最终的启动电阻值应根据实际电路调整。由式(5-14) 计算的电阻值可以作为初始值。最终的电阻值应确保在最低输入电压下，引脚 V_{CC}的电压不低于 8V。如果低于 8V，则可能触发 UVLO，引起灯闪，此时应减小启动电阻值，增大供电能力；反之，在最低输入电压下，V_{CC}电压远高于 8V，则可以适当增大启动电阻值，以提高效率。

（3）泄流电阻 R_4

MT780X 系列芯片的系统，在母线掉电的过程中，由于输入滤波电容 $C_{1\mathrm{A}}$、$C_{1\mathrm{B}}$，及 V_{CC}端电容 C_2的电荷保持能力，在 LED 灯灭后，会重新抬高母线电压，导致 LED 灯重新亮一下，即造成灯闪烁。这个过程可能是闪烁一次，也可能是多次。因此，在 V_{CC}端电容 C_2上并联泄流电阻 R_4，使得在掉电后，R_4对 C_2放电，尽早使 V_{CC}电压放电至 UVLO 值，芯片停止工作，从而防止灯闪。

R_4并联于 C_2上，一直对地在漏电，对系统的效率是有影响的，因此 R_4 取值不能太小。R_4的取值标准为：确保在最大输入电压下，例如当输入为 AC 264V，掉电时，系统不闪灯，并留一定的裕量。另外，R_4也不是 100% 必需的，如果在最大输入电压下，掉电没有灯闪现象，就不需要 R_4泄流电阻。

（4）线电压补偿电阻 R_3、电容 C_3

MT780X 系列芯片根据 LCOMP 引脚和 V_{CC}引脚之间的电压差来进行峰值电流补偿，而这两个引脚之间的电压差为

$$V_{\mathrm{LCOMP}}-V_{\mathrm{CC}}=\frac{R_3\times(V_{\mathrm{IN}}-V_{\mathrm{CC}})}{R_1+R_2+R_3}\approx\frac{R_3\times V_{\mathrm{IN}}}{R_1+R_2} \tag{5-15}$$

R_3的阻值一般在 1～5kΩ 之间，如果输出 LED 电流随着输入电压的升高而增大，则应增大 R_3，加大补偿量；反之，则减小 R_3的阻值。LCOMP 引脚对地放一个去耦电容 C_3，以提高系统的抗噪声能力，C_3取值 10nF～1μF。

（5）耦合电容 C_4和电阻 R_7、R_8

为了协助芯片内部对电感电流进行检测，需要在高压开关管的 SOURCE 端和 DRAIN 端并联一个耦合电容 C_4。C_4的容值一般在 10～33pF。C_4电容值小，可以提高效率，但是可能会造成 LED 短路时的功耗增加。反之，C_4电容值大一点，可以降低 LED 短路功耗，但总体效率会降低 1% 左右。另外，耦合电容 C_4有助于降低 EMI，因此 C_4的电容值，要适当折中。一般还要和 C_4并联一个耦合电阻。出于耐压的考虑，采用两个电阻 R_7、R_8串联，阻值分别

为 1MΩ。

(6) 储能电感 L_1

电感 L_1 是 MT780X 系统的核心器件。电感量直接决定系统的开关频率。在设计时，可以先确定在最小输入电压下，系统的最低工作频率，然后根据已知的参数，如输出电压，即 LED 两端电压 V_{out}、电感峰值电流 I_{LPK} 等，由式(5-13) 反推出电感 L_1 的感量。

合适的电感量，确定在指定的输入电压范围及指定的输出电压范围内，开关频率都在 20～75kHz 之间。电感量偏大，开关频率低于 20kHz，则会听到音频噪声；电感量偏小，开关频率偏大，则不利于 EMI。

在条件许可的情况下，L_1 建议采用变压器电感。从节省成本考虑，L_1 完全可以采用工字电感。但用工字电感有个缺点，在驱动模板装入灯壳后，由于灯壳对工字电感磁力线的干扰，会导致工字电感的电感量减小，而等效串联电阻增加。尽管电感量的变化，不会导致 LED 电流的变化，但等效串联电阻的增加会导致效率降低。而高频磁心的电感则稳定得多。

(7) 续流二极管 VD_5

理论上续流二极管流过的最大电流就是电感的峰值电流，最大反向电压就是输入最大电压。在实际选择二极管时，都要留一定的裕量。例如，全电压输入 AC 100～264V，输出 V_{out} = 42V，I_{LED} = 360mA 的案例，续流二极管的最大电流为 2×360mA = 720mA，最大反向电压为 264V×1.4 = 369.6V。因此可以选取 1A、500V 或者 1A、600V 的续流二极管。由于续流二极管处于开关工作状态，建议选择超快恢复二极管，如 SF18、MUR160、US1J 等型号。如果续流二极管反向恢复时间慢，会严重影响效率。

(8) 滤波电容 C_5

并联在 LED 灯珠两端的电容 C_5 为 LED 滤波电容，理论上 C_5 越大，流过 LED 的电流纹波越小。但是 C_5 的耐压值要仔细考虑。有两种情况：

1) 如图 5-12 所示的应用电路，没有 LED 开路保护措施。当 LED 灯串开路时，LED 的负端被功率管下拉到地电位，而 LED 正端则处于母线电压，即 C_5 两端的最大电压即是最大的输入电压，在 AC 264V 时，达到 DC 370V。为保证系统的可靠性，必须选择耐压 400V 的 CBB 电容。在这种情况下，C_5 的容值不可能太大，一般选取 0.1～0.47μF/400V 的 CBB 电容。

2) 如图 5-12 所示的应用电路，带 LED 开路限压电路。当 LED 灯串开路时，LED 两端电压被限定在预设的 $V_{outopen}$ 电压。在这种情况下，C_5 的耐压值只要比 $V_{outopen}$ 高 10～20V 就可以了。如 V_{out} = 28V，$V_{outopen}$ 设定在 40V，那么 C_5 就可以选择 1～10μF/50V 电解电容。

(9) LED 开路限压电路

对于有明确开路限压的应用，可以采用图 5-12 中所示的开路限压电路。图中 R_{11}、VZ_1、VT_2、C_9、R_{12}、VT_1、VF_1 组成开路限压电路，工作原理如下。

当 LED 开路，使得 LED 两端电压升高，超过齐纳二极管 VZ_1 的击穿电压时，BJT 管 VT_2 导通，有电流流过，该电流在 R_{12} 上产生压降，从而使得 VT_1 导通，进而关闭开关管 VF_1。这样 LED 两端的电压就不会一直升高，而是被限定在设定的阈值 $V_{outopen}$。计算如下：

$$V_{outopen} = V_{VZ1} + V_{be} + I_{VT2} \times R_{11} \tag{5-16}$$

$$I_{VT2} = \frac{V_{outopen} - V_{VZ1} - 0.6}{R_{11}} \tag{5-17}$$

$$R_{12}=\frac{V_{be}}{I_{VT2}}=\frac{0.6}{I_{VT2}} \tag{5-18}$$

通过式(5-16)、式(5-17)和式(5-18)，选择合适的齐纳二极管 VZ_1、电阻 R_{11}、R_{12}就可以设定开路限压 $V_{outopen}$。VT_2必须选择耐压超过最大输入电压的 BJT 管，对于 AC 264V，可以选择 400V 的小功率 BJT 管，如 A94 等；VT_1则可以选择普通的耐压 20V 左右的小功率 BJT 管，如 2SC1815 等。

四、样机测试结果

AC 220V 输入，LED 连接为 8 个串联、20 组并联，即输出功率 10W 时，输入电压和电流波形如图 5-13 所示。

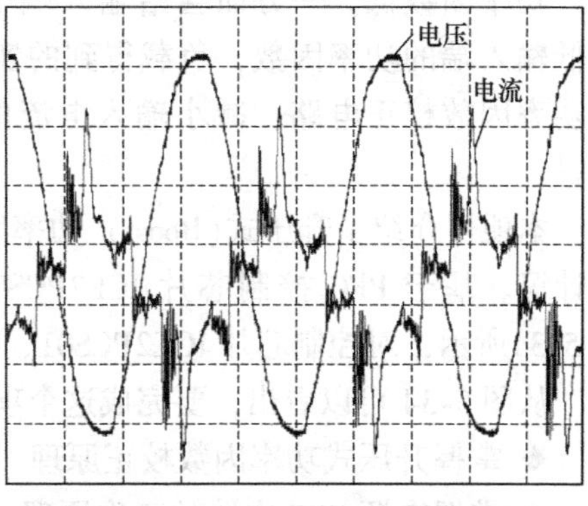

图 5-13　输入电压和电流波形
（电压波形：100V/div，电流波形：50mA/div）

从图 5-13 中可以看出，输入电流不是很窄的脉冲波，功率因数可达到 0.88 以上，这说明填谷式无源功率因数校正电路起了作用，有效减小了谐波电流含量。

项目小结

本项目介绍了填谷式无源功率因数校正电路。详细介绍了填谷式无源功率因数校正电路的工作原理；介绍了控制芯片 MT7801 的基本资料、引脚功能说明、芯片单元电路工作原理的分析等；介绍了填谷式无源功率因数校正电路的工作原理，尤其是对元器件参数进行了详细的分析与设计。基于 MT7801 控制芯片制作了实验样机，测试并分析了其实验波形。

思考与练习

1. 若填谷式无源功率因数校正电路采用三个电容串联来实现，画出其电路图，并分析其工作原理。

2. 单级和两级有源 PFC 有何区别？

3. 为什么要采用功率因数校正？

4. 对于控制芯片 MT7801，在 V_{CC}引脚的电容上并联一个电阻，有何作用？电阻取值范围为多少？

项目二　升压式有源功率因数校正电路的分析

在一些离线式的大功率开关电源中，如 220V 交流市电，输入电流畸变大，谐波含量高，功率因数低。一方面会给输入端电流谐波造成噪声和对电网造成污染，另一方面会降低输入端的功率因数，负载得到的实际功率会减小。因此，要在 DC－DC 电路中前级加入功率因数校正电路，减小输入电流的畸变，从而提高功率因数，减小输入电流的谐波含量。

本项目介绍了升压式(Boost) 功率因数校正原理、有源功率因数校正控制方法、电感的设计等。基于 PFC 控制芯片 ICE2PCS01，介绍了一种升压式 PFC 电路，其电路原理如图 5-34所示，对控制芯片 ICE2PCS01、电路及参数进行了详细的分析和设计。

从图 5-34 可以看出，要完成这个项目的设计和制作，首先要完成以下任务：

◆ 掌握升压式功率因数校正原理。

◆ 掌握有源 PFC 电路的工作原理。

◆ 熟悉控制芯片 ICE2PCS01/G 的基本资料。

◆ 掌握控制芯片 ICE2PCS01/G 外围电路的分析。

◆ 掌握驱动电路工作原理的分析。

◆ 掌握主电路参数、芯片外围电路参数的设计。

◆ 掌握 Boost PFC 电路的测试。

任务一　升压式功率因数校正原理

学习目标

◆ 熟悉 PFC 电路的主要任务及 Boost PFC 电路的工作模式。

◆ 掌握 DCM、CCM 和 CRM 模式的有源 PFC 电路的工作原理。

◆ 熟悉 Boost PFC 电路的优缺点。

从原理上来说，任何一种 DC－DC 变换器主电路，如 Buck、Boost、Buck-Boost、Flyback、SEPIC 及 Cuk 变换器都可以用作 PFC 变换器的主电路。在实际开关电源产品中，一般以 Boost 变换器和反激变换器作为 PFC 的拓扑结构。另外在 150W 以上的电源中，两级 PFC 结构方案被广泛采用。由于 Boost 变换器的一些特殊优点，如输入端有很大电感、输入电流可以连续、电路很简单、效率高等，此变换器更为广泛地应用于两级 PFC 电路中。Boost PFC 电路的主要任务如下：

1）校正输入电流波形，使输入电流跟踪输入电压，以减小输入电流谐波分量，提高整个电路的功率因数。

2）PFC 电路是一个电压预调节器（Pre-regulator)，提供稳定的直流电压，使后级 DC－DC 或 DC－AC 变换器容易设计和输出电压的调节。

Boost PFC 电路有三种工作模式：

1）电感电流断续模式 DCM（Discontinuous Current Mode）。

2）电感电流连续模式 CCM（Continuous Current Mode）。

3）电感电流临界模式 CRM（Critical Mode、Transition Mode 或 Boundary Mode）。

一、DCM Boost PFC 变换器

DCM 工作模式是指在整个输入电压和负载范围内，Boost 变换器的电感电流在一个开关周期内总是不连续的运行模式。图 5-14a 给出 DCM Boost PFC 电路的控制原理图，主电路为 Boost 变换器，由单相桥式整流器供电。由各个功率器件（包括桥式整流器、功率开关管 VF、输出二极管 VD）可以组成功率半导体模块，以缩小尺寸，并缩短连接导线，减小杂散电感。控制电路由电压反馈调节器和 PWM 控制器组成。在 1 个开关周期内，开关管 VF 导通期间，电感电流（即整流输入电流 i_L从零上升到峰值 i_p；在 VF 关断期间，电感的储能释放，电流 i_L从峰值 i_p下降，在 t_d时间内下降到零，$t_d < t_{off}$，如图 5-14b 所示。在变换器稳定工作状态下，即输入电压、输出电压和负载都不变时，占空比和开关管导通时间 t_{on}（T_{on}）为常数，假设输入整流电压

$$v_{indc} = V_{in} \mid \sin\omega t \mid \tag{5-19}$$

则在 VF 导通期间

$$v_{indc} = L\frac{di_L}{dt} = L\frac{i_p}{T_{on}} \tag{5-20}$$

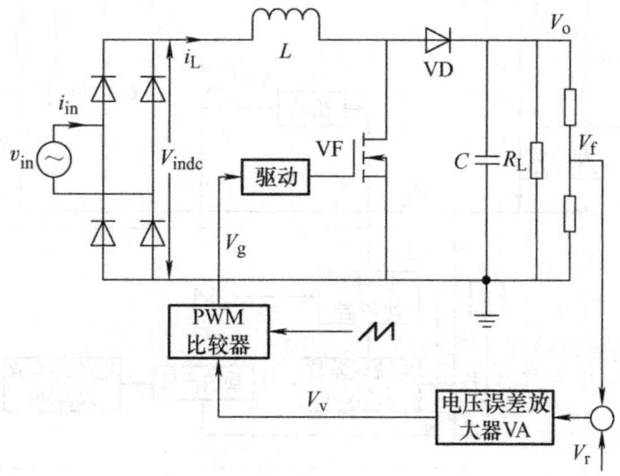

a)

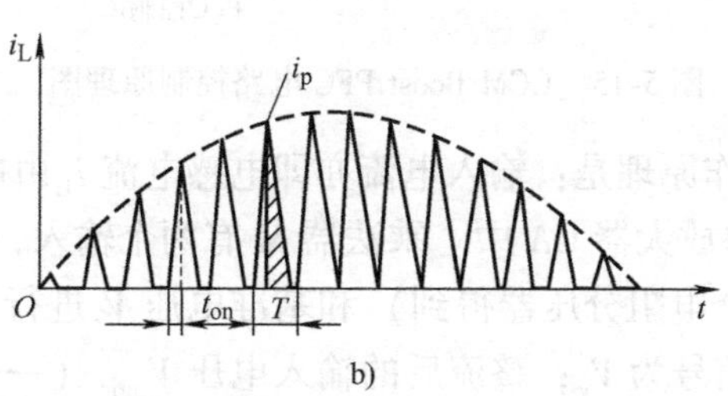

b)

图 5-14　DCM Boost PFC 电路及电感电流波形

a）电路控制原理　b）电感电流波形

由式(5-20）得

$$i_p = \frac{V_{in} T_{on} |\sin\omega t|}{L} \tag{5-21}$$

可见，i_p与$|\sin\omega t|$成正比，即在每个开关周期 T 内，DCM Boost PFC 变换器的输入电流峰值按正弦规律变化，而且与输入电压同相位。但是由于在 t_{off}期间电感电流下降，因此每个开关周期的电感电流平均值 i_{av} 并不按正弦规律变化，有一定的畸变。而且电感电流从 i_p 下降到零的时间 t_d越长，输入功率因数越差。

DCM Boost PFC 变换器的主要优点是：输入电流波形自然跟随输入电压波形，控制简单，只需要输出电压反馈，无须检测输入电流和电压，也不必用 PFC 控制芯片。但开关管和电感的峰值电流大，只适用于较小功率、功率因数和谐波电流要求不是很高的电源中。

二、CCM Boost PFC 变换器

CCM 工作模式是指在额定负载下，在一个开关周期内，Boost 变换器中电感电流连续的工作模式(在轻载时电感电流仍然是断续的)。CCM Boost PFC 变换器的电路原理如图 5-15 所示。主电路由单相桥式整流桥和 Boost 变换器组成；控制电路包括电压误差放大器 VA 及基准电压 V_r、电流误差放大器 CA、乘法器 M、PWM 比较器和驱动器等。

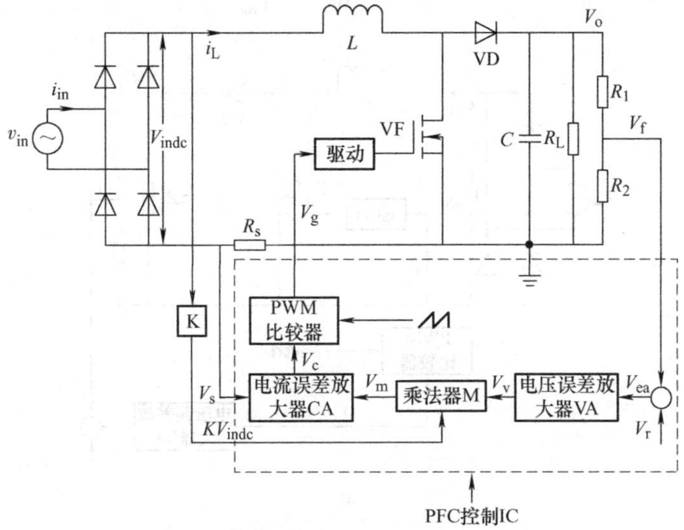

图 5-15　CCM Boost PFC 电路控制原理图

图 5-15 所示的电路工作原理是：输入电流亦即电感电流 i_L 由电流采样电阻 R_s检测，将检测到的信号送入电流误差放大器 CA 中。乘法器 M 有两个输入，即 KV_{indc}和 V_v。变换器的输出采样电压 V_f（经过两个电阻分压器得到）和基准电压 V_r进行比较，其差值通过电压误差放大器 VA，VA 的输出信号为 V_v；整流后的输入电压 V_{indc}（一个工频周期内为双半波正弦）的检测值即为 KV_{indc}（K 为输入电压检测系数）。乘法器的输出 V_m作为电流反馈控制的基准信号，与电感电流 i_L的检测信号进行比较，经过电流误差放大器 CA 放大后，输出控制信号 V_c，V_c被锯齿波调制成 PWM 信号，再由驱动电路控制开关管 VF 的导通和关断，从而

使整流输入电流（即电感电流）i_L跟踪整流电压 V_{indc}的波形，使得电流谐波大为减少，提高了输入端功率因数，由于功率因数校正器同时保持输出电压恒定，使后级 DC - DC 或者 DC - AC 的电路设计更容易些。

CCM Boost PFC 变换器输入电量波形如图 5-16 所示。输入电流 i_{in}被 PWM 调制成接近工频正弦（含有高频纹波）的波形。在一个开关周期内，当开关管 VF 导通时，$i_{VD}=0$，$i_L=i_{VF}$；当开关管 VF 关断时，$i_{VF}=0$，$i_L=i_{VD}$，i_{VD}为二极管 VD 的电流，i_{VF}为开关管 VF 的电流。输入电流有高频纹波，但每一个高频开关周期内的电流平均值或者峰值为正弦波（电流纹波很小时，高频电流平均值包络线与峰值包络线很接近）。

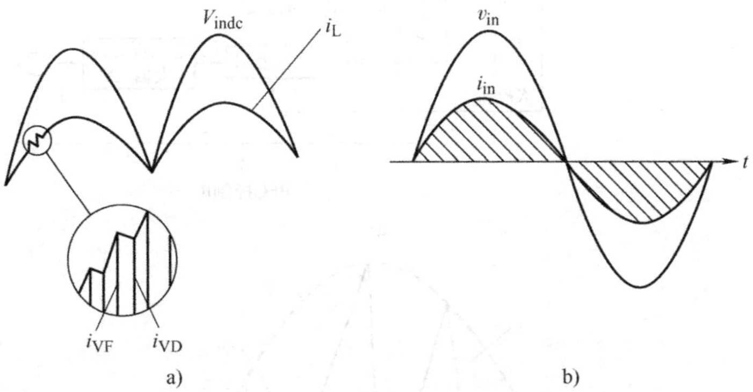

图 5-16 CCM Boost PFC 变换器输入电量波形

a）整流后电压 V_{indc}、电流 i_L b）交流输入 v_{in}、i_{in}

CCM Boost PFC 变换器的主要优点是：输入电流连续，高频电流纹波小；电感及开关管的电流峰值小；通过适当的控制，可以使输入电流的低次谐波含量很小，功率因数接近于1。单相 CCM Boost PFC 适用于较大功率（如大于 300W）的应用场合。

三、CRM Boost PFC 变换器

CRM Boost PFC 变换器的控制原理和工作波形如图 5-17 所示。电压误差放大器的输出 V_v与整流输入电压 V_{indc}采样值 KV_{indc}的乘积 V_m作为峰值电流的基准信号，与检测电感电流 i_L的信号进行比较。一个开关周期内，在开关管 VF 导通期间，电感电流 i_L上升，当电流采样值 i_LR_s达到基准信号 V_m时，开关管 VF 关断，电流 i_L从峰值 i_p下降，当 i_L下降到零时，再次开通开关管 VF（实际上，当 $i_LR_s<\Delta V$ 时，ΔV 为略高于零的固定电压，就认为 i_L已经到零）。

输入整流电压仍由式(5-19) 表示，假设电流基准信号为

$$V_m=I_mR_s|\sin\omega t| \tag{5-22}$$

采样电流 i_LR_s的峰值 i_pR_s应当等于 V_m，如图 5-17b 所示，即 $i_p=I_m|\sin\omega t|$。

注意到电感电流临界连续，故在一个开关周期内的输入电流平均值 i_{Lav}（即滤除高频谐波后的输入电流 i_{in}）等于峰值的一半，即

$$i_{in}=i_{Lav}=\frac{i_p}{2}=\frac{I_m}{2}|\sin\omega t| \tag{5-23}$$

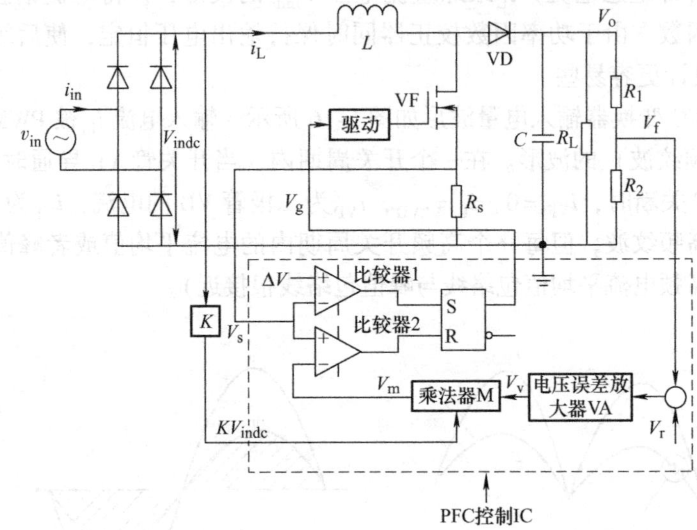

a)

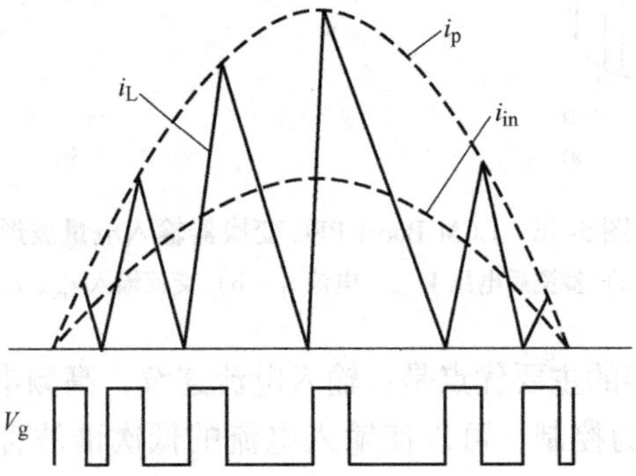

b)

图 5-17　CRM Boost PFC 变换器的控制原理和工作波形

a）变换器控制原理图　b）电流波形和 PWM 信号

由此可见，CRM Boost PFC 变换器的输入端功率因数在理论上可以达到 1。忽略 v_{in} 在一个开关周期内的变化，在开关管 VF 导通期间，有

$$V_{indc} = L\frac{di_L}{dt} = L\frac{I_m\left|\sin\omega t\right|}{T_{on}} \tag{5-24}$$

即
$$T_{on} = L\frac{I_m}{V_{in}} \tag{5-25}$$

在开关管 VF 关闭期间，有

$$V_o - V_{indc} = L\frac{di_L}{dt} = L\frac{I_m\left|\sin\omega t\right|}{T_{off}} \tag{5-26}$$

即
$$T_{off} = \frac{LI_m\left|\sin\omega t\right|}{V_o - V_{in}\left|\sin\omega t\right|} \tag{5-27}$$

由式(5-25) 和式(5-27) 可得开关周期 T_s 为

$$T_s = T_{on} + T_{off} = \frac{LI_m V_o}{V_{in}(V_o - V_{in}|\sin\omega t|)} \tag{5-28}$$

则开关频率f_s为

$$f_s = \frac{1}{T_s} = \frac{V_{in}(V_o - V_{in}|\sin\omega t|)}{LI_m V_o} \tag{5-29}$$

由式(5-19）和式(5-23)，可得变换器的平均输入功率P_{in}为

$$P_{in} = \frac{V_{in}I_m}{4} \tag{5-30}$$

输出功率为

$$P_o = P_{in}\eta = \frac{V_{in}I_m\eta}{4} \tag{5-31}$$

即

$$I_m = \frac{4P_o}{V_{in}\eta} \tag{5-32}$$

将式(5-32）代入式(5-29）得

$$f_s = \frac{V_{in}^2\eta(V_o - V_{in}|\sin\omega t|)}{4LP_o V_o} \tag{5-33}$$

对式(5-23）和式(5-33）进行分析，可得 CRM Boost PFC 变换器的特点如下：

1）理论上输入功率因数可以达到 1；

2）半个工频周期内，开关管的导通时间是恒定的，而且开关频率随着输入电压相位的变化，越接近电压的峰值点，开关频率越低；

3）平均开关频率随着输入电压的有效值和负载变化，负载越轻，则平均开关频率越高。

由于固有的 ZCS 特性，CRM Boost PFC 变换器的工作效率高；但电感电流纹波大，而且是变频调制，所需要的 EMI 滤波器较大，因此该方案仅适用于较小功率应用场合。

四、Boost PFC 电路的主要优缺点

1. 优点

1）有输入电感，可以减少对输入滤波器的要求，并可以防止市电电网对主电路的高频瞬态冲击。

2）开关管 VF 的电压不超过输出电压值。

3）由于功率开关管和输出电压共地，使得驱动电路、输出电压的采样和输入电流的采样电路简单。

4）可以在国际标准规定的输入电压和频率的变化范围内保持正常工作。

2. 缺点

1）输入、输出之间没有绝缘隔离。

2）在开关管 VF、二极管 VD 和输出滤波电容形成的回路中若有杂散电感，则在 25 ~ 200kHz 的 PWM 频率下，容易产生危险的过电压，对开关管 VF 的安全工作不利。

任务二　有源功率因数校正控制方法

学习目标

◆ 掌握四种 PFC 控制方法的基本原理。

◆ 熟悉 PFC 控制方法的优缺点及应用场合。

PFC 的主要任务是：

1）负载恒定时，使输入电流跟踪输入电压的波形，且与输入电压同相，可以使输入端功率因数接近于 1；

2）稳定输出电压，为后级 DC - DC 或 DC - AC 变换器供电；

3）当负载有扰动时能快速反应；

4）当元器件参数或运行条件出现不确定因素时，保证系统的鲁棒性。

根据任务一分析可知，除了断续工作方式之外，PFC 变换器一般需要采用电流型控制。常用的控制方法有四种，即电流峰值控制、电流滞环控制、平均电流控制和单周期控制。本节以 Boost 功率因数校正器为例，说明这四种控制方法的基本原理。

假设 Boost 变换器工作模式为 CCM，表 5-8 列出这四种控制方法的基本特点。

表 5-8　常用的四种 PFC 控制方法

控制方法	检测电流	开关频率	工作模式	对噪声	适用电路	备注
电流峰值	开关管电流	变频	任意	敏感	Boost、Flyback	需斜率补偿
电流滞环	电感电流	变频	CCM	敏感	Boost	需逻辑控制
平均电流	电感电流	恒定	CCM	不敏感	任意	需电流误差放大器
单周期	电感电流	恒定	CCM	不敏感	Boost	不需要乘法器

一、电流峰值控制法

任务一已经介绍过的临界电流连续模式(变频调制）可以采用电流峰值控制法，理论上它可以用于连续电流模式 PWM 控制。图 5-18a 所示为 CCM Boost PFC 电路电流峰值控制原理图。令电感电流（输入电流）的峰值包络线跟踪输入整流电压 V_{indc} 的波形，因为开关管 VF 导通时的电流 i_{VF} 等于电感 L 的电流 i_L。因此图中采样 i_{VF} 用于峰值电流跟踪。图 5-18b所示为半个工频周期内 PWM 高频调制的电感电流 i_L 的波形，虚线为各个开关周期电感电流峰值 i_p 的包络线，V_g 表示开关管 VF 的 PWM 控制信号。每个开关周期的开始，VF 导通，电流 i_{VF}（等于 i_L）上升，当 i_L 采样值达到峰值（即电流给定值 V_m）时，电流比较器输出信号，使 VF 关断，电感电流下降。

由图 5-18b 可知，当电感电流峰值 i_p 按工频变化从零变到最大值时，占空比有时大于 0.5，有时小于 0.5，因此有可能产生次谐波振荡（Sub-harmonic Oscillation）。为了防止次谐波振荡的出现，要进行斜率补偿（Slope Compensation），以便在占空比 D 广泛变化的范围

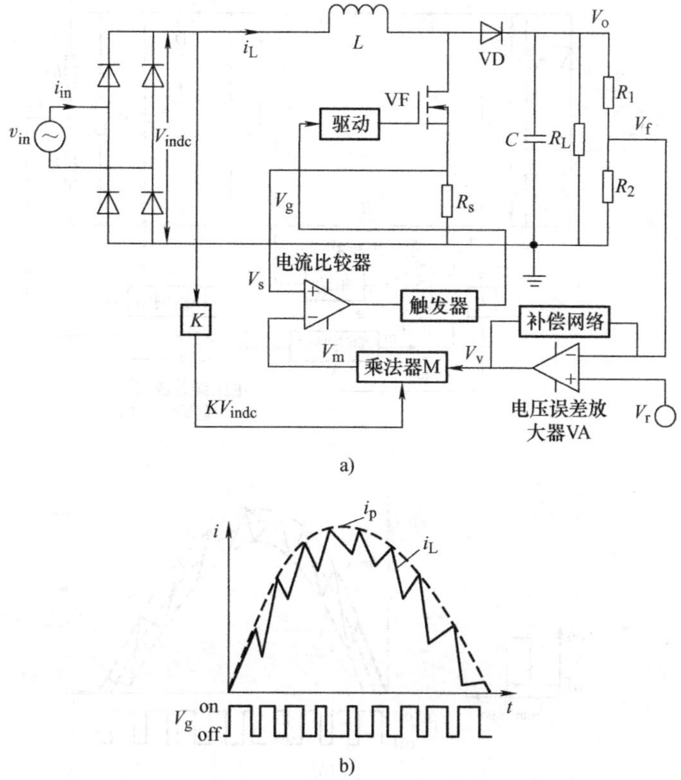

图 5-18　电流峰值控制 CCM Boost PFC 电路控制原理和工作波形

a）电路控制原理图　b）i_L波形和 PWM 信号

内，PFC 电路能稳定工作。因此电路复杂，而且造成电感电流的峰值包络线与高频状态平均值之间的偏差，影响功率因数。此外，峰值电流控制对噪声相当敏感。

峰值电流控制的优点是实现容易，但其缺点较多。主要有：电流峰值和平均值之间存在大的误差，无法满足电流波形失真很小的要求；由于开关管的电流应力很大，需要电流容量较大的开关管，因而此峰值电流控制只适合在小功率电源中应用。故在 APFC 电路中，这种控制方法不是太理想。

二、电流滞环控制法

电流滞环（Hysteritic Current Control，HCC）Boost PFC 电路的控制原理如图 5-19a 所示。图中被检测的电流是电感电流。由电流基准信号 Z 产生电流上限值 i_{max} 与下限值 i_{min}，构成电流滞环带（Hysteritic Band）。当电感电流达到基准下限值 i_{min} 时，开关管 VF 导通，电感电流上升；当电感电流达到基准上限值 i_{max} 时，VF 关断，电感电流下降。

电流滞环控制 Boost PFC 电路的电感电流 i_L 波形如图 5-19b 所示。电流基准极限值 i_{max} 及 i_{min} 如图中上、下两条虚线所示；图中实线锯齿波为电感电流 i_L，它在 i_{max} 及 i_{min} 两条虚线之间变化。中间一条虚线（正弦半波）为每个开关周期的电流平均值。电流滞环宽度决定了电流纹波的大小，它可以是固定值，也可以与瞬时平均电流成比例。

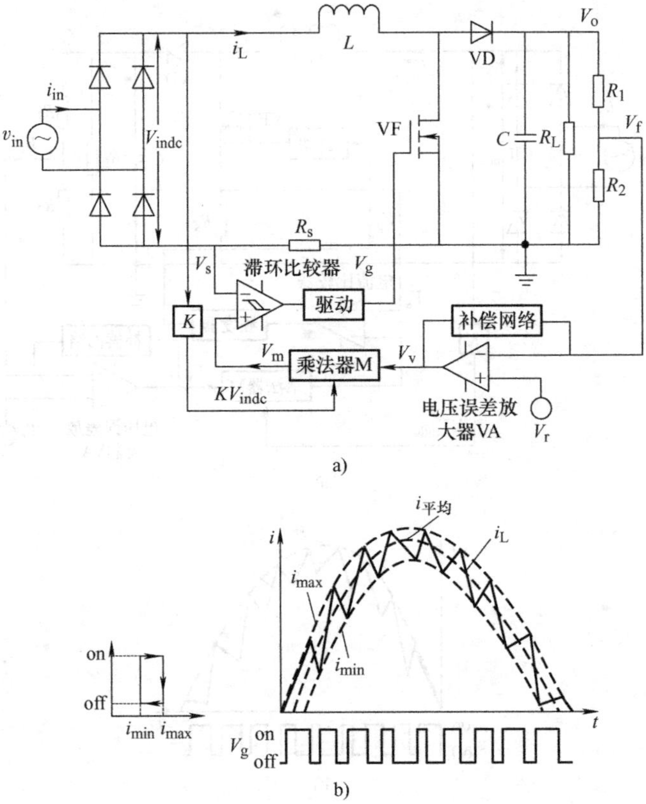

图 5-19　电流滞环控制 Boost PFC 电路控制原理和工作波形

a）电路控制原理图　b）i_L波形和 PWM 信号

电流滞环控制逻辑电路的示意图如图 5-20 所示，控制电路中共有三个比较器，上面的两个比较器用以形成滞环带，后面跟随逻辑电路，以保证开关管 VF 有正确的驱动信号。最下面一个比较器，用在工频整流电压的半波正弦开始和结束时，使开关管 VF 处于关断状态。

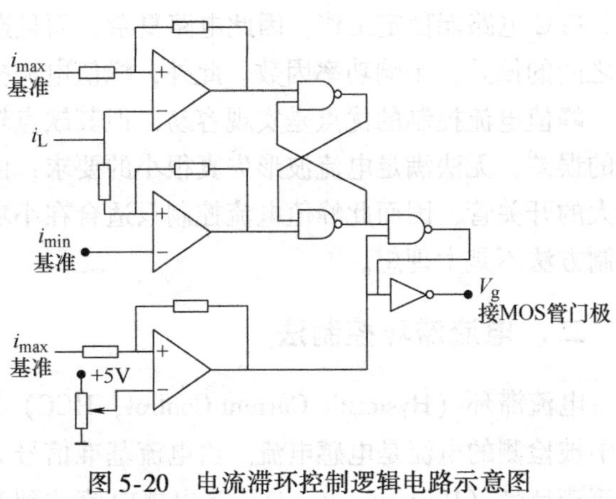

图 5-20　电流滞环控制逻辑电路示意图

电流滞环控制适用于 CCM 模式，可以控制输入电流很好地跟踪电压波形，且功率因数高。主要缺点是开关频率对负载和输入电压敏感，由于开关频率变化幅度大，设计输出滤波器时，要按最低开关频率考虑，因此不能得到体积和重量最小的设计。

三、平均电流控制法

平均电流控制的 Boost PFC 电路原理图参见图 5-15 所示。它的主要特点是用电流误差放大器 CA 代替图 5-19 中的电流滞环比较器。平均电流控制原来是用在开关电源中形成电流环（内环）以调节电流的，并且仅以输出电压、误差放大信号为基准电流。现在将平均电流法应用于功率因数校正，以输入整流电压 v_{indc} 和输出电压误差放大信号的乘积为电压基准；并且电流环调节输入电流平均值，使与输入整流电压同相位，并接近正弦波形。输入电流信号被直接检测，与基准电流比较后，高频分量（如 100kHz）的变化，通过电流误差放大器 CA 被平均化处理。放大后的平均电流误差与锯齿波斜坡比较后，给开关管 VF 驱动信号，并决定了其应有的占空比，于是电流误差被迅速而精确地校正。由于电流环有较高的增益-带宽（Gain-Bandwidth），使跟踪误差产生的畸变小于 1%，容易实现接近于 1 的功率因数。

平均电流控制时电感电流的波形如图 5-21 所示，图中实线为电感电流，虚线为平均电流。

平均电流控制法的特点是：工频电流的峰值时高频电流的平均值，因而高频电流的峰值比工频电流的峰值更高；THD 很小，对噪声不敏感；开关频率固定，电感电流峰值与平均值之间的误差小，适用于大功率应用场合；平均电流控制原则上可以用于任意电路、检测任意支路的电流平均值；除了可以用于 Boost PFC 变换器检测输入外，也可以用于 Buck、Flyback PFC 变换器检测输入电流；或检测 Boost、Flyback PFC 变换器的输出电流等；CCM 和 DCM 两种工作模式都可以应用。平均电流控制是目前 APFC 电路中应用最多的一种控制方式，在输出功率 300W 以上的 PFC 电源产品中得到了广泛的应用。

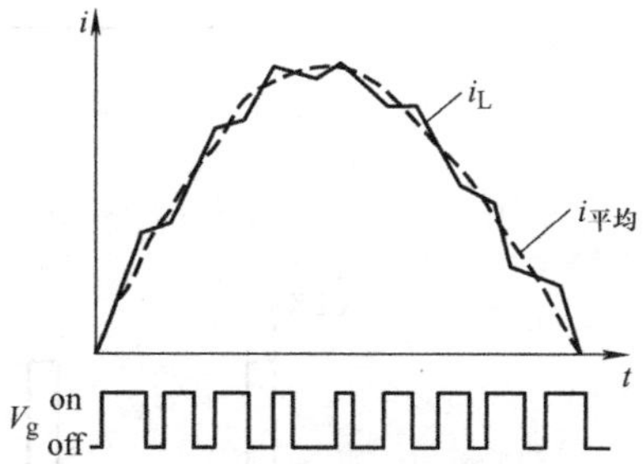

图 5-21　平均电流控制时电感电流的波形

四、单周期控制法

单周期控制（One Cycle Control，OCC）的 Boost PFC 电路原理如图 5-22a 所示。从控制原理电路图可以看出，控制电路包括一个外部的电压环和一个内部的电流环。输出电压通过分压电阻接入电压环误差放大器反相输入端，反馈电压通过与基准电压 V_r 比较后得到调制电压 V_v。V_v 一路与电流检测端的输入信号进行比较，经过运算得到 $V_1(t)$，另一路经过误差放大器构成的带有复位开关的积分器得到三角波 $V_2(t)$，之后 $V_1(t)$ 与 $V_2(t)$ 接入比较器，通过两者的比较即可确定占空比 D。

电流环路和电压环路结合的结果，使 AC 输入平均电流与 AC 输入电压成正比，并且呈现正弦波，与输入电压保持同相位，从而产生几乎等于 1 的功率因数。单周期控制的工作波形如图 5-22b 所示。

在 t_1 时刻，时钟信号 CLK 产生的脉冲将 RS 触发器置位，Q 端输出高电平，通过驱动电路开通开关管，$\overline{Q}$ 端为低电平，积分器工作，三角波 $V_2(t)$ 开始上升，直到 t_2 时刻 $V_2(t)$ 达到 $V_1(t)$ 的幅值，比较器 V_2 翻转输出高电平，将 RS 触发器复位，Q 端输出低电平，开关管关断。直到下一个周期初始（t_3 时刻）又开始重复上述过程。由上可知，开关管占空比 D 是由 $V_1(t)$ 与 $V_2(t)$ 比较所确定的。$V_1(t)$ 既反映了电感电流的大小，同时又实现了每周期的电流峰值限制。

单周控制技术的突出特点是：无论是稳态还是暂态，它都能保持受控量的平均值恰好等

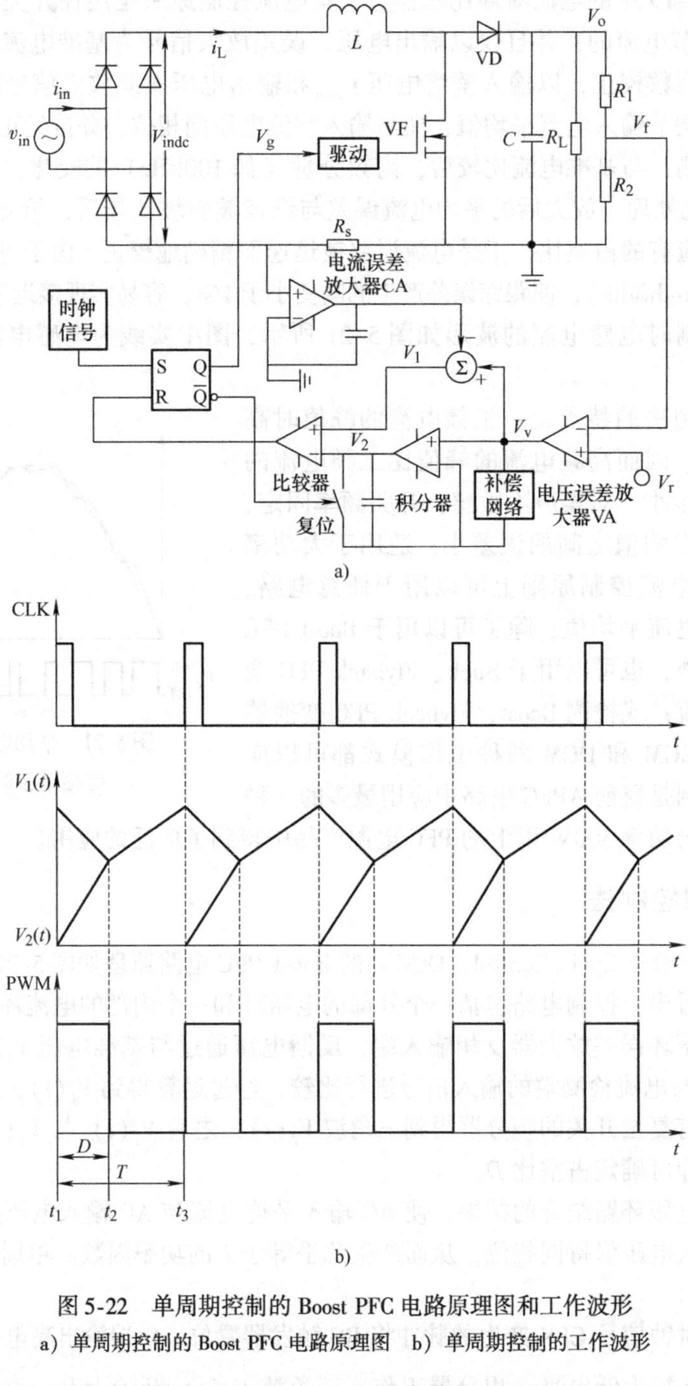

图 5-22　单周期控制的 Boost PFC 电路原理图和工作波形

a）单周期控制的 Boost PFC 电路原理图　b）单周期控制的工作波形

于或正比于给定值，即能在一个开关周期内，有效地抑制电源侧的扰动，既没有稳态误差，也没有暂态误差；能使优化系统响应、减少畸变和抑制电源干扰，具有反应快、开关频率恒定、易于实现、抗干扰、控制电路简单的优点，是一种很有前途的控制方法。单周期控制在高频开关变换器中已经得到深入研究，该技术在 APFC 电路中得到了广泛的应用。目前使用了 OCC 技术的功率因数校正控制芯片相继推出，2003 年英飞凌（Infineon）公司推出的

ICE1PCS01/G，2005 年 IR 公司推出的 IR1150S。前者采用了“前沿调制”OCC 技术，后者采用了“后沿调制”OCC 技术。2007 年 TI 公司推出的 UCC28019 芯片也具有 OCC 特征。

任务三　电感的设计

学习目标

◆ 熟悉 PFC 控制方法与电感工作模式之间的关系。

◆ 熟悉 Boost PFC 电路的优缺点。

◆ 会设计 PFC 工作于连续模式和临界模式时的电感。

由上述分析知，Boost PFC 电路有三种工作模式：连续、临界和断续模式；控制方式有峰值电流控制、平均电流控制和滞环控制。连续和临界模式被广泛应用于实际产品中。下面从电路和磁路两个方面详细介绍连续和临界模式电感的设计过程。

一、连续模式的电感设计

1. 确定输出电压

输入电网电压一般都有一定的变化范围（$V_{in}\pm\Delta\%$），为了输入电流很好地跟踪输入电压，Boost 级的输出电压应当高于输入最高电压的峰值，但因为功率耐压由输出电压决定，输出电压一般是输入最高峰值电压的 1.05～1.1 倍。例如，输入电压 220V、50Hz 交流电，变化范围是额定值的 20%（$\Delta=20$），最高峰值电压是 $V_{pmax}=220\text{V}\times1.2\times\sqrt{2}=373.45\text{V}$。输出电压可以选择 390～410V。

2. 确定最大输入电流

电感应当在最大电流时避免饱和。最大交流输入电流发生在输入电压最低，同时输出功率最大时。

$$I_{inmax}=\frac{P_o}{V_{inmin}\eta} \tag{5-34}$$

式中，V_{inmin}为最低输入电压，$V_{inmin}=V_{in}(100-\Delta)\%$；$\eta$ 为 Boost 电路级效率，通常在 95% 以上；P_o为输出功率，$P_o=V_oI_o$。

3. 确定工作频率

工作频率由功率器件、效率和输出功率等级共同来决定。比如输出功率为 1500W，功率管为开关管时，开关频率为 70～100kHz。

4. 确定最大占空比

因为连续模式 Boost 变换器输出 V_o与输入 V_{in}关系为 $V_o=V_{in}/(1-D)$，所以

$$D_{max}=\frac{V_o-\sqrt{2}V_{inmin}}{V_o} \tag{5-35}$$

从上式可见，输入电压最小（峰值）时，占空比最大 D_{max}。在极限情况下，输出电压 V_o太低，在最高输入电压峰值时占空比非常小，由于功率开关的开关时间限制，可能输入电

流不能跟踪输入电压，造成 THD 加大。

5. 求需要的电感量

Boost 变换器工作于连续模式时，电感中电流和电压之间的关系为

$$V = L\frac{\Delta I}{\Delta t} \tag{5-36}$$

$$D_{\max} = \frac{T_{\text{onmax}}}{T} = T_{\text{onmax}} f \Rightarrow T_{\text{onmax}} = \frac{D_{\max}}{f} \tag{5-37}$$

$$L\frac{\Delta I}{T_{\text{onmax}}} = \sqrt{2}V_{\text{inmin}} \tag{5-38}$$

由式(5-36)~式(5-38)，得

$$L = \frac{\sqrt{2}V_{\text{inmin}}D_{\max}}{\Delta If} \tag{5-39}$$

式中，ΔI 为电感电流变化量，$\Delta I = 2k\sqrt{2}I_{\text{inmax}}$，$k = 0.15 \sim 0.2$。

6. 利用 *AP* 法选择磁心尺寸

Boost 变换器中电感磁心工作在磁化曲线的第一象限。根据电磁感应定律，磁心有效截面积为

$$A_{\text{e}} = \frac{\sqrt{2}V_{\text{inmin}}T_{\text{onmax}}}{N\Delta B} = \frac{\sqrt{2}V_{\text{inmin}}D_{\max}}{fN\Delta B} \tag{5-40}$$

如果电感是线性的，有

$$\frac{\Delta I}{\sqrt{2}I_{\text{imax}}} = \frac{\Delta B}{B} = 2k \tag{5-41}$$

因为 Boost 电感直流分量很大，磁心损耗小于铜损耗，饱和磁通密度限制最大值。为保证在最大输入电流时磁心不饱和，应当有

$$B + \frac{\Delta B}{2} = B(1+k) < B_{\text{s}(100℃)} \tag{5-42}$$

式中，$\Delta B/2 = kB, B < B/(1+k)$。

磁心窗口面积为

$$A_{\text{w}} = \frac{I_{\text{inmax}}N}{K_{\text{j}}K_{\text{o}}} \tag{5-43}$$

则可以得出面积乘积 *AP* 为

$$AP = A_{\text{e}}A_{\text{w}} = \frac{\sqrt{2}V_{\text{inmin}}D_{\max}}{fN\Delta B} \times \frac{I_{\text{inmax}}N}{K_{\text{o}}K_{\text{j}}} = \frac{\sqrt{2}V_{\text{inmin}}I_{\text{inmax}}D_{\max}}{2K_{\text{o}}K_{\text{j}}fB} \tag{5-44}$$

式中，K_{j}为电流密度，$K_{\text{j}} = 3 \sim 6\text{A/mm}^2$，通常取 4A/mm^2；K_{o}为窗口填充系数，也称为窗口利用系数，$K_{\text{o}} = 0.3 \sim 0.5$。

根据计算出的 *AP* 值选择相应的磁心型号。输出功率在 1kW 以上，一般采用气隙磁心。气隙磁心在气隙附近边缘磁通穿过线圈时，会造成附加损耗，这在工艺上应当注意。

7. 计算匝数

$$N = \frac{L\Delta I}{\Delta BA_{\text{e}}} \tag{5-45}$$

8. 计算导线尺寸

根据电感电流的有效值来计算导线直径或裸线截面积。

$$A_{xp}=\frac{0.77I_{rms}}{K_j} \quad 或者 \quad d_{wp}=1.13\times\sqrt{\frac{I_{rms}}{K_j}} \tag{5-46}$$

至此，电感的主要参数设计完成。在设计完成后，应核算窗口面积是否够大、电感的损耗和温升是否可以接受。同时，在电感的制作中还有一些工艺问题需要注意。

二、临界模式的电感设计

1. 临界连续模式(CRM 控制方法) 电路工作过程描述

1）功率开关管零电流导通；

2）电感电流线性上升；

3）当峰值电流达到跟踪的参考电流（正弦波）时开关关断，电感电流线性下降到零时，开关再次导通。

如果完全跟踪正弦波，根据电磁感应定律有

$$\sqrt{2}V_{in}\sin\omega t=L\frac{\sqrt{2}I_{in}\sin\omega t}{T_{on}} \tag{5-47}$$

即

$$V_{in}=L\frac{I_{in}}{T_{on}} \tag{5-48}$$

或

$$T_{on}=\frac{LI_{in}}{V_{in}}=L\frac{P_i}{V_{in}}=L\frac{P_o}{\eta V_{in}^2} \tag{5-49}$$

式中，V_{in}为输入电压有效值；I_{in}为输入电流有效值。在一定输入电压和输入功率时，T_{on}是常数。当输出功率和电感一定时，导通时间 T_{on}与输入电压 V_{in}的二次方成反比。

2. 确定输出电压

电感在导通期间伏秒数应当等于截止时的伏秒数，即

$$V_{in}T_{on}=(V_o-V_{in})T_{off} \tag{5-50}$$

则

$$T_{off}=\frac{V_{in}}{V_o-V_{in}}T_{on} \tag{5-51}$$

由式(5-49) 和式(5-51) 得，开关周期为

$$T=T_{off}+T_{on}=(\frac{V_{in}}{V_o-V_{in}}+1)T_{on}=\frac{V_o}{V_o-V_{in}}T_{on}=\frac{T_{on}}{1-V_{in}/V_o} \tag{5-52}$$

输出电压 V_o一定大于输入电压 V_{in}，如果输出电压接近输入电压，在输入电压峰值附近，截止时间远大于导通时间，开关周期很长，即频率很低。

假设最高输入电压 V_{inmax}对应的导通时间为 T_{onh}，最低输入电压 V_{inmin}对应的导通时间为 T_{onl}，则

$$T_{onh}=T_{onl}(\frac{V_{inmin}}{V_{inmax}})^2 \tag{5-53}$$

由式(5-52) 和式(5-53) 可得到开关周期（频率）与不同电压比的关系。

例如，假定导通时间为 $T_{on}=10\mu s$；输入电压最小峰值为 $1.414V_{inmin}/V_o=0.65$；根据 $V_o=V_{inmin}/(1-D)$，得 $D=0.35$，周期 $T=T_{on}/D=10/0.35=28.57\mu s$，频率 $f=1/28.75=35kHz$。

如果输入电压在 ±20% 范围变化，则最低输入电压为 220V×0.8=176V，输出电压为 $V_o=1.414\times220\times0.8/0.65V=383V$。在15°时，周期为12μs，相当于开关频率为83kHz。

在最高输入电压时，由式(5-53)得到最高电压导通时间 $T_{onh}=(0.8/1.2)^2\times T_{onl}=4.44\mu s$，在峰值时的开关周期为 $T=T_{onh}/(1-1.414\times1.2\times220/383)=176\mu s$，相当于开关频率为5.66kHz。

如果将输出电压提高到410V，最低输入电压对应于开关周期为25.54μs，开关频率为39.3kHz。15°时为11.86μs，开关周期为84.5kHz。输入最高电压峰值时，对应于开关周期为49.2μs，开关频率为20.3kHz。频率变化范围大为减少，即在输入电压过零处，截止时间趋近于零，开关频率约为100kHz，最高频率约为最低频率的5倍。而在383V输出电压时，最高频率约为最低频率的18倍。

通过以上计算可以得出以下结论：

1）提高输出电压，开关频率变化范围小，有利于输出滤波。

2）功率管和整流二极管要更高的电压额定，则导通损耗和开关损耗增加。

3）220V（1±20%）交流输入，一般选择输出电压为410V左右。

4）110V（1±20%）交流输入，一般选择输出电压210V。

3. 确定最大峰值电流

最大输入电流 I_{inmax} 为

$$I_{inmax}=\frac{P_o}{V_{inmin}\eta} \tag{5-54}$$

那么，电感中最大峰值电流为

$$I_{Lmax}=2\sqrt{2}I_{inmax}=\frac{2\sqrt{2}P_o}{V_{inmin}\eta} \tag{5-55}$$

4. 确定电感量

为避免音频噪声，在输入电压范围内，开关频率应在20kHz以上，从以上分析可知，在最高输入电压峰值时，开关频率最低。故假定在最高输入电压峰值对应的开关周期为50μs。

由式(5-52)求得

$$T_{onh}=T(1-\frac{\sqrt{2}V_{inmax}}{V_o}) \tag{5-56}$$

由式(5-53)求得最低输入电压导通时间 T_{onl}。

根据式(5-48)得到

$$L=\frac{V_{in}T_{onl}}{I_{in}} \tag{5-57}$$

5. 选择磁心

因为导通时间与输入电压的二次方成反比，因此应当在最低电压下选择磁心尺寸，只要在最低输入电压峰值时避免饱和（最低电压输入峰值时占空比最大）即可。

$$\sqrt{2}V_{\text{inmin}}T_{\text{onl}}=NA_{\text{e}}B_{\text{m}} \tag{5-58}$$

式中，N 为电感线圈匝数；A_{e} 为磁心有效截面积；B_{m}为最大磁通密度，应小于 $B_{\text{s}(100℃)}$。为减少损耗，选择饱和磁感应强度的70%。

整个铜窗的截面积为

$$A_{\text{w}}K_{\text{o}}=\frac{I_{\text{inmax}}}{K_{\text{j}}}N \tag{5-59}$$

由式(5-58) 和式(5-59) 得

$$AP=A_{\text{e}}A_{\text{w}}=\frac{\sqrt{2}V_{\text{inmin}}I_{\text{inmax}}T_{\text{onl}}}{B_{\text{m}}K_{\text{j}}K_{\text{o}}}=\frac{\sqrt{2}P_{\text{in}}T_{\text{onl}}}{B_{\text{m}}K_{\text{j}}K_{\text{o}}} \tag{5-60}$$

根据计算的 AP 值选择磁心尺寸。

6. 计算线圈匝数

线圈的匝数由式(5-61) 决定，有

$$N=\frac{2\sqrt{2}LI_{\text{inmax}}}{B_{\text{m}}A_{\text{e}}} \tag{5-61}$$

7. 计算线圈导线截面积

导线截面积由式(5-62) 决定，有

$$A_{\text{cu}}=\frac{I_{\text{inmax}}}{K_{\text{j}}} \tag{5-62}$$

式中，K_{j}为电流密度，$K_{\text{j}}=3\sim6\text{A/mm}^2$，通常取 4A/mm^2；A_{cu}为铜线的截面积，单位为 mm^2。

8. CRM 电感设计例题

输入220V（1±20%），输出功率200W，采用临界连续（CRM）模式，假定效率为0.95，求得最大输入电流为

$$I_{\text{inmax}}=\frac{P_{\text{o}}}{\eta V_{\text{inmin}}}=\frac{200\text{W}}{0.95\times0.8\times220\text{V}}=1.2\text{A} \tag{5-63}$$

峰值电流为

$$I_{\text{p}}=2\sqrt{2}I_{\text{inmax}}=3.38\text{A} \tag{5-64}$$

设输出电压为410V，最高输入电压时对应的最低频率为20kHz，即周期为50μs。由式(5-56)求得最大导通时间为

$$T_{\text{onh}}=T\left(1-\frac{\sqrt{2}V_{\text{inmax}}}{V_{\text{o}}}\right)=20\left(1-\frac{\sqrt{2}\times1.2\times220}{410}\right)=4.47\mu\text{s} \tag{5-65}$$

最低输入电压峰值为最低导通时间，由式(5-53)，得

$$T_{\text{onl}}=T_{\text{onh}}\left(\frac{V_{\text{inmax}}}{V_{\text{inmin}}}\right)^2=4.47\times\left(\frac{264}{176}\right)^2=10.1\mu\text{s} \tag{5-66}$$

由式(5-52) 求得开关周期为

$$T=\frac{T_{\text{on}}}{1-V_{\text{inmin(peak)}}/V_{\text{o}}}=\frac{10.1}{1-\sqrt{2}\times0.8\times220/410}=25.7\mu\text{s} \tag{5-67}$$

因此，由式(5-57) 得到需要的电感量为

$$L=\frac{V_{\text{in}}T_{\text{onl}}}{I_{\text{inmax}}}=\frac{176}{1.2}\times 10.1\times 10^{-6}=1.48\text{mH} \tag{5-68}$$

如果采用磁粉心，则选用铁硅铝磁心。

$$LI^2=1.48\times 3.382\times 10^{-3}=16.9\text{mJ} \tag{5-69}$$

选择磁心型号为77439，电感系数 $A_L=135\text{nH/N}^2$，有效磁导率为60，电感量为1.48mH需要的匝数为

$$N=\sqrt{\frac{1480}{0.135}}=104.7\ 匝 \tag{5-70}$$

取 $N=105$ 匝。

磁心77439的平均磁路长度 $l=10.74\text{cm}$，磁场强度为

$$H=\frac{0.4\pi NI}{l}=\frac{0.4\pi\times 105\times 1.2\times 1.414}{10.74}=21\text{Oe} \tag{5-71}$$

磁导率为60，$H=21\text{Oe}$，当磁导率下降到90%时，为了在给定峰值电流时保持给定电感量，需增加匝数为

$$N=105\times\sqrt{\frac{1}{0.9}}=110.6\ 匝 \tag{5-72}$$

选取 $N=111$ 匝。

此时磁场强度为

$$H=111\times\frac{21}{105}=22.2\text{Oe} \tag{5-73}$$

磁导率 μ 下降到88%，此时电感量

$$L=N^2A_L=0.135\times 0.88\times 111^2=1464\mu\text{H}=1.464\text{mH} \tag{5-74}$$

可见，满足设计要求。最高电压时开关频率提高大约1%。应当注意到这里使用的是平均电流，实际峰值电流大一倍，最大磁场强度大一倍，从磁心型号为77439的数据手册中得到，磁导率下降到80%，磁场强度从零到最大，平均磁导率为(0.8+1)/2=0.9，接近0.88。

选取电流密度 $K_j=4\text{A/mm}^2$，导线尺寸为

$$d=1.13\sqrt{\frac{I}{K_j}}=1.13\sqrt{\frac{1.2}{4}}=0.619\text{mm} \tag{5-75}$$

选择 $d=0.63\text{mm}$ 或 $d=0.7\text{mm}$，截面积 $A_{cu}=0.312\text{mm}^2$。

核算窗口利用系数　　$A_w=4.27\text{cm}^2$

则

$$K_o=\frac{N\times A_{cu}}{A_w}=\frac{111\times 0.312\times 10^{-2}}{4.27}=0.08 \tag{5-76}$$

77439铁硅铝粉心外径ID=23.3mm，内径OD=47.6mm。考虑第一层匝数

$$N_{ml}=\frac{\pi(\text{ID}-0.5d-0.05)}{1.5d}-1=96.9 \tag{5-77}$$

实际是96匝；第二层只需要15匝。

三、PFC 电感计算方法总结

PFC电感计算方法总结如下：

1）弄清所选择的控制方法。一般来讲连续模式有：峰值电流控制、平均电流控制、滞环控制和单周期控制等方法。此外还有电感电流临界模式和断续模式，可以参考相关书籍。

2）弄清输入参数和输出参数对电感设计的影响，寻找最恶劣条件的情况下，如果电感参数满足设计要求，那么在其他任何工作范围内电感设计仍可满足要求。

3）计算电感时应密切关注电感上的电流变化，电感上电压的变化及其变化的时间即伏秒面积，并遵循能量守恒下电感电流不能突变的原则。

4）磁性材料设计时应注意磁心磁场的工作范围，确保在整个工作时间内磁感应密度不饱和。并在考虑磁心损耗、工作频率和工作温度等条件下选择 B_s。

5）利用 *AP* 法计算。计算磁心的有效磁心面积和磁心窗口面积，再查表选择磁心。初步设计后并核算窗口利用系数。若导线通过的电流很大，需要多股线并绕时，还需要考虑集肤效应。

任务四　连续模式的功率因数校正控制芯片 ICE2PCS01 的介绍

学习目标

◆ 熟悉控制芯片的引脚名称及功能。

◆ 熟悉每个引脚正常工作时电压或电流的范围，引脚之间相互影响的关系。

◆ 学会阅读芯片的应用信息（application note），然后根据应用信息，会分析芯片外围电路，并能设计一定的功能电路。

一、芯片的特点和引脚功能说明

1. ICE2PCS01/G 的主要特点

- CCM 升压型 PFC，平均电流模式控制，并以单周期控制专利技术为基础；
- 无需外部 AC 线路电压检测电路；
- 开关频率（50 ~ 250kHz）可编程，在 125kHz 时最大占空比达到 95%；
- 输出过电压/欠电压保护、软启动、逐周期峰值电流限制、开环保护、V_{CC} 欠电压锁定；
- 低功率启动（启动电流小于 200μA）及低功率“休眠”模式；
- 快速 1.5A 峰值栅极驱动电流，使其输出功率范围超过 1W（最高达 4W）；
- 软过电流保护；
- 采用 8 引脚 SOIC 封装。

2. 引脚功能说明

引脚 1——GND：IC 公共地端，所有电压均相对于地而言。

引脚 2——ICOMP：电流环补偿端，跨导放大器 OTA2 的输出。用一个电容接到 GND 提供补偿，平均电流检测。

引脚 3——ISENSE：电流检测输入与峰值电流限制端。该引脚上的电压是外部电流检测电阻（R_1）上的负电压降。该引脚上的电压经内部反相放大 1.4 倍输入到门限为 1.5V 比较器的同相输入端，用于峰值电流限制。同时被回馈到电流环作为平均电流检测。220Ω 电阻接于此端和电流检测电阻之间以限制浪涌冲击电流进入。

引脚 4——FREQ：频率设置端。该引脚与地之间连接一个电阻，用作开关频率设置，范围为 50～250kHz。

引脚 5——VCOMP：电压环路补偿端。该引脚是内部电压误差放大器输出，补偿网络（如图 5-32）接于此引脚与 GND 之间。同时提供软启动的功能，控制在启动期间不断增加的输入电流。

引脚 6——VSENSE：输出电压检测端。输出电压经过电阻分压器连接到此引脚，经该引脚输入到内部电压误差放大器反相输入端。基准电压为 3V。

引脚 7——V_{CC}：IC 工作电压端。一个外接辅助电源连接到此引脚，工作电压范围为 11～26V，IC 启动工作电压是 11.8V，低于 11V 时关断。内部没有电源电压钳位电路。

引脚 8——GATE：栅极驱动输出端，提供正负 1.5A 的峰值驱动电流。

二、芯片各单元电路工作原理

ICE2PCS01/G 是一个用于功率因数校正、工作在固定频率且连续导通模式的升压变换器控制 IC，且无需直接馈入芯片的正弦波参考信号，仅 8 个引脚，仅需要少数外接元器件。其工作频率在 50～250kHz 内可编程。

其调节有两个环路。内部电流环用于均衡平均输入电流使之匹配正弦输入电压，在轻载时，取决于升压电感值，电感电流进入断续，但仍满足 IEC1000－3－2 的 D 级标准。输出电压环用于调节和稳定输出电压，它取决于内部增益参数，并在待机状态下保持输入电流波形最小的畸变。另外，该芯片自身带有各种不同的保护功能以保证系统和器件的安全工作，如开环保护、电流限制和输出过电压保护、V_{CC}欠电压锁定等。各单元电路工作原理如下。

1. IC 工作电压 V_{CC}

ICE2PCS01/G 由外偏置电源提供工作电压 V_{CC}，推荐由外部辅助稳压源供电。内部欠电压锁定（UVLO）电路监测 V_{CC}电源，V_{CC}大于 11.8V 和引脚 6（VSENSE）大于 0.6V 时，IC 开始工作，它的工作状态与 V_{CC} 的对应关系如图 5-23 所示。

在正常工作时，工作电流给外部开关管供电，加入足够的旁路电容，以保持 V_{CC}电压纹波最小，最小电容取 0.1～1μF。如果 V_{CC} 低于 11V，IC 将关断，仅消耗 300μA 的电流，但在正常工作时，需要消耗 13mA 的电流。引脚 6（VSENSE）低于 0.6V 时，强迫关断 IC 进入待机模式，待机电流仅消耗 300μA。

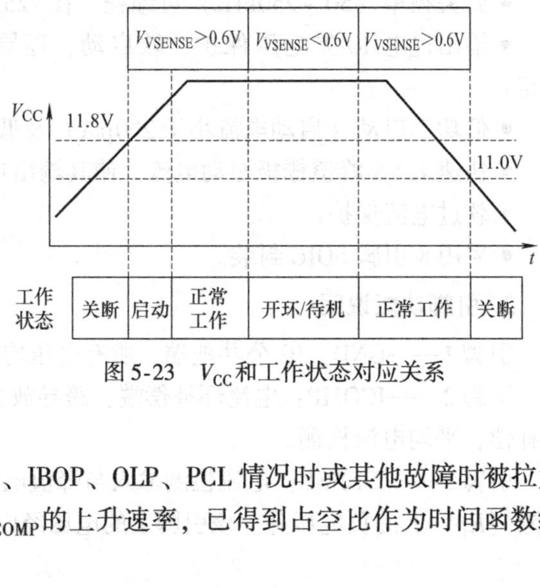

图 5-23　V_{CC}和工作状态对应关系

2. 软启动

V_{COMP}电压环跨导放大器的输出在 UVLO、IBOP、OLP、PCL 情况时或其他故障时被拉为低电平。在故障条件移去后，软启动控制 V_{COMP}的上升速率，已得到占空比作为时间函数线性的增大。软启动中，当输出电压 V_{OUT} 低于额定输出的83%时，30μA 的恒流源进入补偿网络（引脚5），使此端电压线性上升直到输出电压达到95%，输入电流也从0A 线性增加。当 V_{OUT} 达到输出电压额定值时，OTA1 的恒流源就降低，电压环补偿网络进入正常工作。软启动电路如图5-24a 所示，启动过程输入电流如图5-24b 所示。

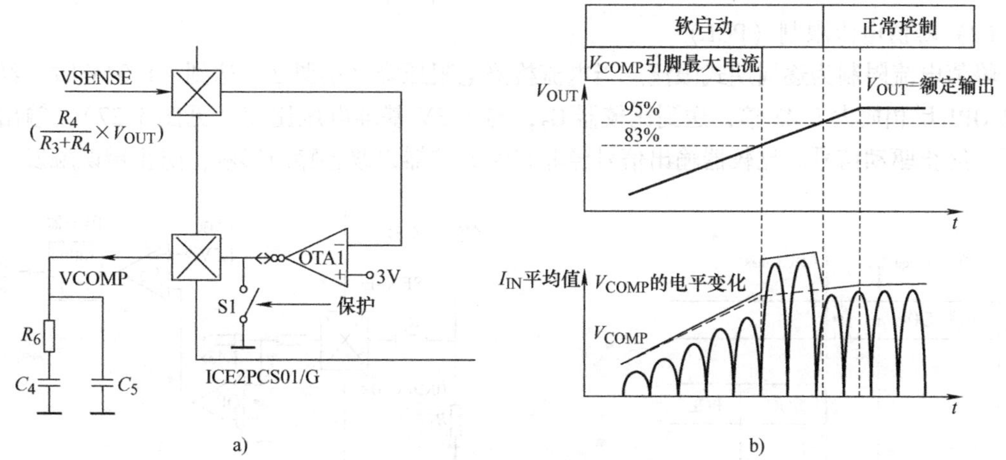

图5-24　软启动电路和波形

a）软启动电路　b）启动过程输入电流波形

3. 系统保护

IC 提供了多种保护功能以保证 PFC 电路系统的安全工作，输入和输出保护状态如图5-25所示。下面对各种保护功能进行详细分析。

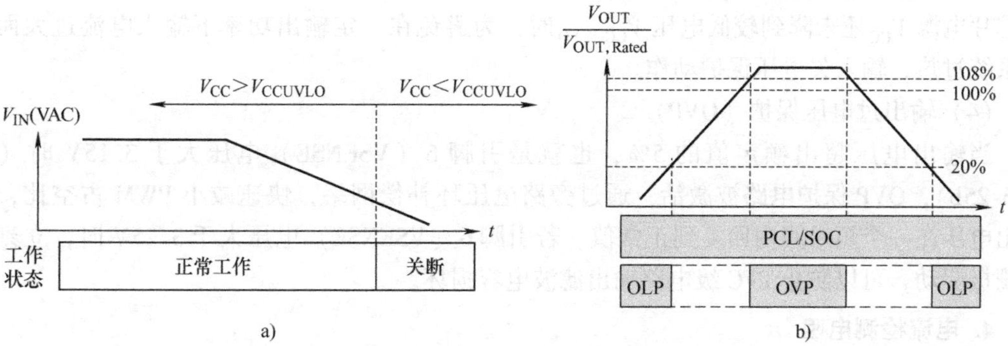

图5-25　输入和输出保护状态

a）与输入电压 V_{IN} 有关　b）与输出电压 V_{OUT} 相关

（1）软过电流控制（SOC）

软过电流（SOC）限制输入电流，SOC 在电流检测电阻压降达到 −0.75V 时激活，改变内部的非线性增益模块，由控制环调节去减小 PWM 占空比。IC 工作状态与 V_{ISENSE} 的关系如图5-26 所示。

最小输入电压 V_{INmin} 对应的额定输出功率为

$$P_{OUT}=V_{INmin}\times\frac{0.61}{\sqrt{2}R_1} \tag{5-78}$$

由于内部元件参数误差，最小输入电压 V_{INmin} 对应最大的输出功率为

$$P_{OUTmax}=V_{INmin}\times\frac{0.75}{\sqrt{2}R_1} \tag{5-79}$$

（2）峰值电流限制（PCL）

峰值电流限制为逐周期式限流。当电流检测电阻压降（引脚3）达到 -1.04V 时，经放大器 OP1 反相放大 1.43 倍，送到比较器 C_2，与 1.5V 基准电压比较（见图 5-27），输出高电平，终止驱动信号。比较器输出信号经非线性滤波器以改善噪声影响，防止错误触发。

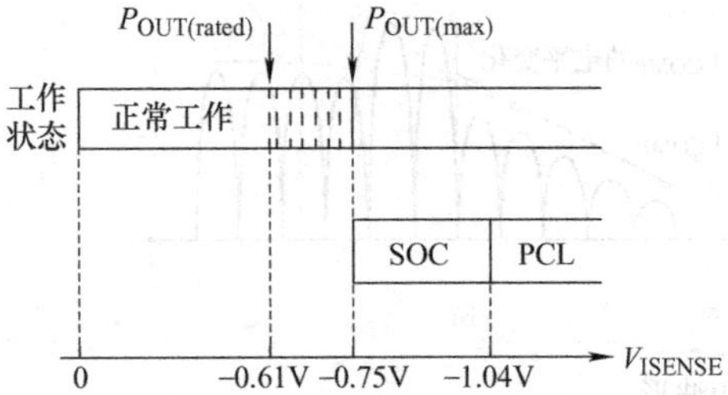

图 5-26　IC 工作状态与 V_{ISENSE} 的关系

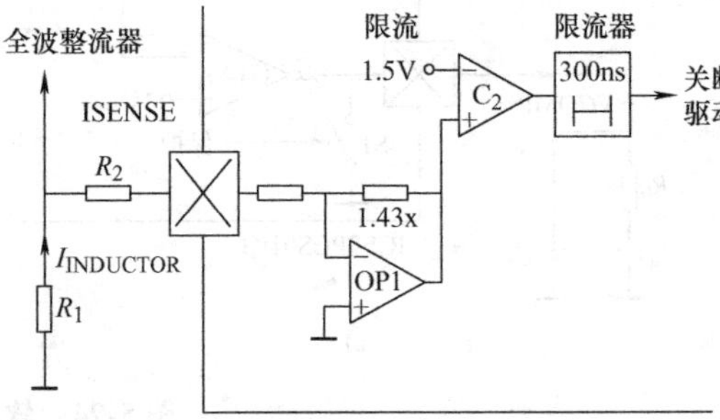

图 5-27　峰值电流限制电路

（3）开环保护/输入欠电压保护（OLP/BOP）

当输出电压低于额定输出的 20% 或引脚 3（VSENSE）电压低于 0.6V 时，认为系统处于开环状态，如引脚 3 未接上的情况或者正常工作时输入电压不足。此时，芯片中绝大多数模块已关闭。当输入电压 V_{IN} 低于设计输入最小值（如 85V），对应引脚 3 电压低于 0.6V，而芯片电源 V_{CC} 还未降到较低电压 V_{CCUVLO} 时，为避免在一定输出功率下输入电流过大而导致系统过热，输入欠电压保护动作。

（4）输出过电压保护（OVP）

当输出电压超出额定值的 5%，也就是引脚 6（VSENSE）电压大于 3.15V 时（见图 5-25b），OVP 保护电路被激活，通过旁路电压环补偿网络，快速减小 PWM 占空比，使输出电压在一个短时间内回复到正常值。若引脚 6（VSENSE）电压大于 3.25V 时，立刻关断栅极驱动，可以防止 PFC 级电路输出滤波电容损坏。

4. 电流检测电阻

电流检测电路中，电阻 R_{SENSE} 用于 SOC 的最小阈值电压检测，$V_{SOC}=0.75V$。为防止在正常工作时触发此阈值，内部有一个非线性功率限制的增益，根据它来减少占空比。此电阻按电感峰值电流计算

$$R_{SENSE}\leqslant\frac{V_{SOC(min)}}{I_{Lpeak}} \tag{5-80}$$

由于 R_{SENSE} 对应平均输入电流，最坏情况的功耗出现在最低线输入电流最大时，电阻功耗以此给出为

$$P_{RSENSE}\leqslant(I_{IN\_RMS(max)})^2R_{SENSE} \tag{5-81}$$

峰值电流限制（PCL）保护时关断输出驱动，此时检测电阻上的电压为 PCL 阈值 V_{PCL}，最大峰值电流 I_{PCL} 为

$$I_{PCL}=\frac{V_{PCL}}{R_{SENSE}} \tag{5-82}$$

5. 设置频率

PFC 变换器工作的开关频率由引脚 5 与地之间的外接电阻决定。开关频率与外接电阻值之间的关系如图 5-28 所示。开关频率通常设定在 50～250kHz。例如外接电阻为 33kΩ，则开关频率为 136kHz。

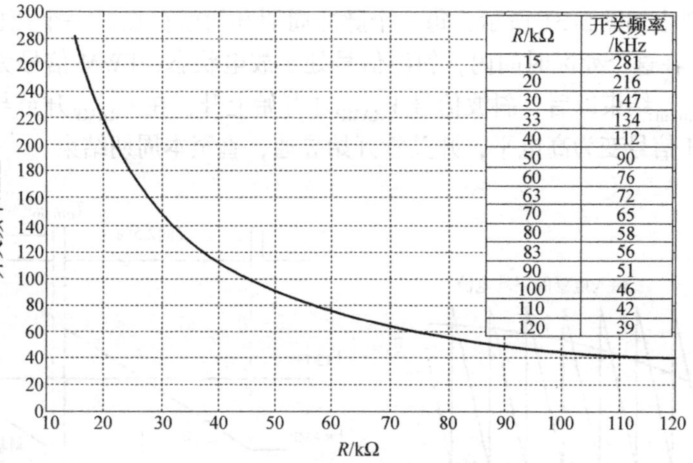

图 5-28　开关频率与电阻之间的关系

6. 平均电流控制

（1）电流环

完整的系统电流环电路示意如图 5-29 所示。电流环的作用就是平均引脚 3（ISENSE）的电压，即电感电流流过 R_1 的电压降，其值与内部斜波发生器产生的斜波进行比较，比较器 C_1 输出高电平（或低电平）去控制 PWM 逻辑电路模块，非线性增益模块决定电感电流幅值。下面详细介绍每个模块的功能。

（2）电流环补偿

电流环补偿是由引脚 3（ICOMP）来完成，即误差放大器 OTA2 的输出端与地之间接一个电容 C_3，如图 5-29 所示。在正常工作情况下，此引脚电压正比于平均电感电流。在开环保护或欠电压锁定时，ICOMP 端由内部电路接到 4.2V 电压，芯片就停止工作。

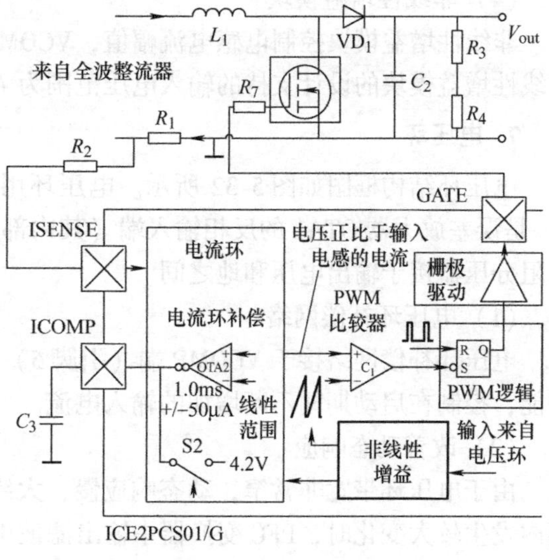

图 5-29　系统电流环电路

（3）脉冲宽度调制

当电压环工作，输出电压恒定时，连续电流模式（CCM）Boost PFC 电路开关管关断时占空比为

$$D_{off}=\frac{V_{in}}{V_{out}} \tag{5-83}$$

D_{off}是正比于 V_{in}的。而电流环调整电感电流的平均值，使之正比于 D_{off}，从而正比于 V_{in}。PWM 波由斜波信号与输入电感平均电流比较得到，如图 5-30 所示。通过这种前沿调制方式，使平均电流与 D_{off}成正比关系。斜波信号由内部振荡器产生，幅值一方面受内部的控制信号控制，另一方面却可以影响线输入电流的幅值。

PWM 信号产生如图 5-31 所示，每一个脉冲周期开始就存在着一个死区时间 T_{offmin}（典型值为 250ns）。在这个死区时间内，斜波信号处于放电状态，PWM 信号为低电平，开关管为关断状态。T_{offmin}结束以后，斜波信号 V_{RAMP}才开始上升，在 V_{RAMP}升至与输入平均电流信号交点时，PWM 信号变为高电平，开关管开始导通，直至本周期结束。

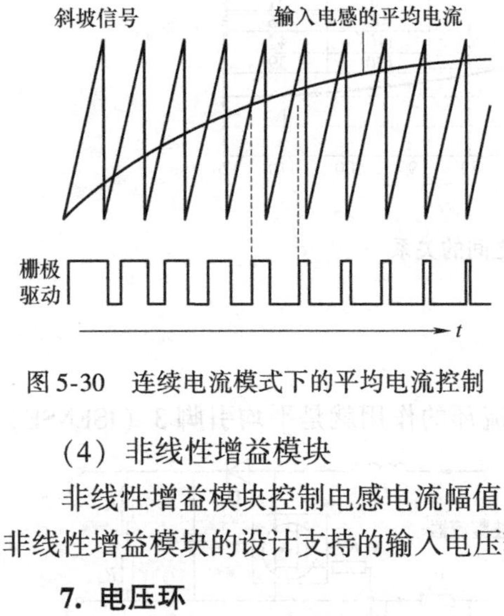

图 5-30　连续电流模式下的平均电流控制

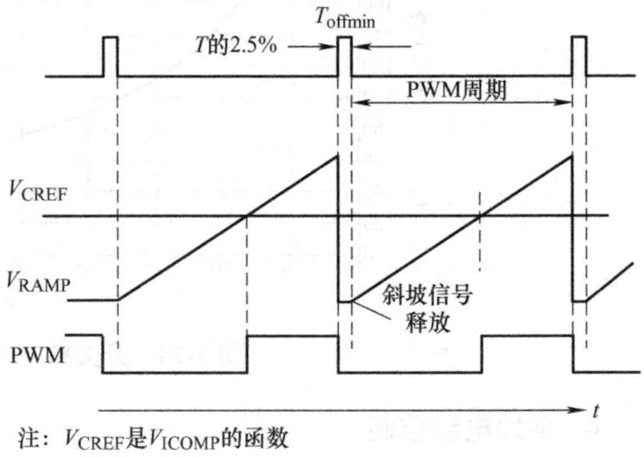

图 5-31　PWM 信号波形产生示意图

（4）非线性增益模块

非线性增益模块控制电感电流幅值，VCOMP 端（引脚 5）的电压为此模块的输入信号，非线性增益模块的设计支持的输入电压范围为 AC 85～265V。

7. 电压环

电压环结构框图如图 5-32 所示。电压环用于调节和稳定输出电压，VSENSE 端（引脚 7）是误差放大器 OTA1 的反相输入端（其内部基准电压是 3V），用于检测输出电压，串联电阻分压器接于输出电压和地之间。

（1）电压环补偿网络

电压环补偿网络接于 VCOMP 端（引脚 5）和地之间（见图 5-32），同时提供软启动的功能，控制在启动期间不断增加的输入电流。

（2）改善动态响应

由于电压环带宽非常窄，动态响应慢，大约需要在几十秒时间内完成。当负载在重载范围内发生较大变化时，PFC 变换器中输出滤波电容和开关管要承受过高的电压应力。因此，芯片提供“窗口检测器”功能，当输出电压超出额定值的 ±5%，也就是引脚 6 电压大于

3.15V 或小于 2.85V 时，非线性增益模块立即作用，通过旁路电压环补偿网络，快速减小 PWM 占空比，使输出电压在一个很短时间内回复到正常值，即快速改变输出电压的动态响应。

8. 输出栅极驱动

输出栅极驱动内部结构如图 5-33 所示，图腾柱输出去驱动开关管。内置稳压二极管，把 GATE 端（引脚 8）最高电压钳位在 15V。当 V_{CC}电压低于欠电压锁定阈值时，内部电路把驱动信号拉低，关闭 IC。

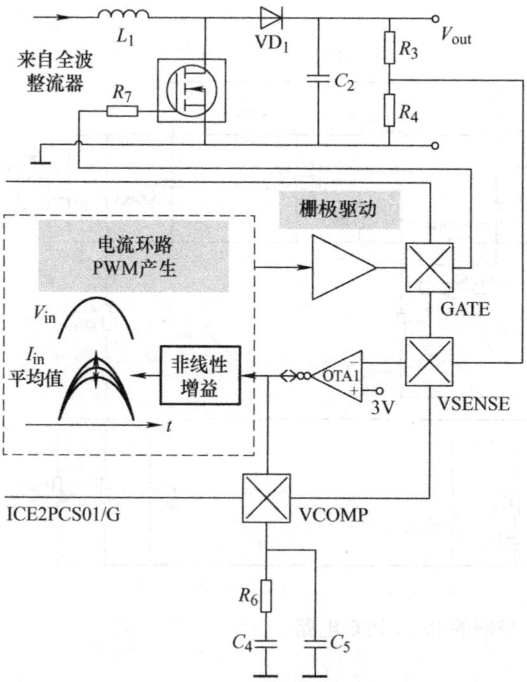

图 5-32　电压环结构框图

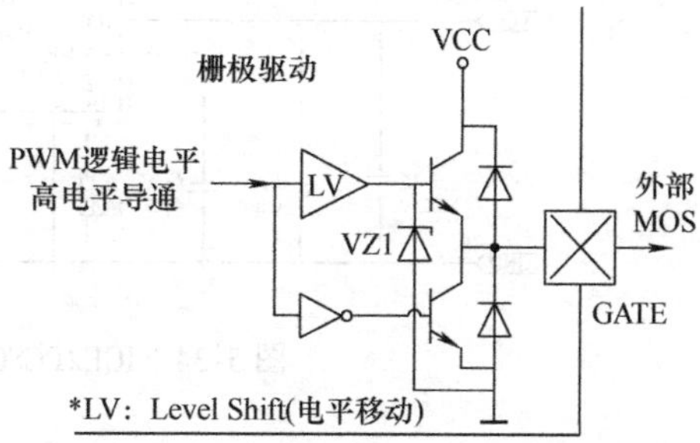

图 5-33　输出栅极驱动内部结构

任务五　Boost 功率因数校正电路的分析与设计

学习目标

- ◆ 学会分析有源 PFC Boost 电路的工作原理。
- ◆ 掌握电路中主要元件参数的设计。
- ◆ 会调试和测试电路。

一、电路预定技术指标及参数

用 ICE2PCS01/G 控制的输出 300W APFC 电路[9] 如图 5-34 所示。电路输入和输出基本参数见表 5-9。

表 5-9　电路输入和输出基本参数

输入电压（V_{in}）	AC 85～265V
输出电压（V_o）和电流（I_o）	390V，0.77A
输出功率 P_{out}	300W
效率 η（在满载和输入 AC 100V）	>90%
开关频率 f_s	65kHz

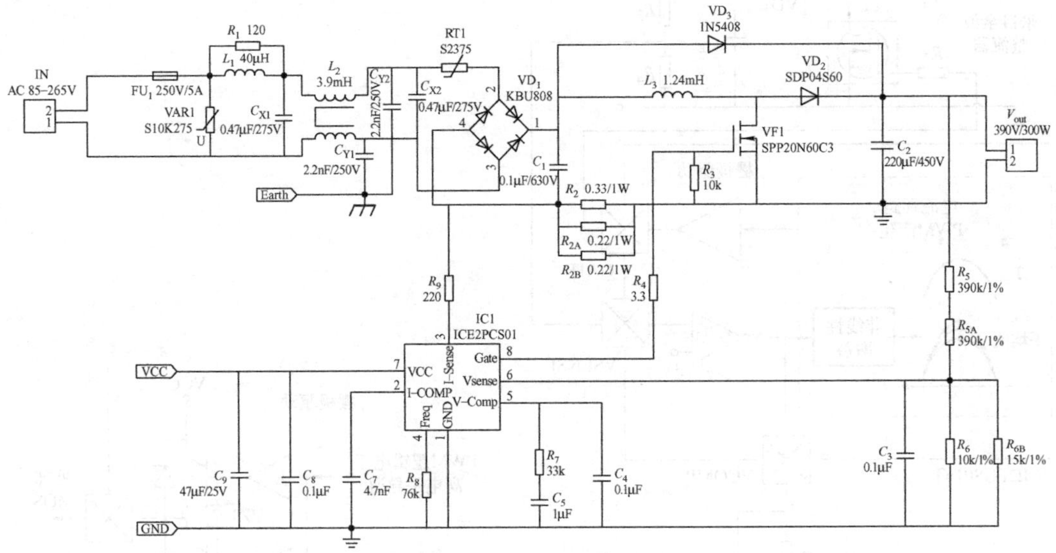

图 5-34　ICE2PCS01/G 控制的 Boost PFC 电路

二、电路分析及参数设计

下面详细分析输入电感、输出滤波电容、控制芯片外围电路参数的设计和 PCB 板布局。

(1) 输入电感的选择

电感值由输入侧最大峰值交流电流来决定。最大的峰值电流出现在最大输出功率 300W 和输入电压为最小值 85V 时，其最大输入峰值电流为

$$I_{inpeak}=\frac{\sqrt{2}P_{out}}{V_{inmin}\eta}=\frac{\sqrt{2}\times300}{85\times0.9}\text{A}=5.54\text{A} \tag{5-84}$$

一般来说，电感上纹波电流峰-峰值被设定为最大输入电流峰值的 22%。因此，纹波电流 ΔI 为 1.2A。

通过电感的峰值电流为

$$I_{Lpeak}=I_{inpeak}+\frac{\Delta I}{2}=\left(5.54+\frac{1.2}{2}\right)\text{A}=6.14\text{A} \tag{5-85}$$

电感工作于连续电流模式下，电感值要满足以下关系式

$$L \geqslant \frac{V_o D(1-D)}{f_s \Delta I} \tag{5-86}$$

当 $D=0.5$ 时，电感量取得最大值，即

$$L_3 = \frac{V_o D(1-D)}{f_s \Delta I} = \frac{390 \times 0.5 \times (1-0.5)}{65 \times 10^3 \times 1.2} \times 10^3 \mathrm{mH} = 1.25\mathrm{mH} \tag{5-87}$$

用作电感的磁心既可以是粉末磁心也可以是铁氧体磁心，磁路的设计过程可参考任务三。

(2) 输出电容的选择

选择输出电容时，要考虑两个因素：①输出电压的纹波，纹波的频率为两倍的输入电压频率；②维持时间 t_{holdup}。

1) 输出电压纹波的限制：输出电压纹波的频率为两倍的输入频率，即 $2f_L$，其幅值由输出电流和输出滤波电容来决定，满足下列关系式

$$C_{out} \geqslant \frac{I_o}{2\pi f_L V_{o\_ripple}} \tag{5-88}$$

式中，I_o为 PFC 电路的输出电流；V_{o_ripple}为输出电压的纹波（峰-峰值）；f_L 为输入电压的频率（50Hz 或 60Hz）。

通常情况下，输出电压的纹波要低于输出电压的 10%，即 V_{o_ripple}小于 39V，假设取 $V_{o\_ripple}=12\mathrm{V}$，由式(5-88) 得

$$C_{out} \geqslant \frac{I_o}{2\pi f_L V_{o\_ripple}} = \frac{0.77}{2 \times \pi \times 50 \times 12} \times 10^6 \mu\mathrm{F} = 204\mu\mathrm{F} \tag{5-89}$$

2) 维持时间的限制：PFC 后级电路通常是隔离式 PWM 变换器，为终端设备提供直流工作电压。在一些应用场合，对维持时间有要求。也就是说输入交流电压变为零时，PWM 级的输出电压仍要维持一段时间，典型维持时间为 15 ~ 50ms。假设 PWM 级的最小输入电压为 250V，即 PFC 电路输出电压的最小值 V_{omin} 为 250V，维持时间为 20ms，输出电容 C_{out} 由下式决定：

$$C_{out} \geqslant \frac{2P_o t_{holdup}}{V_o^2 - V_{omin}^2} = \frac{2 \times 300 \times 20}{390^2 - 250^2} \times 10^3 \mu\mathrm{F} = 134\mu\mathrm{F} \tag{5-90}$$

综合上述两种情况和实际电容值的大小，选择输出电容为 220μF。

(3) 控制芯片外围电路参数的设计

引脚 3（ISENSE）的电流检测电阻 R_1 由软过电流控制阈值和电感峰值电流决定，由上述分析可知

$$R_1 \leqslant \frac{V_{SOC(min)}}{I_{Lpeak}} = \frac{0.75}{6.14}\Omega = 0.12\Omega \tag{5-91}$$

根据实际情况，选择 $R_1=0.11\Omega$，由 3 个 0.33Ω、2W 电阻并联得到。当电路启动时，输入会产生一个很大的浪涌电流，甚至于可达到 100A，在检测电阻 R_1 上产生一个大的电压降，从而防止过大电流流入引脚 3（ISENSE）。因此，在 R_1 和引脚 3 之间串联一个电阻 R_2，如图 5-27 所示。限制流入引脚 3 的电流小于 1mA，因此选取 $R_2=220\Omega$。

引脚 2（ICOMP）外接电容 C_3 来实现电流环补偿，电容电压正比于输入电流的平均值，因此其充放电频率一定要小于开关频率。所以 C_3 需满足：

$$C_3 > \frac{g_{OTA2} M_1}{2\pi f_{AVE} K_1} \tag{5-92}$$

式中，g_{OTA2}为内部跨导运算放大器的增益，芯片典型值为1ms；M_1为非线性增益模块系数，由电压环路控制；K_1为电流环路系数，取值为4；f_{AVE}为电流环路穿越频率。

本电路中，开关频率f_s为65kHz，穿越频率f_{AVE}应接近10kHz，假设$M_1=0.935$，则

$$C_3 > \frac{g_{OTA2} M_1}{2\pi f_{AVE} K_1} = \frac{1 \times 10^{-3} \times 0.935}{2 \times \pi \times 10 \times 10^3 \times 4} \times 10^9 \text{nF} = 3.7\text{nF} \tag{5-93}$$

根据实际情况，取$C_3=4.7\text{nF}$或者更大一点。

引脚4（FREQ）外接电阻设置PFC电路工作时的开关频率，根据图5-28所示的电阻-频率关系曲线，假设开关频率为65kHz时，外接电阻为70kΩ，可由100kΩ并联240kΩ来得到。

引脚6（VSENSE）检测输出电压，与内部基准电压3V进行比较，由输出电压经电阻分压后得到，如图5-32所示，则

$$\frac{V_{out}}{V_{ref}} = \frac{R_3 + R_4}{R_4} = \frac{390}{3} = 130 \tag{5-94}$$

为了避免分压电阻上不必要的损耗，其阻值应该较大。取$R_4=6\text{k}\Omega$，那么$R_3=774\text{k}\Omega$，考虑电阻R_3上的电压应力，根据实际情况，R_3可由两个390kΩ串联得到，R_4可由10kΩ并联15kΩ得到。

引脚5（VCOMP）外接电压环补偿电路（见图5-32），须考虑到输出电压中包含着频率为2倍输入频率的纹波，因而所设计的补偿电路频率响应的带宽应远小于100Hz，用以抑制100Hz左右的纹波。一般情况，电压环的穿越频率在10～20Hz。内部跨导运放的传递函数为

$$F_{OTA1}(s) = \frac{\Delta V_{VCOMP}}{\Delta V_{VSENSE}} = \frac{\Delta V_{VCOMP}}{\Delta I_{OTA1}} \frac{\Delta I_{OTA1}}{\Delta V_{VSENSE}} = \frac{1 + sR_6C_4}{(C_5 + C_4)s\left(1 + s\dfrac{R_6C_5C_4}{C_5 + C_4}\right)} g_{OTA1} \tag{5-95}$$

式中，$s=j\omega$；g_{OTA1}是OTA1的跨导，其典型值为39μs。

$$令 f_{CZ} = \frac{1}{2\pi R_6 C_4}, f_{CP} = \frac{C_5 + C_4}{2\pi R_6 C_5 C_4}$$

按照工程上的应用$C_4 \gg C_5$，一般取$C_4 = 10 \times C_5$，那么$f_{CZ} = f_{CP}/10$，要满足电压环的穿越频率在10～20Hz，取$f_{CZ} \approx 5\text{Hz}$，$C_4 = 1\mu\text{F}$，则

$$R_6 = \frac{1}{2\pi f_{CZ} C_4} = \frac{1}{2\pi \times 5 \times 1 \times 10^{-6}} \Omega = 31.8\text{k}\Omega \tag{5-96}$$

根据实际情况，取$R_6=33\text{k}\Omega$。

（4）PCB板布局

为了避免功率电路和信号电路之间的干扰，并保证芯片地尽可能“干净”，PCB布局和地必须处理好，下面给出了一些如何布置地线的建议。功率地和信号地如何连接，电路如图5-35所示。

1）功率地的连接规则：开关管的源极和输出负载地组成功率地。辅助电源的地线和芯片的地线是分开连接到滤波电容的负极上的。

2）信号地的连接规则：IC 外部元器件需要连接到信号地，如图 5-35 中的黑粗线所示，这些元器件的地线连接到一起，再连到 IC 的地上。

3）VCC 端的去耦电容 C_{VCC} 尽可能靠近 IC 的 VCC 和 GND 引脚；为了减小 VSENSE 端的噪声干扰，0.1μF 电容 C_{vsense} 接于 VSENSE 和信号地之间。

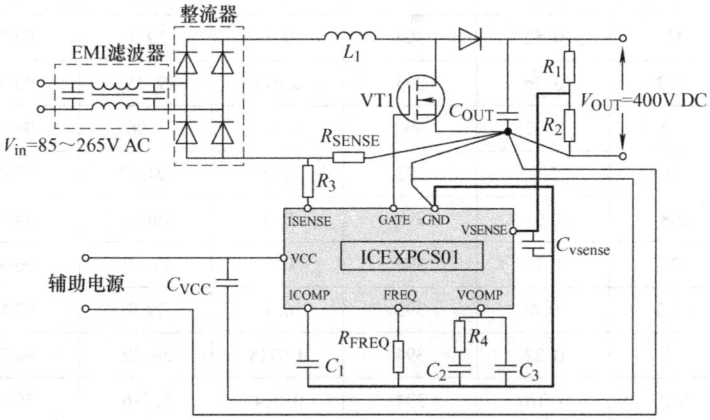

图 5-35　功率地和信号地的布局

图 5-34 电路的 PCB 板布局如图 5-36 所示。

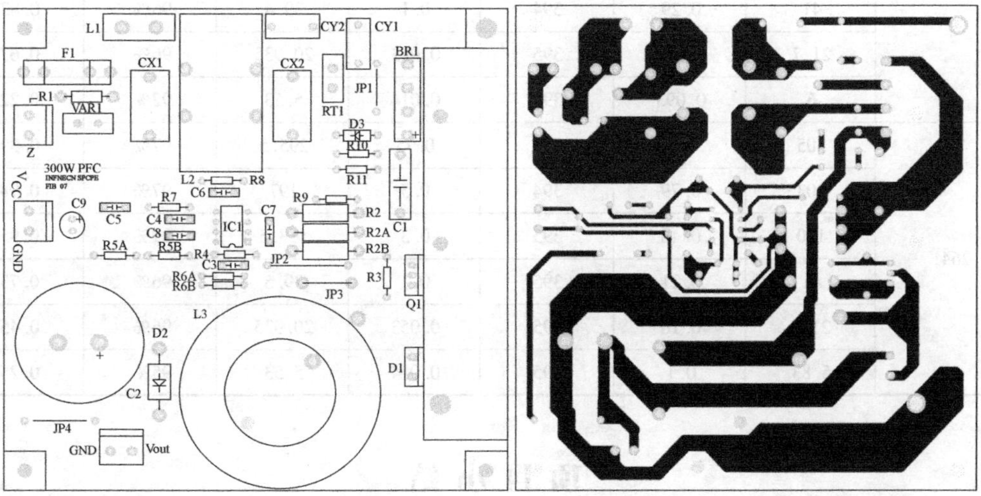

图 5-36　图 5-34 电路的 PCB 板布局

a）元器件面　b）PCB 线连接面

三、测试结果

电感磁心采用铝硅铁粉末磁环 CS46815，用直径 1.0mm 漆包线绕 83 匝，电感量为 1.24mH。对电路在不同输入电压和负载下的性能参数进行了测试，测试数据见表 5-10。

表 5-10 性能参数测试结果

V_{in}/V（交流）	P_{in}/W	I_{in}/A	V_{out}/V（直流）	I_{out}/A	P_{out}/W	效率 η	功率因数 PF
85	320	3.8	393	0.75	294.75	92%	0.999
	211	2.51	393	0.5	196.5	93%	0.999
	124	1.47	393	0.3	117.9	95%	0.99
	43	0.52	394	0.1	39.1	92%	0.97
	20.3	0.26	395	0.049	19.355	95%	0.91
	4.2	0.07	396	0.01	3.96	94%	0.71
110	316	2.9	393	0.75	294.75	93%	0.999
	208	1.91	393	0.5	196.5	94%	0.99
	123	1.13	393	0.3	117.9	96%	0.99
	42.3	0.4	393	0.1	39.3	93%	0.94
	22	0.22	394	0.0718	28.29	94%	0.89
	6.2	0.076	394	0.014	5.516	89%	0.63
220	307	1.4	394	0.75	295.5	96%	0.99
	204	0.98	394	0.5	197	97%	0.99
	120	0.63	394	0.3	118.2	99%	0.95
	41	0.29	394	0.1	39.4	96%	0.83
	21.7	0.133	395	0.053	20.935	96%	0.67
	6	0.093	395	0.014	5.53	92%	0.22
264	305	1.2	394	0.75	295.5	97%	0.99
	203	0.79	394	0.5	197	97%	0.98
	120	0.48	395	0.3	118.5	99%	0.95
	41	0.21	395	0.1	39.5	96%	0.73
	21.7	0.16	395	0.053	20.935	96%	0.45
	5.83	0.1	395	0.014	5.53	95%	0.25

项目小结

本项目介绍了升压式有源功率因数校正电路。详细介绍了三种模式的升压式功率因数校正工作原理；介绍了四种有源功率因数校正控制方法；介绍了连续模式和断续模式电感的设计；介绍了 PFC 控制芯片 ICE2PCS01/G 的基本资料、引脚功能说明、芯片单元电路工作原理的分析等；介绍了 Boost PFC 电路的工作原理，尤其是对关键元件参数和芯片的外围电路进行了详细的分析与设计。基于 ICE2PCS01/G 控制芯片制作了实验样机，对电路在不同输入电压和负载下的性能参数进行了测试。

思考与练习

1. 三种模式的 Boost PFC 电路有何优缺点，分别应用在什么场合？
2. 功率因数校正的主要任务是什么？
3. 说出四种不同的 PFC 控制方法，列出适用于每种控制方法的 Boost 电路的工作模式。
4. Boost 电路工作于连续模式和断续模式时，分别列出电感量的表达式。
5. VCC 和引脚 6（VSENSE）的电压范围是多少时 IC 开始工作？
6. 软过电流控制时，最小输入电压 V_{inmin} 对应的额定输出功率和最大输出功率分别为多少？

项目三 反激式有源功率因数校正电路的分析

本项目介绍反激式有源功率因数校正电路及其工作原理。基于控制芯片 L6562A 介绍反激 PFC 电路，其电路原理图如图 5-47 所示，并对电路参数进行详细的分析和设计。在拓展任务中，对有源 PFC 方法进行了比较，并给出了 PFC 电路的测试方法和设备。

从图 5-47 可以看出，要完成这个项目的设计和制作，首先要完成以下任务：

◆ 掌握有源 PFC 电路的工作原理。

◆ 熟悉控制芯片 L6562A 的基本资料。

◆ 掌握控制芯片 L6562A 外围电路的分析。

◆ 掌握电路工作原理的分析。

◆ 掌握主电路参数和芯片部分外围电路参数的设计。

任务一 反激式功率因数校正电路的原理

学习目标

◆ 熟悉反激 PFC 电路的工作模式。

◆ 掌握 CCM 和 DCM 模式的反激 PFC 电路的工作原理。

◆ 熟悉反激 PFC 电路的优缺点。

反激式功率因数校正原理

从原理上来说，任何一种 DC - DC 变换器主电路，如 Buck、Boost、Buck-Boost、Flyback、SEPIC 及 Cuk 变换器都可以用做 PFC 变换器的主电路。在实际开关电源产品中，一般以 Boost 变换器和反激变换器作为 PFC 的拓扑结构。另外在 100W 以上的电源中，单级反激 PFC 电路结构方案被广泛采用。反激 PFC 电路的主要任务如下：

1）校正输入电流波形，使输入电流跟踪输入电压，以减小输入电流谐波分量，提高整个电路的功率因数。

2）PFC 电路也是一个 DC - DC 变换器，直接给负载提供稳定的直流电压。

下面将分别介绍 CCM 和 DCM 两种工作模式的反激 PFC 电路工作原理。反激变换器的工作原理和波形的分析详细见模块三中项目一。

1. CCM 反激 PFC 电路工作原理

图 5-37 为峰值电流控制的 CCM 反激 PFC 电路原理框图，控制器包括乘法器和电压、电流比较器等。

假设周期开始时，开关管 VF 导通，$t=0$，$i_{VF}=I_{V1}$；$t=t_{on}=DT_s$时，$i_{VF}=I_p$，此时开关管 VF 关断、输出 i_{VD}从零突变到 I_p'。开关管 VF 导通期间，开关管中电流从 I_{VF1}增长到 I_p的变化规律为

$$i_V = I_{V1} + \frac{V_{dc}t}{L} \tag{5-97}$$

在一个开关周期内，i_{VF}的平均值i_{Vav}与整流输入电压V_{dc}有关

$$i_{Vav} = \frac{1}{T_s}\int_0^{DT_s} i_V \mathrm{d}t = D(I_p + \frac{V_{dc}DT_s}{2L}) \tag{5-98}$$

式中，L为变压器一次电感。

根据一个周期内伏-秒平衡原理，可以证明占空比为

$$D = \frac{t_{on}}{T_s} = \frac{nV_o}{nV_o + v_{dc}} \tag{5-99}$$

因此，图5-37电路的电流峰值跟随V_{dc}变化，但由式(5-98)、式(5-99)可知，电流平均值是D和V_{dc}的函数，而D又与输入电压V_{in}有关，所以电流平均值是V_{dc}的非线性函数。CCM反激PFC转换器的优点是：噪声小，功率因数可以校正到接近于1，效率高，峰值电流小。

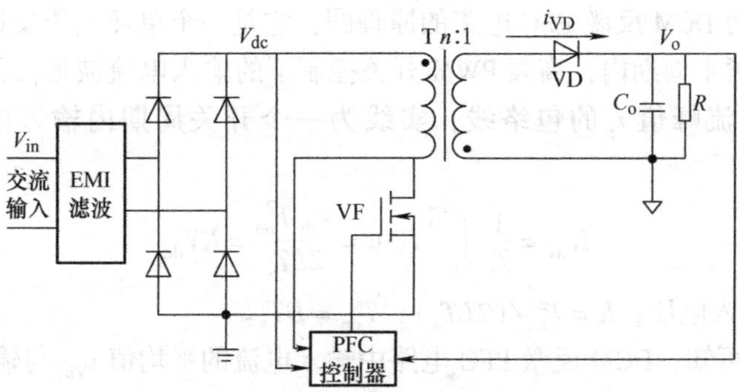

图5-37　峰值电流控制的CCM反激PFC电路原理框图

CCM反激PFC电路也可以采用电荷控制方式，图5-38所示为利用电荷控制的CCM反激PFC电路原理电路图，系统中除了主开关管VF_1外，还有信号开关管VF_2，也是双环控制系统，包括电荷控制环和电压环。电压环的误差电压和整流后的输入电压（除以K）经过乘法器，得到电荷控制环的基准信号Z，电容C_T上的电压V_T（和C_T电荷成正比）与Z比较后，控制主开关管VF_1。每个开关周期开始时，开关管VF_1导通、VF_2关断，电流变压器检测的电流信号i_{VT}使电容C_T充电。其电压V_T到达Z时，开关管VF_1关断、VF_2导通，电容C_T放电。开关管VF_1的电流平均值i_{V1av}和电容C_T上的电压v_T如下式所示：

$$i_{V1av} \propto \frac{1}{T_s}\int_0^{DT_s} i_{VT}\mathrm{d}t \tag{5-100}$$

$$v_T = \frac{1}{C_T}\int_0^{DT_s} K_1 i_{VT}\mathrm{d}t \tag{5-101}$$

可见，若D及T_s为常数，则i_{V1av}与v_T成正比。

2. DCM反激PFC电路工作原理

和Boost PFC变换器一样，反激PFC变换器工作在DCM模式时的固有特点是：输出电压调节采用电压型PWM控制时，稳态占空比D为常数（即导通时间T_{on}为常数），输入电流接近于正弦波。因此，控制电路中无需乘法器和电流控制，就可以实现功率因数校正。

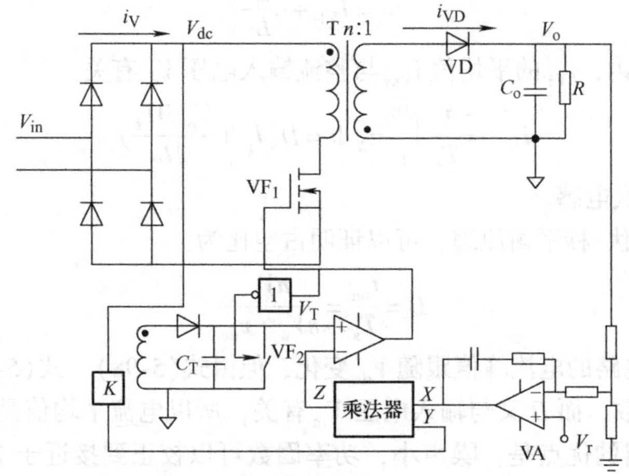

图 5-38　利用电荷控制的 CCM 反激 PFC 电路原理图

图 5-39a 所示为 DCM 反激 PFC 电路的原理图，它是一个单环电压反馈 PWM 控制系统。图 5-39b 所示为工频半周期内，高频 PWM 开关控制下的输入电流波形。开关管电流 i_V 呈三角波形，虚线为电流峰值 i_p 的包络线，实线为一个开关周期内输入电流的平均值 i_{Vav} 曲线。

$$i_{Vav} = \frac{1}{T_s}\int_0^{DT_s} i_V \, dt = \frac{V_{dc}T_{on}^2}{2LT_s} = KV_{dc} \tag{5-102}$$

式中，V_{dc} 为整流输入电压；$K = T_{on}^2/(2LT_s)$，$T_{on} = DT_s$。

由式(5-102) 可知，DCM 反激 PFC 电路中输入电流的平均值 i_{Vav} 与输入整流电压 V_{dc} 呈线性关系。

可以证明，图 5-39a 所示的理想 DCM 反激 PFC 电路，对输入而言，可以等效为一个受占空比 D 控制的无损电阻（Loss Free Resistor），如图 5-40 所示。因此图 5-39a 中的电路无需电流控制器，就可以实现输入端功率因数近似等于 1。

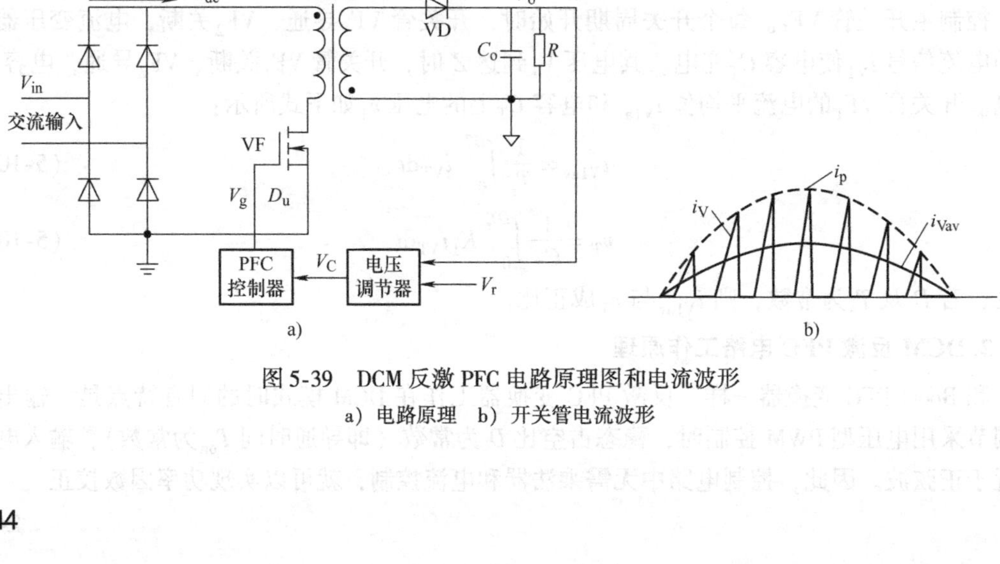

图 5-39　DCM 反激 PFC 电路原理图和电流波形

a）电路原理　b）开关管电流波形

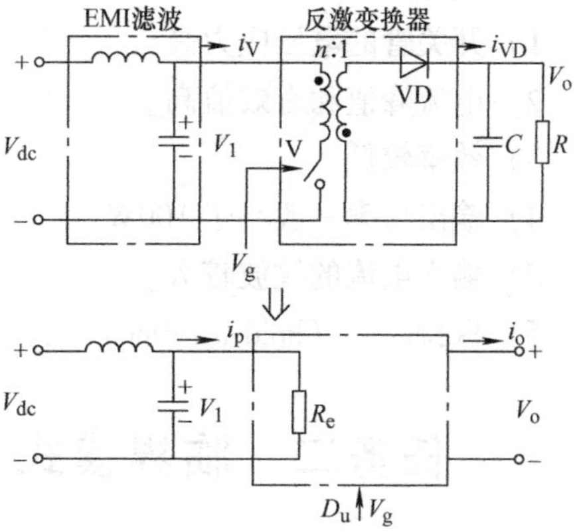

图 5-40　DCM 反激 PFC 电路的等效电路

图 5-40 中，V_{dc}为整流输入电压，经过 EMI 滤波器加到 DCM 反激 PFC 电路直流输入端。反激 PFC 变换器的变压器电压比 n∶1，i_V为输入电流，V_o、i_p分别为输出电压、输入电流，R_e表示反激 PFC 电路的等效输入（无损）电阻。

在一个开关周期内，变压器一次、二次电流 i_V、i_{VD}呈三角形，如图 5-39b 所示。在 $(0, DT_s)$ 期间的增长斜率为 V_{dc}/n^2L，L 为变压器的二次电感值。在$[DT_s, (D+D_2)T_s]$期间，二次电流 i_{VD}的下降斜率为 $-V_o/L$，D_2T_s为输出二极管导通的持续时间。

已知：
$$i_p' = ni_p \tag{5-103}$$
式中，i_p'为折算到二次侧的电流 i_p值。

那么，
$$\frac{V_{dc}(t)}{n} = \frac{Li_p'}{DT_s} \tag{5-104}$$
或
$$i_p' = \frac{V_{dc}(t)DT_s}{nL} \tag{5-105}$$

由式(5-102) 和式(5-103) 知，一个开关周期内，DCM 反激 PFC 电路的平均开关电流 i_{Vav}为
$$i_{Vav} = \frac{1}{T_s}\int_0^{t_{on}} i_V \mathrm{d}t = \frac{Di_p'}{2n} \tag{5-106}$$
将式(5-104) 代入式(5-105) 可得
$$i_{Vav} = \frac{V_{dc}(t)D^2T_s}{2n^2L} \tag{5-107}$$
又
$$i_{Vav} = \frac{V_{dc}(t)}{R_e} \tag{5-108}$$
因此有
$$R_e = \frac{2n^2L}{D^2T_s} \tag{5-109}$$

由式(5-109) 可知：

1）DCM 反激 PFC 变换器的输入阻抗是一个由占空比 D 控制的电阻 R_e。

2）每个开关周期的输入电流平均值满足正弦规律，输入功率因数接近于 1。

3. 反激 PFC 变换器的优缺点

（1）优点

1）有绝缘隔离。

2）输出电压可以升压，也可以降压。

3）有启动和短路保护。

(2) 缺点

1) 开关管的电压应力高。

2) 电流峰值和有效值高。

3) 效率较低。

4) 输出功率一般小于100W。

5) 输入电流的纹波较大。

6) 保持时间 (hold-up time) 短。

任务二 临界模式 PFC 控制芯片 L6562 的介绍

学习目标

◆ 熟悉控制芯片的引脚及功能。

◆ 熟悉每个引脚正常工作时电压或电流的范围，引脚之间相互影响的关系。

◆ 学会阅读芯片的应用信息 (application note)，然后根据应用信息，分析芯片外围电路，并能设计一定的功能电路。

一、临界模式的控制芯片 L6562 的特点、引脚功能说明及电气特性参数

1. 临界模式的控制芯片 L6562 的主要特点

- 峰值模式控制
- 非常精准的可调节的输出过电压保护
- 跟踪升压功能
- 保护反馈环路失效 (锁存关断)
- 接口级联变换器的 PWM 控制器
- 输入电压前馈 ($1/V^2$)
- 远程开/关控制
- 低启动电流 (小于90μA)
- 低静态电流 (最大值为5mA)
- 内部参考电压精度1.5% (@ $T_J=25℃$)
- 图腾柱输出，驱动能力强，输出拉/灌电流为 -600 ~ +800mA，在欠电压锁定期间自动拉低芯片输出驱动信号

2. 器件描述

L6561 和 L6562 是意法半导体公司采用双极与 CMOS 混合工艺 (BCD) 制作的 APFC 控制器 IC，属于峰值电流模式控制。L6562 是 L6561 的升级换代产品，性能更优越，功耗很低，新增了很多功能。

内部结构框图如图 5-41 所示。

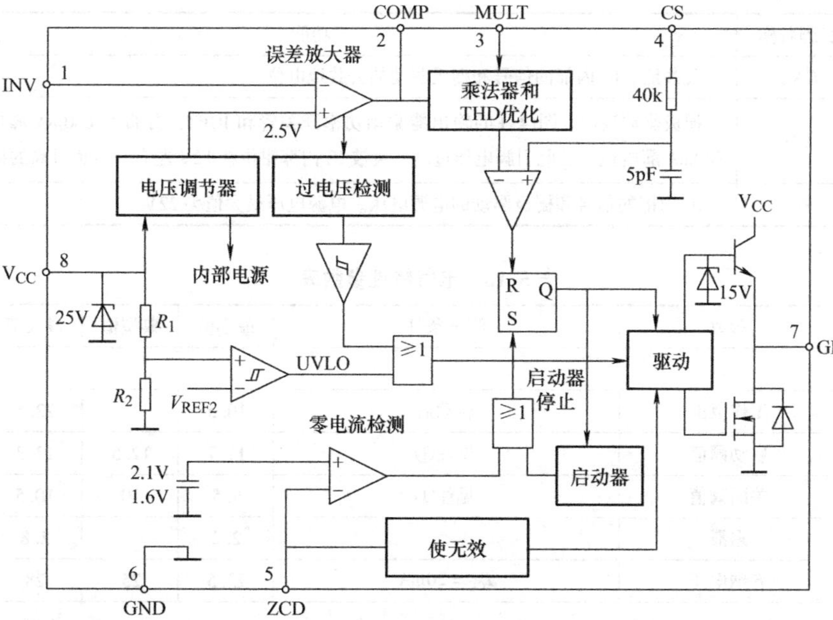

图 5-41 内部结构框图

3. 引脚名称和功能

引脚分布如图 5-42 所示。

各引脚名称和功能见表 5-11。

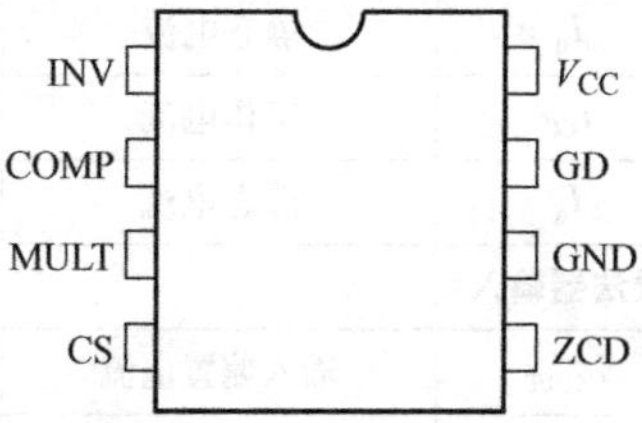

图 5-42 引脚分布图

4. 芯片电气特性参数

电气特性参数见表 5-12。除非其他特别说明，$T_J = -25 \sim 125℃$，$V_{CC} = 12V$，$C_o = 1nF$。

表 5-11 各引脚名称和功能

引脚号	引脚名称	功能
1	INV	误差放大器的反向输入端。PFC 预调节器的输出电压通过电阻分压器分为 2.5V 后，接入此引脚 此引脚通常呈现高阻抗特性，但如果使用了跟踪升压功能，内部可调电流发生器通过 TBO 引脚被激活，这个引脚的灌电流能改变输出电压，使它能跟踪输入电压
2	COMP	误差放大器的输出端。在此引脚和 INV（引脚 1）之间接入补偿网络，实现电压控制环路的稳定性，保证高功率因数和低总谐波畸变（THD）
3	MULT	乘法器的输入端。全桥整流后的电压通过电阻分压器后连接到此引脚，给电流环提供正弦参考，此引脚的电压也反映出输入电压的有效值
4	CS	PWM 比较器的输入端。通过检测开关管源极电阻上的电压，连接到此引脚上，并与内部基准电压进行比较，确定开关管的关断
5	ZCD	零电流检测输入端。通过检测升压电感中辅助绕组的电压，以判断电感中电流为零时产生一个负边沿信号触发开关管导通

（续）

引脚号	引脚名称	功能
6	GND	公共地。IC 内部的信号和栅极驱动的公共地电位
7	GD	栅极驱动输出。图腾柱的输出能驱动功率开关管和 IGBT，并带有 600mA 峰值拉电流和 800mA 灌电流。若此引脚电压过高，会被 IC 内部钳位在 12V 左右，避免过高的栅极电压
8	V_{CC}	IC 内部的信号和栅极驱动的电源电压。电源电压最大值为 22V

表 5-12　电气特性参数表

符号	参数	测试条件	最小值	典型值	最大值	单位
电源电压						
V_{CC}	工作范围	启动后	10.5		22.5	V
V_{CCon}	启动阈值	见注①	11.7	12.5	13.3	V
V_{CCoff}	关断阈值	见注①	9.5	10	10.5	V
H_{ys}	迟滞		2.2		2.8	V
V_Z	齐纳电压	$I_{CC}=20mA$	22.5	25	28	V
电源电流						
$I_{start-up}$	启动电流	启动前，$V_{CC}=11V$		30	60	μA
I_q	静态电流	启动后		2.5	3.75	mA
I_{CC}	工作电流	@70kHz		3.5	5	mA
I_q	静态电流	静态或动态的 OVP 或 $V_{INV}<150mV$		1.7	2.2	mA
乘法器输入						
I_{MULT}	输入偏置电流	$V_{MULT}=0\sim4V$			-1	μA
V_{MULT}	线性工作范围		0~3			V
$\Delta V_{cs}/\Delta V_{MULT}$	最大输出斜率	$V_{MULT}=0\sim1V$ $V_{COMP}=V_{pperclamp}$	1	1.1		V/V
K	增益（见注②）	$V_{MULT}=1V$　$V_{COMP}=4V$	0.32	0.38	0.44	1/V
误差放大器						
V_{INV}	电压反馈输入阈值	$T_J=25℃$	2.475	2.5	2.525	V
		$10.5V<V_{CC}<22.5V$（见注①）	2.455		2.545	
	线性调节	$V_{CC}=10.5\sim22.5V$		2	5	mA
I_{INV}	输入偏置电流	$V_{INV}=0\sim3V$			-1	μA
G_V	电压增益	开路	60	80		dB
G_B	增益带宽			1		MHz
I_{COMP}	拉电流	$V_{COMP}=4V$，$V_{INV}=2.4V$	-2	-3.5	-5	mA
	灌电流	$V_{COMP}=4V$，$V_{INV}=2.6V$	2.5	4.5		mA
V_{COMP}	高钳位电压	$I_{SOURCE}=0.5mA$	5.3	5.7	6	V
	低钳位电压	$I_{sink}=0.5mA$（见注①）	2.1	2.25	2.4	V
V_{INVdis}	失效阈值		150	200	250	mV

（续）

符号	参数	测试条件	最小值	典型值	最大值	单位
误差放大器						
V_{INVen}	重启阈值		380	450	520	mV
电流采样比较器						
I_{CS}	输入偏置电流	$V_{CS}=0$			-1	μA
t_{LEB}	前沿消除		100	200	300	ns
$t_{d(H-L)}$	输出延迟			120		ns
V_{CS}	电流检测基准钳位	V_{COMP} = 钳位上限，$V_{MULT}=1.5V$	1.0	1.08	1.16	V
$V_{CSoffset}$	电流检测补偿	$V_{MULT}=0$		25		mA
		$V_{MULT}=3V$		5		
输出过电压						
I_{OVP}	动态 OVP 触发电流		23.5	27	30.5	μA
H_{ys}	迟滞	（见注③）		20		μA
V_{ovp}	静态 OVP 阈值	（见注①）	2.1	2.25	2.4	V
零电流检测						
V_{ZCDH}	高钳位电压	$I_{ZCD}=2.5mA$	5.0	5.7	6.5	V
V_{ZCDL}	低钳位电压	$I_{ZCD}=-2.5mA$	-0.3	0	0.3	V
V_{ZCDA}	防护电压（上升沿）	（见注③）		1.4		V
V_{ZCDT}	触发电压（下降沿）	（见注③）		0.7		V
I_{ZCDb}	输入偏置电流	$V_{ZCD}=1\sim4.5V$		2		μA
I_{ZCDsrc}	拉电流能力		-2.5			mA
I_{ZCDsnk}	灌电流能力		2.5			mA
启动定时器						
t_{START}	启动定时器周期		75	190	300	μs
栅极驱动						
V_{OHdrop}	电压差	$I_{GDsource}=20mA$		2	2.6	V
		$I_{GDsource}=200mA$		2.5	3	V
V_{OL}	输出低电压	$I_{sink}=100mA$		0.6	1.2	V
V_{OH}	输出高电压	$I_{source}=5mA$	9.8	10.3		V
I_{srcpk}	拉电流峰值		-0.6			A
I_{snkpk}	灌电流峰值		0.8			A
t_f	电压下降时间			30	70	ns
t_r	电压上升时间			60	110	ns
V_{Oclamp}	输出钳位电压	$I_{source}=5mA$　$V_{CC}=20V$	10	12	15	V
	欠电压饱和	$V_{CC}=0\sim V_{CCON}$，$I_{sink}=2mA$			1.1	V

① 参数跟踪对象。

② 乘法器的输出：$V_{CS}=KV_{MULT}(V_{COMP}-2.5)$。

③ 设计保证参数的可靠性，在产品中进行功能测试。

二、芯片单元电路工作原理的分析

1. 输出检测和过电压保护

输出检测电路如图5-43所示。输出电压的大小通过 R_1 和 R_2 来设置。由于误差放大器是一个高增益的运算放大器，其反相输入端的电位与同相输入端（内接基准电压 $V_{ref}=2.5V$）的电位近似相等，根据虚地原理可知：

$$V_{out}\times\frac{R_2}{R_1+R_2}=2.5 \tag{5-110}$$

则

$$V_{out}=2.5\times\frac{R_1+R_2}{R_2}=2.5\times\left(1+\frac{R_{1a}+R_{1b}}{R_2}\right) \tag{5-111}$$

例如，取输出电压 $V_{out}=400V$，那么 $R_1/R_2=159$。若取 $R_2=12k\Omega$，按计算应取 $R_{1a}+R_{1b}=1908k\Omega$，根据实际情况取 $R_{1a}=1M\Omega$，$R_{1b}=910k\Omega$。

电压误差放大器控制环的窄频带特性会使输出电压失控，超出控制范围。例如在以下几种情况：开机启动、负载或输入电压突然变化很大等。当输出电压 V_{out} 升高，误差放大器的输入端就超过2.5V，或者当 R_{1a} 或 R_{1b} 开路时，就会使输出电压不可控地上升，最后会造成电解电容爆裂失效或电路损坏。

控制芯片L6561和L6562自身就没此功能，需要外加电路，如图5-43所示，为了防止检测电阻断开造成输出电压的上升。当输出电压超过预设定的输出电压时，电阻串联分压之后稳压二极管和晶体管导通，引脚5（ZCD）被短路到地，栅极驱动信号关断，整个PFC电路就停止工作。

2. 输入欠电压保护

当输入电压低于设定值时，则关断PFC，这防止了在低压时过大的输入电流导致系统过热，甚至系统损坏。此外，V_{CC} 的启动也直接从输入电压处供给，输入欠电压保护电路使IC在低输入电压时停止工作。L6562的输入欠电压保护电路如图5-44所示。当输入电压低于设定值时，二极管截止，晶体管导通，把 V_{CC} 引脚拉低，芯片就停止工作。

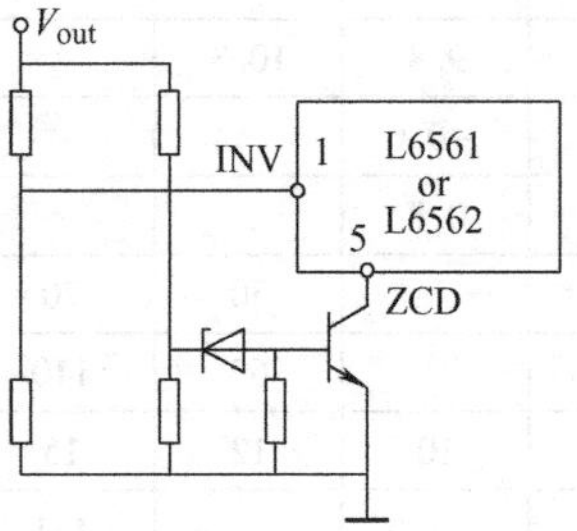

图5-43 输出检测、过电压保护和反馈断开检测电路

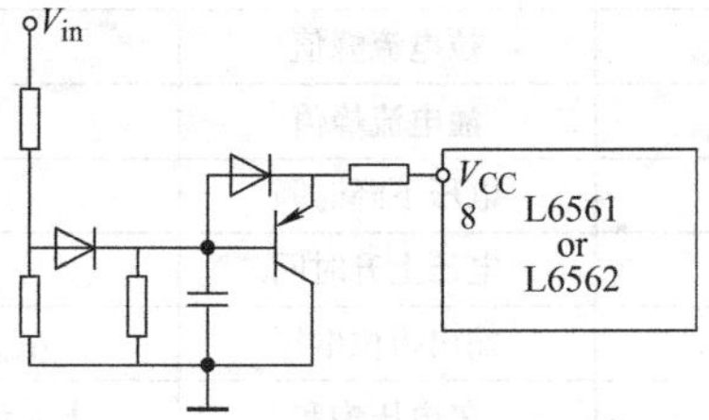

图5-44 输入欠电压保护电路

3. 优化 THD 的电路

控制芯片中内置了一个电路，能减小输入电压过零时的导通死角，也就是减小了电流谐波畸变。当输入电压很低时，整个电路不能有效地传递能量。整流桥之后的高频滤波电容使畸变变得更严重。

为了解决这个问题，芯片内置了一个电路，使 PFC 预调节器在输入过零时处理更多的能量，一方面减小能量传递丢失的时间间隔，另一方面使整流桥之后的高频滤波电容充分放电。内置电路产生的效果如图 5-45 所示。控制芯片分别是标准的 PFC 控制芯片和 L6562A。

让 THD 优化电路充分发挥作用，整流桥之后的滤波电容在满足 EMI 要求时尽量小。实际上，一个大的电容本身也会增加输入电流导通的死角。

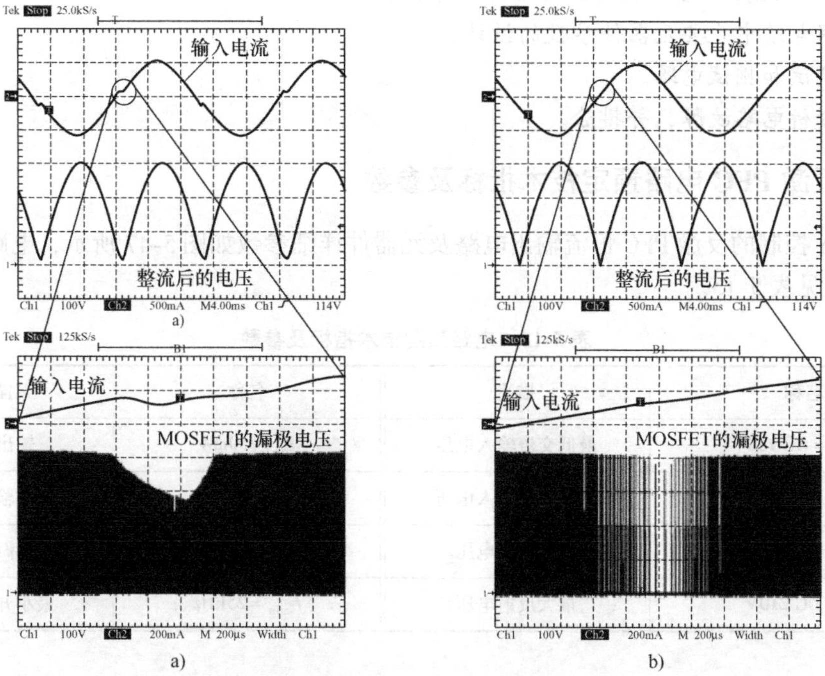

图 5-45　输入电流、输入电压和开关管栅极驱动波形

a）标准的临界模式 PFC 控制芯片　b）L6562 控制芯片

4. 升压电感上无辅助绕组时的工作

在 ZCD 引脚上产生一个同步信号，典型方法就是在升压电感上增加一个辅助绕组，串联一个限流电阻连接到此引脚。当控制芯片由级联的 DC - DC 变换器来供电时，PFC 电感上多一个附加绕组，仅仅是为了 ZCD 引脚的工作。

另一个实现方法是：在引脚 ZCD 和开关管漏极之间连接一个 RC 网络，如图 5-46 所示。漏极的高频边沿信号传递到引脚 ZCD，因此触发 ZCD

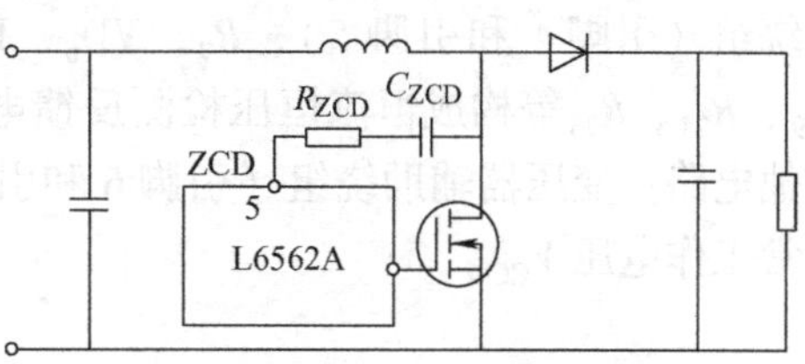

图 5-46　无辅助绕组的引脚 ZCD 同步工作

比较器。

同时，必须选择正确的电阻值来限制引脚 ZCD 拉/灌电流。在输出约 400V 的典型应用中，RC 网络中典型的电容和电阻值分别为 22pF（或 33pF）和 330kΩ。一般情况下，电路都能正常工作。甚至输出电压和输入电压峰值只有几伏之差的情况下，电路也能正常工作。

任务三　反激式功率因数校正电路的分析与设计

学习目标

- ◆ 会分析反激 PFC 恒流输出电路的工作原理。
- ◆ 掌握电路中主要元器件参数的设计。
- ◆ 会调试和测试电路。
- ◆ 会分析电路故障，并排除。

一、反激 PFC 电路预定技术指标及参数

L6562A 控制的反激 PFC 恒流输出电路及元器件详细参数如图 5-47 所示，电路预定技术指标及参数见表 5-13。

表 5-13　电路预定技术指标及参数

名称	描述	名称	描述
V_{inmin} = AC 180V	最低交流输入电压	I_o = 750mA	输出电流
V_{inmax} = AC 264V	最高交流输入电压	P_o = 60W	标称输出功率
V_{out} = DC 80V	正常输出电压	η = 0.87	典型效率@ AC 220V
V_1 = DC 210V	最大反射电压	f_{smin} = 25kHz	最小开关频率

二、电路结构的分析

电路由 EMI 整流滤波电路、反激和输出整流滤波电路、控制电路和恒压恒流检测反馈电路四大部分构成。输入和整流桥之间的电路 FU1、VR_1、NTC、L_F、C_1 等构成 EMI 电路；VD_1 ~ VD_4 构成整流电路；滤波电容 C_5 主要是用来满足 EMI 的要求。T、VF_1、VD_8、C_{15}、C_{14} 和 R_{15} 等构成反激和输出整流滤波电路，其中 VD_5、R_{20}、C_6 构成吸收网络；IC1、T 的辅助绕组（引脚 4 和引脚 5）、R_7、VD_6、IC3 等构成控制电路；IC2（AP4313）、IC3、R_{18}、R_{19}、R_{24}、R_{23} 等构成恒流恒压检测反馈电路。其中，AP4313 是一个恒压恒流的检测芯片。其他电路：变压器辅助绕组（引脚 6 和引脚 7）、VD_{10}、VD_{11}、R_{16}、C_{16} 和 VT，给 IC2 提供正常工作电压 V_{CC}。

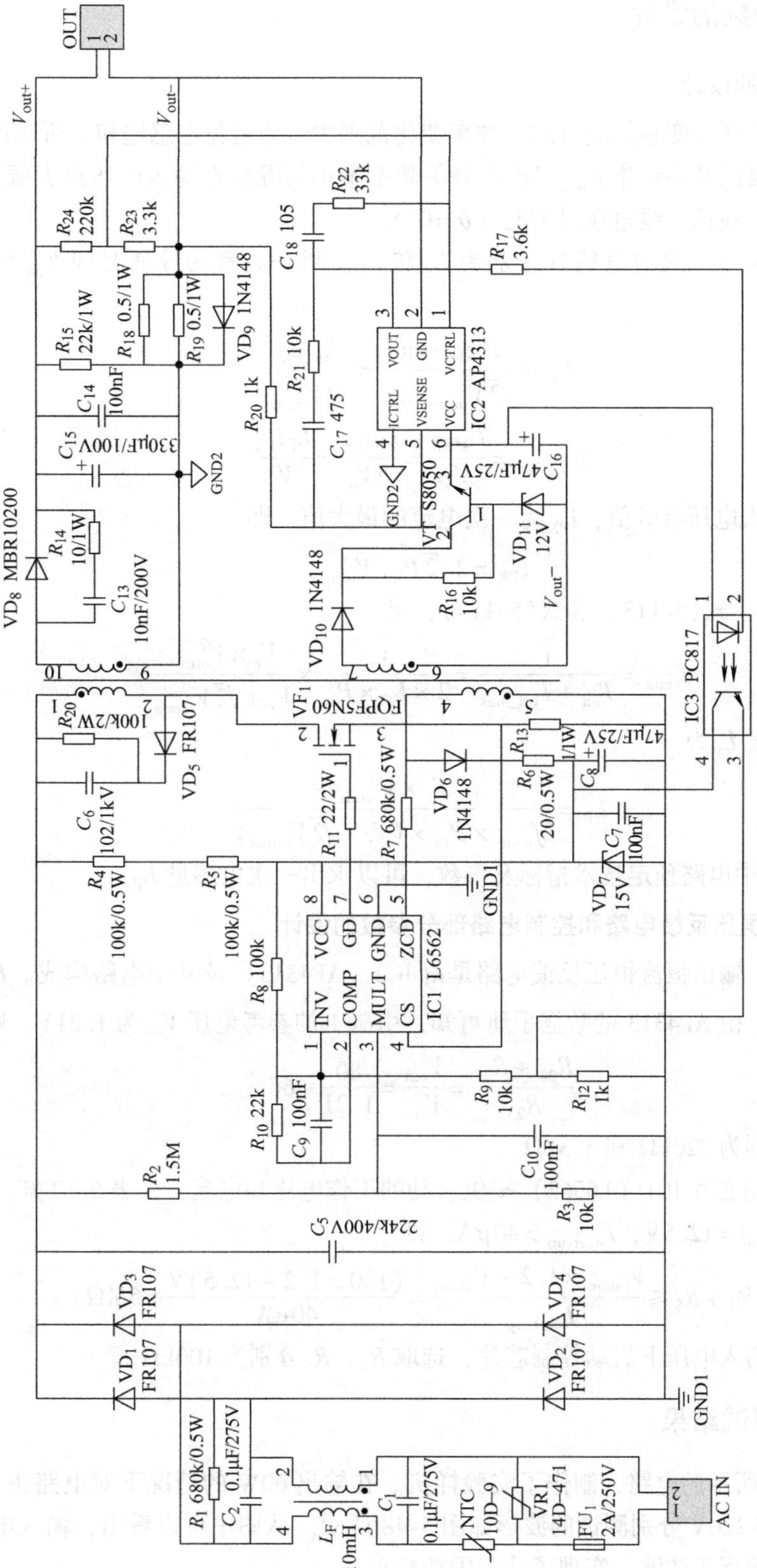

图 5-47　L6562A控制的反激PFC电路

三、元件参数的设计

1. 变压器 T 的设计

由于本电路工作于变频控制方式，频率变化范围大，为避免电感饱和，所以设计变压器一次电感时要按最低开关频率f_{smin}考虑。开关频率最小值发生在输入电压最大幅值时（$\theta=90°$），最大值发生在输入线电压过零时（$\theta=0°$）。

设变压器一次和二次的电感量分别为L_P和L_S，则开关管的导通时间T_{on}和截止时间T_{off_max}为

$$T_{on}=\frac{L_P i_{PK}\sin\theta}{\sqrt{2}V_{inrms}\sin\theta}=\frac{L_P i_{PK}}{\sqrt{2}V_{inrms}} \tag{5-112}$$

$$T_{off\_max}=\frac{L_S i_{SK}}{V_o}=\frac{L_P i_{PK}}{NV_o}=\frac{L_P i_{PK}}{V_r} \tag{5-113}$$

式中，V_{inrms}为输入电压有效值；i_{PK}为一次电流的最大值，即

$$i_{PK}=2\sqrt{2}P_{in}/V_{inrms} \tag{5-114}$$

由式(5-112)、式(5-113) 和式(5-114)，得

$$f_{smin}=\frac{1}{T_{on}+T_{off\_max}}=\frac{1}{2\times L_P\times P_{in}}\times\frac{V_r\times V_{inrms}^2}{V_r+\sqrt{2}V_{inrms}} \tag{5-115}$$

则一次电感量L_P为

$$L_P=\frac{V_r\times V_{inrms}^2}{2f_{smin}\times P_{in}\times(V_r+\sqrt{2}V_{inrms})} \tag{5-116}$$

根据表 5-13 中电路预定技术指标及参数，可以求出一次电感量L_P。

2. 输出恒流恒压反馈电路和控制电路部分参数的设计

在本项目中，输出恒流恒压反馈电路是由 IC2（AP4313）及外围电路构成。R_{24}、R_{23}用于检测输出电压。由 AP4313 的数据手册可知，引脚 1 的参考电压V_{ref}为 1.21V，则

$$\frac{R_{24}+R_{23}}{R_{23}}=\frac{V_{out}}{V_{ref}}=\frac{80}{1.21}\approx 66 \tag{5-117}$$

求出R_{24}、R_{23}分别为 220kΩ 和 3.3kΩ。

R_4、R_5给控制芯片 IC1（L6562）提供启动的工作电压和电流，由表 5-12 知，启动的电压和电流为：$V_{CCon}=12.5\text{V}$，$I_{start\text{-}up}>40\mu\text{A}$。则

$$R_4+R_5\leqslant\frac{V_{inmin}\times 1.2-V_{CCon}}{I_{start\text{-}up}}=\frac{(180\times 1.2-12.5)\text{V}}{40\mu\text{A}}\approx 5\text{M}\Omega \tag{5-118}$$

为了在更低输入电压下启动控制芯片，选取R_4、R_5分别为 100kΩ。

四、样机测试结果

根据图 5-47 所示的电路，制作了实验样机。在输出 60W 的情况下对电路进行了测试，输入交流 120V 和 220V 分别测试的波形如图 5-48 所示。从图中可以看出，输入电流在不同输入电压情况下接近正弦波，实现了功率因数校正。

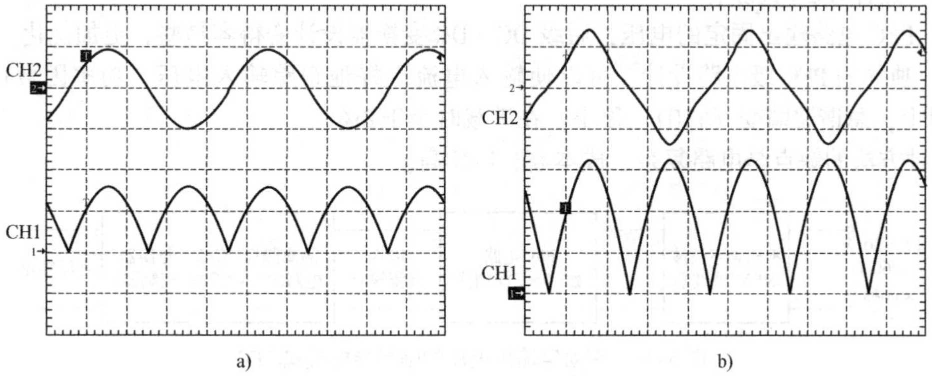

图5-48　输入电压和电流波形

a）输入电压120V时　b）输入电压220V时

CH1—输入电压（整流桥之后）（100V/div）　CH2—输入电流（a：1AΩ/div；b：500mAΩ/div）

拓展任务　有源PFC方法的比较和测试

学习目标

- ◆ 掌握单级和两级PFC电路的应用场合。
- ◆ 熟悉不同模式PFC的优缺点。
- ◆ 熟悉不同模式和控制方法相对应的PFC控制芯片型号。
- ◆ 掌握PFC电路的测试方法。

一、有源PFC方法的比较

在实际电源产品中，Boost和反激两种拓扑被广泛用于PFC电路中。对于较高功率的电路而言，通常选择的拓扑为在连续导电模式(CCM）下工作的升压变换器，并带有平均电流模式控制（ACMC）或者单周期控制（OCC)。对于较低功率的应用，一般使用临界导电模式(CRM）升压拓扑或者反激拓扑，并带有峰值电流模式控制。因为内置PFC的电路应用范围已经拓展，所有对于更多样化的PFC解决方案的需求也正在不断增长。

通常难以立即回答这个问题：“对于给定的应用或者给定的功率范围，哪种方法最好?”答案部分地取决于设计的重点所在和各种折中。本任务给出了几种不同类型的PFC芯片资料及电路的分析、设计。

选择正确的应用范围对鉴定研究而言十分重要。通常认为在低于100W的功率等级，CRM方法更合适；而对于高于200W的功率等级，CCM方法则更加可行。100~200W的功率范围代表了两种方法都可使用的灰色区域。因此，在这个功率范围内评估不同方法的性能是最恰当的。而且，因为大多数应用都要求在通用输入电压范围内（AC 85~265V，50~60Hz）工作，故将其选为输入电压范围。

带PFC的AC-DC开关电源结构如图5-49所示，这种方法在PFC输出端建立一个固定的输出电压（通常是400V)，DC-DC隔离降压变换器把400V变成12V或者其他等级的电压输出。这种方法的优点：

1）PFC 电路输出固定的电压，后级 DC - DC 变换器设计变得容易些，更加优化。

2）独立的 PFC 级电路设计，可以使输入电流更好地跟踪输入电压，功率因数可达到 0.99 以上，总谐波畸变（THD）很小，在满载时小于8%。

这种方法的缺点是电路复杂，成本高，EMI 高。

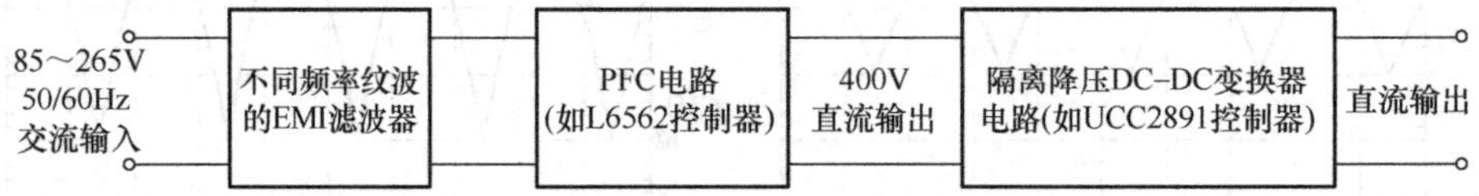

图 5-49　带固定输出电压的临界导电模式 PFC

带隔离和降压的临界导电模式反激变换器，这种创新方法把 PFC 和 DC - DC 电路合成为一个功率变换器，如图 5-50 所示。因为这种方法能把整流后线路的所有能量存储在输出电容中，所以输出会有两倍线路频率的明显纹波。这种方法应用在对谐波和 EMI 要求不高、输出功率小（100W 以下）的应用场合。这种方法使用的控制芯片有安森美半导体公司的 NCP1651，意法半导体公司的 L6562、L6563 等产品也可以应用到此方案中。

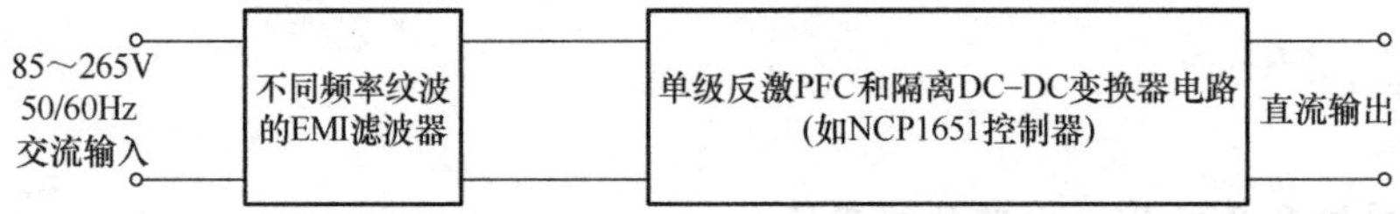

图 5-50　带隔离和降压的临界导电模式反激变换器

这种方法的优点是：PFC 级和 DC - DC 级合为一级，电路比较简单，成本低；若输出短路，可以限制输入电流在一定范围之内。

缺点是：高 EMI，功率因数比较低，总谐波电流畸变比较大，开关管要承受很高的耐压值。输出电流和电压纹波比较大。

对于 Boost 拓扑结构而言，CCM 和 CRM 模式的 PFC 电路中，EMI 滤波器和关键元器件的比较见表 5-14。与控制方法和工作模式相对应的控制芯片型号见表 5-15（注意：本书中只列出部分公司和部分芯片的型号）。

表 5-14　EMI 滤波器和关键元器件的比较

关键元器件 \ 工作模式	CCM	CRM
EMI 滤波器	只需要滤掉输入电流的 20% ~40% 电流纹波，滤波器尺寸较小	需要滤掉输入电流近两倍的电流纹波，滤波器尺寸较大
Boost 电感	电感值较大，饱和电流低，磁心和铜损小	电感值较小，饱和电流高，磁心和铜损大
开关管	低导通损耗，高容性和开关损耗	高导通损耗，仅在输入电压高时，容性和开关损耗大
二极管	需要快速反向恢复的二极管，高 EMI，高 V_F 和导通损耗	无反向恢复时间，低 EMI，低 V_F 和导通损耗
控制方式	平均电流模式，元器件数目多，昂贵的控制 IC	峰值电流模式，元器件数目少，便宜的控制 IC

表 5-15　与控制方法、工作模式相对应的控制芯片型号

工作模式 / 控制方法	CCM	CRM
平均电流控制	L4982（ST），UC3854、UCC3817（TI），FAN4810、ML4821（Fairchild），MCP1650（ONSemi）	
峰值电流控制		L6561、L6562、L6563（ST），NCP1601、MC33262（ONSemi），FAN7529、FAN7530（Fairchild）
单周期控制	ICE2PCS01（Infineon），IR1150（IR），UCC28019（TI）	

二、测试方法

PFC 电路须经过设计、测试和优化的过程。一般情况下，每个 PFC 电路都要进行以下参数的测试：

1）线路电压和负载范围内的输出电压（V_{in} = AC 85～265V，P_{out} = 50% 满载～100% 满载）；

2）线路和负载调整率；

3）输入电流总谐波畸变（THD），各次谐波的大小和功率因数；

4）功率变换效率；

5）浪涌电流。

测试 PFC 电路连接图如图 5-51 所示。

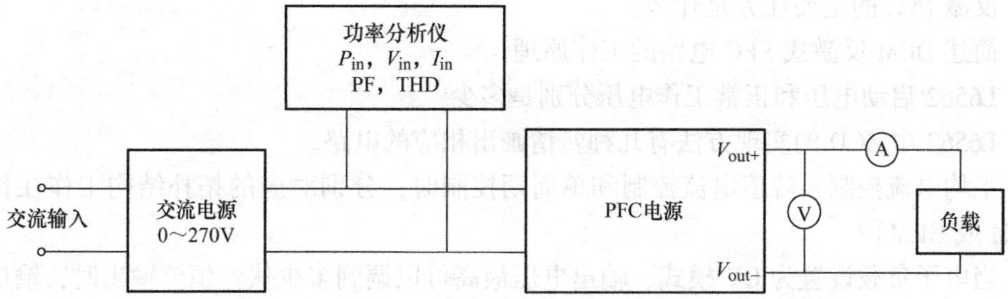

图 5-51　测试 PFC 电路连接图

1. 测试使用的设备

交流电源：Triathlon 精密交流稳压电源。

功率分析仪：Voltech PM100 精密功率分析仪。

负载：使用两类负载：

- 对于静态负载测量，使用一组高功率陶瓷电阻或者绕线电阻。
- 对于动态负载测量，使用菊水 PLZ303W 或者艾德克斯 IT8512B 电子负载。

伏特表：Keithley 175 自动量程多功能表。

电流检测：泰克电流枪与其示波器配套使用，可以用来测试输入电流波形或者输出电流的大小。

差分探头：测试输入电压的波形。

2. 测试方法

用输入电压范围为 AC 85 ~ 265V 的隔离交流电源测试电路。用功率分析仪测得输入参数，它们包括输入功率（P_{in}）、方均根输入电压（V_{in}）、方均根输入电流（I_{in}）、功率因数值（PF）和总谐波畸变（THD）。对于两级方法，被测试的单元包括第一段 PFC，而负载是一组高功率电阻或者可以输入高压的电子负载。对于单级方法，被测试的单元包括 PFC 反激电路，而输出端的负载为电子负载或者电阻负载。输出电压直接在输出检测引脚上用开尔文检测方案测得，基本上没有电流流过检测引脚，因此没有可能导致错误读数的压降。相反，测量电阻负载上的输出电压则会得到错误读数，因为被测单元和负载之间有电压降，电压降随着流过的电流而变化。负载电路使用 5.0mΩ 分路电阻进行测量。一旦测得分路电阻上的电压降，便可以根据分路电阻值计算负载电流。

项目小结

本项目介绍了反激功率因数校正电路。详细介绍了两种模式的反激功率因数校正电路工作原理；介绍了临界模式的 PFC 控制芯片 L6562 的基本资料、引脚功能说明、芯片单元电路工作原理的分析等；介绍了反激 PFC 恒流恒压输出电路的工作原理，尤其是对关键元器件参数和芯片的外围电路进行了详细的分析与设计。基于 L6562 控制芯片制作了实验样机，测试并分析了其实验波形。在拓展任务中，对有源 PFC 方法和测试方法进行了详细的分析。

思考与练习

1. 反激 PFC 的主要任务是什么？
2. 简述 DCM 反激式 PFC 电路的工作原理。
3. L6562 启动电压和正常工作电压分别是多少？
4. L6562 中 ZCD 的实现方法有几种？请画出相应的电路。
5. 平均电流控制、峰值电流控制和单周期控制时，分别对应的拓扑结构工作在什么模式(CCM 或 CRM)？
6. 当电子负载设置为 CV 模式，输出电压最高可以调到多少伏？恒流输出时，输出电压的范围是多少？

附　录

附录A　印制电路板的布线

1. 引言

很多用户关于开关IC的抱怨最终都归结到PCB布线方面。设计开关调节器PCB时，需知最终产品的好坏完全取决于它的布线。当然，有些开关IC可能会比其他开关IC对干扰更敏感。有时从不同供应商购得的同类产品也可能有完全不同的噪声敏感度。此外，某些开关IC结构本身也会比其他IC对噪声更敏感（例如电流模式控制芯片比电压模式控制芯片的"布线敏感度"高很多）。事实上，用户必须面对这样的现实：半导体器件生产厂商不会提供其产品噪声敏感度的资料（通常需由用户自己去探索）。而作为设计人员，往往对布线不够重视，结果将似乎可稳定工作的IC弄得波形振荡，易受干扰，以致误动作，甚至导致灾难性的后果（开关管烧掉）。另外，这些问题在调试后期往往很难纠正或补救，因此开始阶段就正确布线非常重要。

本附录中讨论的大多数关于布线的建议仅确保基本功能和基本性能。不过幸运的是，有困扰的开关电源设计师会高兴地看到，电现象通常是关联的，并且问题的指向相同。如好的布线有利于IC正常工作，也可以减少电磁干扰，而减少电磁干扰的布线也使IC工作稳定。当然也有一些例子，特别是在PCB上随意大面积布铜造成无限制的"铜滥"（或称"铜灾"）。

2. 布线分析

开关变换器发生在导通（关断）到关断（导通）瞬间，其持续时间一般小于100ns。但绝大多数问题都发生在该时段。实际上，噪声与变换器基本开关频率没有很大关系，多数噪声及其他相关问题发生在变换瞬间。而且，可以看到，开关变换时间越短，产生的问题越多。

作为设计师首先应了解变换器主电路电流的流向，从而识别出PCB中有麻烦的或"关键的"走线，必须特别注意这些走线的布线。该走线的判定随拓扑结构不同也不同。因此，不能用设计Buck电路PCB的方法来设计Buck-Boost电路PCB。其规律有很大差别，而很多PCB布线人员并不清楚这一点。因此，电源设计师最好亲自布线，或至少要用心指导PCB布线人员的操作。

3. 布线要点

1）在开关变换期间，某些走线（PCB上的敷铜线路）的电流会瞬间停止，而另外一些走线电流同时瞬间导通（均在开关变换期间100ns之内发生）。这些走线被认为是开关变换器PCB布线的"关键走线"。每个开关变换瞬时，这些走线中都产生很高的dI/dt。如图A-1所示，整个线路混杂着细小但不低的电压尖峰。由于$V = L \times dI/dt$在走线中起作用，L是PCB走线的寄生电感。根据经验，每英寸走线的寄生电感约为20nH。

2）噪声尖峰一旦产生，不仅传递到输入/输出（影响电源性能），而且渗透到IC控制单元，使控制功能失稳失常，甚至使控制的限流功能失效，导致灾难性后果。

3）MOS管比BJT管变换速度更高。MOS管的开关变换时间一般为10~50ns，而BJT管一般为100~150ns。由于它们在其PCB关键走线中产生更高的dI/dt，采用MOS管开关的变换器将产生更恶劣的尖峰。

注意：对 1in[⊖]的铜走线开关，在 30ns 的开关变换时间流过 1A 的瞬态电流，将产生 0.7V 的尖峰电压。若是 3A 瞬态电流流过 2in 铜走线，将产生近 4V 的尖峰电压。噪声尖峰几乎是观察不到的。首先，各种寄生参数一定程度上帮助吸收尖峰噪声（尽管它们也会使控制器失常）。其次，用示波器探头观察时，探头自身 10 ~ 20pF 的电容也能吸收该尖峰，从而看不到任何显著信息。另外，探头感应了太多空气传播的开关噪声，使观察者难以确定所看到的到底是什么。

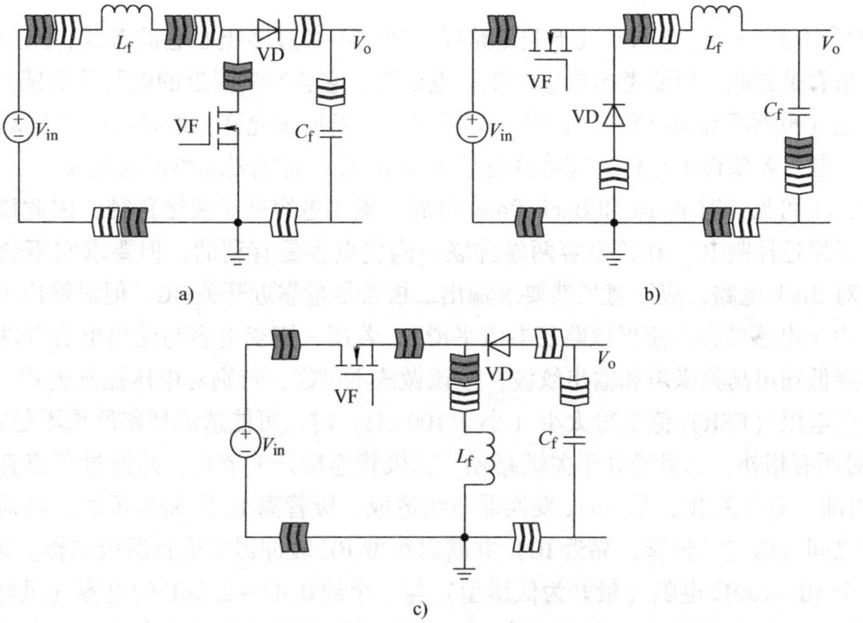

图 A-1　确定三种拓扑中的关键走线

a）Boost　b）Buck　c）Buck-Boost

（电流路径：MOS 管导通；MOS 管关断）

4）所有开关 IC 的开关均与其控制部分封装在一起。这样虽然应用方便且价格便宜，但是通常这样的 IC 对走线寄生电感所产生的噪声更敏感。这是因为其功率级“开关节点”（“扰动节点”，即连接二极管、开关管和电感的节点）仅是该 IC 本身的输出引脚，该引脚将开关节点产生的高频噪声直接传递到控制部分，导致控制失常。

5）在调试实验装置时，如图 A-1 所示，不应在关键走线的某处使用一段软线接入电流探头，因为该电流环路将形成一个附加电感，使噪声尖峰急剧增高。因此，实际上单独测出开关电流或者二极管电流（特别是对开关 IC）几乎是不可能。这种情况下，只能真正测量出电感电流波形。

6）对 Buck 和 Buck-Boost 电路，输入电容也处于关键路径中。这意味着在这些拓扑中功率级需要有良好的输入解耦装置。因此，除了功率级所需的大容量电容（通常是大容量钽电容或铝电解电容）外，还应在开关的“静默”端（电源侧）与最靠近开关的地端之间

⊖ 1in(英寸) =0.0254m。

接入一个小容量陶瓷电容（约0.1~1μF）。

7）图A-1未画出控制部分。控制电路本身需要良好的解耦装置。为此，需在紧临IC的地方接入一个小容量陶瓷电容。但应清楚，对于集成开关，功率级陶瓷解耦电容有两重功能，它还作为控制电路的解耦电容（需指出这仅指Buck-Boost电路，因为只有它们才需要输入功率解耦电容）。控制IC可能需要更有效的解耦装置，用一连接输入电源高端的小电阻（通常10~22Ω）与陶瓷电容串联接于IC的输入与地脚之间，从而构成了IC电源的小型RC滤波器。

8）对所有拓扑，电感均不处于关键路径，因此不必过多担心它的布线，至少从产生噪声的观点来看是如此。但要考虑电感产生的电磁场，它会影响附近的电路及敏感走线，同样会产生问题（虽然不算很严重）。因此一般情况下，若成本允许，最好使用“屏蔽电感”以解决上述问题。若条件不允许，应将其置于远离IC处，特别要远离反馈走线。

从图A-1可见，对Boost和Buck-Boost电路，输出电容处于关键路径，因此该电容和二极管应尽量靠近控制IC。在该电容两端并联一陶瓷电容是有利的，但要求它不会引起环路不稳定。对Buck电路，应注意虽然要求输出二极管尽量靠近开关/IC，但对输出电容没有严格要求（由于电感的存在使得该路径电流平滑）。若用一陶瓷电容与输出电容并联，则只是为进一步降低输出高频噪声和输出纹波，但该做法不可靠，特别对电压控制模式，当输出电容等效串联电阻（ESR）值变得太小（小于100mΩ）时，可能造成环路严重不稳定。

9）对所有拓扑，二极管处于关键路径。二极管连接开关节点，并通过节点直接连接到开关IC内部。对开关IC，当Buck变换器布线造成二极管离IC距离太远时，可通过在开关节点与地之间（跨过二极管，靠近IC）并联以小型RC缓冲器来进行后级调整。该RC缓冲电路有一个10~100Ω电阻（最好为低感型）与一个约0.47~2.2nF的电容（最好为陶瓷电容）串联组成。注意电阻功耗为$C\times V_{in}^2\times f$，因此不仅电阻瓦数应选合适，电容值也不能随意增加，以避免效率损失太多。

长度为l、直径为d的导线电感值（nH）可由公式(A-1)近似计算：

$$L=2l\times\left(\ln\frac{4l}{d}-0.75\right)\tag{A-1}$$

式中，l和d单位均为cm。

PCB走线电感计算公式与导线电感公式区别不大，电感值（nH）由式(A-2)确定。

$$L=2l\times\left(\ln\frac{2l}{w}+0.5+0.2235\frac{w}{l}\right)\tag{A-2}$$

式中，w为走线宽度，单位为cm。注意PCB走线电感基本与敷铜厚度无关。

从以上对数关系可以看出，若PCB走线长度减少一半，则其电感减少一半。但走线宽度必须增加10倍才使其电感减少一半，即仅仅增加走线宽度用处不大，要减少电感应使走线尽量短。

“过孔”电感（nH）由式(A-3)计算

$$L=\frac{h}{5}\left(l+\ln\frac{4l}{d}\right)\tag{A-3}$$

式中，h为过孔深度，单位为mm（其等于板厚，一般为1.4~1.6mm）；d为过孔直径，单位为mm。这样，1.6mm厚的板、直径为0.4mm的过孔电感为1.2nH。虽然电感不大，但实践证明它也影响开关IC工作，特别是在使用MOS管时。因此，必须使用一个输入陶瓷电容为IC解耦，一定要注意该电容应尽可能靠近IC引脚与PCB连接处，并且在该电容与IC引脚焊点之间不能有过孔连接。

10）事实上增加某些走线宽度对电路工作可能是不利的。例如，对正输入-正输出Buck变换器，从开关节点到二极管的走线是“热”（电压变动的）。任何带有变动电压的导体，不管它流过电流的大小，只要其尺寸足够大就会形成E型天线。因此应该减少开关节点处的走线面积，而非增加面积。这就是为什么要避免不当的“铜滥”的原因。唯一允许大面积敷铜的电压节点是接地点或外壳接地点。其他走线（包括输入电源母线）都可能因寄生高频噪声而产生严重辐射效应。

11）在美国，所谓的1oz板实际上是指板敷铜厚度为1.4mil（或35μm）。类似地，2oz是指前面的两倍厚度。对1oz板，在中等温升（低于30℃）、电流低于5A的场合，最小敷铜宽度为12mil/A。而对2oz板，敷铜宽度至少为7mil/A。这个经验规则仅基于走线的直流电阻。若要减少其感性阻抗和交流电阻，则需要更大的敷铜宽度。

12）已知减少走线电感的最好方法是减少长度，而不是增加宽度。超过某一定限度后再加宽走线并不能显著减少电感。同样，使用1oz或2oz板对电感也无明显影响，也不在于走线是否加“镀层”（给走线镀/焊铜，从而增加了有效导线截面）。因此，若由于某些原因，走线长度不能进一步减少，则可以通过将电流前向和返回走线并行的方法来减少电感。电感之所以出现是因为它们存储了磁能量。该能量存在于磁场中。反过来讲，若磁场消失，则电感也随之消失。通过将两条电流走线平行布置，流过它们的电流大小相等而方向相反，从而使磁场大大削弱。这两条平行走线置于印制板两面（或相邻层）相对位置。为加强互耦以消去磁场，这些走线应尽量宽些。

13）对大功率离线反激变换器，二次侧走线的电感会反射到一次侧，从而极大地增加一次等效漏感，使效率降低。当要应付较大RMS电流，需并联多个输出电容时，上述情况将更严重。但仍可利用消去磁场的方法来减少电感。具体做法如图A-2所示。在输出二极管布线之后设置两块铜面。其中一块为地，另外一块为输出正端。利用两块并行铜面承载前向和返回电流，基本上可消除通路电感，形成所需的良好的高频续流路径。这种简便的方法对输出电容均流也非常有利。

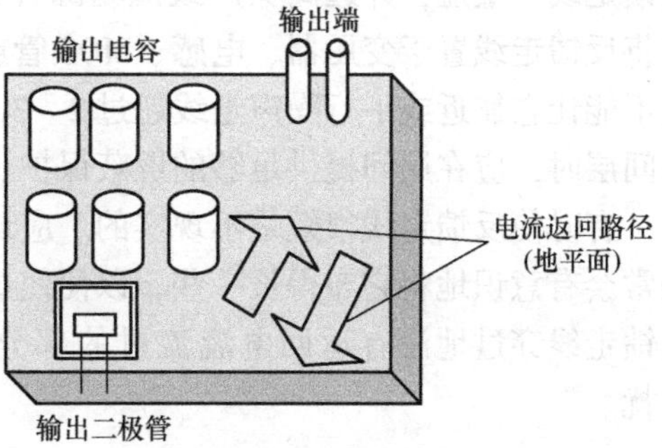

图A-2　如何降低反激变换器输出电容布线的等效电感

14）对单面板，保证若干并联输出电容均流的常用方法如图A-3所示。虽然不能使电感减到最小，但它却能保证下游的第一个电容不会由于电流路径过长而不均流。注意图A-3右图的布线，所示三条路径从二极管经过每个电容的路径总长基本相等，从而产生更精确的均流。

对多层板，通常做法是将全部一层作为地。一些在这方面有经验的人认为该方法能够解决许多问题。已知每个信号都有回路，随着谐波增加，其返回电流将不是沿着直流电阻最小的那条路径（直线），而是沿着地对应电感最小的路径，甚至是之字形路径。因此通过设置一层地，就能给返回电流提供阻抗最小（具体直流电阻最小还是感抗最小，这取决于谐波频率）的路径。地还能帮助处理一些热问题，如将热量传递到另外一方。地还能容性地吸收其上层走线的噪声，从而在一定程度上减少噪声和电磁干扰。但若不小心也会造成辐射，这种情况可能在耦合了太多走线噪声时发生。地并非十全十美，吸收了噪声，它自然就会受到影响，特别是铜皮很薄时情况更严重。若地为建立热岛或为其他形式路径，被分割为不规则的图形，则电流流动方式就会变得不规则，地上返回路径将不能直接对应其前向走线。此时，地也起鱼骨天线的作用，产生EMI。

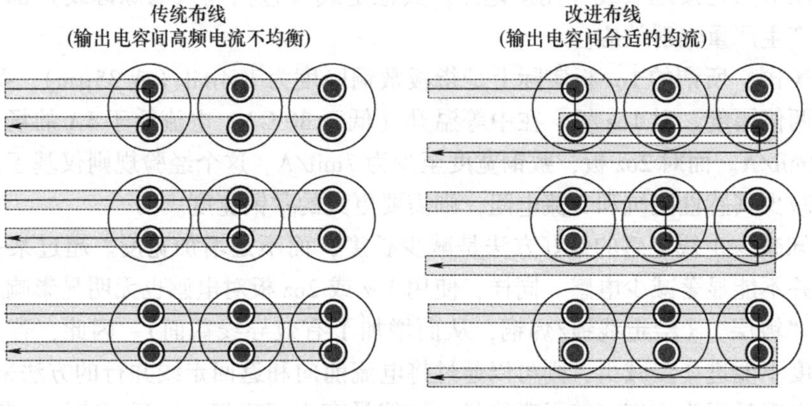

图 A-3　如何在拓扑中输出电容间均流

15）通常认为最重要的信号走线是反馈走线。若这条走线吸收了噪声（容性的或感性的），就会使输出电压产生偏移——极端情况（较少见）甚至造成不稳定或器件损坏。应使反馈走线尽量短，并远离噪声或磁场源（MOS 管、二极管、电感和变压器）的干扰。绝不能将反馈走线置于变压器、电感、MOS 管或二极管下方（即使是 PCB 的另外一面的下方），也不能让它靠近或平行噪声走线超过 2～3mm，即使 PCB 的临近层也要这样考虑。有地处于中间层时，应在层间提供足够的屏蔽保护。

有时使反馈走线很短是不现实的。应认识到使走线尽量短并非第一位的要求。事实上，经常会有意识地将它布得长一些，以便使这些走线避开潜在的噪声源。也可小心设计使部分反馈走线穿过地没有返回电流流过的部分，这将使得它被“宁静的海洋”包围着，免受干扰。

4. 散热问题

对于散热，并非铜皮面积越大越好，铜皮较薄时更是如此。使用 $1in^2$（1in×1in）以上的铜皮面积性价比已经不高。但对于 2oz 或更厚敷铜板铜面积可增大到 3in（两面均如此）。超过以上限制，则需使用外部散热器。功率器件表面与大气的实际热阻大约为 30℃/W，即 IC 内部每消耗 1W 温度升高 30℃。可利用下面经验公式求出所需铜皮面积：

$$A = 985 \times R_{th}^{-1.43} \times P^{-0.28} \tag{A-4}$$

式中，A 为铜皮面积，单位为 in^2；P 为功耗，单位为 W；R_{th} 为热阻，单位为℃/W。

下面举例说明，假设功耗为 1.5W。要求即使在最恶劣环境温度（即 55℃）时，器件温升也不能超过 100℃（不能超过 PCB 安全温度）。这样，所求热阻应为

$$R_{th}=\frac{\Delta T}{P}=\frac{100-55}{1.5}=30℃/\mathrm{W} \qquad (A-5)$$

因此，由式(A-4)得，所需铜皮面积为

$$A=985\times 30^{-1.43}\times 1.5^{-0.28}\mathrm{in}^2=6.79\mathrm{in}^2 \qquad (A-6)$$

若该面积为方形，则边长应为$6.79^{0.5}=2.6$in。只要能保证该面积，也可将其布成矩形或其他形状。注意由于所需面积超过1in^2，需要使用2oz板。2oz板可更方便考虑功率器件散热，能够空出更大铜皮区域有利自然对流散热。

应该了解热量并非都是从铜皮表面散失掉的。常用于SMT（表面贴装技术）的板材粘层为环氧树脂FR4，它是很好的导热材料。安装器件一面产生的热可通过上述材料传递到板的另一面，该表面接触空气可帮助降低热阻。因此即使在板的另外一面设置铜平面，同样也有散热效果，但只可以减少10%~20%的热阻。注意该“背面”的铜平面并不需要与散热器件同电位——它可以是公共地的铜平面。还有一种可大幅减少热阻（约50%~70%）的方法是，它利用一排小过孔（也称“热孔”）将器件的产热从PCB的一面传递到另一面。若使用热孔，其孔径应很小（内径0.3~0.33mm），这样可在过孔镀过程中将它们填满。热孔太大会在波峰焊时产生“焊芯”，从而使孔中吸入大量焊锡，易使孔附近器件产生虚焊点。对散热区域，热孔的“间距”（热孔中心距）一般为1~1.2mm。功率器件的周边、近旁甚至其散热片（若需要）下方都可以设置这类热孔网络以实现散热。

5. PCB的可制作性设计

可制造性设计（Design For Manufacture，DFM）是PCB设计保证符合后续产品可制造性质量的有效方法。DFM就是从产品开发设计时起，就考虑到可制造性和可测试性，使设计和制造之间紧密联系，实现从设计到制造一次成功的目的。

DFM的发展始于20世纪70年代初，1991年DFM应用于美国制造业，并对美国制造竞争优势的形成做出贡献，DFM创始人G. 布斯劳博士和P. 德赫斯特博士获得了美国国家技术奖。从这一点可以看出DFM在制造业的重要性和优点。有许多国际知名大公司曾做过相关统计调查，从中发现75%的制造成本取决于设计说明和设计规范，70%~80%的生产缺陷是由于设计原因造成的。许多公司采取规范的DFM设计后，产品制造不良率大幅下降，不难看出DFM具有缩短开发周期、降低成本、提高产品质量等优点，是企业产品取得成功的途径。

（1）不良设计在生产中的危害

1）造成大量焊接缺陷。

2）增加修板和返修工作量。

3）增加工艺流程。

4）增加成本。

5）返修可能会损坏元器件和PCB。

6）返修后影响产品的可靠性。

7）造成可制造性差，增加工艺难度，影响设备利用率，降低生产效率。

8）严重时由于无法实施生产需要重新设计，导致整个产品的实际开发时间延长，失去市场竞争的机会。

（2）表面贴装技术（SMT）中常出现的问题

1）焊盘结构尺寸不正确，如图 A-4 所示。

2）焊盘结构实际尺寸大小不一致（热不平衡，移位立桥），如图 A-5 所示。

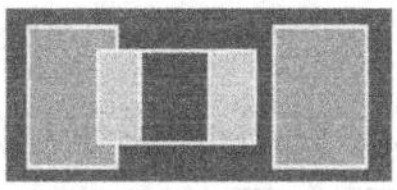

图 A-4 焊盘结构尺寸不正确

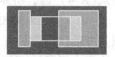

图 A-5 焊盘结构实际尺寸大小不一致

3）通孔设计不正确，如图 A-6 所示。

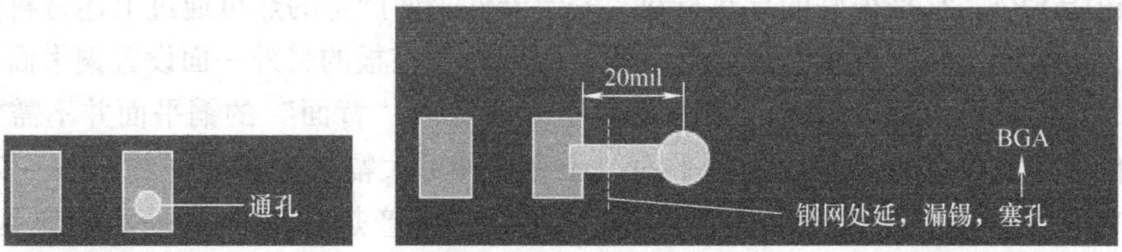

图 A-6 通孔设计不正确

4）阻焊和丝网加工在焊盘上造成焊接不良，可能是设计原因，也可能是 PCB 制造加工精度差造成的。在设计中一般都要把阻焊开窗比焊盘大 4～5mil。

5）元器件布局不合理，如图 A-7 所示。

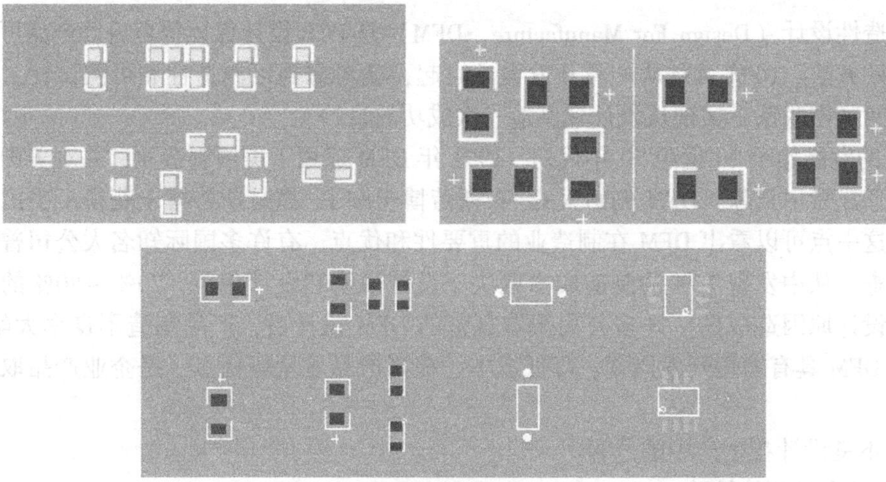

图 A-7 元器件布局不合理

6）基准点（Mark）、PCB 外形、尺寸、定位孔和夹持边的设置不正确，出现不认 Mark、频繁停机、PCB 异形、PCB 尺寸过大或过小、定位孔不标准，从而造成无法上板定位孔和夹持边附近有元器件，只能采用人工补贴。拼板槽附近的元器件摆放不正确，裁板时造成损坏元器件。VIA（过孔）孔厚比设置不合理，会造成 VIA 电镀不充分、PCB 板材 T_g（熔点）偏小造成孔在受热后铜箔断裂等，建议大家去 SMT 生产线上看看，加深了解。

（3）电源 PCB 设计中的 DFM 探讨

下面简单讨论模块电源 PCB 设计中如何兼顾这些 DFM 要求。由于模块电源功率密度很高，元器件密度又非常高，这就造成许多设计都和常规 DFM 原则有冲突，但同时又要符合 DFM 要求，这就要求一切都要从最严格方面来控制设计。

DFM 中的重要一项是光学定位点设计。光学定位点又习惯称为 Mark 点或基准点，其对 SMT 生产至关重要。基准点为装配工艺中的所有步骤提供共同的可测量点，保证了装配使用的每个装备能精确地定位电路图案。光学定位点的形状如图 A-8 所示。

1）光学定位点的种类：

光学定位点的位置如图 A-9 所示，定位点的种类有以下三类：

① 拼板光学定位点——拼板上辅助定位。

② 单板光学定位点——单块板上定位所有电路特征的位置，必不可少。

③ 局部光学定位点——为了提高精度，局部基准点，必不可少。

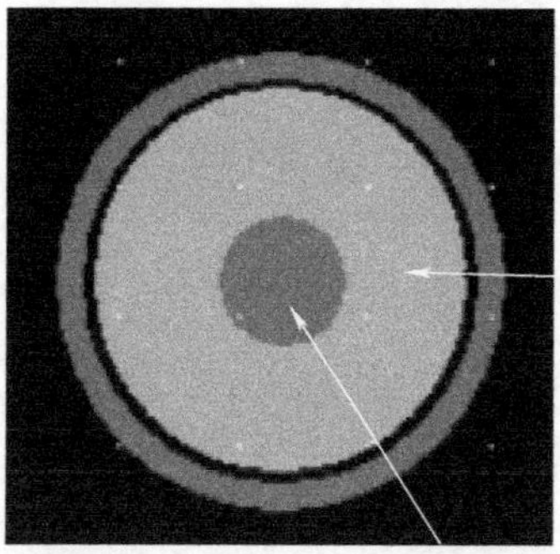

图 A-8　光学定位点的形状

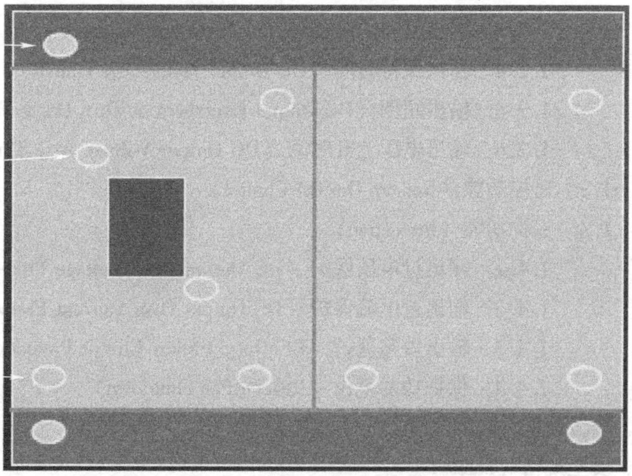

图 A-9　光学定位点的位置

2）光学定位点设计要求：

① 图形尺寸要求 1 ~ 3mm。

② 尽可能地放在电路板的最长对角线上，尽可能地包络所有元件。

③ 单板 PCB 必须至少有一对光学定位点，要求焊接精度高的元器件对角尽可能地放置一对。

④ 光学定位点的 3mm 空旷区内不能有其他任何图形。

⑤ 拼板时，单板必须至少有一对光学定位点，并且相对位置必须一致，拼板光学定位点起辅助定位。

⑥ 光学定位点要尽可能地成对放置。

⑦ 同一块 PCB 上的光学定位点大小要一致。

⑧ 光学定位点必须离板边（含工艺边）大于等于 5mm。

⑨ 所有光学定位点的背景设置必须一样。

DFM 设计规范带给企业的益处是非常巨大的，很多公司为此还专门成立了工艺部门从事这方面的研究和协调工作，以及编写适合公司内部的相关 DFM 设计规范参考标准。但是有相当一大部分公司没有 DFM 相关研究的部门，这就要求设计工程师必须具备一些 DFM 相关设计知识。在产品设计完成后可以借助 DFM 分析软件来检查分析设计缺陷，有时也可借助 SMT 厂家来帮忙分析。

附录 B　开关电源规格书（IPS）

目录（Section）

1. 电源性能指标（Power Supply Overview）

1.1　输入特性（Input Electrical Characteristics Overview）（见表 B-1）

表 B-1 输入特性

输入电压（Input Voltage Range）	AC 90 ~ 264V
标称输入（Normal Voltage Range）	AC 100 ~ 240V
频率范围（Frequency Range）	50Hz/60Hz ±5%
最大输入电流（Max Input AC Current）	4.25Amax @ 在 AC 90V 输入，输出满载的条件下
浪涌电流（Inrush Current）	50A typ peak@ AC 120V；100A typ peak@ AC 240V
效率（Efficiency）	84% min @ AC 90V，输出满载的条件下
谐波电流（Harmonic Current）	满足 GB17625.1—1998/IEC61000 - 3 - 2 class D 标准
泄漏电流（Leakage Current）	小于 1mA@ AC 220V 输入
待机功耗（Standby Power Loss）	≤1W@ AC 220V 输入，输出功率≤0.1W

1.2 输出特性（Output Electrical Characteristics Overview）

1.2.1 输出电压/电流调整率（Output Voltage/Current Regulation）（见表 B-2）

表 B-2 输出电压/电流调整率

输出电压 Output Voltage	调整率 Regulation	最小电流 Min. Current	额定电流 Rated Current	峰值电流 Peak Current
+12V	10.8 ~ 13.2V	0.2A	2.5A	3.5A
+15V	13 ~ 17V	0.2A	2A	4A
+24V	23 ~ 25V	0.1A	1A	1.5A
+390V	380 ~ 400V	0.05A	0.6A	—

1.2.2 输出纹波（DC Output Ripple）（见表 B-3）

表 B-3 输出纹波

输出电压	输出纹波
+12V	$120mV_{p-p}$@25℃；$300mV_{p-p}$@ -15℃
+15V	$150mV_{p-p}$@25℃；$300mV_{p-p}$@ -15℃
+24V	$240mV_{p-p}$@25℃；$400mV_{p-p}$@ -15℃
+390V	$50V_{p-p}$@25℃

注：1. 示波器须设置在 20MHz 带宽。

2. 输出端须并联 0.1μF 的陶瓷电容和 10μF 的电解电容来模拟负载。

1.2.3 输出动态响应（Output Transient Response）（见表 B-4）

表 B-4 输出动态响应

输出电压误差范围（Output Tolerance Limit）	变化斜率（Slew Rate）	负载变化范围（Load Change）
(+12V/ +24V/ +15V ±10%)	0.2A/μs	最小负载到 50% 满载和 50% 满载到最大负载
+390V ±10%	0.2A/μs	最小负载到最大负载

注：以 50Hz ~ 1kHz 的频率跳变负载来测试。

1.2.4 输出保持时间（DC Output Hold-Up Time）（见表 B-5）

表 B-5 输出保持时间

输出电压	AC 110V 输入	AC 220V 输入
+12V	≥10ms	≥10ms
+15V	≥10ms	≥10ms
+24V	≥10ms	≥10ms

注：所有输出带满载。

1.2.5 输出超调（DC Output Overshoot at Turn On & Turn Off）（见表 B-6）

表 B-6 输出超调

输出电压	输出电压超调量	
	开机	关机
+12V	5%	10%
+15V	5%	10%
+24V	5%	10%

注：测试时负载范围为最小到最大。

1.2.6 输出电压上升时间（DC Output Voltage Rise Time）（见表 B-7）

表 B-7 输出电压上升时间

输出电压	AC 110V 输入和满载	AC 220V 输入和满载
+12V	≤40ms	≤40ms
+15V	≤40ms	≤40ms
+24V	≤40ms	≤40ms
+390V	≤700ms	≤700ms

注：上升时间指输出电压从 10% 上升到 90% 的时间。

1.3 遥控功能（Remote On/Off Control）（见表 B-8）

除 5.0V 外，其余输出受控于一个 TTL 电平兼容的信号（Ps-on≥2.5V/2.0mA）。

* Ps-on 高电平，打开输出。
* Ps-on 低电平，关闭输出。

表 B-8 遥控功能

Ps-on 信号	电平要求	输出状态
Ps-on-high 高电平	≥2.5V&2.0mA（source）	有输出
Ps-on-low 低电平	≤0.8V	无输出
Ps-on-open 开路	—	无输出

1.4 保护功能（Protection）

1.4.1 输出过电压保护（DC Output Over Voltage Protection）（见表 B-9）

表 B-9 输出过电压保护

输出电压	典型过电压保护值	保护模式
+24V	+30V typ	打嗝模式

注：电源应该在最大交流输入电压 264V 和轻载、空载下测试。

1.4.2 输出过电流保护（DC Output Over Current Protection）（见表 B-10）

表 B-10 输出过电流保护

输出电压	过电流保护	保护模式
+12V	≥4A typ@ +5VA/2A，-12VA/0.1A	+12V 无输出
+15V	≥4A typ@ +18VA/1A，+3.3V AMP/1A，+2.5VA/1A	+24V，+15V 无输出
+24V	≥1.5A typ@ +15VA/2A	+24V，+15V 无输出

注：过电流保护测试是在其他路额定负载时测试。

1.4.3 输出短路保护（DC Output Short Circuit Protection）（见表 B-11）

表 B-11 输出短路保护

输出电压	保护模式
+12V	+5V，+12V，-12V 无输出
+24V	+24V，+15V 无输出
+15V	+18V，+15V 无输出

注：短路保护测试是在其他路额定负载时测试。

1.4.4 保护功能复位（Reset After Shutdown）

故障去除后，关掉 Ps-on 信号再打开，电源即可恢复。

2. 绝缘性能（Isolation）（见表 B-12 和表 B-13）

表 B-12 绝缘阻抗

输入到输出	DC 500V 15MΩmin（室温条件下）
输入到外壳	DC 500V 15MΩmin（室温条件下）
输出到外壳	无隔离

表 B-13 绝缘耐压

输入到输出	AC 3000V，50Hz，1min，≤10mA

注：交流地和输出正负极要连接。

3. 安全规格（Safety）

电源安全性满足下列标准：①UL60065；②EN60065；③GB8898—2001。

4. 电磁兼容性（EMC）

4.1 电磁干扰（EMI）

电源电磁干扰满足下列规则：

1）传导干扰度（Conduction Emission）：EN55022 *，CLASS B；GB9254 *，CLASS B；FCC PART15 *，CLASS B。

2）辐射干扰度（Radiated Emission）：EN55022 *，CLASS B；GB9254 *，CLASS B；FCC PART15 *，CLASS B。

注意： * 需配合用户电路整机通过上述规则；建议用户测试时 AC 输入线套 μ 值 850 的磁环 3T。

4.2 电磁抗扰（EMS）

电源电磁抗扰满足下列规则：

1）静电抗扰度（ESD）：GB17626.2—1998/IEC61000-4-2；

2）脉冲群抗扰度（EFT）：GB17626.4—1998/IEC61000-4-4 1kV；

3）雷击浪涌（Surge）：GB17626.5—1998/IEC61000-4-5 1.5kV/3kV。

5. 工作环境（Environmental Requirement）

5.1 环境温度（Temperature）

1）工作温度（Operating Temperature）：−5 ~ +50℃。

2）存储温度（Store Temperature）：−20 ~ +80℃。

5.2 环境湿度（Humidity）

1）工作湿度（Operating Humidity）：相对湿度 10% ~90%。

2）存储湿度（Store Humidity）：相对湿度 5% ~95%（不结露）。

5.3 海拔高度（Altitude）

5.4 冷却方式(Cooling Method)

自然冷却（Ventilation cooling）

5.5 振动耐受（Vibration）

10 ~55Hz，19.6m/s^2（2G），周期 3min，X、Y、Z 轴各 60min。

5.6 冲击耐受（Impact）

49m/s^2（5G），11ms，X、Y、Z 轴各一次。

6. 物理尺寸（Dimension）

275mm ×118mm ×68mm（长 × 宽 × 高）。

7. 重量（Weight）

1350g

8. 连接器脚位定义（Pin Connection）（见表 B-14 和表 B-15）

表 B-14 Pin-CN1 连接器和功能

序号	引脚连接器	功能
1	地	地
2	输入	输入相线
3	输入	输入零线

表 B-15 Pin-CN2 连接器和功能

序号	引脚连接器	功能
1	地	Ps-on RETURN
2	Ps-on	ON/OFF 控制端（高电平时 ON）
3	地	+15V 地
4	+15V	DC +15V 输出
5	地	+12V 地
6	+12V	DC +12V 输出
7	地	+24V 地
8	+24V	DC +24V 输出

9. 安装尺寸（Power Supply Mounting）

280mm×120mm×70mm（长×宽×高）

10. 包装（Package）

防静电气泡袋，包装箱尺寸。

参 考 文 献

[1] 菅沼克昭. SiC/GaN 功率半导体封装和可靠性评估技术［M］. 何钧，许恒宇，译. 北京：机械工业出版社，2021.

[2] 胡宗波，张波. 同步整流器中 MOSFET 的双向导电特性和整流损耗研究［J］. 中国电机工程学报，2002，22（3）：60-65.

[3] 梁奇峰，熊宇. 开关电源原理与分析［M］. 北京：机械工业出版社，2012.

[4] YAMASHITA N，et al. Conduction power loss in MOSFET synchronous rectifier with parallel connected schottky barrier diode［J］. IEEE Trans. on Power Electronics，1998（134）：667-673.

[5] 阮新波，严仰光. 直流开关电源的软开关技术［M］. 北京：科学出版社，1999.

[6] 邢岩，蔡宣三. 高频功率开关转换技术［M］. 北京：机械工业出版社，2005.

[7] 克里斯多夫·巴索. 开关电源控制环路设计［M］. 张军明，张龙龙，等译. 北京：机械工业出版社，2020.

[8] 林维明，何塞安，林慧聪. 新型单相无源功率因数校正整流器的拓扑、工作原理和设计分析［J］. 电工技术学报，2004（1）：21-25.

[9] Infineon inc. Design Guide for Boost Type CCM PFC with ICE2PCSXX，Application note，Ver1. 0，May 2008.

[10] International Rectifier Application Note AN-941，Reference 1，chap. 1.